Living Radical Polymerization Guidebook:
Reaction Control for Materials Design

リビング ラジカル重合 ガイドブック

材料設計のための反応制御

Akikazu Matsumoto
松本章一［著］

講談社

本書には掲載しきれなかった一部の情報を「オンラインデータ」として用意した．講談社サイエンティフィクWebサイトの本書書籍情報ページからダウンロードできるので，こちらもあわせて参考にしていただきたい．

https://www.kspub.co.jp/book/detail/5369555.html

はじめに

ポリマー構造を精密に制御するための合成手法であるリビングラジカル重合が世に出現してから，この半世紀の間にリビングラジカル重合は目覚ましい発展を遂げてきた．現在では，ポリマー合成やポリマー材料に直接関連する分野だけでなく，基礎から応用まで含めて，材料科学全般，機械工学，生物，医学などさまざまな分野で広く活用されている．これまでのリビングラジカル重合の発展の過程で，ブレークスルーとなる研究の多くが日本の研究者によって行われ，世界のポリマー研究をリードし続けてきた．ラジカル重合は，工業的な生産に適した特徴を多くもつ便利な重合方法であるが，精密な反応制御には向かないとみなされがちであった．近年，ラジカル重合の簡便さや汎用性にさらに反応制御の精巧さが加わり，現在のラジカル重合は洗練された面ももちあわせた華麗な姿へと変身を遂げ，今も成長を続けている．

筆者は，学生時代の卒業研究をきっかけとしてポリマーの面白さと奥深さを知り，ラジカル重合に関する研究の取り組みを開始した．その頃（1980年前後）は，経済面や社会面だけでなく，大学の研究も高度成長期にあった．それまで半世紀近くにわたって蓄積されてきたポリマー合成や反応機構解析に関する基礎的な研究成果が，世の中が求める機能性・高性能ポリマーを生み出す方向でうまく活用されていた．ポリマー合成にかかわる研究者は，それぞれ自身が最も得意とする重合法を駆使して，新しいポリマー合成法を開発し，それらを応用して個性あるポリマーを次々と世に送り出していた．時はうつり，つくれば売れる時代（研究者にとっては新しいポリマーをつくれば論文になる時代）は終わった．今も変わらず個性や特徴は重要であるが，加えて普遍性や持続性が欠かせなくなっている．筆者は，現在に至るまでずっとラジカル重合の研究にかかわってきたが，リビングラジカル重合に関しては，新しい重合法を開発する立場ではなく，ユーザーの一人としてかかわり，発展の様子を傍から見つめてきた．

今回，リビングラジカル重合の誕生から成人になるまでの成長記録を本書に書き残すことにした．リビングラジカル重合に関する情報をここでまとめておくことが，これからラジカル重合を学ぶ学部生や大学院生，あるいはラジカル重合を利用してポリマー材料を合成する研究者・技術者にとって，必ず役に立つはずという強い思いがあったからである．さらに大きな後押しとなったのは，2020年頃から始まった新型コロナ感染症拡大の影響だった．大学での授業がオンラインのみで実施せざるを得ない時期があり，学生が自分のペースで学修できるテキストの必要性を実感したことだった．大学院の講義で使用していた資料に手を加え，読めばわかるようにていねいに説明を書き加え，必要な章を徐々に増やしていくうちに，自然と本書の形ができあがっていった．草稿の段階で，細かい点にまでていねいに目を通していただき，有益なご指摘と助言をいただきました名古屋大学大学院工学研究科の上垣外正己教授ならびに大阪公立大学大学院工学研究科の北山雄己哉准教授に心からお礼申しあげます．とはいうものの，筆者の思い込みによる記述の誤りや，ニュアンスが正確に伝わっていない部分がおそらく残っているに違いない．お許しいただくと同時に，間違いにお気づきの方はご連絡いただきたい．

本書をまとめるにあたり，高分子学会をはじめとする研究者仲間の直接・間接的な応援が心の支えとなった．学生あるいは助手時代から，学会や研究会などで筆者が多くのことを学ぶ機会を得ることができた．それらの経験と多くの友人を介しての多くの情報の交換と蓄積なしでは，本書を書き終えることはできなかっただろう．また，講談社サイエンティフィク編集部の鈴木周作氏には，構成，図表の作製，表紙のデザインから内容や表現の細部に至るまで数多くの有益な助言をいただいた．本書が，ラジカル重合にかかわるすべての研究者，技術者，そしてそれを目指す学生にとって少しでも役立ち，さらにそこから新しいラジカル重合，新しいポリマー合成，そして新しいポリマー材料の世界が繰り広げられることを願っている．

2024年7月　毎年訪れる高分子研究発表会（神戸）の夜に

松本章一

『リビングラジカル重合ガイドブック』◉Contents

Living Radical Polymerization Guidebook:
Reaction Control for Materials Design

第I編

ラジカル重合の基礎

本編は，リビングラジカル重合をうまく使いこなすために必要となるラジカル重合に関する基礎的な内容をしっかり理解することを目的としている．ここでは，ラジカル反応の基礎やラジカル重合ならびにリビング重合の一般的な事項について述べる．

第1章では，リビングラジカル重合を含めたラジカル重合の反応の特徴を理解し，必要な形で反応制御して目的とするポリマー材料を得るための第1歩として，ラジカル反応の基礎的事項について解説する．低分子のラジカル反応の特徴にはラジカル重合と共通する点が多くあり，リビングラジカル重合を用いた材料設計を行う際に，反応制御や構造制御がうまく行えるかどうかは，ラジカルの特徴をよく理解しているかどうかにかかっている．

第2章ではラジカル重合の特徴と重合反応制御の基礎的な事項を説明する．同時に，第II編以降で述べるリビングラジカル重合の各論に共通する重合の特徴や反応制御の基本となる考え方についても解説する．第II編以降の章の内容が難しいと感じたときには，第2章の内容をよく読み直していただきたい．逆に，ラジカル重合に関する基礎的事項を十分に理解している読者は，第2章を読み飛ばしていただいてもかまわない．

第3章では，リビングアニオン重合の発見に始まるリビング重合の歴史を概観し，リビングラジカル重合全般に関する反応制御の共通点を説明する．また，リビングラジカル重合の名称を取り巻く話題についても，これまでの経緯と現状を解説する．

◉本編で学べること

- ラジカルならびにラジカル反応の基礎
- ラジカル反応の種類と特徴
- ラジカル重合とラジカル共重合の基礎
- 開始反応と成長反応の制御
- 連鎖移動によるポリマー構造の制御
- リビング重合の歴史とリビングラジカル重合の特徴
- リビングラジカル重合の名称と専門用語

第1章

ラジカル反応の基礎

本章では，一般的な有機ラジカルの構造と性質およびラジカル反応の分類や特徴について説明する．まず有機ラジカルやラジカル反応の特徴を述べた後に，ラジカルの安定性を定量的に評価する方法を説明する．続いて，ラジカル反応を種類ごとに分類して，できるだけ具体的な反応例を示しながら，ラジカル反応に特有の反応制御の考え方について解説する．ここでは低分子化合物を扱う有機合成化学の分野で，ラジカル反応が反応生成物の構造制御にどのように活かされているのかを理解し，さらに，ラジカル重合反応に対してそれらの成果がどのような形で活用できそうかを感じ取っていただきたい．

1.1 ラジカル反応の利点

ラジカル反応はラジカル重合に代表されるポリマー製造プロセスに欠かせない重要な反応である．低分子化合物をおもに扱う有機合成化学の分野でも，天然物，医薬品，あるいは機能性化合物などを合成する過程で，ラジカル反応が利用されている．それは，ラジカル反応が他の合成反応にはない特徴をもっているためである．以下に，ラジカル反応の特徴をまとめる[1]．

- 炭素ラジカルは活性が高く，反応速度が大きい．そのため，実際に使用可能な反応温度の設定範囲が広く，0℃以下の低温でも速やかに反応が進行する．また，中性条件で反応することができ，酸やアルカリによる影響を受けにくい．
- 近年，高選択的な反応が数多く見出され，現在では高機能有機材料，医薬品，生理活性物質などの原料や中間体の合成に広く利用されている．
- 炭素−炭素2重結合へのラジカル付加は発熱反応であり，出発物質に近い構造の遷移状態をとる．その結果，ラジカル反応は遷移状態で立体障害の影響を受けにくく，かさ高い置換基を含む立体的に込み合った構造の有機化合物の合成に適している．
- ヒドロキシ基やアミノ基などの官能基を一時的に保護する必要がなく，さまざまな原料化合物をそのまま反応に用いることができる．また，水を含めて，官能基をもつ溶媒を使用することができる．

- 酸素はラジカル反応を阻害することが多いため，あらかじめ反応系中から酸素を取り除く必要がある．
- ラジカル反応の中でも特にラジカル重合では反応にともなう発熱が大きいため，比熱が大きい水を分散媒体として用いる懸濁重合，分散重合，乳化重合などの重合形態が工業的に利用されている．これらの重合形態を利用すると，反応の温度制御が容易なだけでなく，それぞれの製造プロセスで得られるポリマーの形態（微粒子やラテックスなど）を製品に活かすことができる．

1.2 ラジカル反応の歴史

まず，有機合成化学の分野におけるラジカル反応の歴史を簡単に振り返っておこう（**表1-1**）．半世紀以上前の古い文献や他分野（特に，生物・医学系の専門分野）では，ラジカルをフリーラジカル（free radical）と呼ぶことが多いが，国際純正・応用化学連合（International Union of Pure and Applied Chemistry, IUPAC）の命名法委員会では専門用語としてラジカル（radical）の使用を推奨している．50年以上前の化学系の著作物ではフリーラジカルの表記が用いられていたが，現在ではほとんど見かけなくなっている．

［表1-1］ 20世紀前半までのラジカル化学とラジカル反応に関するおもな研究

年	研究者	おもな研究内容・発見
1849	Kolbe	電気分解による有機合成（当時，ラジカルの存在は確認されていない）
1900	Gomberg	安定ラジカル（トリフェニルメチルラジカル）の発見
1929	Paneth, Hofeditz	四エチル鉛の熱分解によって短寿命アルキルラジカルの存在を確認
1933	Kharasch, Mayo	逆マルコフニコフ則に従う臭化水素のオレフィンへの付加反応を発見
1937	Flory	ラジカル重合の素反応機構を確立
1937	Mayo	ラジカル共重合の素反応理論を完成
1937	Hey, Waters	多くの有機合成反応に対してラジカル反応機構を適用して体系化
1945	Kharasch	四塩化炭素のアルケンへのラジカル付加を発見

ラジカルの歴史は，ミシガン大学のGombergによる1900年の安定ラジカルの発見にまでさかのぼる[2]．ラジカルを経由する反応として，Gombergの大発見の半世紀ほど前の1849年にKolbeの電気分解が行われている．この反応では，酢酸アニオンの1電子酸化と二酸化炭素の脱離をともなって，反応中間体としてメチルラジカルが生成する．ただし，ラジカルを経由する反応機構が明らかにされたのは，ずっと後になってからであり，Kolbe自身はラジカルに言及していない．1929年，四メチル鉛の熱分解の反応中間体として短寿命で活性なラジカルが存在することが，PanethとHofeditzによって初めて実験的に証明された．

この頃から，物理化学や有機化学を専門とする多くの化学者がラジカルを研究対象とするようになり，ラジカルに関連する研究の分野が徐々に広がり始めた．実際に，1930年代以降にラジカル化学に関する重要な研究成果が競うようにしてつぎつぎと発表されるようになった．KharaschとMayoは臭化水素の2重結合への付加が逆マルコフニコフ（anti-Markovnikov）則に従うことを発見し（1933年），Floryはラジカル重合の素反応機構を確立させ，物性研究を含めたポリマーに関する多くの理論とともに，他に類を見ない教科書を出版した（1937年）．この教科書は，高分子に関する最初の本格的な教科書であり，ほぼすべての分野を網羅した完成度の高いものであった．Mayoが共重合理論を確立して論文として発表し，また，HeyとWatersがそれまでうまく説明できなかった多くの反応がラジカル機構で進行していることを解き明かして総説にまとめて発表したのも1937年のことである．少し後に，Kharaschは四塩化炭素のアルケンへのラジカル付加（カラッシュ付加，第5章参照）も発見している（1945年）．これらのラジカル化学に関する基礎研究の成果は，1950年頃にほぼ完成し，多くの教科書や専門書としてまとめられ，出版された．

その後，1980年代に入ると，それまでラジカル化学の分野で未解決のまま残されていた難問に挑むための研究の新しい方向性が示された．まず，ラジカル反応に関するそれまでの膨大な研究に対する集約と整理が進められ，ラジカル反応の特性を十分に理解したうえで，当時は未達成だった反応の制御に挑むためのアイデアが示され[3]，ラジカル環化反応や環状ラジカルの反応の立体制御に関してはほぼ完成の域にまで達した[4]．Gieseにより1986年に出版された“*Radicals in Organic Synthesis: Formation of Carbon-Carbon Bonds*”は，画期的でかつ示唆に富んだラジカル反応の最も優れたバイブルとなった[5]．また，Kochiが1973年に編さんした“*Free Radicals*”では，当時までに知られていたラジカル反応が多角的，網羅的にとりあげられており，当時の有機化学や高分子化学にかかわる研究者の必読書となっていた[6]．1988年，Curranはラジカル反応に関する膨大な研究成果の中からラジカル反応のエッセンスとなる重要点だけを抜粋して，2編の総説にまとめて学術雑誌に発表した[7]．

1990年以降も，ラジカル化学の発展はさらに続いた．1980年代以前のラジカル反応の利用は，ラジカル重合によるポリマー合成や，低分子化合物のブロモ化反応などの特定の合成反応に限られた状況にあり，決してラジカル反応が有機合成化学分野で普遍的に利用されていたわけではなかった．ところが，1990年代に入ると状況は一変する．それまでは不可能と考えられてきた鎖状ラジカル（非環状化合物）の立体制御の反応設計の明確なガイドラインが示され[8),9]，ラジカル反応に対して立体制御や不斉合成への新たな道が開かれた．鎖状ラジカルの反応の立体制御には，ラジカルのコンフォメーション制御が不可欠であり，基質による制御，キラル補助基による制御，キレート制御の具体的な反応設計の指針と反応例が示された．それ以降のごく短期間のうちに，ルイス酸や不斉配位子を用いるラジカル反応の立体制御が急激に発展し，反応選択性，特に立体選択性に関して精密な制御が可能になった．ラジカル反応全般に関する研究成果が集大成され，成書として出版されている[10),11]．

1.3 ラジカルの安定性

ラジカルは，不対電子をもつ化学種であり，速度論的安定性と，熱力学的安定性を区別して考える必要がある．ラジカル自身が反応性の高いものであっても，ラジカル中心の周辺がかさ高い置換基にとり囲まれている場合には，立体障害によって反応が著しく阻害され，ラジカルは速度論的に安定であるとみなせる．アルキルラジカルなど多くの炭素ラジカルは，速度論的に不安定であり，短寿命である．空気中に含まれる酸素分子（O_2）もラジカルの一種であり，基底3重項状態を示すビラジカル構造をもつ活性分子である．酸素は炭素ラジカルとただちに反応し，ペルオキシラジカルを生成する．ラジカル反応を行う際には，酸素分子による禁止効果や抑制効果を避けるため，窒素バブリングや凍結脱気操作などによって反応系に含まれる酸素を除去してから，不活性ガス雰囲気あるいは減圧下で反応を行う必要がある．対照的に，一酸化窒素（NO）や2,2,6,6-テトラメチルピペリジン1-オキシル（TEMPO）は熱力学的に安定なラジカルであり，空気中でも安定に存在することができる．

アルキルラジカルの中心炭素はp軌道とs軌道の混成となり，炭素ラジカルはほぼ平面的な構造をとる．s軌道性が少しでも混在するラジカルは，すべてσ（シグマ）ラジカルと呼ばれる．一方，完全な平面構造をとる100%p軌道性のラジカルはπ(パイ)ラジカルと呼ばれる．アルキルラジカルであっても環のひずみのために平面構造をとることができないσラジカルとして，シクロプロピルラジカルやアダマンチルラジカ

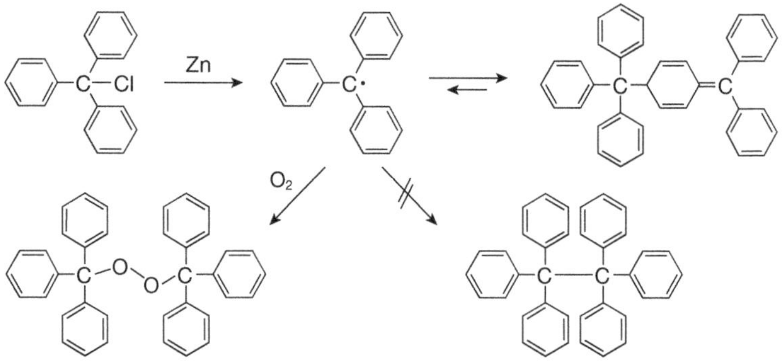

［図1-1］ **塩化トリフェニルメタンと金属亜鉛の反応によるトリフェニルメチルラジカルの生成ならびにその2量体との平衡反応**

ルなどがある．トリフルオロメチルラジカルも非平面構造をとることが知られている．

ベンジルラジカルやアリルラジカルのように，π共役が可能な化学構造が含まれると，ラジカルは安定化する．先に述べたGombergが発見したトリフェニルメチルラジカル[2]もπ共役によって安定化されているラジカルの1種である（**図1-1**）．トリフェニルメチルラジカルは2量体との平衡にある．トリフェニルメチルラジカルが発見された1900年当時，Gombergが2量体として考えていたものはヘキサフェニルエタン（図右下）であったが，その構造の化合物は生成せずに，図右上に示すように，実際のトリフェニルメチルラジカルの2量体は，フェニル基のパラ位で共有結合した構造をとっている．2量体の正しい化学構造は，1968年にNMRスペクトルなどで確認され，修正された．ただし，芳香環のp-位に置換基が存在する場合には，Gomberg型の2量体（ヘキサフェニルエタン誘導体）も生成する．解離平衡で生じたトリフェニルメチルラジカルは，酸素不在下では溶液中で安定に存在するが，酸素が存在するとペルオキシド（図左下）が生成する．

芳香環の導入によるπ共役効果だけではなく，アルキル置換された炭素ラジカルでも安定化の効果が認められる（**図1-2**）．たとえば，σ-π超共役による安定化作用により，炭素ラジカルの安定性は，3級＞2級＞1級＞メチルの順となる（図(a)）．また，隣接した酸素のラジカルアノマー効果による特定のコンフォメーションをもつラジカルの安定化効果とそれによる立体選択的な反応（図(b)）や，ラジカル中心炭素上に電子求引性基と電子供与性基の両方が置換したキャプトデイティブ効果による炭素ラジカルの安定化[12]（図(c)）などが知られている．

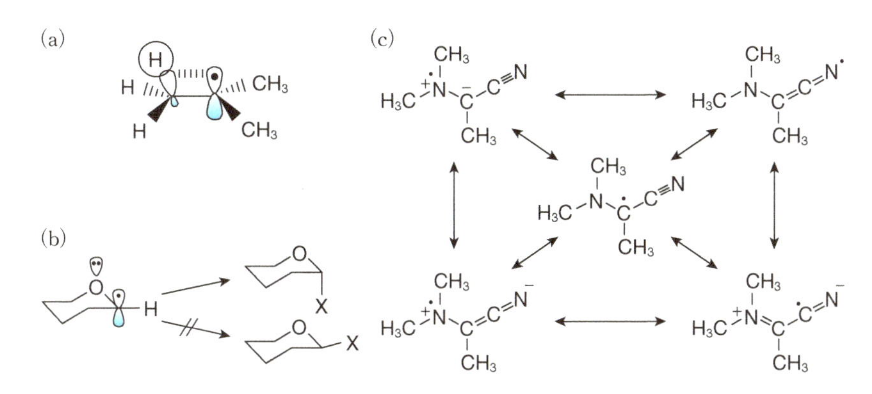

［図1-2］(a) 超共役, (b) ラジカルアノマー効果および (c) キャプトデイティブ効果による炭素ラジカルの安定化

1.4 ラジカル反応の分類と特徴

ラジカル反応を次の4種類に分類して，特徴をそれぞれ説明する[5), 13), 14)]．ここで，ホモリシスとカップリングは逆反応の関係にあり，カップリングと不均化は競争して起こる．付加反応とβ開裂も逆反応の関係にある．置換反応は，引き抜きや連鎖移動としてよく知られている反応である．

- ホモリシス（均等開裂）
- カップリングと不均化
- 付加反応とβ開裂
- ラジカル置換反応（原子移動反応）

1.4.1 ホモリシス

ホモリシス（均等開裂，あるいはラジカル開裂とも呼ばれる）は，ラジカル生成の最も基本的な反応であり，光照射や加熱によって，結合エネルギーが小さい単結合が均等に解離（開裂）して2つのラジカルが発生する．たとえば，ハロゲンの単体（Cl_2やBr_2）に紫外光照射すると，ハロゲンラジカルを生成する．酸素や硫黄原子間の結合も解離しやすく，過酸化物（ROOR）やジスルフィド化合物（RSSR）はホモリシスによってラジカルを生成する．炭素－ハロゲン結合のホモリシスの起こりやすさは，ハロゲンの種類によって大きく異なる．炭素－ヨウ素結合が最も弱く，容易にホモリシスが進行する．対照的に，炭素－フッ素結合は安定であり，ラジカル発生はほとんど起こらない．また，炭素－炭素結合のホモリシスは常温常圧条件では起こり

$H-H > CH_3-CH_3 > RO-OR$
(435)　(372)　(155)

$F-F \ll Cl-Cl > Br-Br > I-I$
(159)　(243)　(193)　(151)

$CH_3-H > (CH_3)_2CH-H > (CH_3)_3C-H$
(439)　(410)　(404)

$F-H > Cl-H > Br-H > I-H$
(569)　(431)　(366)　(297)

$C_2H_5-F > C_2H_5-Cl > C_2H_5-Br > C_2H_5-I$
(552)　(339)　(289)　(222)

$HO-H > CH_3O-H > C_6H_5O-H > C_6H_5S-H$
(498)　(439)　(360)　(343)

$C_2H_5-H > CH_3C(=O)CH_2-H > CH_2=CHCH_2-H$
(423)　(385)　(364)

［図1-3］ さまざまな単結合に対するBDEの比較

構造式の下の括弧内の数値は300 KでのBDEを示す．単位はkJ mol^{-1}.

にくいが，数百度以上の高温での加熱やγ線などの高エネルギー電磁波の照射によってラジカルを生成する．

これらホモリシスの起こりやすさを，結合解離エネルギー（bond dissociation energy, BDE）の大きさから予測することができる．さまざまな単結合のBDEの比較を**図1-3**に示す．前述した結合の解離の起こりやすさがBDE値の大小で説明できることがよくわかる．図1-3で，フッ素－フッ素結合のBDEが例外的に小さいのは，フッ素の原子半径が小さく結合原子間の距離が短いため，非共有電子対間の反発が，無視できなくなるためである．BDEが極端に小さい結合を含む化合物はラジカル開始剤として利用されている．

BDEはホモリシスだけでなく，連鎖移動（ラジカル置換反応）の起こりやすさにも関係している．図1-3に示すように，C_6H_5S-HやC_6H_5O-H，$CH_2=CHCH_2-H$のBDEは$HO-H$やC_2H_5-HのBDEに比べて小さく，これらの水素はラジカル反応で連鎖移動によって引き抜き反応を起こしやすい．水のO−H結合のBDEは十分大きい（498 kJ mol^{-1}）ため，水を加熱，あるいは可視光や紫外光を照射してもラジカルを発生することはなく，また，水への連鎖移動は起こりにくい．このため，ラジカル重合に対する反応媒体として水がよく用いられる．

アルコールのO−H結合のBDEは大きく（たとえば，CH_3O-HのBDEは439 kJ mol^{-1}），連鎖移動を受けにくい．一方，ヒドロキシ基で置換された炭素上のC−H結合は，アルコールの構造に応じて連鎖移動を起こすことが知られている．たとえば，メタノール＜エタノール＜イソプロパノール＜ベンジルアルコールの順に連鎖移動が

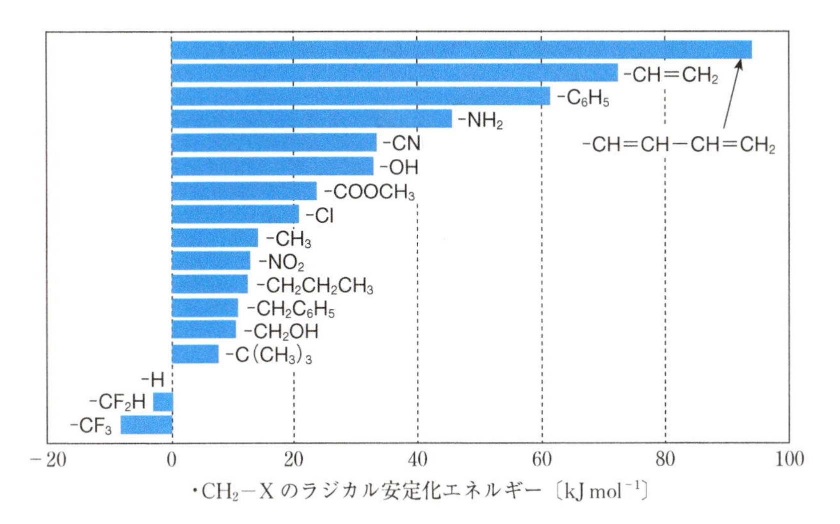

［図1-4］**RSEに及ぼす置換基Xの効果**

0 Kでの計算値，CH_3ラジカル（X=H）を基準，図中の化学式は-Xの構造を示す．
［M. L. Coote *et al*., *Phys. Chem. Chem. Phys.*, **12**, 33, pp. 9597-9610（2010）を参考に作成］

起こりやすくなる．*tert*-ブタノールやベンゾトリフルオリド（トリフルオロメチルベンゼン）は連鎖移動をほとんど受けないため，ラジカル反応のための溶媒として優れている．

ラジカルの相対的な安定性を示す指標として，ラジカル安定化エネルギー（radical stabilization energy, RSE）がある．RSEは，正に大きいほど安定化の度合いが大きいことを示す相対的な数値パラメータであり，式(1-1）に示す反応に対する結合生成と解離のそれぞれのBDEの差が，生成するラジカル（式ではCH_3•）に対する反応するラジカル（式ではR•）のRSEに相当する[15]（式(1-2))．

$$R\bullet + X{-}CH_3 \longrightarrow R{-}X + CH_3\bullet \tag{1-1}$$

$$RSE = BDE(CH_3{-}X) - BDE(R{-}X) \tag{1-2}$$

さまざまな置換基をもつラジカルに対するRSEを安定性の高いものから低いものへ順に並べた結果を**図1-4**に示す．ここでは，CH_3ラジカルを基準として各置換基がラジカルの安定化あるいは不安定化にどのように作用するかを視覚的に表している．置換基Xの種類によって，アルキル基の種類によるBDEの変化の傾向が異なり，酸素やフッ素を含まない単純な炭化水素化合物では，アルキル基がかさ高くなるとBDE

は負に大きくなる（安定化の傾向が大きくなる）.

RSEの値は直感的にもわかりやすい一面をもつ．式(1-3）から式(1-5）は，それぞれペルオキシラジカル，炭素ラジカル，アルコキシラジカルが炭化水素から水素を引き抜く反応であり，生成する結合のBDEは式(1-6）の順となる．また, RSEを用いて比較すると，RSE（ROO•）は正に大きく，RSE（R•）はほぼ0に近くなる．また, RSE（RO•）は負の値となる．この順に各ラジカルの反応性は高くなり，ペルオキシラジカルや炭素ラジカルに比べてアルコキシラジカルが水素引き抜きを起こしやすいことがわかる.

$$\mathrm{ROO\bullet} + \mathrm{H{-}R'} \longrightarrow \mathrm{ROO{-}H} + \mathrm{R'\bullet} \qquad (1\text{-}3)$$

$$\mathrm{R\bullet} + \mathrm{H{-}R'} \longrightarrow \mathrm{R{-}H} + \mathrm{R'\bullet} \qquad (1\text{-}4)$$

$$\mathrm{RO\bullet} + \mathrm{H{-}R'} \longrightarrow \mathrm{RO{-}H} + \mathrm{R'\bullet} \qquad (1\text{-}5)$$

$$\mathrm{BDE\ (RO{-}H)} > \mathrm{BDE\ (R{-}H)} > \mathrm{BDE\ (ROO{-}H)} \qquad (1\text{-}6)$$

立体効果や極性効果が大きい場合には，結合の切断と形成のエネルギー差だけでは十分に説明できない効果が複雑に影響する結果，RSEだけで反応を議論できないことがあるが, RSEはラジカルの生成しやすさや，水素引き抜きの起こりやすさなどを理解するための便利な指標となる．たとえば，ポリエンによる共役は共鳴安定化に大きく寄与し，強い電子求引性基であるフッ素置換はラジカルを不安定化する（図1-4). それぞれ安定化や不安定化の作用には，π共役系へのラジカルの非局在化や，隣接するヘテロ原子上の孤立電子対との相互作用などが関係している．飽和炭化水素で置換したラジカルでは，σ結合を介する相互作用が中心となる.

1.4.2 カップリングと不均化

カップリングはホモリシスの逆反応であり, 2つのラジカルが結合して1つの単結合が生成する．ラジカル同士のカップリングはつねに発熱的な反応であり，反応の活性化エネルギーが小さいために，拡散律速に近い大きな速度（$10^9 \sim 10^{10}\ \mathrm{L\ mol^{-1}s^{-1}}$）で反応が進行する．立体的な要素が強く作用し，ラジカルの構造が込み入っていて，反応の遷移状態がエネルギー的に不利になると速度は低下する．このとき，カップリングと競争して起こる反応が，不均化である．カップリングでは2つのラジカルから1つの生成物が生じるのに対し，不均化では，β水素（β位の炭素上に結合した水素）

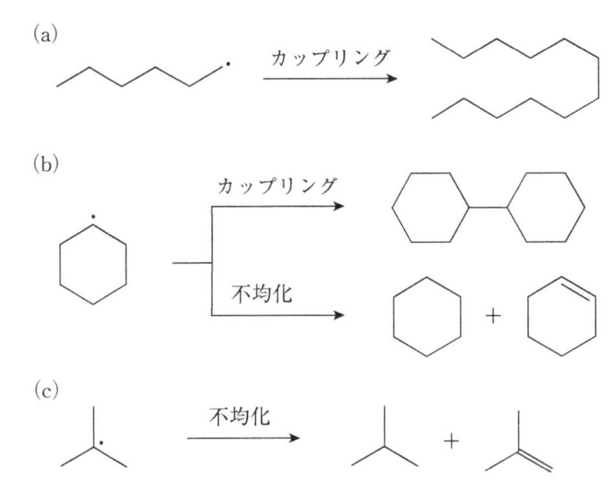

［図1-5］（a）第1級，（b）第2級および（c）第3級アルキルラジカルの2分子反応（カップリングと不均化）の選択性

の引き抜きによって，飽和な化学構造と不飽和な化学構造をそれぞれ含む2種類の化合物が同時に生成する．

カップリングと不均化のどちらが起こりやすいかは，ラジカルの化学構造から予測することが可能である（**図1-5**）．*n*-ヘキシルラジカルなどの第1級炭素ラジカルではカップリングが優先して起こる（図(a)）が，*tert*-ブチルラジカルなどの第3級炭素ラジカルでは不均化がつねに優勢となる（図(c)）．第2級炭素ラジカルであるシクロヘキシルラジカルは，それらの中間的な反応挙動を示し，カップリングと不均化の両方が競争して起こる（図(b)）．ここで，β水素をもたない化合物は不均化することができない．このため，β水素をもたない化合物に，さらにかさ高い置換基を導入して，不均化とカップリングがどちらも起こりにくい化学構造を分子に組み込むと安定なラジカルが得られる（たとえばTEMPOなど，4.3節参照）．

ラジカル反応を行う際，反応溶液中に存在するラジカルの濃度は，他の基質の濃度に比べるとはるかに低い．たとえば，ラジカル重合で用いられる標準的なモノマーの濃度が10^{-1}～10 L mol^{-1}程度であるのに対し，定常状態における成長ラジカルの濃度は10^{-9}～10^{-7} L mol^{-1}であり，モノマー濃度のわずか1億分の1である．ラジカル間で起こるカップリングや不均化の反応の速度定数は大きいが，反応はラジカル間の2分子反応であり，反応速度はラジカル濃度の2乗に比例する．そのため，反応全体の中でカップリングや不均化だけが優先して起こるわけではなく，以下に述べる付加

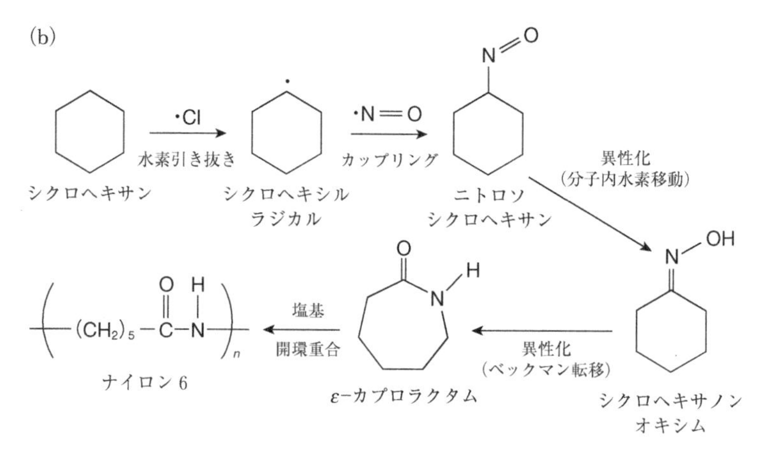

［図1-6］（a）塩化ニトロシルのホモリシスによって生成するラジカルの構造と（b）水素引き抜きならびにカップリングを利用したε-カプロラクタムの合成とそのアニオン開環重合によるナイロン6の工業生産

反応や置換反応（連鎖移動）とつねに競争して起こることを忘れてはならない．

ホモリシスやカップリングが，工業的に利用されている例がある．ナイロン6の合成のための原料（モノマー）であるε-カプロラクタムは，シクロヘキサノンオキシムのベックマン転移によって合成されている（東レ法）．シクロヘキサノンオキシムはシクロヘキサンと塩化ニトロシルの光ラジカル反応によって合成される．**図1-6**に示すように，まず，塩化ニトロシルの光照射によるホモリシスで生成した塩素ラジカル（図(a)）がシクロヘキサンから水素を引き抜き，シクロヘキシルラジカルが生成する（図(b)）．シクロヘキシルラジカルは一酸化窒素とカップリングし，中間体のニトロソシクロヘキサンがさらに水素移動をともなってシクロヘキサノンオキシムが得られる．ここで，一酸化窒素は安定なラジカルであり，高濃度で系中に存在している．安定なラジカルがつねに高い定常状態で存在することによって反応系全体での反応がバランスよく進行する．この現象はパーシステントラジカル効果（persistent radical effect）と呼ばれ，ニトロキシドなどの安定ラジカルを用いたリビングラジカル重合でも重要な役割を果たしている[17]（第4章参照）．また，一酸化窒素は生体内や神経伝達系でも重要な役割を果たす低分子化合物であり，長寿命のラジカル種である．

ε-カプロラクタムを用いるナイロン6の製造法は，1941年に日本国内で初めて実用化されてから現代に至るまで，ずっと利用され続けている．

1.4.3 付加反応

ラジカル付加反応の代表例として，逆マルコフニコフ型の反応機構で進行する臭化水素のアルケンへの付加反応が知られている（**図1-7**）．このラジカル機構による末端臭素化物の生成反応では，図(a) のように，まずラジカル開始剤から発生したラジカルが臭化水素（HBr）から水素を引き抜き，臭素ラジカルが生成する．図(b) のように，この臭素ラジカルがアルケンの炭素－炭素2重結合に付加する．このとき，付加は臭素が末端の炭素と結合を生成する形で起こり（位置選択的な反応が進行し，立体的に有利な方向から選択的な付加が起こる），端から2番目の炭素上に第2級炭素ラジカルが生成する．このラジカルは，臭化水素から水素を引き抜き，逆マルコフニコフ型の付加生成物が生じる．開始剤の分解によって一度ラジカルが発生すると，水素引き抜きと付加が何度も繰り返される（連鎖反応機構）．ラジカル開始剤の分解から始まった連鎖反応は，大量の付加物を生成した後に，ラジカル間の2分子反応（カップリングあるいは不均化）によって停止する．ここで，ラジカル開始剤の分解（ラジカル生成）は全体の反応期間中に持続して起こるので，反応がすべて完了するまで，ラジカル生成，連鎖付加，停止からなる一連の反応が繰り返されることになる．

ラジカル付加反応の速度は，ラジカルおよびアルケンの構造に強く依存する．立体

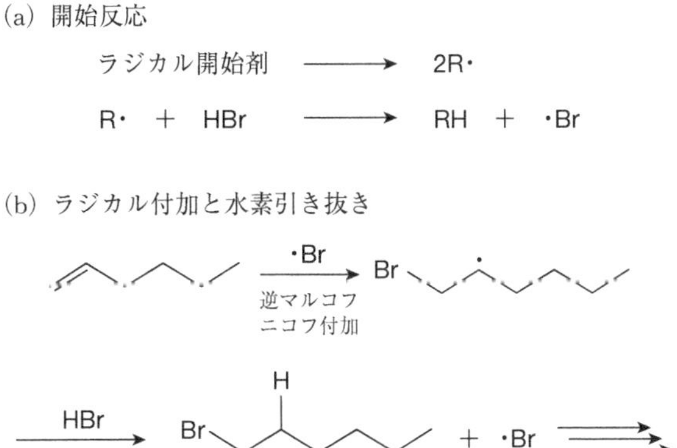

(a) 開始反応

ラジカル開始剤 ⟶ 2R·

R· ＋ HBr ⟶ RH ＋ ·Br

(b) ラジカル付加と水素引き抜き

·Br
逆マルコフニコフ付加
Br
HBr
水素引き抜き
H
Br
＋ ·Br

［図1-7］ **臭化水素による1-ヘキセンへの逆マルコフニコフ型のラジカル付加**

これらの反応が繰り返し起こる．ラジカル間のカップリングあるいは不均化によって反応は停止する．

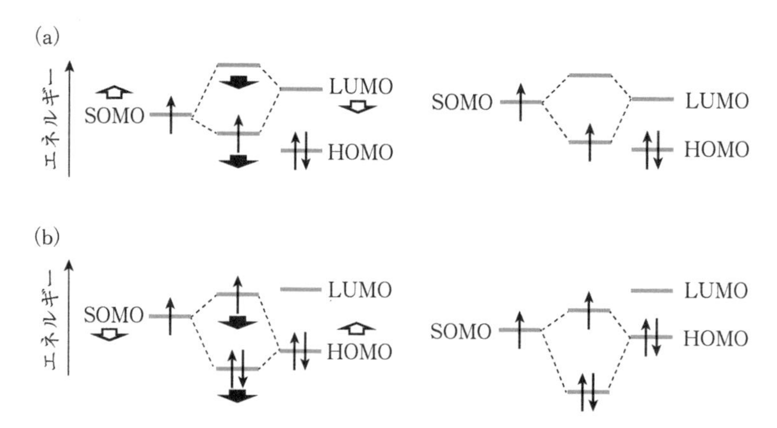

［図1-8］ **フロンティア軌道理論によるラジカル付加反応の説明**

(a) 電子供与性の置換基をもつ求核的なラジカルと電子求引性の置換基をもつ電子が不足したアルケンの相互作用，(b) 電子求引性の置換基をもつ求電子的なラジカルと電子供与性の置換基をもつ電子豊富アルケンの相互作用．

障害は反応を抑制し，生成するラジカルが共鳴効果によって安定化効果を受けると反応は加速される．電子的な効果（極性効果）も重要であり，アルキルラジカルに電子求引性の置換基が存在すると，ラジカルの求電子性が大きくなり，アルケンへの付加が起こりやすくなる．このとき，アルケンに電子供与性基が導入されると反応がさらに加速され，電子求引性基が導入されると反応は抑制される．

これらの付加反応における電子的な効果は，フロンティア軌道理論を用いて説明できる（**図1-8**）．アルキル置換された求核的な炭素ラジカルのSOMOのエネルギーレベルは，置換基の電子供与性の効果によって高くなり（正に大きくなり），アルケンのLUMOとの相互作用が重要になる．このとき，アルケン側に電子求引性基が導入されているとLUMOレベルが低下するため，SOMOとLUMOのエネルギーレベルが近づき，これらの相互作用はより大きくなる（図(a)）．遷移状態においてラジカルのSOMOとアルケンのLUMOとの相互作用が大きくなると，遷移状態の安定化効果が大きくなり，反応が促進される．逆に，ハロゲン，シアノ基，カルボニル基などの電子求引性基で置換した求電子的なラジカルのSOMOのエネルギーレベルは低下しているため，電子供与性基をもつ電子が豊富なアルケンのHOMOとの相互作用が重要になる（図(b)）．

ラジカルやアルケンの置換基の化学構造は反応速度に重要な影響を与える．さまざまなラジカルと置換アルケンの組み合わせに対する付加反応の速度定数の比較を**表1-2**に示す．ラジカルの付加反応に対するアルケンの置換基の効果を比較すると，

［表1-2］ **さまざまなラジカルの置換アルケンへの付加反応の速度定数に及ぼす置換基の効果**

ラジカル	置換アルケン	温度〔℃〕	速度定数〔$L\ mol^{-1}s^{-1}$〕
$\cdot C(CH_3)_3$	$CH_2=CHCN$	27	2.4×10^6
$\cdot C(CH_3)_3$	$CH_2=CHC_6H_5$	20	1.0×10^5
$\cdot C(CH_3)_3$	$CH_2=CHOC(=O)CH_3$	20	4.2×10^3
$\cdot C(CH_3)_3$	$CH_2=CHC_2H_5$	20	1.1×10^3
$\cdot CH(CH_3)_2$	$CH_2=CHCN$	0	4.3×10^6
$\cdot CH(CN)CH_3$	$CH_2=CHCN$	25	$10^2\sim10^3$

［柳日馨，『有機ラジカル反応の基礎：その理解と考え方』，丸善出版（2015）を参考に作成］

tert-ブチルラジカルの付加反応の速度定数は，アクリロニトリル($CH_2=CHCN$, 2.4×10^6)＞スチレン($CH_2=CHC_6H_5$, 1.0×10^5)＞酢酸ビニル($CH_2=CHOC(=O)CH_3$, 4.2×10^3)＞1-ブテン($CH_2=CHC_2H_5$, 1.1×10^3) の順に小さくなる（単位はいずれも $L\ mol^{-1}s^{-1}$）．スチレンのように共鳴安定化に寄与する置換基をもつアルケン（共役モノマー）の付加は速く，非共役モノマーの付加は遅いことがよくわかる．また，アルケンのラジカル付加が起こる炭素（β炭素）上に置換基が存在すると，立体障害の影響を大きく受けるため，付加速度は大きく低下することが知られている．シクロヘキシルラジカルに対するさまざまなアルケンの相対的な付加速度は，アクリル酸メチル(3000)＞スチレン(84)＞クロトン酸メチル(33)＞1-ブテン(1) の順となり，β位にメチル置換基をもつクロトン酸メチルへの付加は立体障害のため，アクリル酸メチルの約100分の1となる．

ラジカルのα位の置換基も反応速度に大きな影響を及ぼす．*tert*-ブチルラジカルやイソプロピルラジカルなどのアルキルラジカルのアクリロニトリル（$CH_2=CHCN$）への付加反応の速度定数は，10^6オーダーの大きな値（単位は$L\ mol^{-1}s^{-1}$）であるのに対して，ラジカルのα位を電子求引性のニトリル基で置換すると，速度定数は$10^2\sim10^3\ L\ mol^{-1}s^{-1}$にまで低下する．代表的なラジカル付加反応のアルケンやラジカルの置換基と速度定数との関係が理論的な側面から詳しく議論され，実験的に求めた速度定数が文献にまとめられている[18]．

α位（R^2）あるいはβ位（R^1）を立体障害の大きさが異なるアルキル基で置換したアクリル酸メチル誘導体へのシクロヘキシルラジカルの付加反応の相対的な速度k_{rel}を比較した結果を**表1-3**にまとめる[3]．アルキル置換基の立体効果は，α位の置換に比べてβ位を置換した場合に顕著に現れる．たとえば，α位を*tert*-ブチル基で置換した

［表1-3］　さまざまなα置換およびβ置換アクリル酸メチル誘導体（$R^1CH=CR^2COOCH_3$）へのシクロヘキシルラジカルの相対的な付加反応の速度

β位の置換基（R^1）	α位の置換基（R^2）	相対速度k_{rel}
H	H	≡ 1000
H	CH_3	710
H	C_2H_5	550
H	$CH(CH_3)_2$	430
H	$C(CH_3)_3$	240
H	H	≡ 1000
CH_3	H	11
C_2H_5	H	6.6
$CH(CH_3)_2$	H	1.5
$C(CH_3)_3$	H	0.05

$R^1=R^2=H$に対する値を1000とする．［B. Giese, *Angew. Chem. Int. Ed. Engl.*, 22, 10, pp. 753-764（1983）を参考に作成］

アクリル酸エステルへのシクロヘキシルラジカルの付加反応に対する相対速度は，無置換の場合の約4分の1であるが，β位を置換すると速度は2万分の1にまで低下する．

1.4.4 β開裂

代表的なβ開裂の反応例を**図1-9**に示す．反応が式の右方向に向かって進行する条件として，β開裂が発熱的である，生成ラジカルが熱力学的に安定である，反応がエントロピー的に有利である（エントロピーが増大する），反応ラジカル側（出発側）に構造的なひずみを含む，などが必要である．β開裂に対してこれらの条件が満たされるとき，逆反応である付加反応は進行しない．たとえば，ブトキシラジカルのβ開裂によってアセトンとメチルラジカルが生成するが，アセトンのカルボニル基へのメチルラジカルの付加は起こらない．

シクロブタン環やシクロプロパン環の開裂をともなうβ開裂も知られている．この場合，反応にともなって分子は環状構造から鎖状構造に変化する．エントロピー増大の寄与もわずかにあるが，3員環や4員環構造に含まれるひずみの解消に基づくエンタルピー変化が反応推進のおもな要因である．スルホニルラジカルも優れた脱離基であり，スルホニル基のβ位にラジカルが生成するとただちにβ開裂が進行する．この場合には，条件に応じて逆反応も起こり，平衡状態になる．温度や基質の濃度に応じて，正方向と反対方向のどちらの反応が優勢になるかが決まる．アルケンと二酸化硫黄（SO_2）の交互重合が起こることや，生成するポリスルホンが加熱や電子線照射に

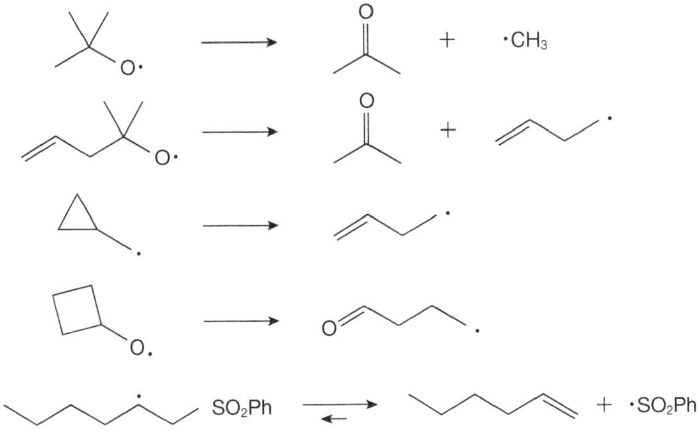

［図1-9］ β開裂の反応例

逆反応は2重結合への付加であり，上の4つの反応では逆反応は起こらない．

よって解重合してモノマーにまで分解しやすいことが古くから知られている（第14章参照）．

また，カルボニルラジカル（アシルラジカルとも呼ぶ）は，α開裂して一酸化炭素（CO）を脱離してアルキルラジカルを生成する．アルキルラジカルの安定性が高くなると，α開裂反応の速度が大きくなる．逆反応であるラジカルと一酸化炭素の反応によってさまざまな低分子カルボニル化合物が合成されている[19]．

1.4.5 ラジカル置換反応

ラジカル置換は，ラジカルの移動反応であり，水素引き抜きによる連鎖移動は，ラジカル置換反応の1つである．ここでは，塩素ラジカルや臭素ラジカルによる水素引き抜きの反応を例にあげて，位置選択性と遷移状態の関係を説明する．

図1-10（a）に示すように，2-メチルプロパンのラジカル塩素化反応では，塩素ラジカルが引き抜く水素の位置選択性は低く，メチル水素とメチン水素の両方が引き抜かれて，塩素置換された生成物1と生成物2が60/40の比で生成する．一方，図（b）に示すように，臭素化反応では，ほぼ選択的にメチン水素が引き抜かれる（生成物1と生成物2の生成比は1/99）．ここで，メチル水素が9個，メチン水素が1個存在することを考慮すると，メチン水素の引き抜き反応が圧倒的に優先されることがわかる．

予想されるように，水素引き抜きによって生成する2種類のラジカル間のエネルギー差は同一（6 kcal mol^{-1}）であり，塩素ラジカルと臭素ラジカルの違いには依存

(a)

+ Cl_2 →(光照射) 生成物 1 + 生成物 2

生成比：$\frac{\text{生成物 1}}{\text{生成物 2}} = \frac{60}{40}$

(b)

+ Br_2 →(光照射) 生成物 1 + 生成物 2

生成比：$\frac{\text{生成物 1}}{\text{生成物 2}} = \frac{1}{99}$

［図1-10］2-メチルプロパンと（a）塩素および（b）臭素の光照射による反応生成物の位置選択性の比較

［柳日馨，『有機ラジカル反応の基礎：その理解と考え方』，丸善出版（2015），p. 26，図2-19を参考に作成］

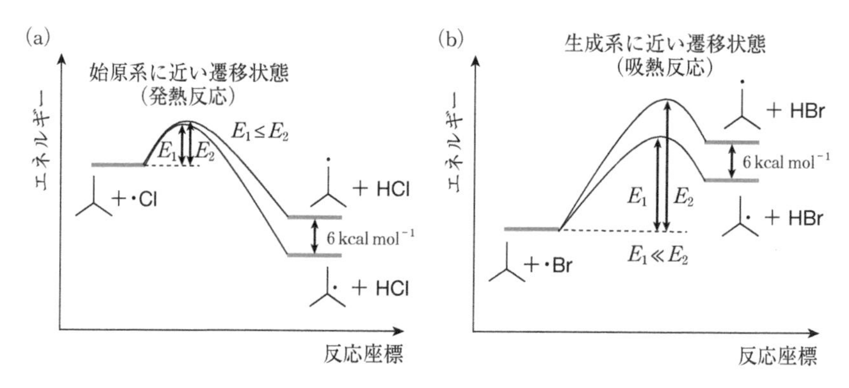

［図1-11］（a）塩素ラジカルおよび（b）臭素ラジカルによる水素引き抜きの位置選択性と遷移状態の位置ならびに活性化エネルギーとの関係

［柳日馨，『有機ラジカル反応の基礎：その理解と考え方』，丸善出版（2015），p. 26，図2-19を参考に作成］

しない．それにもかかわらず，反応生成物の比が両者で大きく異なることは一見不思議な現象のように思える．この反応挙動の違いは，塩素ラジカルおよび臭素ラジカルによる水素引き抜きの反応の遷移状態の違いに基づいて，次のように説明できる．

図1-11に塩素ラジカルおよび臭素ラジカルによる水素引き抜きの位置選択性と遷移状態の位置ならびに活性化エネルギーとの関係を示す．塩素ラジカルによる水素引き抜きは発熱反応であり，その遷移状態は始原系（原料側）に近く，メチル水素とメチン水素の引き抜きに対する2種類の遷移状態エネルギーにはほとんど差が生じない（図(a)）．このため，反応の位置選択性に生成物のエネルギー差はほとんど反映され

ず，位置選択性は発現しない．一方，臭素ラジカルによる水素引き抜きは吸熱反応であり，遷移状態は生成系に近い（図(b)）．遷移状態での結合距離や構造は生成物の構造に類似しているため，反応生成物間のエネルギー差が遷移状態でのエネルギーにしっかりと反映される．その結果，活性化状態でのエネルギー障壁に大きな差が生じ，反応の選択性が向上するという理屈である．

ラジカル反応の遷移状態が反応系のどのあたりに位置するかは，反応制御の結果に直接かかわるため，決して無視できない重要な問題である．ラジカル反応の一般的な特徴のうち，「位置選択性や立体選択性に欠けることが多い」，「炭素－炭素2重結合へのラジカルの付加は発熱反応である」，「ラジカル中間体は立体障害の影響を受けにくいので，立体的に込み合った構造の生成物の合成反応に適している」などの特徴は，多くのラジカル反応が「出発物質に近い構造の遷移状態をとる」ことと密接に関係している．

1.5 ラジカル連鎖反応の制御

これまで述べてきたように，ラジカル反応は，加熱，光や放射線の照射，あるいはラジカル開始剤（ラジカル発生剤）の分解によって開始され，高反応性のラジカルを活性種とする複数の反応の組み合わせからなる連鎖反応機構で進行する．ラジカル開始剤には，アゾ化合物や過酸化物が用いられ，それぞれ化合物の安定性に応じた分解速度をもつため，反応条件に適した開始剤を選択する必要がある．還元剤と酸化剤を組み合わせたレドックス反応によってもラジカルが生成し，この場合には低温でも速やかに反応が進行し，大量のラジカルが発生するので取り扱いに注意が必要である．トリエチルホウ素やジエチル亜鉛は酸素と反応してエチルラジカルを発生させることができ，低温での有機合成反応にしばしば利用される．

1959年に開発された有機ハロゲン化物であるトリブチルスズヒドリドによるラジカル還元反応（**図1-12**(a)）を用いて，ラジカル連鎖反応の特徴を説明する．トリブチルスズヒドリドのスズ－水素結合は活性であり，アルキルラジカルを速やかに還元（水素供与）し，そこで生成するトリブチルスズラジカルは速やかに有機ハロゲン化物からハロゲンを引き抜く．ハロゲン引き抜きの速度定数は10^7～10^9 L mol^{-1} s^{-1}であり，きわめて速い反応である．トリブチルスズヒドリドから水素を引き抜く反応も比較的速やかに起こる（反応の速度定数は約10^6 L mol^{-1} s^{-1}）．これら一連のラジカル連鎖反応によって，ハロゲン化物の還元反応が効率よく進行する．

トリアルキルスズヒドリドやそのハロゲン化物は，生成物からの完全な除去が困難

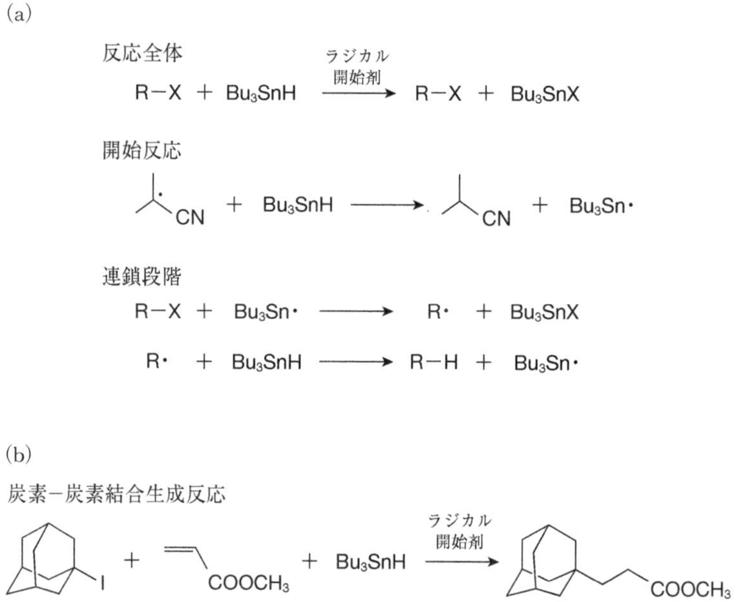

(a)

反応全体

$$\mathrm{R{-}X} + \mathrm{Bu_3SnH} \xrightarrow{\text{ラジカル開始剤}} \mathrm{R{-}X} + \mathrm{Bu_3SnX}$$

開始反応

$$\mathrm{(CH_3)_2\dot{C}CN} + \mathrm{Bu_3SnH} \longrightarrow \mathrm{(CH_3)_2CHCN} + \mathrm{Bu_3Sn\cdot}$$

連鎖段階

$$\mathrm{R{-}X} + \mathrm{Bu_3Sn\cdot} \longrightarrow \mathrm{R\cdot} + \mathrm{Bu_3SnX}$$

$$\mathrm{R\cdot} + \mathrm{Bu_3SnH} \longrightarrow \mathrm{R{-}H} + \mathrm{Bu_3Sn\cdot}$$

(b)

炭素−炭素結合生成反応

$$\text{1-ヨードアダマンタン} + \mathrm{CH_2{=}CHCOOCH_3} + \mathrm{Bu_3SnH} \xrightarrow{\text{ラジカル開始剤}} \text{Ad}\mathrm{{-}CH_2CH_2COOCH_3}$$

[図1-12]　トリブチルスズヒドリドを用いるラジカル連鎖反応の例

(a) トリブチルスズヒドリドを用いる有機ハロゲン化物のラジカル還元反応と，(b) トリブチルスズヒドリドと電子不足型アルケンを用いる炭素−炭素結合の生成をともなう反応（ギーゼ反応）．

であり，また不快臭をもつ化合物であることが問題視され，スズ以外の化合物で同様の作用を示す還元試薬の開発が進められた．現在では，1990年代にChatgilialogluらによって合成されたトリス(トリメチルシリル)シラン（$[(CH_3)_3Si]_3SiH$）が市販の試薬として入手できる[20]．

Gieseらは，有機ハロゲン化物のスズヒドリドによる還元反応を積極的に合成反応に利用して，炭素−炭素結合の生成をともなう反応（ギーゼ反応）として有機合成化学におけるこれら一連の反応の有用性を示した[5]（図(b)）．ここでは，トリブチルスズラジカルによるハロゲン化アルキルからの水素引き抜きで生成するアルキルラジカルが電子不足型（電子求引性基をもつ）アルケンに速やかに付加することが利用されている．開始剤の分解によるラジカル種の発生とトリブチルスズヒドリドからの水素引き抜きに続く，一連の反応の繰り返しによって構成されている．すなわち，トリブチルスズラジカルによるハロゲン化アルキルからのハロゲン引き抜き，生成したアルキルラジカルの電子不足型アルケンへの付加，ならびに生成したラジカルによるトリ

RCH_2Br →(Bu_3Sn・, $k=3\times10^7$) RCH_2・ →(メタクリロニトリル, $k=5\times10^5$) 付加物ラジカル →(Bu_3SnH, $k=3\times10^6$) 目的化合物

RCH_2・ →(Bu_3SnH, $k=2\times10^6$) RCH_3 副生成物

付加物ラジカル →(メタクリロニトリル, $k=1\times10^3$) 副生成物

［図1-13］ **ラジカル連鎖機構で進行するギーゼ反応中に競争して起こる各反応に対する速度定数の比較**

速度定数kの単位はいずれも$L\ mol^{-1}s^{-1}$.

ブチルスズヒドリドからの水素引き抜き，これらの反応が繰り返される．

これらのラジカル連鎖反応には，競争的に進行するいくつかの反応が含まれる．目的の生成物を得るためには，それぞれの反応速度を制御することが重要である．図**1-13**に示すように，ハロゲン化アルキル（RCH_2Br）を出発物質として，トリブチルスズヒドリドを用いたラジカル反応系で，電子不足型アルケンとしてメタクリロニトリルを用いて目的化合物の1/1付加物を合成する場合を考える．

この系に含まれる反応はいずれもラジカルと基質（メタクリロニトリルあるいはトリブチルスズヒドリド）との2分子反応であり，それらの濃度と反応速度定数（k）によって反応の速度が決定する．最初に生成するラジカルRCH_2•のトリブチルスズヒドリドからの水素引き抜き反応の速度定数は，メタクリロニトリルへの付加反応の速度定数に比べて4倍大きいので，後者の付加反応を優先して進行させるためには，メタクリロニトリル濃度をトリブチルスズヒドリド濃度の4倍以上高く設定しなければならない．

次に，1段階目の反応で生成した付加物ラジカルがトリブチルスズヒドリドによって水素化される反応がメタクリロニトリルの成長反応（2量体が生成する反応）より優先して起こる条件として，メタクリロニトリルの濃度はトリブチルスズヒドリド濃度の300倍以下でなければならないことがわかる．さらに，反応副生成物としてアルキルラジカル間のカップリング生成物（あるいは不均化による生成物）も考えられ，これを避けるにはラジカル濃度が低くなるように条件を設定する必要がある．これらすべての要求を満たし，効率よく反応を行って目的化合物を高収率で得るために，最

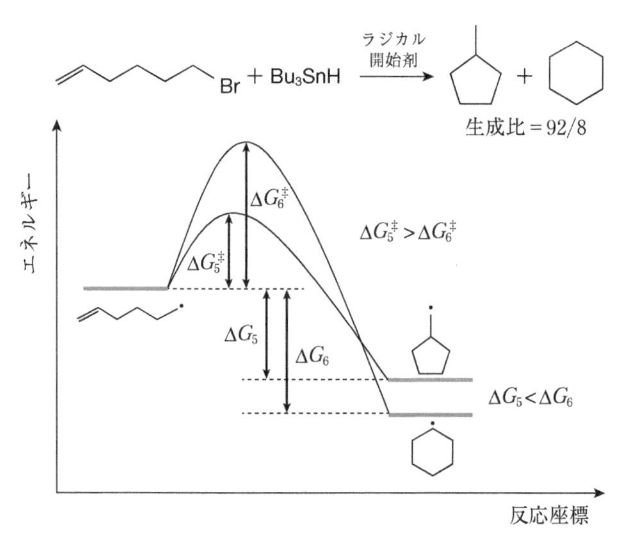

［図1-14］ トリブチルスズヒドリドを用いる5-ヘキセニルブロミドのラジカル環化反応とポテンシャルエネルギー図

適な基質濃度（ここではハロゲン化アルキルとメタクリロニトリルの濃度）を設定し，シリンジポンプなどを用いてトリブチルスズヒドリドを少量ずつ反応系に添加しながら，時間をかけて反応が行われる．

トリブチルスズヒドリドを用いるラジカル反応に関連して，以下の2点にも触れておく．1つは分子内環化反応における位置選択性，もう1つは反応速度定数の絶対値の決定である．

分子内に2重結合とハロゲンの両方を含むある種の化合物にトリブチルスズヒドリドを作用させると，ラジカル環化反応が進行する．たとえば，5-ヘキセニルブロミドからメチルシクロペンタン（5員環生成物）とシクロヘキサン（6員環生成物）が競争的反応によって生じる（**図1-14**）．反応式に示すように，圧倒的に5員環生成物の割合が高いこと（生成比92/8）が知られている．出発物質からの臭素引き抜きによって生じたヘキセニルラジカルが分子内で2重結合に付加する際に，exo型とendo型の2種類の付加の可能性があるが，この反応では前者が優先して位置選択的にラジカル環化反応が進行していることを示す．ここで，5員環生成物が優先的に生じる理由は，図に示す反応の2種類のポテンシャルエネルギー図の違いから説明できる．

第1級ラジカルであるシクロペンチルメチルラジカルと第2級ラジカルであるシクロヘキシルラジカルが生成する反応の自由エネルギー変化（ΔG）を比べると，シクロヘキシルラジカルの安定性が高く（生成ラジカルの自由エネルギーが負に大きく），ΔGは大きな負の値となる．一方，ヘキセニルラジカルから遷移状態に至るまでのエネルギー障壁，すなわち活性化自由エネルギー（$\Delta G^{\ddagger}$）の大きさは，シクロヘキシルラジカルが生じる反応のほうが大きい（すなわち，5員環形成に比べて6員環形成のための反応のエネルギー障壁が高い）．分子軌道計算の結果から，5員環生成物を与える反応の遷移状態の構造がシクロヘキサンのイス型構造に近いことが確かめられている．実験的に求めた環化反応速度定数は，5員環と6員環を形成する反応に対してそれぞれ$2.3 \times 10^5\ \mathrm{s}^{-1}$と$4.1 \times 10^3\ \mathrm{s}^{-1}$（いずれも25℃）であり，この値は$\Delta G^{\ddagger}$の違いによく対応している．以上の結果から，速度論的に有利な環化反応が進行すると5員環生成物が有利となり，熱力学的に有利な環化反応が進行すると6員環生成物が有利となることがわかる．

次に，2つ目の反応速度定数の絶対値の決定について説明する．ラジカル反応の速度定数は，一般に電子スピン共鳴法（electron spin resonance, ESR）や時間分解IRスペクトルなどの測定によって決定されるが，正確な速度定数の値を決定することは容易ではない．ここで，速度定数が既知である反応と，速度定数が未知である反応が同一反応系で競争して進行する場合，既知の速度定数を基準として，未知の速度定数を簡便に決定することができる．この方法はラジカルクロック法と呼ばれ，間接的な方法でありながら，多くの系に有効な手法として広く用いられている[21]．

図1-15に示すように，基準となる反応には，基質の濃度などの反応条件の影響を受けにくい1分子反応が用いられる．ただし，図に示した反応系に対しても，環化後のトリブチルスズヒドリドからの水素引き抜きが速やかに進行する（1段階目の環化反応に比べて速い）ことや，他のラジカル反応が無視できる条件で反応を行う必要が

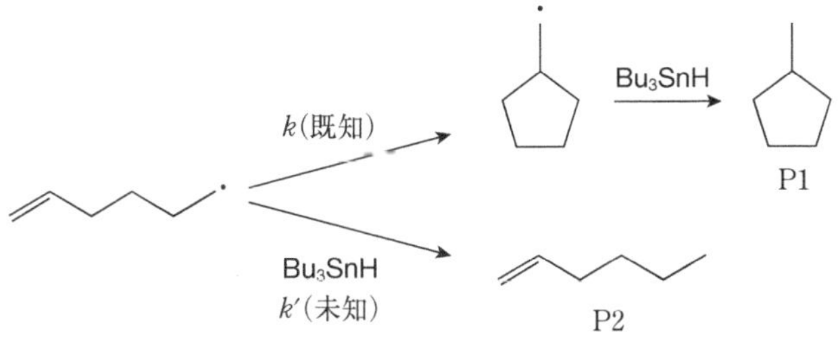

［**図1-15**］ **ラジカルクロック法による速度定数の決定**

ヘキセニルラジカルの環化（5員環形成）反応の速度定数k（既知）とトリブチルスズヒドリドの濃度を用いて，生成物の比から未知の速度定数k'が求まる（式(1-7) 参照）．

ある．水素供与体であるトリブチルスズヒドリドの濃度条件を変えて，生成物（P1とP2）の比を実験的に求め（両者をプロットして得られる直線の傾きを求める），既知の速度定数k（5員環形成のラジカル環化反応の速度定数）を組み合わせることによって，式(1-7)から未知の速度定数k'（ここでは，ヘキセニルラジカルのトリブチルスズヒドリドからの水素引き抜きの反応速度定数）を精度よく求めることができる．

$$\frac{[\mathrm{P2}]}{[\mathrm{P1}]}=\frac{k'[\mathrm{Bu_3SnH}][\mathrm{A}\bullet]}{k[\mathrm{A}\bullet]}=\frac{k'[\mathrm{Bu_3SnH}]}{k} \tag{1-7}$$

1.6 ラジカル反応の立体制御

1980年代まで，臭素化やラジカル重合などの実用的な用途を除いて，有機合成化学分野でのラジカル反応の利用は限定されていたが，ラジカル反応も条件を満たせば高い化学選択性や位置選択性を示すことがわかると，ラジカル反応に対する認識は大きく変わっていった．1990年代に入ると，立体化学の制御のための新しい概念とガイドラインが提示され，ラジカル反応に対するそれまでのイメージが刷新され，有機化合物合成のための精密な反応制御に対してラジカル反応が積極的に利用され始めた[8),9)]．

図1-16にラジカル反応の立体制御のための代表的な手法をまとめる．基質による制御は，最も一般的に行われるアプローチの1つであるが，立体特異性が出現する化合物をやみくもに探すのではなく，合理的な分子デザインによって効率よく反応設計を進めていく手法がとられている．鎖状（非環状）のラジカルの分子間反応については，アリルひずみ（A-strain）モデル（図(a)）を用いた反応制御が有効である[22)]．2重結合への付加や水素引き抜きなどの非環状ラジカルの分子間反応の場合，反応選択性はアリルひずみモデルあるいはFelkin-Ahnモデル（図(b)）を用いて説明される．ラジカルのα位の置換基がCOR，COR_2，CONR，Ar，NR_2，NO_2の場合にアリルひずみモデルに従うコンフォメーションがエネルギー的に有利となり，α位の置換基としてOR，SR，NHRをもつラジカルはFelkin-Ahn立体配座を優先的にとる．反応はかさ高い置換基で保護された側の反対側から選択的に起こり，たとえば，メサコン酸エステル（α-メチルフマル酸エステル）の反応では，立体選択的な水素原子の引き抜きによって高いジアステレオ選択性で生成物が得られる．ここで3級炭素ラジカルは2級炭素ラジカルに比べてつねに高い選択性を示し，高選択性の発現にはα-メチル基の存在が重要である．これらの反応選択性の向上は，ラジカルの立体配座の制御

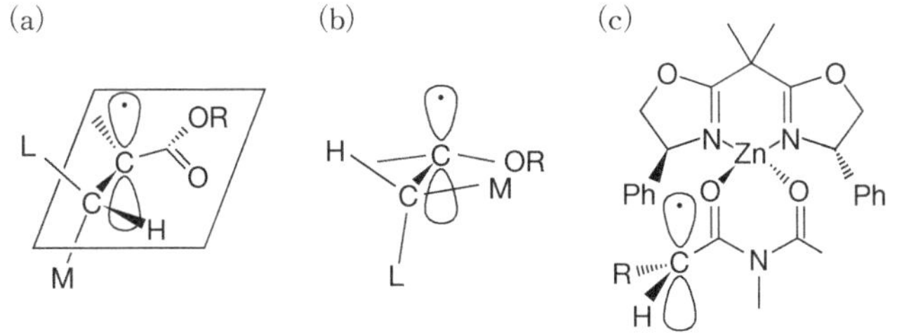

［図1-16］ラジカル反応の立体制御のための代表的な手法

(a) 基質による制御（アリルひずみモデル），(b) 基質による制御（Felkin-Ahnモデル），(c) キラル補助基による制御．

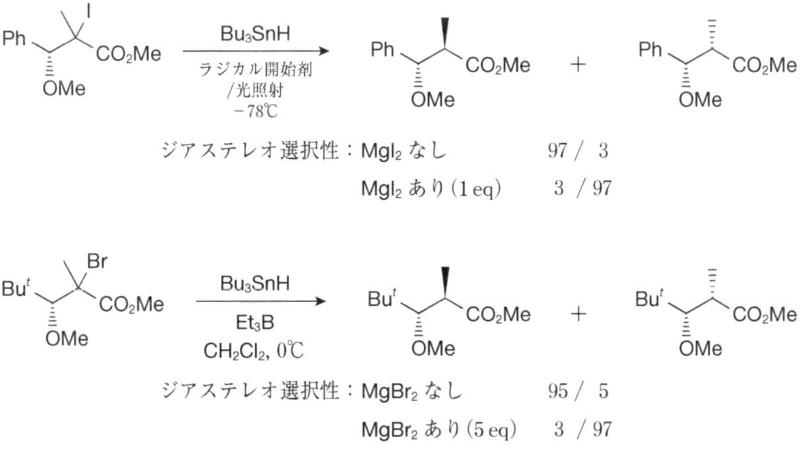

Bu_3SnH
ラジカル開始剤
/光照射
−78℃

ジアステレオ選択性：MgI_2 なし　97 / 3
MgI_2 あり (1 eq)　3 / 97

Bu_3SnH
Et_3B
CH_2Cl_2, 0℃

ジアステレオ選択性：$MgBr_2$ なし　95 / 5
$MgBr_2$ あり (5 eq)　3 / 97

［図1-17］ルイス酸の添加によるラジカル反応のジアステレオ選択性のスイッチング

Bu^tは*tert*-ブチル基.

によるものであり，置換基間の立体効果と双極子相互作用が配座を決定することが，ESR測定や密度汎関数理論（density functional theory, DFT）計算から明らかにされている[23]．

アリルひずみモデルに従って高いジアステレオ選択性を示すラジカルのα位をエステル置換した反応系にルイス酸を添加することによって，高度な制御が可能になる．**図1-17**に示す反応のように，トリブチルスズヒドリドによるラジカル還元反応ではルイス酸不在下で95/5以上の高いジアステレオ選択性を示すが，この反応系にMgI_2や$MgBr_2$などのルイス酸を添加すると，選択性が反転し，かつ高いジアステレオ選

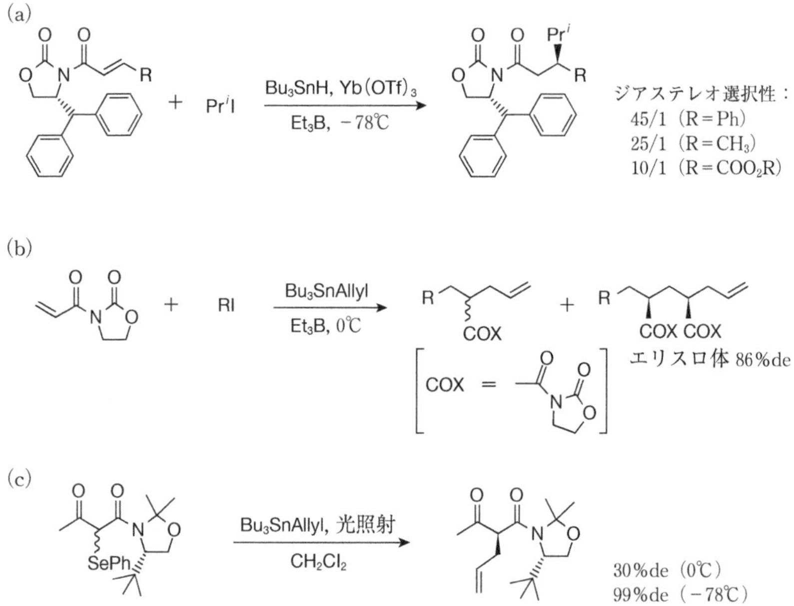
(a)
Pr^{i}I
Bu_3SnH, Yb(OTf)$_3$
Et_3B, −78℃
ジアステレオ選択性：
45/1 (R＝Ph)
25/1 (R＝CH_3)
10/1 (R＝CO_2R)
(b)
RI
$Bu_3SnAllyl$
Et_3B, 0℃
COX
COX COX
エリスロ体 86%de
COX ＝
(c)
SePh
$Bu_3SnAllyl$, 光照射
CH_2Cl_2
30%de (0℃)
99%de (−78℃)

［図**1-18**］ **キラル補助基を用いるラジカル反応のジアステレオ選択性制御**

択性を保持したままで異なる立体構造をもつ生成物のつくり分けが可能になる[24)]．2座配位性のMgイオンがα位のエステルカルボニルとβ位のアルコキシ基の酸素の間でキレートを形成し，ラジカルの安定なコンフォメーションが大きく変化するためである．ルイス酸の添加によってキレートが形成されるとエステル基とアルコキシ基が近い位置のコンフォメーションをとり，その結果，水素化試薬は逆の方向から反応し，ジアステレオ選択性の逆転が起こる．ルイス酸の添加は，選択性の変化に寄与するだけでなく，反応速度を大きくする作用もある．

キラル補助基を用いた制御（図1-16 (c)）はカルバニオンおよびエナミンの化学で開発された手法であり，ラジカル反応用のキラルなルイス酸を含む新しいキラル補助基が設計されている．たとえば，オキサゾリジノン環を利用したアクリルアミド誘導体のジアステレオ選択的およびエナンチオ選択的なラジカル付加反応が報告されている[25),26)]．オキサゾリジノン誘導体の2つのカルボニル基がルイス酸として作用するYb(OTf)$_3$と複合体を形成して反応物の立体構造を固定すると，アルケンあるいはラジカルの特定の位置がかさ高い置換基によって保護され，高い立体選択性が得られる（**図1-18** (a)）．*N*-置換基にオキサゾリジノン環をもつアクリルアミド誘導体のアルキルヨウ素とトリブチルスズアリルを用いるアリル化反応では，アルキルラジカルのアクリルアミドへの付加やトリブチルスズアリルによるアリル化の反応中に，2量体も一部生成する．このとき，エリスロ体が優先的に生成（ジアステレオ過剰率86％de）し，この系は後にアクリルアミドのイソタクチック選択的なラジカル重合にも応用されている[27]（図(b)）．ルイス酸に不斉な配位子を組み合わせて用いると，生成物のエナンチオ選択性が制御でき，高いエナンチオ過剰率で片方の不斉構造をもつ生成物が得られる．オキサゾリジノン環に直接不斉な置換基を組み込むことによっても効率よく反応制御することが可能であり，高いジアステレオ過剰率（99％de）が得られている（図(c)）．さらに，炭素中心不斉ではなく，空間的にねじれた構造によって生じる不斉構造を利用したラジカル反応の立体制御も報告されている[28),29]．たとえば，オルト位に置換基をもつ*N*-フェニルアクリルアミド誘導体のベンゼン環はアクリルアミド平面に対してねじれた構造をとり，位置選択的な5員環を生成する環化付加において，高いエナンチオ過剰率（86％ee）を示す．これらキラル補助基を用いたジアステレオ選択的およびエナンチオ選択的なラジカル反応の詳細については成書[10),11]を参考にしていただきたい．

COLUMN

25年間生き続けたラジカル

1900年のトリフェニルメチルラジカルの発見後，さまざまな研究者の手によって多くの安定ラジカルが合成されている．ニトロキシドの1種であるTEMPOは，リビングラジカル重合に欠かせない安定ラジカルの代表格であり，市販品が容易に手に入る．一方，比較的早い時期からその存在が確認されていたにもかかわらず，発見から25年経ってようやく市民権を得た不運のラジカルもある．

ミネソタ大学のC. Frederick Koelsch教授（発見当時はハーバード大学）は，トリフェニルメチルラジカルに比べてはるかに安定なラジカル（化学構造を文末に示す）を合成することに成功し，1932年6月にアメリカ化学会誌へ論文を投稿した．ところが，研究成果を当時の論文審査委員に正当に評価してもらうことができず，審査の結果，論文は却下されてしまった．Koelsch教授は，その審査結果に納得できなかったものの，他の論文誌に投稿することはせずに，論文発表することをとりやめた．後に，計算科学や分析手法が発達し，ESRによるラジカルの直接観測が可能になった頃，Koelsch教授は実験室に放置されていたラジカルをふたたび手にとり，状態を確認してみた．25年間実験室で放置されていたにもかかわらず，ラジカルは見かけ上変化がなさそうであった．ラジカルが存在し続けていることをESRで確認すると，当時の原稿（没になった原稿を25年間大切に残してあったことからも研究に対する執念を感じ取ることができる）に投稿時の顛末とその後明らかになった実験事実を示す脚注を数行書き足しただけで，論文本体には何も手を加えずに，同じ学会誌にふたたび投稿した．今度は文句なしに受理，掲載された．時はすでに1957年だった．

移り変わりの激しい現代では想像もできない気が遠くなる話だが，研究に対する一途な想いには見習うべきものがある．このラジカルは，現在も敬意を込めてケルシュラジカルと呼ばれている．

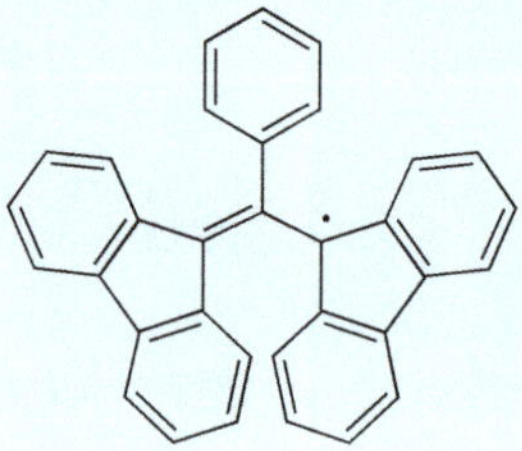

参考文献

1) C. P. Jasperse, D. P. Curran, and T. L. Fevig, "Radical Reactions in Natural Product Synthesis", *Chem. Rev.*, **91**, 6, pp. 1237–1286（1991）

2) M. Gomberg, "An Instance of Trivalent Carbon: Triphenylmethyl", *J. Am. Chem. Soc.*, **22**, 11, pp. 757–771（1900）

3) B. Giese, "Formation of CC Bonds by Adiition of Free Radical to Alkenes", *Angew. Chem. Int. Ed. Engl.*, **22**, 10, pp. 753–764（1983）

4) B. Giese, "The Stereoselectivity of Intermolecular Free Radical Reactions", *Angew. Chem. Int. Ed. Engl.*, **28**, 8, pp. 969–1146（1989）

5) B. Giese, *Radicals in Organic Synthesis: Formation of Carbon-Carbon Bonds*, Pergamon Press（1986）

6) J. K. Kochi（Eds.）, *Free Radicals, Vols. 1 & 2*, John Wiley & Sons: New York（1973）

7) D. P. Curran, "The Design and Application of Free-radical Chain Reactions in Organic Synthesis, Parts 1 & 2", *Synthesis*, pp. 417–439 and pp. 489–513（1988）

8) N. A. Porter, B. Giese, and D. P. Curran, "Acyclic Stereochemical Control in Free-Radical Reactions", *Acc. Chem. Res.*, **24**, 10, pp. 296–304（1991）

9) D. P. Curran, N. A. Porter, and B. Giese, *Stereochemistry of Radical Reactions*, VCH: Weinheim（1996）

10) P. Renaud and M. P. Sibi（Eds.）, *Radicals in Organic Synthesis, Vols. 1 & 2*, Wiley-VCH: Weinheim（2001）

11) C. Chatglialoglu and A. Studer (Eds.), *Encyclopedia of Radicals in Chemistry, Biology and Materials*, Wiley: Chicchester (2012)

12) H.-G. Viehe, Z. Janousek, R. Merenyi, and L. Stella, "The Captdative Effect", *Acc. Chem. Res.*, **18**, 5, pp. 148-154 (1985)

13) A. F. Parsons, *An Introduction to Free Radical Chemistry*, Blackwell Science: London (2000)

14) 柳日馨,『有機ラジカル反応の基礎：その理解と考え方』, 丸善出版 (2015)

15) M. L. Coote, A. Pross, and L. Radom, "Variable Trends in R−X Bond Dissociation Energies (R = Me, Et, *i*-Pr, *t*-Bu)", *Org. Lett.*, **5**, 24, pp. 4689-4692 (2003)

16) M. L. Coote, C. Y. Lin, A. L. J. Beckwith, and A. A. Zavitsas, "A Comparison of Methods for Measuring Relative Radical Stabilities of Carbon-Centred Radicals", *Phys. Chem. Chem. Phys.*, **12**, 33, pp. 9597-9610 (2010)

17) H. Fischer, "The Persistent Radical Effect: A Principle for Selective Radical Reactions and Living Radical Polymerizations", *Chem. Rev.*, **101**, 12, pp. 3581-3610 (2001)

18) H. Fischer and L. Radom, "Factors Controlling the Addition of Carbon-Centered Radicals to Alkenes: An Experimental and Theoretical Perspective", *Angew. Chem. Int. Ed. Engl.*, **40**, 8, pp. 1340-1371 (2001)

19) I. Ryu, N. Sonoda, and D. P. Curran, "Tandem Radical Reactions of Carbon Monoxide, Isonitriles, and Other Reagent Equivalents of the Geminal Radical Acceptor/Radical Precursor Synthon", *Chem. Rev.*, **96**, 1, pp. 177-194 (1996)

20) M. Ballestri, C. Chatgilialoglu, K. B. Clark, D. Griller, B. Giese, and B. Kopping, "Tris-(trimethylsilyl)silane as a Radical-Based Reducing Agent in Synthesis", *J. Org. Chem.*, **56**, 2, pp. 678-683 (1991)

21) D. Giller and K. U. Ingold, "Free-Radical Clocks", *Acc. Chem. Res.*, **13**, 9, pp. 317-323 (1980)

22) Y. Guindon, C. Yoakim, R. Lemieux, L. Beisvert, D. Delorme, and J.-F. Lavallée, "Steroselectivite Reduction of Acyclic α-Bromo Esters", *Tetrahed. Lett.*, **31**, 20, pp. 2845-2848 (1990)

23) B. Giese, W. Damm, F. Wetterich, H.-G. Zeitz, J. Rancourt, and Y. Guindon, "The Effect of Polar Substituents on the Conformation and Stereochemistry of Enolate Radicals", *Tetrahed. Lett.*, **34**, 37, pp. 5885-5888 (1993)

24) Y. Guindon, J.-F. Lavallée, M. Llinas-Brunet, G. Horner, and J. Rancourt, "Stereoselective Chelation-Controlled Reduction of α-Iodp-β-alkoxy Esters under Radical Conditions", *J. Am. Chem. Soc.*, **113**, 25, pp. 9701-9702 (1991)

25) J. H. Wu, R. Radinov, and N. A. Porter, "Enantioselective Free Radical Carbon-Carbon Bond Forming Reactions: Chiral Lewis Acid Promoted Acyclic Additions", *J. Am. Chem. Soc.*, **117**, 44, pp. 11029-11030 (1995)

26) M. P. Sibi, J. Ji, J. H. Wu, S. Gürtler, and N. A. Porter, "Chiral Lewis Acid Catalysis in Radical Reactions: Enantioselective Conjugate Radical Additions", *J. Am. Chem. Soc.*, **118**, 38, pp. 9200-9201 (1996)

27) N. A. Porter, T. R. Allen, and R. A. Breyer, "Chiral Auxiliary Control of Tacticity in Free Radical Polymerization", *J. Am. Chem. Soc.*, **114**, 20, pp. 7676-7683 (1992)

28) D. P. Curran, H. Qi, S. J. Geib, and N. C. DeMello, "Atroposelective Thermal Reactions of Axially Twisted Amides and Imides", *J. Am. Chem. Soc.*, **116**, 7, pp. 3131-3132 (1994)

29) D. P. Curran, W. Liu, and C. H.-T. Chen, "Transfer of Chirality in Radical Cyclizations. Cyclization of o-Haloacrylanilides to Oxindoles with Transfer of Axial Chirality to a Newly Formed Stereocenter", *J. Am. Chem. Soc.*, **121**, 47, pp. 11012-11013 (1999)

第2章

ラジカル重合の特徴と反応制御

本章では，ラジカル重合の基本事項について説明する．リビングラジカル重合の反応制御には，ラジカル重合の基本的な反応の理解が欠かせないためである．第Ⅱ編や第Ⅲ編での専門的な内容や応用と直接関連する項目では，基礎の範囲を超えて中級レベルにまで踏み込んで反応制御の考え方を解説する．ラジカル重合全般に関する基礎的な内容は，『高分子科学：合成から物性まで』[1]（学部生向けの教科書）を，やや高度な内容に関しては『高分子の合成（上）』[2]（大学院生向け）を参考にしていただきたい．精密な重合制御を行うためには，第1章で説明したラジカル反応の特徴と，本章で説明するラジカル重合の基本原理を組み合わせて反応を理解することが重要である．

2.1 重合の分類と特徴

重合は，連鎖重合と逐次重合に大きく分類できる．連鎖重合と逐次重合はそれぞれ異なる特徴をもち，モノマーの構造（すなわちポリマーの構造）や求められる条件や特性に応じてこれらの重合方法が使い分けされている．また，リビング重合は連鎖重合の1種であるが，他の重合とは異なるユニークな特徴をもっている．特に分子量に関しては，これらの重合方法ごとに大きく異なる特徴を示す．連鎖重合，逐次重合およびリビング重合における反応収率と生成ポリマーの分子量の関係を**図2-1**に示す．図には，生成ポリマーの数平均重合度（P_n，数平均分子量M_nを繰り返し単位の分子量で割った値）が反応収率pとそれぞれどのような関係にあるかも示す．各重合は，それぞれ次のような特徴をもっている．

連鎖重合

- 反応中，つねにポリマーとモノマーが共存する．
- 反応初期から高分子量のポリマーが生成する．
- 生成ポリマーの分子量は，反応収率に関係なくほぼ一定である．

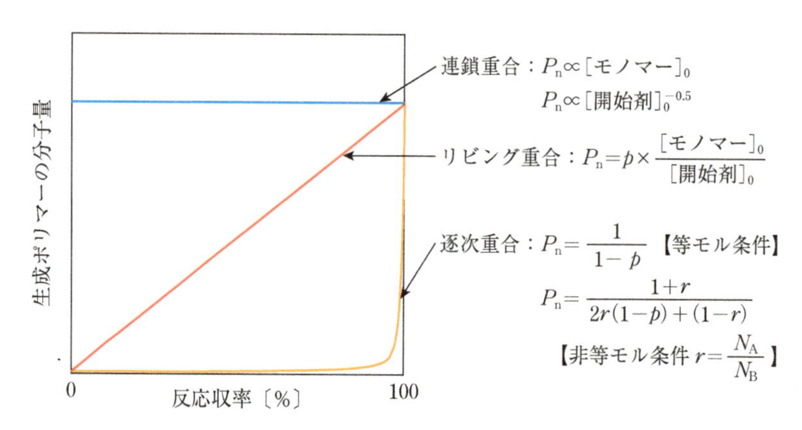

［図2-1］ **連鎖重合，逐次重合およびリビング重合の反応率と生成ポリマーの分子量の関係**

- 生成ポリマーの分子量（数平均重合度P_n）は，モノマー濃度の1次に比例し，開始剤濃度の0.5次に反比例する．また，成長反応速度が大きくなると高分子量のポリマーが生成し，開始剤の分解速度が大きくなると分子量は低下する．

逐次重合

- 反応中期でモノマーがほぼ消失し，オリゴマーが生成する．
- 反応終期になってから，高分子量のポリマーが生成し始め，反応収率が100%近くまで達すると，分子量が急激に増大する．
- 反応する2種類の官能基のモル数が等しい場合，生成ポリマーの分子量は反応収率に依存し，$P_n = 1/(1-p)$の関係がある．ここで，pは%ではなく最大で1となる比率で示している．官能基のモル数が等しくない条件では，$P_n = (1+r)/(2r(1-p)+(1-r))$の関係が成立し，上限が生じて分子量は大きくならない．
- 多分散度（M_w/M_n）は$1+p$に等しく，反応収率が1（100%）に近づくと，M_w/M_nの値は2に近づく（IUPACでは多分散度を示す記号として$Đ$の使用を推奨しているが，本書では一般的に広く使用されているM_w/M_nを用いる）．

リビング重合

- 反応中，つねにポリマーとモノマーが共存する（連鎖重合と同様）．
- 分子量は，反応収率に比例して増大する．
- 生成ポリマーの多分散度は，ポアソン分布（$M_w/M_n = (1+P_n)/P_n$）に従い，M_w/M_n

は1に近くなる．

- 反応収率100％に達した後にさらにモノマーを追加すると，重合が継続して起こる．異なるモノマーを追加するとブロック共重合体が生成する．

2.2 ラジカル重合の速度式と生成ポリマーの分子量

ラジカル重合は，多くの種類のビニルモノマーに適用できること，重合操作が簡便であること，水や多くの種類の有機溶媒を使用できること，共重合することによってポリマーの物性を制御できることなど，実用的な面での利点を多く含むポリマーの合成手法である．また，最も典型的な連鎖重合の1つであり，連鎖重合の特徴を活かして，工業的な大スケールのポリマー製造だけでなく，実験室レベルの小スケールでのポリマー合成にも利用されている．

連鎖重合では，開始，成長および停止反応の組み合わせによってポリマーが生成する（式(2-1)～式(2-4)）．実際の反応では，さらに連鎖移動が起こる場合が少なくない．

$$\text{開始反応：}\quad \mathrm{I} \xrightarrow{k_d} \mathrm{R}\bullet + \mathrm{R}\bullet \tag{2-1}$$

$$\mathrm{R}\bullet + \mathrm{M} \xrightarrow{k_i} \mathrm{R{-}M}\bullet \tag{2-2}$$

$$\text{成長反応：}\quad \mathrm{M_n}\bullet\,(\mathrm{or\ P}\bullet) + \mathrm{M} \xrightarrow{k_p} \mathrm{M_{n+1}}\bullet\,(\mathrm{or\ P}\bullet) \tag{2-3}$$

$$\text{停止反応：}\quad \mathrm{M_n}\bullet + \mathrm{M_m}\bullet \xrightarrow{k_t} \mathrm{M_{n+m}}\ \ \mathrm{or}\ \ \mathrm{M_n} + \mathrm{M_m} \tag{2-4}$$

ここで，Iは開始剤，R•は開始剤から生成する1次ラジカル，Mはモノマー，$\mathrm{M_n}\bullet$および$\mathrm{M_m}\bullet$は成長ラジカル，$\mathrm{M_{n+m}}$や$\mathrm{M_n}$および$\mathrm{M_m}$は，それぞれ再結合停止や不均化停止によって生成したポリマーである．k_d，k_i，k_pおよびk_tは，それぞれ分解，開始，成長および停止の反応速度定数である．ここで，鎖長（重合度）を区別しなければ，成長ラジカルはすべてP•で表される．実際の成長反応では，数個以上のモノマーが連なった成長ラジカルの反応性は同じとみなすことができる．停止反応速度は成長ラジカルの拡散速度に依存し，ポリマー鎖長や重合系の粘性の影響を受けるが，多くの場合，取り扱いを簡略化するためにそれらを考慮しない．

式(2-1)～式(2-4) に示した素反応から，開始，成長および停止の反応速度はそれぞれ次のように表される．ここで，1次ラジカルのモノマーへの付加（式(2-2)）は，開始剤の分解反応（式(2-1)）に比べて十分速いとみなすことができ，重合全体の開始速度は，式(2-5) で表される．また，ここでは成長および停止の反応速度定数k_pおよびk_tは，ポリマー鎖長に依存しないものとする．

$$\text{開始速度：}\quad R_i = -\frac{d[I]}{dt} = 2k_d f[I] \tag{2-5}$$

$$\text{成長速度：}\quad R_p = -\frac{d[M]}{dt} = k_p[P\bullet][M] \tag{2-6}$$

$$\text{停止速度：}\quad R_t = -\frac{d[P\bullet]}{dt} = k_t[P\bullet]^2 \tag{2-7}$$

さらに，以下の条件が成立するとき，

- 成長ラジカルの生成速度と，消失速度は等しい（定常状態の成立）
- 2分子停止のみが起こり，1次ラジカル停止は起こらない
- 連鎖移動が起こらない，あるいは起こっても再開始反応が十分速い

式(2-5)～式(2-7) の素反応速度式を組み合わせることによって，次式の重合速度式が得られる．

$$R_p = \sqrt{\frac{2k_d f[I]}{k_t}}\, k_p[M] \tag{2-8}$$

式(2-8) は，重合速度R_pがモノマー濃度と開始剤濃度のそれぞれ1次と0.5次に比例することを示す．

さらに，生成ポリマーの鎖長すなわち数平均重合度（P_n）は，成長速度R_pと開始速度R_iの比で表すことができる．不均化停止のみが起こる場合，成長ラジカルの鎖長と停止後の生成ポリマーの分子量は同一であり，連鎖移動が無視できる場合，ポリマーのP_nは，消費されたモノマーの数をポリマーの数で割ったものに等しく，P_nは[M] や [I] と次式の関係にある．

$$P_n = \frac{R_p}{R_i} = \frac{R_p}{R_t} = \frac{k_p[M]}{\sqrt{2k_d f[I]k_t}} \tag{2-9}$$

この式から，P_nがモノマー濃度と開始剤濃度のそれぞれ1次と−0.5次に比例することがわかる．再結合停止が起こる場合には，不均化停止と比べて2倍のP_nとなる．

また，リビング重合は連鎖重合の一種であるが，分子量や分子量分布に関しては，他の重合方法では見られない特徴を示す（3.2節参照）．

2.3 ラジカル重合の形態

ラジカル重合でポリマーを合成するための反応形態は，モノマー，開始剤，溶媒や反応媒体の有無と種類によって，バルク重合，溶液重合，懸濁重合，乳化重合に分類される．工業的に用いられるこれらの重合形態の特徴を**表2-1**にまとめる．近年，単純に分類できないさまざまな形態の重合がつぎつぎと開発されている．たとえば，分

［表2-1］ 工業的に用いられるラジカル重合の特徴

重合形態	バルク重合	溶液重合	懸濁重合	乳化重合
モノマー，開始剤	・液状モノマーであれば何でもよい ・開始剤はモノマーに可溶	・水溶性モノマーと水溶性開始剤，あるいは油溶性モノマーと油溶性開始剤の組み合わせを使用	・多くの油溶性モノマーに適用が可能 ・油溶性開始剤を使用 ・媒体として水を使用（分散安定剤を使用）	・油溶性モノマーを使用 ・水溶性開始剤を使用 ・媒体として水を使用 ・乳化剤が必要（ソープフリー重合を除く）
利　点	・重合速度が大きい ・高分子量体が容易に得られる ・重合後に有機ガラスなどとして利用可能	・重合熱の除去が容易 ・攪拌が容易 ・重合速度の精密な制御が可能 ・重合速度の精密な解析が容易	・高分子量体が得られやすい ・重合熱の除去が容易 ・ポリマーが微粒子状で単離でき，サイズ制御が可能	・高分子量体が得られやすい ・重合熱の除去が容易 ・重合後に乳化液（ラテックス）をそのまま利用できる
欠　点	・重合熱の除去が困難（重合熱が蓄積すると重合が暴走することがある） ・残存モノマーの除去が困難 ・100％重合が困難	・高分子量のポリマーが得られにくい ・ポリマーの単離操作（沈殿，ろ過分離，乾燥）が必要 ・有機溶媒を用いる場合，環境や安全面での管理が面倒	・重合中（特に重合初期）の攪拌が必要なことが多い ・重合後に分散剤の除去が面倒 ・気体状のモノマーには適用できない	・ポリマーの単離精製が困難（そのためラテックスとして利用することが多い） ・重合速度の精密な解析が複雑 ・重合条件に依存して反応機構が複雑になる
応用例	・ポリメタクリル酸メチル（有機ガラス）の製造，ポリスチレンの製造など	・ポリアクリル酸エステル（粘着剤）の製造	・ポリ塩化ビニル，ポリスチレン微粒子の製造など ・マイクロエマルション重合，ミニエマルション重合などさまざまな形態が可能	・ポリブタジエン，ポリ酢酸ビニル，ABS樹脂，クロロプレンゴムの製造など ・ソープフリー乳化重合も利用されている

散重合，沈殿重合，シード重合，マイクロエマルション重合，ミニエマルション重合などの中には，この表では分類できない手法が含まれ，それぞれの重合系の長所を取り入れながら，用途に応じて進化を続けている．

ラジカル重合によって工業的に製造されている代表的なポリマーとして，低密度ポリエチレン（LDPE，高圧高温でのバルク重合），ポリ塩化ビニル（PVC，懸濁重合），ポリスチレン（PS，バルク重合）があり，それぞれ国内で年間数十万から百数十万トンの規模で工業生産されている．これら以外に，ポリ酢酸ビニル（PVAc，乳化重合）は接着剤などに利用されるだけでなく，ポリマー反応によってポリビニルアルコール（PVA）に変換され，繊維素材やフラットパネルディスプレイの偏光板として利用されている．乳化重合は，ABS樹脂やクロロプレンゴムの製造にも用いられている．透明性に優れたメタクリル樹脂（PMMA，バルク重合）は，水族館の大型水槽などでガラス代替材料として用いられている．また，アクリル酸エステル共重合体（溶液重合，乳化重合）が，多品種で高機能性が要求される粘着剤，接着剤，コーティング剤などに使用されている．

2.4 ラジカル重合の開始

ラジカル重合では，加熱するか，光や放射線を照射することによって，ラジカル開始剤が分解してラジカルが生成し，重合が開始してポリマーが生成する．モノマーを保存するときには，重合が起こらないように重合禁止剤（ラジカル補足剤）が添加されているので，重合反応性を精密に比較する場合や，短時間で効率よくポリマーを合成したい場合には，重合を行う前にモノマーを精製して禁止剤を除去する必要がある（15.2.1項参照）．

最も一般的なラジカル開始剤として，アゾ化合物や過酸化物が用いられる．加熱や光照射によってラジカルを発生するアゾ化合物はアゾ開始剤と呼ばれる．アゾ開始剤の特徴として，分解速度が一定である，溶媒や添加物の影響を受けにくい，開始剤への連鎖移動が無視できる，分解によって窒素ガスを発生する，などがあり，反応速度の決定や速度論解析の研究に用いられる．アゾ開始剤は反応媒体中でモノマーや溶媒などの分子に取り囲まれており，生成したラジカルがそこから出てモノマーに付加する（開始反応に寄与する）割合を開始剤効率と呼ぶ．ラジカルの一部は再結合などの反応によって失活する．2,2′-アゾビスイソブチロニトリル（AIBN）の開始剤効率は，通常の重合条件下で0.5～0.6となり，反応系の粘性が高いと開始剤効率はさらに低下する．

一方，過酸化物は，溶媒やモノマーの種類によって分解速度が大きく変化し，アミンなどの酸化されやすい化合物の存在によって分解が促進される．過酸化物の開始剤効率は1に近く，工業的なポリマー製造工程に用いられる．酸素－酸素結合の開裂によって生じる酸素ラジカルはβ開裂を起こしやすく，複数のラジカル種が開始に関与し，反応機構が複雑になることが多い．酸素ラジカルは水素引き抜きを起こしやすいため，ポリマー材料の表面改質や表面グラフト化などに用いられる．

ラジカル開始剤の分解速度定数k_dは，化合物や使用する温度によって異なるので，重合条件に適した半減期（$t_{1/2}$）をもつ開始剤を適切に選択する必要がある．k_dは式(2-10）に示すアレニウス式で表され，$t_{1/2}$とは式（2-11）に示す関係にある．

$$k_d[s^{-1}] = A \exp\left(-\frac{E}{RT}\right) \tag{2-10}$$

［表2-2］ラジカル重合に用いられるおもな開始剤の分解速度パラメータ

名称（略号）	活性化エネルギー*，E[kJ mol^{-1}]	分解速度定数（60℃），$k_d \times 10^6$[s^{-1}]	10時間半減期温度［℃］
アゾ開始剤			
2,2'-アゾビス2-メチル-2-プロパン（AMP）	180.4	$\sim 5\times10^{-6}$	161
1,1'-アゾビスシクロヘキサンカルボニトリル（ACN）	149.1	0.286	88
2,2'-アゾビスイソ吉草酸ジメチル（MAIB）	124.0	8.68	66
2,2'-アゾビスイソブチロニトリル（AIBN）	128.9	9.41	65
2,2'-アゾビス2,4-ジメチルバレロニトリル（AVN）	123.7	54.2	52
2,2'-アゾビス2,4-ジメチル-4-メトキシバレロニトリル（AMVN）	115	930	17
過酸化物			
tert-ブチルヒドロペルオキシド（TBHP）	174.2	$\sim 4\times10^{-6}$	168
ジ*tert*-ブチルペルオキシド（DTBP）	152.7	2.37×10^{-3}	125
過酸化ベンゾイル（BPO）	139.0	1.45	78
過硫酸カリウム（KPS）	148.0	4.25	69
過酸化ラウロイル（LPO）	125.3	8.60	66
ジイソプロピルペルオキシジカーボネート（DODC）	126.7	129	46

［J. Brandrup *et al.*（Eds.），*Polymer Handbook, 4th ed.*, John Wiley & Sons（1999）を参考に作成］
*アレニウス式の活性化エネルギー（頻度因子や文献についてはオンラインデータを参照）．

$$t_{1/2}[\mathrm{s}] = \frac{\ln 2}{k_{\mathrm{d}}} \tag{2-11}$$

代表的なアゾ開始剤と過酸化物の分解速度パラメータを**表2-2**にまとめる[3]．また，これらの開始剤の化学構造を**図2-2**に示す．通常，開始剤の半減期が数時間から十数時間になるように適切な開始剤を選択し，温度などの重合条件を設定することが多い．また，過酸化物の分解速度は溶媒や添加物の影響を受けやすく，表2-2に示した数値は決して固有のものではないことに注意していただきたい．

室温以下の低温で重合を行う場合，酸化剤と還元剤の組み合わせで構成されるレドックス開始剤が適している．酸化剤と還元剤を混合すると酸化還元反応がただちに進行し，ラジカルが生成する．電気化学的な酸化還元反応（電極反応）や光電子移動を用いる開始系も制御ラジカル重合によく用いられている．後者には遷移金属を含む錯体が用いられることが多いが，金属を含まない有機分子を光触媒として用いる開始系も開発されている（10.5節参照）．

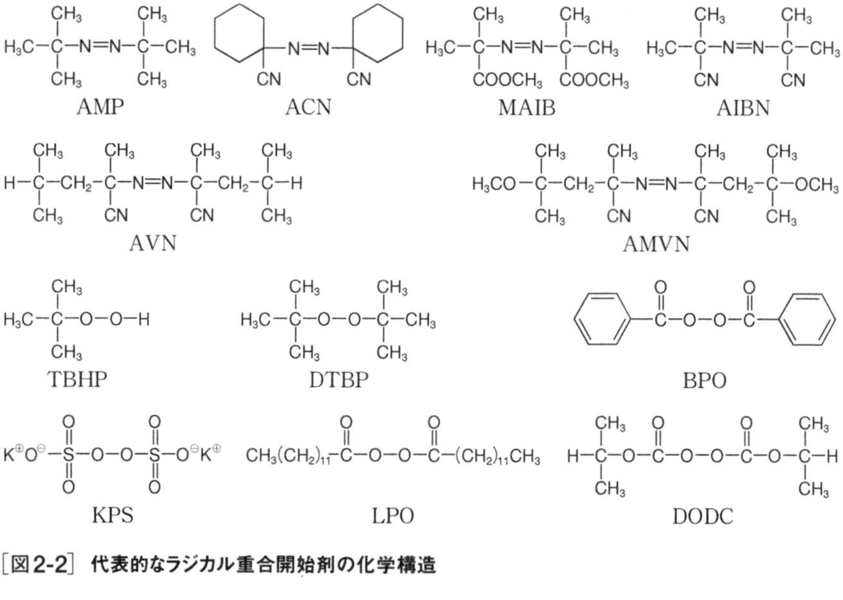

AMP　ACN　MAIB　AIBN

AVN　AMVN

TBHP　DTBP　BPO

KPS　LPO　DODC

［**図2-2**］**代表的なラジカル重合開始剤の化学構造**

2.5 ラジカル重合の反応選択性

2.5.1 開始反応

開始剤の分解によって生じる1次ラジカル（炭素ラジカル，酸素ラジカル，硫黄ラジカル，リンラジカルなど）は，ビニルモノマーに付加して，重合を開始する．このとき，1次ラジカルの中心元素や置換基の種類に応じて反応は異なる特徴を示す．さまざまなラジカルのビニルモノマーへの付加に対する相対反応性を**表2-3**に示す[4]．

炭素ラジカルは求核的な性質をもち，電子供与性置換基を含む共役モノマーであるスチレン（$Q = 1.0$, $e = -0.8$）への付加に比べて，電子求引性置換基を含む同じく共役モノマーのメタクリル酸メチル（$Q = 0.78$, $e = 0.40$）への付加速度は約2倍大きい値となる．強い電子求引性の置換基を含むアクリロニトリル（$Q = 0.48$, $e = 1.23$）に対しては，さらに高い反応性を示す．Q値は，ビニルモノマーの置換基の共役の程度を示し，e値はモノマーの2重結合上の電子密度を表す．ここで，炭素ラジカルのα位

［表2-3］ 代表的なビニルモノマーへのラジカルの付加反応の速度の比較（スチレンへの付加速度を基準とする）

ラジカルの構造	温度〔℃〕	ビニルモノマーへの付加に対する相対反応性					
		α-メチルスチレン	スチレン	メタクリル酸メチル	アクリル酸メチル	アクリロニトリル	酢酸ビニル
炭素ラジカル							
$\cdot CH_3$	65	−	1.0	1.88	1.30	2.18	0.038
$\cdot C(CH_3)_3$	27	−	1.0	−	−	18.2	0.032
$\cdot CH(CH_3)C_6H_5$	60	1.1	1.0	1.9	1.5	5.0	−
$\cdot C_6H_5$	60	1.24	1.0	1.78	0.78	0.8	0.23
$\cdot C(CH_3)_2COOCH_3$	60	−	1.0	0.7	−	−	0.014
$\cdot C(CH_3)_2CN$	60	0.95	1.0	0.56	−	−	0.02
酸素ラジカル							
$\cdot OC(CH_3)_3$	22	0.23	1.0	0.058	0.052	0.023	0.0093
$\cdot OH$	60	0.8	1.0	0.64	0.36	0.61	−
$\cdot OC(=O)C_6H_5$	60	−	1.0	0.11	0.02	0.02	0.26
硫黄ラジカル							
$\cdot SC_6H_5$	60	−	1.0	0.2	−	−	0.02
$\cdot S(=O)C_6H_5$	室温	−	1.0	0.08	0.012	0.006	0.008
リンラジカル							
$\cdot P(=O)(OCH_3)_2$	室温	−	1.0	0.26	0.077	0.026	0.013

［蒲池幹治 ほか監修，『新訂版 ラジカル重合ハンドブック』，エヌ・ティー・エス（2010）を参考に作成］

に電子求引性置換基（ニトリル基やエステル基）を導入すると，ラジカルは求電子的な性質を示す．求電子的なラジカルのメタクリル酸メチルへの付加は遅く，スチレンへの付加速度に比べて明らかに小さい．また，電子求引性置換基の有無に関係なく，非共役モノマーである酢酸ビニル（$Q = 0.026$，$e = -0.88$）への炭素ラジカルの付加は明らかに遅い．

酸素ラジカルは求電子的な性質を示し，メタクリル酸メチルなどの電子供与性モノマーへの付加は遅い．炭素ラジカルと異なり，酸素ラジカルは水素を引き抜きやすい性質があり，酸素ラジカルを発生する開始剤を用いた重合では，開始剤以外の物質（水素が引き抜かれやすい化合物）に由来する構造がポリマー末端に含まれる．たとえば，*tert*-ブトキシラジカル（$\cdot OC(CH_3)_3$）のスチレンへの付加では2重結合への付加（tail付加）が選択的かつ速やかに起こるが，メタクリル酸メチルとの反応では，tail付加（63%）以外にαメチル基からの水素引き抜きが32%起こる．また，β開裂によって生じたメチルラジカルの付加が無視できなくなる．

硫黄ラジカルやリンラジカルは，酸素ラジカルに比べてさらに強い求電子的性質を示す．そのため，スチレンへの付加は容易に起こるが，電子求引性基をもち，2重結合上の電子密度が低いモノマーへの付加は遅い．硫黄ラジカルの付加反応の絶対速度は酸素ラジカルや炭素ラジカルの反応に比べて低いことが知られている．

このように，1次ラジカルの付加反応の速度はモノマーの種類によって大きく異なるため，ラジカル共重合では，一方のモノマーから選択的に開始反応が起こりやすいことが共重合体の開始末端の構造分析から明らかにされている．

2.5.2 成長反応

スチレンやメタクリル酸メチルの重合では，成長活性種が共役ラジカルであり，付加反応は高い位置選択性を示す．その結果，繰り返し構造はすべて頭–尾構造からなり，成長反応での頭–頭付加は無視できる．これに対して，酢酸ビニルや塩化ビニルの重合では，数%程度の頭–頭構造が含まれる．また，成長ラジカルからの連鎖移動が無視できない．

モノマーやポリマーへの連鎖移動は，複雑な構造のポリマーを生成する要因となり，生成したポリマーの結晶性や熱安定性に重大な影響を及ぼす．たとえば，低密度ポリエチレン（LDPE）は，高温，高圧下でのエチレンのラジカル重合によって製造され，長鎖分岐と短鎖分岐の両方を含む．長鎖分岐は成長ラジカルが他のポリマー鎖から水素を引き抜くことによって生じ，短鎖分岐は成長ラジカルのバックバイティング（分子内水素引き抜き）で生成し，炭素数が4と5の分岐構造（C4分岐，C5分岐）が形成

［表2-4］ラジカル共重合の交差成長反応の速度定数の比較

モノマー（略号，Q値）	ポリマーラジカル						
	VAc	VC	MA	AN	MMA	St	BD
酢酸ビニル（VAc, 0.026）	**2040**	6150	140	104	29	3.3	–
塩化ビニル（VC, 0.056）	6800	**12000**	250	130	48	10	–
アクリル酸メチル（MA, 0.45）	2×10^4	1.6×10^5	**1260**	–	–	230	–
アクリロニトリル（AN, 0.48）	3×10^4	6.5×10^5	–	**425**	425	435	300
メタクリル酸メチル（MMA, 0.78）	2×10^5	–	–	2350	**575**	340	140
スチレン（St, 1.0）	2×10^5	6.5×10^5	7000	1×10^4	1250	**178**	75
ブタジエン（BD, 1.70）	–	–	–	–	2300	220	**105**

速度定数k_{12}（単位はL $mol^{-1}s^{-1}$, 60℃），太字は単独重合の成長速度定数k_pに相当．［J. Brandrup *et al.*（Eds.），*Polymer Handbook, 4th ed.*, John Wiley & Sons（1999）を参考に作成］

される．これらの分岐は，ポリエチレン鎖の結晶成長を阻害し，結晶化度や密度を低下させる．

アクリル酸エステルのラジカル重合では，バックバイティングが起こりやすく，安定な第3級炭素ラジカル（ミッドチェインラジカル）が生成する．成長ラジカルへのアクリル酸エステルモノマーの付加（通常の成長反応）に比べて，ミッドチェインラジカルのアクリル酸エステルモノマーへの付加速度は1/1000以下であることが知られている[5]．バックバイティングの活性化エネルギーは31.7 kJ mol^{-1}であり，この値は成長反応の活性化エネルギー（17.0 kJ mol^{-1}）に比べてかなり大きい．そのため，重合温度が高いほど，バックバイティングが起こる相対頻度は高くなる．またモノマー濃度が低い場合（重合終期を含めて）も，成長反応が遅くなるためにバックバイティングの寄与が大きくなる．

ラジカル付加に及ぼす立体効果，極性効果および共鳴効果は，ラジカル共重合のモノマー反応性比に反映され，モノマーの共鳴効果と極性効果はそれぞれQ値とe値から評価できる．ただし，置換基効果がモノマーに対して及ぼす作用と成長ラジカルに対して及ぼす作用は必ずしも同じではない．共重合の交差成長の反応速度定数を直接比較すると，置換基の作用を正確に知ることができる．ここで，共重合によって得られるモノマー反応性比を単独重合の成長速度定数k_pと組み合わせると交差成長の速度を計算できる．**表2-4**に計算した交差成長の速度定数をまとめる．太字は各モノマーのk_p値を示す．交差成長の速度定数（k_{12}）の大きさは，おもに成長ラジカルの反応性によって傾向が決まり，モノマーの反応性に応じてさらに差が生じる．これら数値の定量的な解析には，共鳴，極性および立体効果をそれぞれ分離して評価する必要がある．

有機化学反応の極性効果と共鳴効果はハメット（Hammett）則で説明することができ，芳香族化合物の反応に対して置換基定数σ_mやσ_pが用いられる[6]．置換基を含む一連の化合物の反応の反応速度定数kと，無置換（R=H）の化合物に対する反応速度定数k_0との比の対数をσに対してプロットすると，次式が成立し，直線関係が得られる．ここで，直線の傾きρは置換基効果の大きさを表す．

$$\log\frac{k}{k_0} = \rho\sigma \tag{2-12}$$

また，脂肪族系化合物の反応の立体効果に対しては次式のTaftの式が用いられる．

$$\log\frac{k}{k_0} = \delta E_s \tag{2-13}$$

さらに，極性効果と立体効果を両方含めた一般化したものとして次式が用いられている．

$$\log\frac{k}{k_0} = \rho^*\sigma^* + \delta E_s \tag{2-14}$$

たとえば，α-アルキルアクリル酸メチル（M_2）をスチレン（M_1）とラジカル共重合して得られるモノマー反応性比の逆数（$1/r_1$）は，ポリスチレンラジカルに対するα-アルキルアクリル酸メチルの相対的な付加反応性を示す．このとき，式(2-14）におけるパラメータδは大きな負の値を示し，立体効果が反応抑制に強く作用することが知られている．

図2-3に，p-置換スチレンのラジカル共重合の交差成長の速度定数に及ぼす置換基の影響をまとめる．ここで，メトキシ（OCH_3）基，水素（H，基準），塩素（Cl），シアノ（CN）基に対するハメットの置換基定数（σ_p）はそれぞれ−0.27，0（基準），0.23，0.66である．単独成長のk_pを置換基定数に対してプロットすると直線関係が得られる（図(a)）．ここでは，モノマーとポリマーにそれぞれ及ぼす共鳴効果と極性効果のうち，共鳴効果がモノマーとポリマーに対して同様に作用して相殺されており，極性効果に関して正の線形関係が成立することを示している．すなわち，単独成長では電子求引性置換基が導入されると，結果的に成長が加速される．置換スチレンの成長ラジカルは求核的なラジカルであるが，電子求引性置換基の導入によって，成長ラジカルのSOMOレベルとモノマーのLUMOレベルがともに低下するが，モノマーでの低下の度合いが大きければSOMOとLUMOの相互作用が有利になり，反応が加速される．

次に，スチレンモノマー上の置換基を固定して，異なる置換基をもつポリスチレン

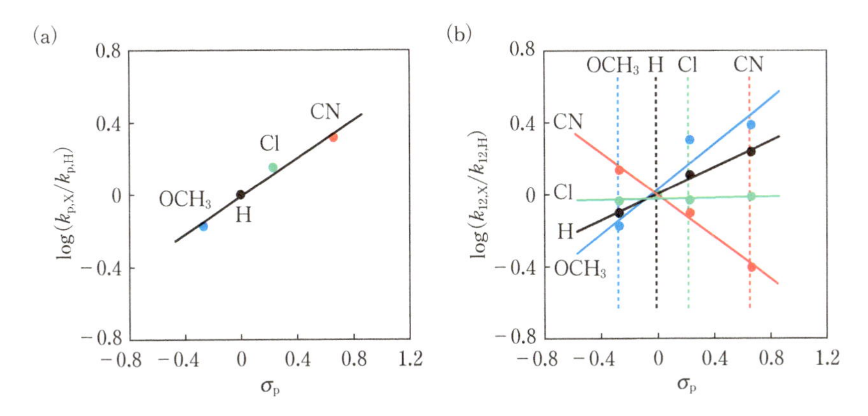

［図2-3］ *p*–置換スチレンの交差成長の反応速度定数（k_{12}）のハメットプロットによる解析

(a) p-置換スチレンの単独重合の成長反応（k_p），(b) 速度定数（k_{12}）に及ぼすp-置換スチレンの成長ラジカルの置換基効果．同じ色のプロットは同じモノマーに対する結果を示す．単独ならびに交差成長の反応速度定数の絶対値はオンラインデータを参照．

ラジカルに対する交差成長速度をプロットすると，それぞれ異なる傾きの直線関係が得られる（図(b)）．直線の傾きはモノマーの置換基の性質に強く依存し，シアノ置換モノマーに対する直線の傾きは大きな負の値を示し，ラジカルの電子供与性が増大するほど付加反応が加速されることを示す．塩素置換により，ほぼ中性的な性質が現れる．無置換やメトキシ置換したスチレンでは，正の傾きをもつ直線関係が得られ，シアノ置換スチレンを除いてスチレン誘導体が電子供与性モノマーであることが反映されている．これらの結果は表1-2（1.4.3項）に示した低分子化合物の付加反応の結果とよく一致する．

シアノ基の導入によってラジカルの反応性が大きく変化することは，アゾ開始剤からの1次ラジカルの反応性にも重大な影響を及ぼす．AIBN（図2-2）の分解によって生じる2-シアノ-2-プロピルラジカルは求電子性が強く，スチレンなどの電子豊富なアルケンへの付加は速やかに起こるが，電子求引性の置換基をもつ電子不足型のアルケンへの付加は遅いことが知られている．2,2'-アゾビスイソ吉草酸ジメチル（MAIB）から生じる1次ラジカルやポリメタクリル酸メチルの成長ラジカルは，電子供与性と求引性の中間的な性質を示すことが報告されている[7]．

2.5.3 ラジカル共重合

〔1〕共重合の種類とモノマー反応性比

共重合体は，2種類以上のモノマーを繰り返し単位に含むポリマーであり，繰り返し単位の組成や配列の仕方によって異なる性質を示す．ポリマー鎖中に2種類の繰り返し単位がランダムに配列したものをランダム共重合体，ABの繰り返し単位のみからなるものを交互共重合体と呼ぶ．AAB型共重合体のように，高度に配列制御されたポリマーも合成でき，定序配列ポリマー（あるいは周期ポリマー）と呼ばれる．これらのランダム共重合体，交互共重合体および定序配列ポリマーは，ラジカル重合によって合成でき，使用するモノマーの組み合わせによって，共重合体の基本構造が決まる．

単一モノマーの繰り返しによるホモポリマー鎖が互いに共有結合で連結した形の共重合体も知られている．直鎖状に連結したものをブロック共重合体と呼び，繰り返し単位の配列の仕方によって，ジブロック（AB型）共重合体やトリブロック（ABA型あるいはABC型）共重合体などに分類される．1本のポリマー鎖上に，多数の別の種類のポリマー鎖が分岐して結合したものをグラフト共重合体と呼ぶ．ブロック共重合体やグラフト共重合体は，分子内に異なる種類のポリマー鎖を含むため，ミクロ相分離構造をとる．ポリマーの片方の末端から別の末端に向かって徐々に組成が異なっていく構造をもつポリマーも知られ，ブロック共重合体と区別して，傾斜組成配列共重合体と呼ばれる．これらの配列構造が制御されたブロック共重合体や傾斜組成配列共重合体は，通常の共重合では合成することができず，リビング重合が用いられる．

共重合反応の解析は4種類の成長反応を考慮して行われ（式(2-15)～式(2-18)），モノマー反応性比のr_1とr_2は，それぞれの成長ラジカルが2種類のモノマーに付加する際の反応速度定数の比である（式(2-19) および式(2-20)）．モノマー反応性比の値が大きいほど，成長末端と同じモノマーへの付加が起こりやすいことを示す．

$$\sim\!\sim M_1\bullet \quad + \quad M_1 \xrightarrow{k_{11}} \sim\!\sim M_1M_1\bullet \tag{2-15}$$

$$\sim\!\sim M_1\bullet \quad + \quad M_2 \xrightarrow{k_{12}} \sim\!\sim M_1M_2\bullet \tag{2-16}$$

$$\sim\!\sim M_2\bullet \quad + \quad M_1 \xrightarrow{k_{21}} \sim\!\sim M_2M_1\bullet \tag{2-17}$$

$$\sim\!\sim M_2\bullet \quad + \quad M_2 \xrightarrow{k_{22}} \sim\!\sim M_2M_2\bullet \tag{2-18}$$

$$r_1 = \frac{k_{11}}{k_{12}} \tag{2-19}$$

$$r_2 = \frac{k_{22}}{k_{21}} \tag{2-20}$$

共重合体の組成は，仕込みモノマー組成とモノマー反応性比の関数である次式（以降，Mayo-Lewis式）で表すことができ，それを図示したものは共重合組成曲線と呼ばれる．

$$\frac{d[M_1]}{d[M_2]}=\frac{[M_1](r_1[M_1]+[M_2])}{[M_2](r_2[M_2]+[M_1])} \tag{2-21}$$

モノマー反応性比は重合挙動の予測や，モノマー反応性の定量的な評価に利用できる．また，モノマーの反応性を表すパラメータとして，Q-e値があり，共重合組成を予測できるため，便利である．代表的なモノマー反応性比ならびにQ-e値をオンラインデータにまとめてあるので活用していただきたい．

〔2〕ラジカル共重合の配列構造制御

ラジカル共重合では，多くの場合にモノマーの反応性や仕込みモノマー組成に応じた構造をもつランダム共重合体が生成する．ここで，用いるモノマーの組み合わせや重合条件（ルイス酸の添加など）を選択すると，交互共重合体が得られる．完全な交互共重合体では，共重合体中に含まれる2種類のモノマーM_1とM_2の繰り返し単位の比が1/1であるだけでなく，$-M_1M_2-$の繰り返し単位だけがポリマー中に存在し，それぞれが単独でつながった連鎖（$-M_1M_1-$や$-M_2M_2-$）は含まれない．

連鎖の違いを具体的にイメージしやすいように，M_1単位とM_2単位を同量含む50/50組成の共重合体を考えてみよう．ランダム共重合体では，両モノマー単位の連鎖分布に無数の組み合わせが存在し，1本のポリマー鎖中でも場所によって繰り返し構造が異なる．対照的に，交互共重合体の場合には，どのポリマー鎖を見ても，また1本のポリマー鎖のどの部分を見ても，1種類の配列（交互配列）だけが含まれる．ここで，数平均連鎖長を用いて共重合体の連鎖分布を表すと，交互共重合の反応制御の大きさが連鎖分布にどのように影響するかを知ることができる．**図2-4**に理想共重合（$r_1=r_2=1$）と緩やかに規制された交互共重合（$r_1=r_2=0.1$）に対する連鎖長分布をそれぞれ示す．モノマー反応性比が完全に0でない場合には単独成長がわずかに起こり，交互連鎖のみが長く続くわけではないことがわかる．ラジカル交互共重合の反応や生成する共重合体の特徴を以下に要約する．

- ポリマー合成のための原料として，単独重合性のないモノマーも使用できる．
- 共重合速度が大きく，生成共重合体の分子量が大きいので，低温や低濃度での重合でも高分子量の共重合体が得られやすい．
- 開始剤を使用しなくても，重合が進行（自発重合）することがある．

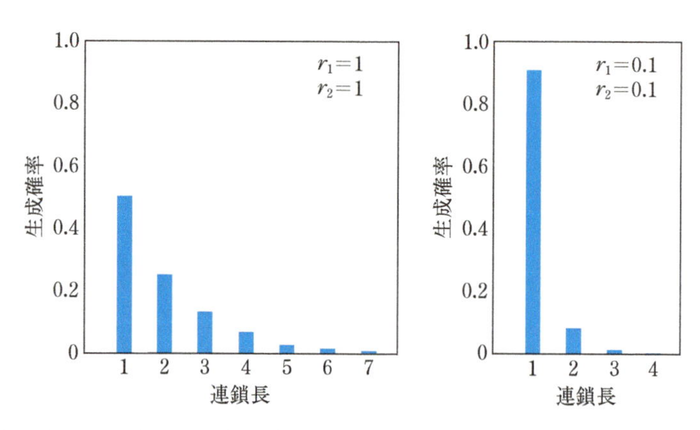

［図2-4］ **理想共重合（$r_1=r_2=1$）と緩やかに規制された交互共重合（$r_1=r_2=0.1$）に対する連鎖長分布の比較**

- モノマー組成によらずにつねに一定の組成で，かつ制御された交互配列をもつポリマーが得られる，交互共重合体は一定の物性値を示す．

交互共重合体が生成する典型的な例として，電子供与性モノマー（電子供与性の置換基をもつモノマー）と電子受容性モノマー（電子求引性の置換基をもつモノマー）の組み合わせによるラジカル共重合がよく知られている．典型的な電子受容性モノマーである無水マレイン酸は，多くの電子供与性モノマーとの共重合で交互共重合体を生成する．たとえば，無水マレイン酸はα-オレフィン，1,3-ジエン，アリル化合物，*N*-ビニル化合物，ビニルエーテル，ビニルスルフィドなどと容易に交互共重合が進行する．同じく環状の電子受容性モノマーであるマレイミド誘導体も，無水マレイン酸と似た重合挙動を示す．マレイミド誘導体は単独重合性を示すので，マレイミド連鎖が含まれる場合も少なくないが，マレイミド誘導体を用いた完全交互共重合体の合成が最近報告されている．

2.5.4 連鎖移動

〔1〕連鎖移動定数

まず，一般的なラジカル重合における連鎖移動について説明する．連鎖移動は式(2-22)と式(2-23)で表される．

$$連鎖移動：P\bullet + A \xrightarrow{k_{tr}} P + A\bullet \qquad (2\text{-}22)$$

$$\mathrm{A\bullet} + \mathrm{M} \xrightarrow{k_{\mathrm{i'}}} \mathrm{P} \qquad (2\text{-}23)$$

ここで，Pは生成ポリマー，P•は成長ラジカル，Aは連鎖移動剤，A•は連鎖移動によって生じたラジカルである．k_{tr}と$k_{i'}$はそれぞれ連鎖移動と再開始反応の速度定数を示す．再開始反応が十分速いと，連鎖移動が起こっても重合速度には影響を与えずに，分子量だけが大きく低下する．連鎖移動が起こりやすいほど，生成ポリマーの平均分子量が小さくなり，同時にポリマー数が増加する．連鎖移動が起こる場合に重合速度の低下が観察されることがある．これは，連鎖移動の後の再開始が遅く，そこで生じた低分子ラジカルが停止（1次ラジカル停止）に作用するためである．

非共役モノマーのラジカル重合では，成長ラジカルの反応性が高いため，重合系中に含まれるすべての化合物（モノマー，開始剤，溶媒および連鎖移動剤など）に対する連鎖移動を考慮する必要がある．連鎖移動の起こりやすさの指標である連鎖移動定数C_{tr}（$=k_{tr}/k_p$）は，次式のメイヨ（Mayo）プロットを用いて，生成ポリマーの分子量低下から評価される．

$$\frac{1}{P_n} = \frac{1}{P_0} + C_{tr}\frac{[\mathrm{A}]}{[\mathrm{M}]} \qquad (2\text{-}24)$$

スチレン，メタクリル酸メチルならびに酢酸ビニルに対するさまざまな溶媒および連鎖移動剤へのC_{tr}を表2-5にまとめる[3]．成長ラジカルの反応性が高い非共役モノマーの重合で連鎖移動が起こりやすいことがわかる．対照的に，共役モノマーの重合では，モノマー，開始剤および溶媒への連鎖移動は無視できることが多い．連鎖移動によって分子量を制御する場合でも，連鎖移動剤を適切に選択する必要がある．たと

［表2-5］代表的なビニルモノマーの成長反応速度定数と溶媒や連鎖移動剤に対する連鎖移動定数（C_{tr}）

モノマー	k_p(60℃)〔L mol^{-1}s^{-1}〕	C_6H_6	$C_6H_5CH_3$	$CHCl_3$	CCl_4	CBr_4	C_4H_9SH
スチレン	341	2×10^{-6}	1.2×10^{-5}	5×10^{-5}	1.3×10^{-2}	0.22	22
メタクリル酸メチル	833	4×10^{-6}	2.0×10^{-5}	1.8×10^{-4}	2.4×10^{-4}	0.27	0.67
酢酸ビニル	3700	3.0×10^{-4}	2.1×10^{-3}	1.5×10^{-2}	0.96	740	48

［J. Brandrup *et al.*（Eds.）, *Polymer Handbook, 4th ed.*, John Wiley & Sons（1999）を参考に作成］

えば，スチレンの重合に対してチオールは有効な連鎖移動剤として作用するが，メタクリル酸メチルの重合におけるチオールの連鎖移動定数が小さく，効率よい分子量制御が難しい．メタクリル酸メチルの重合では，以下に述べるモノマーへの水素移動過程を含む連鎖移動を起こしやすい2価のコバルト錯体や付加開裂型の連鎖移動剤を用いる必要がある．

〔2〕β水素移動による連鎖移動

メタクリル酸メチルのラジカル重合系に，2価のコバルト錯体を少量添加すると，**図2-5**に示す反応が繰り返し起こり，開始末端（α-末端）に水素を，もう一方の末端（ω-末端）に不飽和結合を含むポリメタクリル酸メチルが生成し[8]，コバルト錯体を添加しない場合に比べると，ポリマーの分子量は著しく低下する．反応機構は以下のとおりである．

ポリメタクリル酸メチルの成長ラジカルが2価のコバルト錯体と反応し，ポリマー成長末端の繰り返し単位に含まれるメチル基の水素がコバルト錯体に移動する．このとき，3価のコバルトヒドリド錯体が生成すると同時に，ポリマー末端に炭素−炭素不飽和基が導入される．コバルトヒドリド錯体はメタクリル酸メチルと反応し，コバルト−炭素結合が解離して，1次ラジカルを生成し，同時にコバルト錯体は2価に戻る．1次ラジカルはメタクリル酸メチルの重合を開始し，コバルト錯体とふたたび反応し，

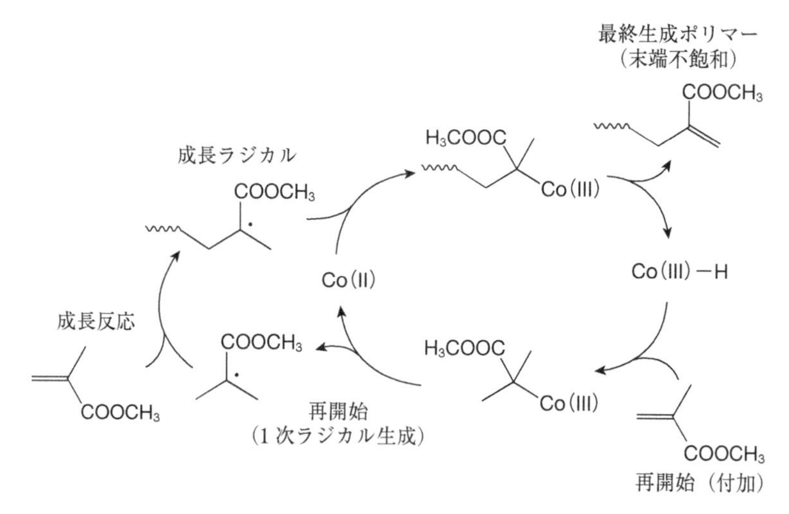

［図2-5］メタクリル酸メチルのコバルト錯体による触媒的連鎖移動（CCT）の反応機構

コバルト錯体の化学構造については図9-2を参照．

さらに水素原子の移動によって，末端不飽和ポリマーを生成する．

これら一連の反応は，触媒的連鎖移動（catalytic chain transfer, CCT）と呼ばれ，メタクリル酸メチルの重合に対して効率よく連鎖移動が起こる（$C_{tr} = 10^3 \sim 10^5$）．α-メチル基をもたないスチレンやアクリル酸メチルでも同様の反応が起こり，これらの場合にはポリマー末端に内部オレフィン構造が生成する．スチレンやアクリル酸メチルに対するC_{tr}は$10 \sim 10^3$とやや小さめの値となる．

〔3〕付加開裂型の連鎖移動

1980年代に，アクリル系モノマーに有効な連鎖移動剤として付加開裂型の連鎖移動剤の開発が盛んに行われた．付加開裂反応を利用すると，メタクリル酸メチルを含めたさまざまなビニルモノマーの重合で効率よく連鎖移動が起こる[9]（**図2-6**）．メタクリル酸メチルの成長ラジカルは，α位が電子供与性のフェニル基とベンジルオキシ基で置換された連鎖移動剤の高い電子密度をもつ2重結合に容易に付加する．成長反

(a)

COOCH3 + O → H3COOC O

→ H3COOC O + · → H3COOC O n

(b)

COOCH3 S + COOCH3 → H3COOC S COOCH3

→ H3COOC COOCH3 + S· → H3COOC S n COOCH3

［図2-6］メタクリル酸メチルの重合に有効な付加開裂を利用した連鎖移動反応の例

(a) ポリマー末端へのカルボニル基の導入反応，(b) ポリマー末端へのC=Cの導入反応．

［表2-6］ 付加開裂型連鎖移動剤のビニルモノマーに対する連鎖移動定数（60℃）

モノマー	連鎖移動定数 C_{tr}		
	$CH_2=C(Ph)OCH_2Ph$	$CH_2=C(CN)OCH_2Ph$	$CH_2=C(CO_2CH_3)OCH_2Ph$
スチレン	0.26	0.036	0.046
メタクリル酸メチル	0.76	0.081	0.16
アクリル酸メチル	5.7	0.3	0.54
酢酸ビニル	9.7	12	20

Ph：フェニル基．［G. Moad *et al.*, *Polymer*, **49**, 5, pp. 1079-1131（2008）を参考に作成］

応に比べて連鎖移動剤への付加が圧倒的に有利となるので，連鎖移動剤の濃度が低くても十分連鎖移動が進行する．生成したラジカルは，かさ高いα置換基を2つもち，ビニルモノマーや連鎖移動剤への付加が起こりにくく，その間にβ開裂してベンジルラジカルを生成し，ポリマー末端にカルボニル基が導入される（図(a)）．ベンジルラジカルは，速やかにメタクリル酸メチルの重合を再開始する．アルキルラジカルだけでなく，アルキルチイルラジカル（RS•）やハロゲンラジカル（X•）もよい脱離基となり，付加開裂型の連鎖移動剤の設計に利用されている．

置換アクリル酸エステルを付加開裂型の連鎖移動剤として用いた場合も同様の反応が起こり（図(b)），この場合にはポリマーの末端に炭素−炭素2重結合が導入される．重合に用いるモノマーの特性に合わせて（電子供与性モノマーか電子受容性モノマーか），付加開裂型連鎖移動剤の構造を選択（スチレン誘導体あるいはアクリル誘導体のいずれを用いるか）すると，効率よい連鎖移動を実現できる．ポリマー末端に導入されたこの不飽和基は反応性が低く，第6章で述べるRAFT重合で見られる可逆的付加開裂反応と区別される．

表2-6に，付加開裂型連鎖移動剤をスチレン，メタクリル酸メチル，アクリル酸メチルおよび酢酸ビニルの重合に用いたときのC_{tr}の値を示す[9]．メタクリル酸メチルの重合における表に示した化合物のC_{tr}値は0.081～0.76であり，これらの連鎖移動剤がメタクリル酸メチルに対して有効に作用することがわかる．アクリル酸メチルや酢酸ビニルの重合に対しては，さらに大きなC_{tr}値を示し，連鎖移動が起こりやすいことを示す．付加開裂反応を利用した連鎖移動による分子量制御の研究は1980年代あるいはそれ以前から盛んに行われてきたが，ポリマー末端の不飽和を効率よく連鎖移

動に活用し，そして繰り返して連鎖移動が可能な形にするためには，連鎖移動定数が桁違いに大きい化合物を新たに設計する必要があった．RAFT重合が発見されるのは，この時代からさらに十数年先のことである（第6章参照）．

〔4〕分子内水素引き抜き型の連鎖移動

連鎖移動は，生成物であるポリマーの分子量制御に利用されるが，再開始が起こらない安定なラジカルを連鎖移動によって生成する化合物は，安定剤や重合禁止剤として用いられる．フェノール系の安定剤は，酸素ラジカルに対して有効に作用するが，共役系モノマーからの成長ラジカルを含めて，炭素ラジカルに対しては連鎖移動が起こりにくいことが知られている．アクリル系モノマーに有効に機能する安定剤（禁止剤）として，**図2-7**に示す構造の連鎖移動剤が開発されている[10),11)]．この連鎖移動剤は，分子内にアクリル構造とフェノール構造の両方を含み，成長ラジカルはアクリル構造の炭素−炭素2重結合に付加し，続いて分子内での水素移動（水素引き抜き）が速やかに進行し，安定なフェノキシラジカルが生成する．再開始が起こらないので，この化合物は重合禁止剤として作用する．一方，分子内の水素移動で生じたラジカルがモノマーに付加できる場合は，さらに成長反応が進行し，これら連鎖移動剤に由来する繰り返し構造がポリマー中に取り込まれる形となる[12)]．ビニルポリマーの主鎖に官能基を導入して分解性を付与できる可能性があるため，近年再評価が行われている（14.4.2項参照）．

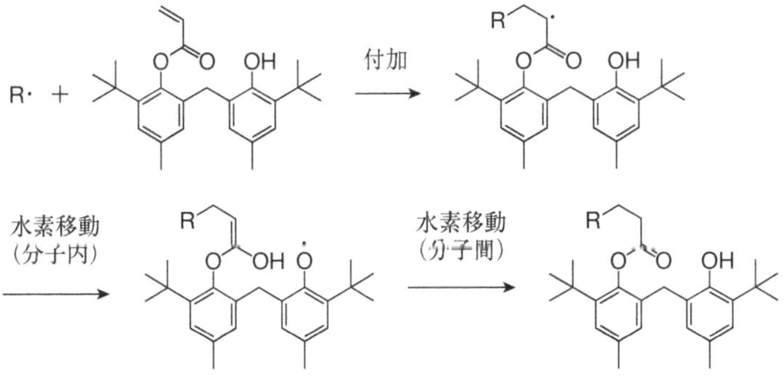

［図2-7］**分子内水素移動型の連鎖移動剤による重合禁止の反応機構**

COLUMN

Mayoが残した多くの功績

高分子化学の教科書にはFrank R. Mayo博士の名前が必ず登場する．1943年に，連鎖移動に関する論文をアメリカ化学会誌に発表し，後にMayoの式と呼ばれる連鎖移動定数を決定するための基本式を提案している．その翌年には，同僚のFrederic M. Lewis博士（ルイス酸を提唱したGilbert N. Lewis教授とは別人）と共著で，Mayo-Lewis式と呼ばれる共重合組成に関する一般式を発表している．1908年シカゴ生まれのMayo博士はシカゴ大学で化学を学び，1929年に学部を卒業，1931年に博士号を取得している．学位取得後，シカゴ大学で助手を務めた後にUSラバー社の研究所でラジカル重合や自動酸化反応に関する基礎研究を続けた．上記の研究成果はいずれも，企業の研究所に勤務している間に得たものである．Mayo博士は，他にも化学史上の重要な発見とかかわりをもっている．

Mayo博士は臭化アリルへのHBrの付加の反応機構に関する研究で学位を取得しているが，学生の頃から一流研究者としての頭角を現していた．1929年の秋に大学院生としてKharasch教授（1895-1957）の指導のもとで研究を開始した当時，臭化アリルへのHBrの付加の反応機構に対する解釈は混乱していた．臭化アリルへのHBrの付加に関する研究は1870年代から報告されていたが，ある研究者は，1,3-ジブロモプロパンが主生成物であると主張し，別の研究者は1,2-ジブロモプロパンが主生成物であると反論した．ただし，生成物がそれらの混合物であることは共通していた．そこで，Mayo博士らはどのような反応条件の違いが結果の不一致をもたらしているのかを明らかにする取り組みを開始した．基質，前処理，反応条件などについて考えられる要因すべてを丹念にチェックする日々が続いた．最初の約1年間，臭化アリルへのHBrの付加について毎週10種類ほどの反応をひたすら試し続けた．期待に反して，再現性を示せない不本意な結果ばかりが得られ，反応の予測や制御からはほど遠いように思えた．当時，Kharasch教授が，「この反応の選択性は月の満ち欠けによって支配されているのだ」と口にするほど厄介な代物であった．

1931年の春，彼らは空気と水の影響に着目して，それまでの実験結果を徹底的に調べ直した．Kharasch研究室では，実験の方法や記録に関して事細かに記録を残す習慣が徹底されていた．用いる試薬の合成や精製を行ってから空気を遮断した条件で付加反応を行うとマルコフニコフ則に従った生成物（1,2-ジブロモプロパン）が得られた．一方，空気を吹き込んでから反応すると逆マルコフニコフ則に従った生成物（1,3-ジブロモプロパン）が生成し，酸素が反応に関与していることは明らかだった．それ以降は，それまでと見違えるような結果が得られるようになった．Mayo博士は同じ年の8月に無事学位を取得した．Mayo博士の学位論文の中では，位置選択性は水の影響とされ，酸素の影響については学位取得後に別の論文にまとめられた．さらに，Kharasch教授が当時から行っていたゴムの反応に関する研究成果からの類推で，自動酸化や過酸化物が臭化アリルへのHBrの付加にも関係していることを見出した．2人は1932年の春にはそれまでの結果を論文の形としてまとめたが，すぐに投稿せずに，関連する他の化合物での反応の結果も追加して慎重な確認を行ってから，年末にアメリカ化学会誌に投稿し，翌1933年7月に論文が掲載された．Mayo博士は，1933年7月から1935年12月までデュポン社のJackson研究所でゴムの研究に従事した後，シカゴ大学に戻り，助手としてKharasch教授とともに後進たちの指導にあたった．1942年，戦時統制下，大学で基礎研究を自由に続けることが難しくなり，Mayo博士はUSラバー社の総合研究所に身を移し，自身の研究を続けた．Mayo博士は，1950年代にビニルモノマーと酸素の交互共重合（ポリペルオキシドの合成）に関する先駆的な研究成果も残している（F. R. Mayo, "The Evolution of Free Radical Chemistry at Chicago", *J. Chem. Educ.*, **63**, 2, pp. 97-99（1986）; 杉森彰，稲本直樹，"わが国における化学事始め"，化学と工業，**45**, 11, pp. 2044-2045（1992）; 松本章一，"新規分解性高分子の開発"，日本接着学会誌，**39**, 8, pp. 308-315（2003）参照）．

参考文献

1）東信行，松本章一，西野孝，『高分子科学：合成から物性まで』，講談社（2016）

2）遠藤剛 編，『高分子の合成（上）』，講談社（2010）

3）J. Brandrup, E. H. Immergut, and E. A. Grulke (Eds.), *Polymer Handbook, 4th ed.*, John Wiley & Sons: New York（1999）

4）蒲池幹治，遠藤剛，岡本佳男，福田猛 監修，『新訂版 ラジカル重合ハンドブック』，エヌ・ティー・エス（2010）

5）T. Junkers and C. Barner-Kowollik, "The Role of Mid-Chain Radicals in Acrylate Free Radical Polymerization: Branching and Scission", *J. Polym. Sci., Part A: Polym. Chem.*, **46**, 23, pp. 7585-7605（2008）

6）稲本直樹，『ハメット則：構造と反応性』，丸善（1983）

7）B. Giese, J. He, and W. Mehl, "Polar Effects in Radical Addition Reactions. Borderline Cases", *Chem. Ber.*, **121**, 11, pp. 2063-2066（1988）

8）A. Gridnev, "The 25th Anniversary of Catalytic Chain Transfer", *J. Polym. Sci., Part A: Polym. Chem.*, **38**, 10, pp. 1753-1766（2000）

9）G. Moad, E. Rizzardo, and S. H. Thang, "Radical Addition-Fragmentation Chemistry in Polymer Synthesis", *Polymer*, **49**, 5, pp. 1079-1131（2008）

10）S. Yachigo, M. Sasaki, Y. Takahashi, F. Kojima, T. Takada, and T. Okita, "Studies on Polymer Stabilizers. Part 1 A Novel Thermal Stabilizer for Butadiene Polymers", *Polym. Degrad. Stabil.*, **22**, 1, pp. 63-77（1988）

11）A. Matsumoto, K. Yamagishi, and S. Aoki, "A Novel Acrylate Carrying a Hindered Phenol Moiety as Monomer and Terminator in Radical Polymerization", *J. Polym. Sci., Part A: Polym. Chem.*, **32**, 5, pp. 917-928（1994）

12）T. Sato, S. Simooka, M. Seno, and H. Tanaka, "Radical Polymerization of *ortho*-Formylphenyl Crotonate Involving Intramolecular Hydrogen-Abstraction", *Eur. Polym. J.*, **28**, 11, pp. 1357-1364（1992）

第3章

リビング重合の発見とその後の展開

リビングラジカル重合の歴史をたどっていくと，2つの源流にたどり着く．1つは，第1章で述べた1900年のGombergによる安定ラジカルの発見であり，もう1つは，1956年のSzwarcによるリビングポリマーの発見である．リビングラジカル重合は1990年代以降に急激な発展を遂げたが，本章では，まず1950年代のリビングアニオン重合の発見の経緯とリビング重合に共通する基本的な事項を説明する．続いて，リビングアニオン重合の発見以降に，どのような形でリビング重合が発展を遂げて，現在のリビングラジカル重合にまで至ったのか，それら発展の歴史の流れを概観する．リビングラジカル重合の名称に関する最近の動向についても述べる．各リビングラジカル重合の特徴や応用については，第Ⅱ編の第4～9章でそれぞれ詳しく説明する．

3.1 リビングアニオン重合の発見

スチレンや1,3-ブタジエンなどの炭化水素系モノマーのアニオン重合をシクロヘキサン，ベンゼンあるいはテトラヒドロフラン（THF）中で行うと，重合中に停止反応や連鎖移動が起こらず，成長反応だけが繰り返される．モノマーがすべて消費された後も，停止剤を加えるまで成長末端アニオンは活性を保ち続ける．この反応は，1956年にSzwarcによって発見され，フラスコ中でずっと活性を保ち続けるポリマーは，リビングポリマーと名付けられた．リビング重合の歴史はここから始まった[1]．

Szwarcは，物理化学の速度論や反応機構に関する研究を行っている中で，スチレン，金属ナトリウム，ナフタレンを溶液中で混合すると，溶液が赤く着色し，溶液の粘性が増すことに気づいた．注意深い観察と深い洞察力によって，活性種であるポリスチレン末端の成長カルボアニオンが，反応溶液中で活性を保ったまま（停止が起こらない状態で）存在し，モノマーが存在するかぎり重合が続くことを見出した．停止反応を含まない重合の可能性について1956年以前にも指摘があり，Mark，Ziegler，

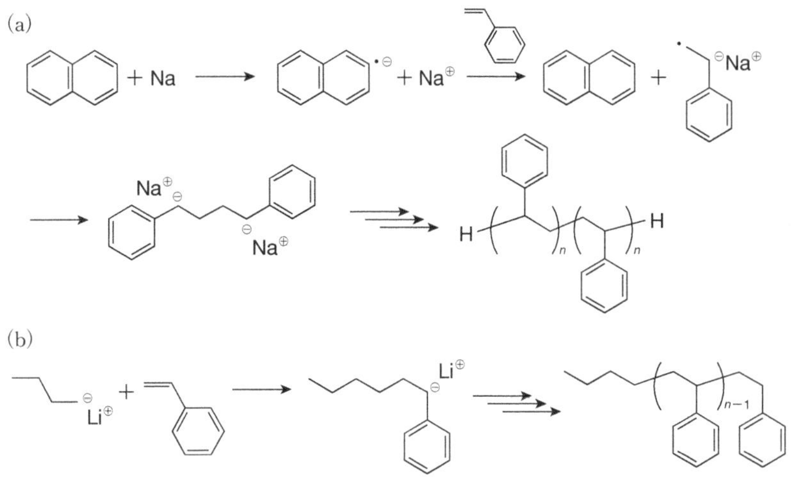

(a)

(b)

［図3-1］ **スチレンのリビングアニオン重合の反応機構**

(a) Szwarcが最初に発見した金属ナトリウムとナフタレンを用いた系，(b) アルキルリチウムを用いた系．

Floryら高分子化学分野を築きあげた研究者たちは，当時の論文や著書の中でnon-terminated polymerizationの可能性についてそれぞれの立場から言及していた．しかしながら，均一溶液中でこれほどまでに明白で疑いようのない実験結果を示して見せたのは，Szwarcが初めてのことだった．

リビングアニオンが生成する反応機構を**図3-1**に示す．図(a) に示すように，溶液中で金属ナトリウムとナフタレンを混合すると，金属ナトリウムから1電子がナフタレン分子に移動して，ナフタレンのアニオンラジカルが生じ，溶液は緑色を示す．この溶液にスチレンを加えると，スチレンへの電子移動が起こり，スチレンのアニオンラジカルが生成する．2分子のアニオンラジカル間での再結合によってラジカルは消失し，スチレンダイマーのジアニオンが生成し，これが成長アニオンとなる．スチレンの成長アニオンはベンゼン環上に非局在化（共鳴）し，溶液は鮮やかな赤色を示す．この反応では，ポリマーの中心から外側に向かって2方向に成長反応が進行し，ポリマー鎖が伸びていく．図(b) に示したアルキルリチウムを開始剤として用いた場合も，スチレンのリビングアニオン重合が進行する．この場合は，強力な求核剤であるアルキルアニオンのスチレンへの付加によって重合が開始され，モノアニオンが生成し，1方向に成長を続ける．

リビングアニオン重合では，連鎖移動や停止反応が起こらず，モノマーが100％反応した後に，さらにモノマーを添加すると重合がふたたび進行して，ポリマーの分子量が増す．別のモノマーを添加すると，成長末端から別のポリマーがさらに成長するため，ブロック共重合体が生成する．1方向に成長するリビングアニオン重合によってAB型のジブロック共重合体が，2方向に成長するリビングアニオン重合によってABA型のトリブロック共重合体が得られる．

3.2 リビング重合の定義と特徴

Szwarcの発見以降ずっと変わることなく，リビング重合は，「連鎖重合のうち，開始反応と成長反応だけで構成され，連鎖移動や停止反応が起こらない重合」と定義されてきた（1996年のIUPAC勧告による定義）．リビング重合で生成する成長活性種が重合反応中ずっと生き続けているということは，他の連鎖重合と決定的に異なる重要な意味をもっている．2.2節で説明したように，ラジカル重合を含む一般的な連鎖重合では，開始および成長に続いて起こる停止反応によって成長末端は活性を失い，成長を終えた（すなわち死んだ状態の）ポリマーとなる．一方，リビング重合では開始反応は速やかに起こり，重合中すべての成長末端は活性を保ち続けている．このため，重合反応中に存在するポリマーの数は反応の最初から最後まで一定のままであり，開始剤1分子から必ずポリマー1分子が生成する．リビング重合の特徴を以下にまとめる．

- 生成ポリマーの数平均重合度（$P_{\rm n}$）は，次式のようにモノマーの反応収率pに比例して増大する．

$$P_{\rm n} = \frac{[\mathrm{M}]_0}{[\mathrm{I}]_0} \times \frac{p〔\%〕}{100} \qquad (3\text{-}1)$$

ここで，$[\mathrm{M}]_0$と$[\mathrm{I}]_0$は，それぞれモノマーと開始剤の初期濃度である．

- 生成ポリマーの数平均分子量（$M_{\rm n}$）は，モノマーと開始剤の比によって制御できる．
- すべてのモノマーが消費された後に新たなモノマーを添加すると，ふたたび重合が進行して，ポリマーの$M_{\rm n}$はさらに増大する．
- 1方向に成長する重合では，すべてのポリマーは片方の末端（開始末端）に開始剤の一部の構造（開始剤切片）を含む．2方向に成長する重合では，開始剤切片はポリマーの中央部分に含まれることになる．
- 開始反応が成長反応に比べて十分速いと，生成ポリマーの分子量分布は，次式のポアソン分布に従い，多分散度（M_w/M_n）は1に近くなる．

$$\frac{M_w}{M_n}=\frac{1+P_n}{P_n} \tag{3-2}$$

リビング重合を実現するためには，連鎖移動や停止反応を起こらないようにする必要がある．ところが，通常の連鎖重合では，以下に示すような停止反応あるいは連鎖移動が起こりやすい状況から逃れることができない．たとえば，ラジカル重合では，成長ラジカルによる2分子間の停止反応が避けられないこと，アニオン重合では，反応系中に含まれる微量の酸性物質や酸素と成長アニオンの間で停止反応が起こりやすいこと，また，極性モノマーのアニオン重合では置換基との間で停止反応が起こること，カチオン重合では，成長炭素カチオンからのβプロトン脱離による連鎖移動反応が起こりやすいことがリビング重合の達成を妨げていた．

リビング重合は，前述の副反応が起こらない条件を満たすときに実現できる．実際に，スチレン，ブタジエン，イソプレンなどの炭化水素モノマーのアニオン重合では，水や酸性物質などを重合系から厳密に除去すると，リビング重合が可能になる．また，環状エーテルや環状アミンの開環カチオン重合は，成長アニオンが安定なオキソニウムイオンやアンモニウムイオンである．同様に，環状エーテルの開環アニオン重合の成長末端はアルコキシドであり，カルボアニオンに比べてずっと安定である．これらの重合系ではリビング重合が比較的実現しやすく，テトラヒドロフランのリビングカチオン重合やエチレンオキシドのリビングアニオン重合が知られている．

これらの古くから知られているリビング重合と対照的に，極性モノマーのアニオン重合やカチオン重合，さらにラジカル重合でリビング重合を実現するまでの道のりは平坦ではなかった．多くの試みが続けられる中，1980年代にリビング重合に対する新しい考え方が導入され，多くの重合系でのリビング化がようやく現実のものとなった．

新しい考え方とは，ポリマー鎖末端の不安定な成長活性種を，安定で副反応を起こさない形の末端に一時的に変換し，活性な成長末端を可逆的に生成させるものであり，一時的に安定化された成長末端をドーマント種（休止種）と呼ぶ．ドーマント種は活性種と平衡状態にあり，平衡はドーマント種側に大きく偏っている（**図3-2**）．反応

$$\underset{\text{ドーマント種}}{\mathrm{P{-}X}} \rightleftharpoons \underset{\text{活性種}}{\mathrm{P\cdot}} + \mathrm{X'}$$

［図3-2］リビングラジカル重合のドーマント種と活性種の平衡反応

溶液中にごく少量生成する活性種が成長反応に関与し，活性種はふたたびドーマント種に戻って安定な状態になる．ドーマント種は共有結合で安定化された状態で存在し，活性種の濃度を低く抑えることで停止反応や連鎖移動などが抑制される．特に，ラジカル重合の場合は，活性種濃度の制御が反応制御にとって重要である．活性種とドーマント種の間の交換反応は十分速いため，すべてのドーマント種は同一の確率で活性種に変換され，すべてのポリマー鎖が同じ頻度で成長することができる．その結果，停止反応や連鎖移動を起こさずに生き続ける古典的なリビング重合と共通する特徴が，ドーマント種との平衡を含む重合でも観察できることになる．

現在，リビング重合（およびリビングポリマー）は古典的なリビング重合だけでなく，ドーマント種を用いるリビング重合に基づく新しい概念も含めた形で，「連鎖重合のうち，不可逆な連鎖移動や停止反応が起こらない重合（およびその重合によって生成する安定で重合活性な部位をもつポリマー）」と再定義されている（2003年のIUPAC勧告による定義）．この考え方は，特にリビングラジカル重合の設計にとって重要である．ただし，リビングラジカル重合は，アニオン重合やカチオン重合などのイオン重合，あるいは配位重合と異なる特性をもつ．ラジカル重合では，どのような条件で重合を行ったとしても，2分子停止が必ず起こり，それを避けることはできないという宿命である．このラジカル重合に特有の性質のため，リビングラジカル重合の呼称について明確な結論を出すことが難しく，長い期間にわたって議論が続けられてきた．命名法に関する議論については本章の最後に述べる．

3.3 さまざまなリビング重合の開発

アクリル酸エステルやメタクリル酸エステルはアニオン重合性が高く，アルカリ金属アルキルやグリニャール試薬など，広範囲の種類の化合物によって重合が開始される一方で，エステル基などの極性置換基への付加反応が副反応として起こり，重合反応は複雑となる．たとえば，塩化*n*-ブチルマグネシウムはメタクリル酸メチルの炭素−炭素2重結合に付加してアニオン重合を開始するが，一部はカルボニル基に求核付加して副反応の原因となる．一方，開始剤としてかさ高い置換基をもつ臭化*tert*-ブチルマグネシウムを用いると，副反応が抑制でき，リビングアニオン重合が実現できる．*n*-ブチルリチウムの代わりに，1,1-ジフェニルヘキシルリチウムを用いた場合も，同様に副反応を抑えることができ，メタクリル酸メチルのリビングアニオン重合が可能になる．

新しいタイプのリビングアニオン重合を実現する方法もつぎつぎと開発された．

1980年代に，トリメチルシリル基を脱離基とするメタクリル酸メチルのグループトランスファー重合，アルミニウムポルフィリン錯体を用いるラクトンのリビングアニオン開環重合（イモータル重合，第9章参照），サマリウムなどの希土類錯体を用いるメタクリル酸エステルやアクリル酸エステルのリビングアニオン重合などが見つかっている．

カチオン重合では，カルボカチオンのβプロトン脱離が起こりやすく，リビング重合の実現には，成長活性種であるカルボカチオンを安定化する必要があった．そこで，対アニオンとして弱いルイス酸を用い，さらに酢酸エステルやエーテル化合物などの弱塩基を添加することによって，カルボカチオンを安定化する方法が考案された．さまざまな開始剤系が開発され，ビニルエーテル，イソブテン，スチレン誘導体のリビングカチオン重合が可能になっている．たとえば，塩酸を開始剤とするイソブチルビニルエーテルのカチオン重合系に，ルイス酸として塩化亜鉛を添加すると，カルボカチオンの副反応を制御することができる．カチオン重合のリビング化の研究で得られた知見は，リビングラジカル重合の開発にも活かされることになる．

環状アルケンの開環メタセシス重合でもリビング重合が見出された．たとえば，Grubbs触媒を用いたノルボルネンのリビング重合が達成され，得られたポリノルボルネンに水素添加することによって，高透明性，耐熱性，低吸湿性などに優れた特性をもつシクロオレフィンポリマーが工業生産されている．

リビング重合は，連鎖重合の中で不可逆的な連鎖移動や停止反応が起こらない場合に適用されるが，ポリエステルやポリアミド合成などの縮合反応による重合系でもリビング重合が見つかっている．重縮合は典型的な逐次反応の1つであるが，開始剤による活性化機構を導入した縮合反応では，一部の活性化された成長末端だけがモノマーと反応し，連鎖的な縮合重合を引き起こす．ここで，モノマー間でランダムな結合生成反応が起こらず，開始剤による開始反応が速やかに起こるとリビング重合が成立する．さらに，金属触媒による縮合重合でもリビング重合が見出され，構造を制御した共役ポリマーの合成法として利用されている．

開始剤によるモノマーの活性化機構に基づく反応制御は超分子重合にも適用でき，リビング超分子重合が達成されている．超分子重合では，水素結合やπ-π相互作用などの非共有結合を利用したモノマー分子の自己集合を経てポリマーが生成する．ポリマー分子（集合体）の形成は，モノマーとの平衡状態にあるため，分子量や分子量分布の制御は困難であると考えられていたが，開始剤の概念を超分子重合に導入することで，リビング超分子重合が実現された[2),3)]．

3.4 リビングラジカル重合の開発

3.4.1 ラジカル重合のリビング化の試み

ラジカル重合の成長活性種は，中性で活性の高いラジカル種であり，溶媒や対イオンによるラジカルの反応性の制御ができず，また，ラジカル間での2分子停止を避けることができないため，他の重合に比べてリビング重合の実現が最も難しいと考えられてきた．リビングアニオン重合の発見以降，リビングラジカル重合の実現に向けて多くの試みがなされてきた．

ラジカル重合の成長末端をリビング化するための方法として，成長ラジカルを物理的に閉じ込めて2分子停止を抑制する方法と，化学的な相互作用によって成長ラジカルを安定化する方法がある．

物理的に2分子停止を抑制する例として，沈殿重合の利用がある．沈殿重合で生成するポリマーは溶媒（バルク重合ではモノマー）に不溶なため，成長ラジカルが閉じ込められた形でポリマーが固体として析出し，ラジカルはその中で拡散できずに長寿命化できる．ただし，同時に成長反応も抑制される．不均一反応を厳密に制御することは難しく，物理的な停止反応の抑制によるリビングラジカル重合を容易に実現することはできなかった．1970年代に入ると，乳化重合系で，開始反応速度を制御して，モノマーを含むミセル内で重合を開始するラジカルの数を制御する方法が提案された．この方法では，開始反応の速度を厳密に制御することで停止反応を抑えることができ，超高分子量ポリマーの合成やブロック共重合体の合成に応用された．ただし，リビングラジカル重合の一般的な手法として利用されるまでには発展しなかった．

一方で，成長ラジカルを化学的に安定化する方法も検討され，そこでは金属錯体とラジカルの相互作用が利用された．1970年代にクロム錯体を用いたメタクリル酸メチルの重合で，反応の進行にともなって分子量が増大することや，ブロック共重合体が合成できることまでは確認されたものの，反応機構の詳細までは明らかにされないまで研究は途絶えた（第9章参照）．

3.4.2 イニファーターを用いるリビングラジカル重合

制御が難しいと考えられてきたリビングラジカル重合であるが，1980年代を境にリビングラジカル重合の研究は大きな展開を見せる．リビングラジカル重合の歴史を**表3-1**にまとめる．1982年に，ポリマーの末端構造制御を精密に行うための新たな方法として，大津（大阪市立大学）はイニファーター（iniferter）の概念を提唱した．イニファーターは，連鎖移動と1次ラジカル停止の機能をあわせもつ開始剤（initiator-

[表3-1]　1980年代以降に行われたリビングラジカル重合に関する代表的な研究

年	研究者	代表的な研究
1982	大津	イニファーターとリビングラジカル重合モデルを提案
1984	建元	ヨウ素移動重合の発見とフッ素系エラストマーの開発
1984	Solomon	ニトロキシドを用いるブロック/グラフト共重合体の合成
1993	Georges	ニトロキシドを用いて狭い分子量分布のポリスチレンを合成（NMP）
1994	Wayland	コバルト錯体を用いるリビングラジカル重合（金属−炭素間の結合解離）
1995	澤本, 上垣外	有機金属触媒を用いたリビングラジカル重合（Ru触媒）
1995	Matyjaszewski	原子移動ラジカル重合（ATRP，Cu触媒）
1994〜96	福田, Fischer, Hawker	NMPの反応制御のための機構解析
1998	Rizzardo, Moad, Thang	可逆的付加開裂型連鎖移動ラジカル重合（RAFT重合）の開発
2000	Benoit	高性能ニトロキシド（SG1）の開発
2002	山子	有機テルル化合物を用いるリビングラジカル重合（TERP）
2006, 2011	後藤	可逆連鎖移動触媒重合（RTCP）と可逆錯体形成媒介重合（RCMP）

transfer agent-terminator）であり，イニファーターを用いてラジカル重合を行うと，開始末端と停止末端の構造を制御したポリマーを合成することができる．ジチオカルバメート基やトリフェニルメチル基を含むイニファーターを用いたポリマー構造制御の反応が検討された．

このとき，生成ポリマーの停止末端がふたたび開裂すると，成長反応を再開でき，重合がさらに進行する．連鎖移動や1次ラジカル停止によって，開裂前と同じ構造の末端基が成長末端にふたたび導入される．これらの反応が繰り返されて生成したポリマーは，つねに一定の構造をもち，かつ可逆的にラジカル解離可能な末端基を含む．重合の途中で共有結合によってポリマー末端の構造が形成される（ドーマント種を形成する）という点で，古典的なリビング重合の定義から外れるが，末端基構造や分子量の制御に関しては従来のリビング重合に近い現象が観察され，後のドーマント種を用いるさまざまなリビング重合の原型となった[4),5)]（**図3-3**）．ラジカル重合では，成長ラジカル間の2分子停止を避けることは困難であると考えられてきたが，イニファーターを用いたリビングラジカル重合モデルが提案されたことによって，世界中でリビングラジカル重合の研究の進展が急加速した．

しかしながら，当時のイニファーターによる高分子構造制御に限界があったことも

$$\mathrm{A{-}B} \rightleftarrows \mathrm{A\cdot} + \mathrm{B\cdot} \xrightarrow[\text{1次ラジカル停止／連鎖移動}]{n+1\,\mathrm{M}} \mathrm{A{-}(M)_n{-}M{-}B} \longrightarrow \mathrm{A{-}(M)_n{-}M\cdot} + \mathrm{B\cdot}$$

$$\xrightarrow[\text{1次ラジカル停止／連鎖移動}]{m\,\mathrm{M}} \mathrm{A{-}(M)_{n+m}{-}M{-}B} \rightleftarrows \mathrm{A{-}(M)_{n+m}{-}M\cdot} + \mathrm{B\cdot} \rightrightarrows$$

［図3-3］ **イニファーターを用いるリビングラジカル重合の反応機構**
A–Bはイニファーターとして作用する低分子，Mはモノマーを示す．

事実である．代表的なイニファーターであるジチオカルバメート誘導体を用いたスチレンやメタクリル酸メチルのリビングラジカル重合では，数平均分子量の増大やブロック共重合体の合成が確認されたものの，多分散度は通常のラジカル重合と同様の2前後の比較的大きな値となり，分子量分布の制御（狭い分子量分布をもつポリマーの合成）はきわめて難しかった．成長末端のラジカル解離によって成長は繰り返し起こるものの，ラジカル解離の頻度が低いため，ポアソン分布に従う（リビングアニオン重合と同様の）狭い分子量分布のポリマーを合成することは容易なことではなかった．ラジカル解離後にモノマー1分子に相当する分だけ成長（1分子挿入）し，すぐに元のドーマント種に戻る反応が繰り返されれば，理想に近い形のリビングラジカル重合が実現できるはずだったが[6]，イニファーターの重合制御能には限界があることは明白だった．当時，イニファーターを用いた重合では，平均分子量の制御やブロック共重合体の合成は可能であるものの，分子量分布の制御はできないと結論された．また，ポリマー鎖間で起こる可逆的な連鎖移動を反応制御に積極的に利用しようという発想は，残念ながら1980年代にはなかった．ポリマー鎖間の可逆的な連鎖移動が新しい連鎖移動型のリビングラジカル重合法として後に注目されることになるとは，だれも想像できなかった．

同じく1980年代中頃，オーストラリアの研究者ら（Solomonら）は，ニトロキシドを用いたブロック共重合体やグラフト共重合体の合成法（**図3-4**）を見出していた．それにもかかわらず，ポリマーの精密な分子構造制御のためのリビングラジカル重合の特徴が強調されることはなかった．特許出願や応用的な研究の推進が優先され，基礎的な研究成果をきっちりと論文発表することが後回しになったことが一因となっている．

現在までに知られているリビングラジカル重合[7),8)]は，制御機構に応じて，**図3-5**に示す3種類に分類できる．これらのリビングラジカル重合の特徴を**表3-2**にまとめる．ラジカル解離型，原子移動型および連鎖移動型の反応機構に基づくリビングラジ

$$R\text{—O—}NR'_2 \rightleftarrows R\cdot + \cdot O\text{—}NR'_2 \xrightarrow{M} R\text{—}M\cdot + \cdot O\text{—}NR'_2 \xrightarrow{nM} R\text{—}(M)_n\text{—}M\cdot + \cdot O\text{—}NR'_2$$

$$R\text{—}M\cdot + \cdot O\text{—}NR'_2 \rightleftarrows R\text{—}M\text{—}O\text{—}NR'_2$$

$$R\text{—}(M)_n\text{—}M\cdot + \cdot O\text{—}NR'_2 \rightleftarrows R\text{—}(M)_{n+1}\text{—}O\text{—}NR'_2$$

［図3-4］ **1980年代にSolomonらが提案したアルコキシアミンを用いるリビングラジカル重合の基本反応**

ラジカル解離型（NMP）

$$P\text{—}X \rightleftarrows P\cdot + X\cdot$$

原子移動型（ATRP, RTCP）

$$P\text{—}X + M \rightleftarrows P\cdot + MX$$

連鎖移動型（RAFT重合, TERP）

$$P\text{—}X + P'\cdot \rightleftarrows P\cdot + P'\text{—}X$$

［図3-5］ **代表的なリビングラジカル重合の分類**

［表3-2］ **リビングラジカル重合の特徴の比較**

	ラジカル解離型（NMP）	原子移動型（ATRP，RTCP）	連鎖移動型（RAFT重合，TERP）
使用可能なモノマー	おもにスチレンが対象，アクリル誘導体やジエンモノマーも重合可能	共役モノマー	共役モノマーおよび非共役モノマー
重合温度	100℃以上の高温が必要	広範囲で調整可能	通常のラジカル重合と同様の条件（温度以外の条件も通常と同様）
酸素の影響	酸素除去が必要	比較的寛容	酸素除去が必要（TERP）
停止末端の構造・安定性	アルコキシアミン，熱に対して不安定	アルキルハライド，熱や光に対して比較的安定	C−SR，C−Te，C−X構造など，熱や光に対して不安定な構造を一部含む
問題点・課題	適用モノマーが限定的，メタクリル酸エステルに適用不可	ポリマーの着色，金属を含む触媒の除去（ATRP）など	着色や臭い（RAFT重合），制御剤が酸素に対して不安定（TERP）

カル重合としてそれぞれ最初に発見されたNMP，ATRPおよびRAFT重合の開発経緯を次項にまとめる．

3.4.3 NMPの開発

1993年，Georgesら（カナダのゼロックスリサーチセンター）は，ラジカル開始剤として過酸化ベンゾイルを用いたスチレンのバルク重合系に安定ラジカルである2,2,6,6-テトラメチルピペリジン1-オキシル（TEMPO）を添加することによって，狭い分子量分布をもつポリスチレンが簡単に合成できることを発見した．すなわち，この重合がニトロキシド媒介ラジカル重合（nitroxide-mediated radical polymerization, NMP）である．

スチレン，過酸化ベンゾイルおよびTEMPOの混合物を80℃で加熱すると，過酸化ベンゾイルが分解して生じた1次ラジカルにスチレンが付加し，さらに安定ラジカルであるTEMPOがラジカルと反応して，付加生成物であるアルコキシアミンが生成する．アルコキシアミンは80℃では熱的に安定であり（ラジカル解離しない），ポリマーは生成しない．その後，温度を130℃まで上昇すると，アルコキシアミンは炭素ラジカルとTEMPOに解離し，生成した炭素ラジカルのスチレンへの付加によって重合が開始される．成長ラジカルはふたたびTEMPOと再結合し，ポリマーラジカルとTEMPOが共有結合で結合したドーマント種を生成する．高温ではポリマー末端ドーマント種のラジカル解離による成長ラジカルの再生，成長，TEMPOとの再結合によるドーマント種の形成，このプロセスが繰り返されることによって，リビングラジカル重合が進行し，分子量分布の狭いポリスチレンが生成する．

この事実は，瞬く間に世界中に広まり，リビングラジカル重合の研究が先を争って行われるようになった．翌年，Hawker（IBM社アルマデン研究所）はスチレン，過酸化ベンゾイルおよびTEMPOの混合物を加熱するという単純な操作からもう一歩踏み込んだアプローチで研究を展開した．混合物の加熱により生成したアルコキシアミン（上記3種類の化合物の1/1/1付加物）をいったん単離し，純粋なアルコキシアミンを開始剤（重合制御剤）として使用し，開始剤/モノマー比や重合時間を変化させてスチレンのリビングラジカル重合を行うことにより，ポリマー構造制御のための反応の機構を明らかにし，その根拠となる明確な実験データを示した．また，福田ら（京都大学）やFischerら（チューリッヒ大学）は，安定ラジカルの存在によってリビングラジカル重合が実現する仕組みについて，それぞれモデル反応や理論面から深く考察し，NMPの反応機構を詳細に解明した．さまざまな重合条件に対応できるように反応の改良が行われ，優れた重合反応制御能をもつアルコキシアミン（SG1や

TIPNOなどとの付加物）が開発され，スチレンやアクリル酸エステルの重合に利用されている（第4章参照）．

3.4.4 ATRPの開発

1995年，澤本ら（京都大学）およびMatyjaszewski（カーネギーメロン大学）は，独立かつ同時期に，触媒としてルテニウムおよび銅化合物を用いる原子移動ラジカル重合（atom transfer radical polymerization, ATRP）をそれぞれ発見した．これら重合は，TEMPOなどを用いるNMPと異なる反応機構によるリビングラジカル重合であり，成長末端と遷移金属触媒の間をハロゲン原子が行ったり来たりしながら，触媒の中心金属の酸化還元をともなって重合の制御が行われる．

いち早く報告された重合は，ルテニウム触媒を用いたメタクリル酸メチルの重合である．ハロゲン化されたポリマー末端がドーマント種として作用し，遷移金属触媒であるルテニウム化合物にハロゲン原子が移動し（同時に，ルテニウムの酸化数は増加する），ポリマー末端に成長ラジカルが生成する．逆に，遷移金属触媒から成長ラジカルにハロゲン原子が移動することによって，成長は一時的に停止し，ドーマント種が生成する．Matyjaszewskiが見出した塩化銅を用いるスチレンのATRPも同様の反応機構で進行する．

安定ラジカルを用いるリビングラジカル重合と比較して，多くの種類のモノマーに適用できることや，重合に高温を必要としない点で有利であるが，金属触媒の除去が難しいことや，重合系の着色が課題として指摘された．そのため，触媒量を低減するための重合方法や触媒の改良が続けられ，現在までにさまざまなATRPの手法（AGET-ATRP，ARGET-ATRP，ICAR-ATRP，SET-LRPなど）が提案されている（第5章参照）．

3.4.5 RAFT重合の開発

1998年，オーストラリア連邦科学産業研究機構（CSIRO）の研究者ら（Moad, RizzardoおよびThang）は，成長ラジカルとポリマー末端の間での連鎖移動を利用する新しい反応機構によるリビングラジカル重合を見出した．ジチオエステルなどの連鎖移動剤（RAFT剤）は，付加開裂型の連鎖移動を起こしやすく，しかも連鎖移動は可逆的に何度も繰り返して起こる．ポリマー末端に導入されたRAFT剤切片の間で連鎖移動が繰り返して起こると，成長ラジカルがポリマー鎖間で移動する．その結果，すべてのポリマー鎖が均等に成長を続けることができ，分子量や分子量分布が制御される．彼らは，この新しい重合を可逆的付加開裂型連鎖移動ラジカル重合

(reversible addition-fragmentation chain transfer polymerization, RAFT重合）と名付けて論文発表した．

可逆的な停止反応を利用するNMPやATRPと異なり，RAFT重合では連鎖移動によって制御が行われる．RAFT重合の開発者たちは，付加開裂型の連鎖移動剤を以前から研究し，通常の連鎖移動剤では制御できない重合に対して，分子量を制御し，末端基に不飽和結合を導入する新しい方法を見出していた（2.5.4項〔3〕）．RAFT重合は，それら付加開裂反応をさらに可逆的に繰り返し起こるように工夫したもので，これらの継続的な努力が新しいリビングラジカル重合の発見につながった（第6章参照）．

RAFT剤には開始能（ラジカルを発生するはたらき）はなく，ラジカル開始剤を用いる通常のラジカル重合の反応系に，さらにRAFT剤を添加してリビングラジカル重合が行われる．RAFT剤として硫黄化合物を使用することが多く，着色や臭いの問題は生じるが，一般的なラジカル重合条件で制御が可能であることや，共役モノマーと非共役モノマーの両方を含めた多くの種類のモノマーに適用できることから，リビングラジカル重合の中で最も頻繁に用いられている手法である．典型的なRAFT剤の構造は，1980年代にイニファーターとして用いられたジチオカルバメート化合物とよく似ているが，当時用いられていたジチオカルバメート化合物ではポリマー末端への可逆的付加開裂型の連鎖移動の頻度が低く，分子量分布の制御を含めて重合の精密制御を行うことが困難であった．使用する化合物のわずかな化学構造の違いによって研究の展開が大きく変わることを示す典型的な例である．

2000年以降も，山子（京都大学）による有機テルル化合物を用いる重合（TERP）や，後藤（京都大学）による可逆連鎖移動触媒重合（RTCP）などの新しいリビングラジカル重合が開発されている（それぞれ第7章および第8章を参照）．

3.4.6 リビングラジカル重合の工業利用

ラジカル解離型，原子移動型，連鎖移動型のそれぞれのリビングラジカル重合の特徴を活かして，用いるモノマーの種類，制御対象となるポリマーの構造，使用可能な反応条件などに応じて最も適切な手法が選択される．リビングラジカル重合の一部はすでに工業化され，さまざまな分野で機能性ポリマー材料の製造に利用されている．リビングラジカル重合を工業化や製品開発に応用している国内外の具体的な事例を**表3-3**にまとめる[9)]．

具体的な用途は，フッ素系エラストマー，安定剤，分散剤，シーリング材，接着剤，添加剤などである．最も頻繁に利用されている重合法はRAFT重合やヨウ素移動重合（ITP）である．重合形態や反応条件が従来から用いられている一般の重合系に近

［表3-3］ リビングラジカル重合の工業化・製品開発への応用例

熱可塑性エラストマー（Arkema社），フッ素系エラストマー（3M社，AGC社，ダイキン工業社，Chemours社，Solvay社），粘着剤・接着剤（カネカ社，大塚化学社，Arkema社，Bostik社），シーラント（カネカ社），分散安定剤（Solvay社），顔料分散剤（BYK-Chemie社，Axalta社，大日本精化工業社），水系顔料分散剤（BASF社），顔料（PPG社），高吸水性ゲル（三洋化成工業社），耐化学薬品性・耐衝撃性シート（Altuglass社），油田用化学品（Pilot Polymer Technologies社），SEC/HPLC用カラム（Thermo Fischer Scientific社），化粧品（Pilot Polymer Technologies社），保湿剤（BYK-Chemie社），粘度調整剤（Lubrizol社），セメント添加剤（Solvay社），ガス移動制御剤（Solvay社），RAFT剤（Arkema社，Boron Molecular社）

［N. Corrigan *et al.*, *Prog. Polym. Sci.*, **111**, 101311（2020）を参考に作成］

く，連鎖移動剤やRAFT剤を追加して添加することで制御が可能になるためである．ATRPはリビングラジカル重合の開発の初期段階から国内の企業によって工業化が同時に進められてきた手法である．金属を用いないRTCPも国内の企業によって積極的にゲルや顔料分散剤などの製造に応用されている．NMPも比較的応用例が多い重合手法であるが，対象となるモノマーの種類がスチレン系やアクリル酸エステル系に限られている．また，TERPは粘着剤や顔料分散剤に特化して，他の重合法とはやや異なる形で日本独自の重合技術として発展してきたが，最近，重合制御剤が試薬メーカーから市販されるようになり，今後の用途拡大が期待される．

最近のリビングラジカル重合の研究開発の方向は，新しい重合手法の開発や精密合成などの観点から，次第にリビングラジカル重合をポリマー合成の手段の1つとして利用し，リビングラジカル重合の特性を活かした，機能材料の開発に重点が移りつつある．また，ポリマー鎖の末端基や官能基の変換，クリックケミストリーなどを利用したポリマー反応による構造制御も注目され，リビングラジカル重合と組み合わせることによって，ポリマー材料設計の新たな方法論が展開されている．これら応用の具体的な例については，第Ⅲ編各章を参照していただきたい．

3.5 リビングラジカル重合の名称（呼称）

3.5.1 リビングラジカル重合に関するIUPAC勧告

ここまで述べてきたように，リビングラジカル重合の研究の源流は安定ラジカルとリビングポリマーの発見にあり，その後1980年代頃以降に研究が進展し，1990年代に入ってさらに大きな展開を示した．その頃から，さまざまな分野の研究者がリビングラジカル重合とかかわりをもち始め，研究分野全体の領域がどんどん拡大していった．

リビングラジカル重合に限らず，学問分野の発展の過程では，新しい反応や現象が見つかり，あるいは反応機構の解明が進むたびに，それぞれ状況に応じて新しい名称が提案され，多くの研究者がその名称を使用する中で次第に名称が定着していく．同時に，コンピュータによる文献検索が一般的になり，2000年頃からリビングラジカル重合の名称を取り巻くある問題がクローズアップされ始めた．

国際純正・応用化学連合（IUPAC）では，物質名や専門用語の使用に関して厳格なルールを定め，必要に応じて不定期に勧告を出している．「リビングラジカル重合」と当たり前のように呼ばれてきた制御ラジカル重合に対する統一的な（正式の）用語として，reversible-deactivation radical polymerization（RDRP）を使用することをIUPACは強く推奨している（2010年勧告）．各重合方法の具体的な名称を補助的に使用することはかまわないが，さまざまな重合法を一括してリビングラジカル重合と称することはIUPACのルール上では認められていない．最新の勧告では，ラジカル重合だけに限らず，リビング重合全般に対してreversible-deactivation polymerization（RDP）の用語を適用して，用法を普及させていく方向で議論が進んでいる（2021年勧告）．正式な日本語表記については，国内の命名法委員会などで慎重に検討が続けられている．

多くの人々に馴染みのあるリビングラジカル重合の名称をどう定めるべきか，またどのように定義すべきなのか，これは以前からの重要な問題である．1990年代以降，現在も続いている終わりのない議論の要点を以下に説明する．

3.5.2 リビングラジカル重合の検索時の問題点

リビングラジカル重合の用語が，ポリマーに関連する分野で使用され始めたのは1970年代以降のことである．1990年代に入り，リビングラジカル重合に関係する研究者の数が急増したが，当時は用語の統一の動きはまったく見られなかった．基本的にリビングラジカル重合の用語を用いながら，世界中の研究者が異なる用語を状況に応じて使用するという，いわば無法状態にあった．研究者によって使用する用語や使用方法が微妙に異なることは，どの専門分野でも見られることであるが，専門用語に関する些細な問題が，無視することのできない切実な問題に膨らんでいった[10),11)]．その背景には，リビングラジカル重合に関する論文の数が短期間のうちに指数関数的に増加したことと，ポリマー合成あるいは高分子化学・ポリマー材料以外の異分野や異業種でリビングラジカル重合に対する関心が高まり，ポリマー合成の専門家以外の研究者や技術者がリビングラジカル重合を利用するケースが急増したという事情がある．

たとえば，用語が統一されていない場合，論文検索を行う際のキーワードの選択が重要となり，どの検索ワードを用いたかで検索結果が大きく異なってしまう．アメリカ化学会が所有するデータベースのSciFinderを利用して1990～2010年までの20年間に発表されている科学技術に関する論文を検索すると，その総数は約20000報に及ぶ．この中で，atom transfer radical polymerization（ATRP）を用いて検索した結果にはmetal mediated (living) radical polymerizationやmetal catalyzed (living) radical polymerizationの用語だけを使用している論文は対象外となる．controlled radical polymerizationやliving radical polymerizationの条件での検索結果には，具体的な重合方法の名称だけを用いている論文が含まれない可能性がある．また，NMPやRAFTの略号はそれぞれ*N*-メチルピロリドンやラフト関連タンパク質などの他の分野で用いられる一般的な化学用語と重複するため，これらの2つの用語を用いて検索する際には，それぞれradical polymerizationやpolymerなどの用語も併用して，対象分野を限定して絞り込む必要がある．

2010年以前には，リビングラジカル重合を意味する用語として，living radical polymerization，controlled radical polymerization，controlled/living radical polymerization，quasi-living radical polymerization，pseudo-living radical polymerization，mediated polymerizationなど，さまざまな表現が飛び交っていた．これらの中には誤解を招きやすい表現が含まれている．

なぜ中途半端な形容詞だらけの表現が蔓延したのか？　それには，IUPACによる当時のリビング重合の定義（不可逆的な連鎖移動や停止反応が起こらない連鎖重合）にラジカル重合が該当しない（リビングラジカル重合では2分子停止が起こる）ため，堂々と胸を張ってリビング重合を名乗ることができなかったという事情がある．成長活性種としてのラジカルを含む重合では，停止が必ず起こる．仮に停止反応で生成した痕跡の検出が現実に難しい場合でも，停止反応は起こっていると考えるべきである．厳密な意味では定義にあてはまらない重合に対して，古典的な（厳密な意味での）リビング重合と横並びの印象を与えかねないリビングの呼称を使用することはできず，先に述べた中途半端な形容詞が前につく曖昧な形で妥協したというのが実情である．controlledという用語もIUPAC勧告の一般的な使用制限に反する形での使用となっており，誤解を招きやすいものであった．

3.5.3 名称統一のための1990年代の取り組み

もちろん，研究に直面する当事者間でもこの難題を解決できないものかと1990年代から模索が続けられてきた．1997年に開催されたアメリカ化学会のポリマー材料部門（Polymer Material Division, ACS）では，呼称の統一に関する提案が行われた[10]．

この提案では，2分子停止を排除することはできないというラジカル重合の特性を踏まえたうえで，controlled/“living”の用語を使用することが推奨された．ところが，それで問題は解決しないどころか，混乱をさらに増長する結果を招いてしまった．

当時の典型的な誤った用法として，リビング性が高くない場合に，controlledや引用符付きの“living”の用語を使用して微細なニュアンスを伝えようとすることがあった．controlled/“living”の用語使用の提案者らの意図は，あくまでラジカル重合の特性を尊重したものであり，ドーマント種形成と2分子停止はつねに競争的に起こるものであり，後者を完全になくすことはできないことを勘案したものだった．そのことが，研究者の一部には正しく伝わらなかった．これが間違いの始まりであった．

この提案の直後に発表されたRAFT重合は，連鎖移動反応によってドーマント種を形成し，2分子停止が通常のラジカル重合と同様に起こる重合である．連鎖移動と2分子停止による末端構造形成がどのような比率で起こっているかが重要であり，2分子停止が無視できる程度にまで連鎖移動が優先して起こっている条件であれば，ポリマーの構造制御は達成されていると解釈された．RAFT重合の開発者たち自身も，RAFT重合の基本的な反応機構として当初の提案から，通常の2分子停止を含めた形で反応制御の機構を議論している．それらのラジカル重合に特有の状況をすべて認めたうえで，この新しい制御重合がリビングラジカル重合の新しい手法として重要な役割を果たすものであると認識していた．論文や特許でRAFT重合が新しいタイプのリビングラジカル重合であることに異を唱える人は皆無であった．重合開発者だけでなく，関連する分野の研究者がそろってRAFT重合の価値を高く評価し，新規かつ重要なポリマー合成法としての位置付けに納得していたためである．

3.5.4 用語統一に向けての再発進

2000年前後に，用語の統一に関する根本的な仕切り直しのための取り組みが始まった．きっかけとなったのは，1999年2月に*Journal of Polymer Science, Part A: Polymer Chemistry*誌に投稿されたDarlingらの“Living Polymerization: Rationale for Uniform Terminology”と題する短い論文（コメント）である．Darlingらは，9名からなる著者連名の形でリビング重合の呼称に関する提案を含む刷り上がり3ページのコメントを投稿した．1990年代中頃から続いていたリビングラジカル重合の呼称の問題を含めてリビング重合全体にまで対象を広げた提案であり，研究者間での議論のきっかけをつくることが投稿の大きな目的であった．投稿された論文を受け取った当時の編集委員は粋な計らいをとり，次の判断を下した．この論文を掲載する際に，リビング重合に関係する世界中の多数の研究者に事前に原稿を送付して，ポリマー合成全般に範囲を広げてできるだけ多くの意見を募ることを決めた. Darlingらの論文と多くの研究者のコメントを一気にまとめて誌上で公開するという画期的なアイデアであった.

Darlingらの論文では, リビング重合に対する呼称のあり方について, 経緯の簡単な説明に始まり, ディールス-アルダー反応を例にあげて説明しつつ, 著者らの基本的な意見を述べたうえで, リビング重合の用語を今後どのように扱うべきかを提言している. リビングポリマーの概念とその言葉の生みの親であるSzwarcは, リビングポリマーを「モノマーを供給し続ける限り成長し続けることができるポリマー」と定義した. Darlingらは, この事実に基づいて, 失活したポリマーと明確に区別されるリビングポリマー, あるいはそのドーマント種を生成する重合に対してリビング重合の用語をあてるべきであることや, その反応過程の制御の度合いによって判断すべきでないことを主張した. 同時に, リビング性に関連する特徴をできるだけ多く満たす必要があり, 不可逆な連鎖移動や停止反応が原理的に無視できることが必要条件であると述べている.

Darlingらの提言に対して, Szwarcを含めて54件のコメント（全著者数61名, 各1ページ以内）が寄せられ, *Journal of Polymer Science*誌の38巻10号（2000年5月1日発行）の1710～1752ページにまとめて掲載された[11]. コメントの著者には, リビングラジカル重合だけでなく, リビングアニオン重合, リビングカチオン重合, リビング配位重合, リビング開環重合, 精密重合, ポリマー合成全般にかかわるさまざまな立場からのさまざまな意見をもつ研究者たちが含まれていた. この特集号の目的の1つとして, 結論をすぐに得ようとするのではなく, 意見交換のきっかけを提供し, できるだけ多くの意見を共有することに重点がおかれていた. 狙いどおり, このイベントに加わった研究者は問題の大きさと解決の難しさを再認識した.

日本国内でも, 高分子討論会（高分子学会主催）で特別セッションが設定され, ドーマント種を含む重合系に対して, 従来の古典的なリビング重合と同様, リビング重合と称すべきか否かについて白熱した議論が行われた. 畑田（大阪大学）は, この討論の場で, 次の意見を述べた.

「われわれは毎晩眠りにつくが, このことをもってその人が死んだとはだれもいわない. 朝がやってきても目覚めることがなくなれば, それは本当に死んだことを意味する. リビングラジカル重合に対しても同じことであり, 可逆的な停止や連鎖移動を含んでいるからという理由でリビング重合の枠組みから除外するのではなく, それらもリビング重合の1つとみなすべきである」

正確な表現がこの文章のとおりであったかどうかは, 詳細な記録が残っていないため確かめようがないものの, この名言は後々まで語り草となった. 混沌としながらも,熱い議論が交わされた当時の雰囲気が文面から伝わってくる．このときの討論会の場では議論されなかった点が1つある．日常の生活の中では眠りについても次の日の朝がくれば目が覚めるが，それは永遠には続かないことである．可逆的な停止や連鎖移動が問題なのではなく，不可逆な停止や連鎖移動が起こらないようにして（不老不死を実現して）理想のリビングラジカル重合を実現することは永遠にできない，それがこの問題の本質であった．

Darlingらの主張は一見すると，リビングラジカル重合（living radical polymerization）の用語をそのまま使用することに対する容認派と見えなくもないが，そうではなかった．それは，アニオン重合を含めたリビング重合やリビングポリマーの定義と深くかかわっており，リビング重合全体に対する定義から外れて，リビングラジカル重合だけが特別扱いされることは絶対に許されなかった．

当時のIUPACは，リビング重合とリビングポリマーをそれぞれ次のように定義していた（それぞれ1996年と2003年の勧告による）．日本語訳が確定していないため，ここで示すものは著者による訳である．原文のニュアンスを伝えるために，英文もあわせて示す．

リビング重合：連鎖移動と連鎖停止が存在しない連鎖重合．多くの場合，連鎖開始の速度は連鎖成長の速度と比較して速いため，速度論的な連鎖伝達体の数は重合を通して本質的に一定である（1996年勧告）

"Living Polymerization": A chain polymerization from which chain transfer and chain termination are absent. In many cases, the rate of chain initiation is fast compared with the rate of chain propagation, so that the number of kinetic-chain carriers is essentially constant throughout the polymerization.

出典: A. D. Jenkins, P. Kratochvíl, R. F. T. Stepto, and U. W. Suter, "Glossary of Basic Terms in Polymer Science, IUPAC Recommendations 1996", *Pure Appl. Chem.*, 68, 12, pp. 2287-2311（1996), on p. 2308.

リビングポリマー：不可逆的な連鎖移動と連鎖停止が存在しない連鎖重合によって形成された，安定な重合活性部位をもつポリマー（2003年勧告）

"Living Polymer": Polymer with stable, polymerization-active sites formed by a chain polymerization in which irreversible chain transfer and chain termination are absent.

出典: K. Horie, Máximo Barón, R. B. Fox, J. He, M. Hess, J. Kahovec, T. Kitayama, P. Kubisa, E. Maréchal, W. Mormann, R. F. T. Stepto, D. Tabak, J. Vohlídal, E. S. Wilks, and W. J. Work, "Definitions of Terms Relating to

Reactions of Polymers and to Functional Polymeric Materials, IUPAC Recommendations 2003", *Pure Appl. Chem.*, **76**, 4, pp. 889-906 (2004), on p. 896.

Darlingらの論文から10年後と20年後に，これら一連の議論を集約した結果がIUPAC専門部会からの新たな提言として公表されることになる．意外なことに，新たな勧告は，それまでとは方向性が異なる内容のものであった．

3.5.5 2010年のIUPAC勧告[12)]

2010年に出されたIUPAC勧告によってリビング重合の範囲は広がり，リビング重合の新しい定義として，「停止反応を含まない，あるいは不可逆な連鎖移動反応を含まない連鎖重合（chain polymerization from which chain termination and irreversible chain transfer are absent)」が用いられることになった．とはいうものの，リビングラジカル重合の呼称をどのようにすればよいかという現実の問題が解決したわけではなかった．同時に，命名法委員会ではRDRP（reversible-deactivation radical polymerization）の用語の使用を強く推奨した．そこでは，リビング重合とリビングラジカル重合とを明確に区別して，それぞれ適正な用語を使用すべきであることも述べられている．

オンラインデータに，IUPACが2010年に出した勧告の中からリビングラジカル重合に関連する基本用語を一部抜粋して示しているが，国内の命名法委員会による正式な日本語訳はまだ公表されていない．たとえば，degenerativeの日本語への置き換えは難しく，今後も慎重な検討と用法の調整が必要である．本書では，「交換型」と意訳する．また，deactivationに対して「不活性化」が多くの場合に使用され，徐々に普及しつつあるが，リビングラジカル重合の設計の基本指針である活性種とドーマント種の間での平衡を強調する意味で，「ドーマント化」の表現をもっと積極的に使用できないものだろうかと感じている．

3.5.6 2021年のIUPAC勧告[13)]

Moadは，2000年の問題発議から2010年のIUPAC勧告に至るまでの過程ならびにその後の状況についてのコメントを総説の形で公表している[14)]．総説の中で，Moad自身も2010年までは深刻には考えずに，リビングラジカル重合（living radical polymerization, LRP）の用語を当たり前のように使用してきたと正直に述べている．多くの研究者が同じような立場にあり，目の前の現実に即した場面では似た対応をとってきた．

Moadが2000年にIUPACの専門部会のメンバーに加わって以降，彼らはさまざま

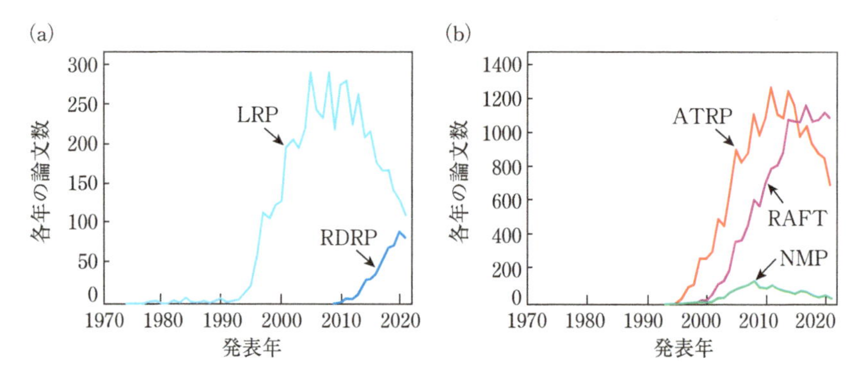

［図3-6］ さまざまな用語で検索した年間論文発表数の推移

2010年以降の変化に注目．検索に用いた用語：(a) LRPおよびRDRP，(b) ATRP，RAFTおよびNMP．

な議論を繰り返してきた．彼がCRAP（controlled reversible activation polymerization）の用語を提案したこともあったが，俗語から受ける印象が悪いため「CRAP」の評判は芳しくなく，この用語が正式に認められることはなかった．結局，RDRP（reversible-deactivation radical polymerization）を使用することで話しがまとまった．2010年に勧告が出た時点でこの用語を使用する研究者はごくわずかであったが，その後，この用語の使用を推奨する研究者が徐々に増えつつある．欧米を中心とするリビングラジカル重合分野の中心的活躍をしている研究者たちの献身的な姿勢による後押しもあり，2010年以降にRDRPを使用する論文数は急増し，2020年にはリビングラジカル重合（LRP）の用語を使用した論文数とほぼ同数となっている（**図3-6**(a)）．同時に，各リビングラジカル重合に対する名称（ATRP, RAFT, NMPなど）の使用は2010年以降減少傾向にある（図(b)）．

今後，いわゆるリビングラジカル重合に対して正式に用いるべき専門用語として，RDRPが次第に普及していくことに疑いの余地はない．2010年時点では想像がつかなかったことであるが，2020年前後からの新型コロナウイルス感染症の全世界的な感染拡大にともなって，感染症関連の論文発表が急増し，それら論文でRDRPあるいはRdRpという略号が多用されている．これらは，RNA-dependent RNA polymerase（RNA依存性RNAポリメラーゼ）の略称であり，生物学の分野で以前から使用されている専門用語である．同じ略称が異なる分野ではまったく違った用語に対して使用されるという事実は，これら用語（略称を含めて）に関する問題が永遠に解決することのできないことを示している．

RDRPへの用語の統一の試みと裏腹に，重合機構に基づく重合の分類方法は以前と

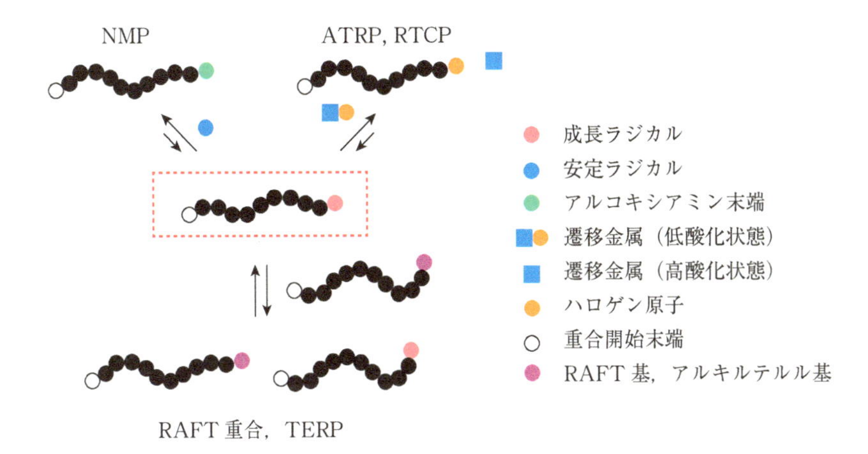

［図3-7］ 代表的なリビングラジカル重合の活性化－不活性化反応の分類

図3-5も参照.

基本的に変わらず，現在も3種類のRDRPの基本原理で説明されている[14]（**図3-7**）（反応の分類は図3-5と同様）．日本国内でのRDRPという用語の普及は海外での状況と比べると遅れぎみであり，理由の1つとして，RDRPを日本語に直訳したときの違和感（何となくしっくりこないという印象）があるためではないだろうか．直訳すると「可逆的不活性化ラジカル重合」となるが，正式な日本語での表記は現時点（2024年8月）でまだ決まっていない．本書のタイトルや本文中では，リビングラジカル重合の表現を用い，各重合手法の名称に関してもこれまでに馴染みの深い名称をそのまま用いている．2021年の勧告では，各リビングラジカル重合に対する呼称について，推奨する名称と推奨しない名称を具体的に示している．それらの一部を**表3-4**にまとめる．参考資料として，2010年の勧告で示された各リビングラジカル重合に対する名称をオンラインデータに示してある．2021年の勧告では，IUPACが今後の使用を推奨していない重合方法の名称（表の推奨しない名称の例を参照）が増え，制限が厳しくなっていることがわかる．両勧告の内容の比較から，10年の時の流れによるニュアンスの違いや時代の変化を感じ取っていただきたい．

［表3-4］ リビングラジカル重合に関連する基本用語と重合方法の名称

［IUPAC 2021年勧告より抜粋．冒頭の記号は用語の整理番号．ここに示した日本語訳は著者によるものであり，日本語での表記法はまだ確定していない．］

CP-9　リビング重合（living polymerization）：連鎖停止および不可逆な連鎖移動がない連鎖重合［推奨しない名称：pseudo-living polymerization; quasi-living polymerization; immortal polymerization; “living” polymerization］

CP-10　可逆的不活性化重合（reversible-deactivation polymerization, RDP）［別称：可逆的不活性化制御重合，controlled reversible-deactivation polymerization］：可逆的に不活性化（ドーマント化）するラジカルによって成長する連鎖重合で，複数存在する可能性のある活性種とドーマント種の間の平衡状態を含む

CP-15　制御ラジカル重合（controlled radical polymerization, CRP）：ラジカル重合のある速度論的な特徴あるいはラジカル重合によって形成されるポリマー分子の構造的な側面，またはその両方の制御を示す用語

CP-16　リビングラジカル重合（living radical polymerization）：連鎖停止および不可逆な連鎖移動がないラジカル重合

CP-19　可逆的不活性化（制御）ラジカル重合（reversible-deactivation radical polymerization, RDRP）［別称：controlled reversible-deactivation radical polymerization］：可逆的に不活性化（ドーマント化）するラジカルによって成長する連鎖重合で，複数存在する可能性のある活性種とドーマント種間の平衡状態を含む

CP-20　アミノキシルを用いる重合（aminoxyl-mediated radical polymerization, AMRP）［別称：aminoxyl-mediated polymerization］：アミノキシルラジカルの可逆的なカップリングを含むラジカル不活性化による安定ラジカルを用いる重合［推奨しない名称：nitroxide-mediated（radical）polymerization（NMP）］

CP-21　コバルト錯体を用いるラジカル重合（cobalt-mediated radical polymerization, CMRP）：コバルト錯体を用いる可逆的な不活性化（ドーマント化）ラジカル重合

CP-22　イニファーター法（iniferter process）：開始剤とドーマント種がイニファーターである安定ラジカルを用いる重合

CP-23　有機金属を用いるラジカル重合（organometallic-mediated radical polymerization, OMRP）：有機金属試薬を用いる可逆的な不活性化（ドーマント化）ラジカル重合

CP-24　安定ラジカルを用いる重合（stable-radical-mediated polymerization, SRMP）：安定な（長寿命の）ラジカルとの可逆的なカップリングを含むラジカル不活性化による可逆的不活性化ラジカル重合．［推奨しない名称：stable-free-radical-mediated polymerization（SFRMP）］

CP-25　可逆的付加開裂型ラジカル重合（reversible-addition-fragmentation radical polymerization, RAFRP）：ドーマント種が安定な（長寿命の）ラジカルであり不活性化段階が可逆的な開裂を含む可逆的不活性化ラジカル重合

CP-26　カルボニルチオ化合物を用いるラジカル重合（carbonothioyl-mediated radical polymerization）：カルボニルチオ化合物を用いる可逆的付加開裂型ラジカル重合［推奨しない名称：thiocarbonyl-mediated radical polymerization］

CP-27　原子移動ラジカル重合（atom-transfer radical polymerization, ATRP）：通常（必ずというわけではない）遷移金属錯体による可逆的な原子移動あるいは可逆的な原子団移動を含むラジカルの不活性化による可逆的不活性化制御ラジカル重合

［表3-4］（続き）

CP-28　内圏電子移動型原子移動ラジカル重合（inner-sphere electron transfer atom-transfer radical polymerization, ISET-ATRP）：活性化段階が直接的な原子あるいは原子団の移動を含む原子移動ラジカル重合

CP-29　非金属原子移動ラジカル重合（non-metal-mediated atom-transfer radical polymerization, NM-ATRP）：非金属試薬への可逆的な原子移動あるいは可逆的な原子団移動を含むラジカルの不活性化による原子移動ラジカル重合［推奨しない名称：reversible chain-transfer-catalyzed polymerization］

CP-30　外圏電子移動型原子移動ラジカル重合（outer-sphere electron transfer ATRP, OSET-ATRP）［別称：1電子移動型RDRP, single-electron-transfer RDRP, SET-RDRP］：活性化段階が連続して起こる1電子移動と原子あるいは原子団の移動を含む原子移動ラジカル重合［推奨しない名称：single-electron-transfer living radical polymerization, SET-LRP］

CP-31　遷移金属を用いるラジカル重合（transition-metal-mediated radical polymerization）［別称：遷移金属を用いる可逆的不活性化ラジカル重合，transition-metal-mediated reversible-deactivation radical polymerization］：遷移金属化合物あるいは有機金属化合物を用いる可逆的不活性化ラジカル重合［推奨しない名称：transition-metal-mediated living radical polymerization］

CP-32　活性種交換型連鎖移動ラジカル重合（degenerative chain-transfer radical polymerization, DTRP）［別称：縮重型連鎖移動，degenerate chain-transfer radical polymerization］：原子団（あるいは原子）の交換型移動を含むラジカルの不活性化による可逆的不活性化ラジカル重合（筆者注：degenerativeを直訳すると退化的となるが，この言葉が意味する内容が伝わりにくいため，ここではdegenerativeを活性種交換型と意訳している）

CP-33　ヨウ素移動重合（iodine-transfer polymerization, ITP）：ヨウ素化合物を用いる可逆的不活性化ラジカル重合

CP-34　有機ビスマスを用いるラジカル重合（organobismuthane-mediated radical polymerization, BIRP）：有機ビスマス化合物を用いる可逆的不活性化ラジカル重合

CP-35　有機水素化アンチモンを用いるラジカル重合（organostibane-mediated radical polymerization, SBRP）：有機水素化アンチモン化合物を用いる可逆的不活性化ラジカル重合

CP-36　有機テルルを用いるラジカル重合（organotellurium-mediated radical polymerization, TERP）：有機テルル化合物を用いる可逆的不活性化ラジカル重合

CP-37　逆ヨウ素移動重合（reverse iodine-transfer polymerization, RITP）：初期重合混合物が汎用の開始剤（たとえばアゾ化合物や過酸化物）とヨウ素分子からなるヨウ素移動重合

CP-38　可逆的付加開裂型連鎖移動重合（RAFT重合）（reversible-addition-fragmentation chain-transfer polymerization, RAFT polymerization）：2段階の付加開裂機構によって起こる交換型の連鎖移動過程を含む連鎖活性化および連鎖不活性化による活性種交換型連鎖移動ラジカル重合（筆者注：ここではdegenerativeを活性種交換型と意訳している）

COLUMN

イニファーターの原点

リビングラジカル重合は，精密に制御された構造をもつポリマーを合成するための新しい手法であり，20世紀終盤に誕生してから短期間のうちに目覚ましい成長を遂げた．半世紀ほど時代をさかのぼると，1960～1970年代，リビング重合はメタクリル酸メチルなどの極性モノマーのリビングアニオン重合や環状モノマーのリビング開環重合へと範囲を拡大しつつ発展を続けていた．カチオン重合やラジカル重合では，活性種を安定化することが難しいため，リビング重合の実現には困難を極めた．ルイス酸やルイス塩基の使用によるカルボカチオンの安定化を弾みにリビングカチオン重合がまず実現された．その数年後の1982年，大津隆行教授（大阪市立大学）はイニファーター（iniferter）の概念を提案し，イニファーターを利用した重合がリビング重合のモデルとなりうることを指摘した．大津教授は，イニファーターの概念とそれを用いたリビングラジカル重合モデルのアイデアを2報連続の論文にまとめ，ドイツの速報誌に投稿した．編集委員長から届いた論文受理の手紙はCongratulation!で始まっていたと聞く．研究室で6年間昼夜を一緒に過ごした著者の大学時代の同級生は，この記念すべき論文の著者の一人となった．

何事も，さかのぼっていくと源泉らしきものにたどり着く．イニファーターとして用いられたジチオカルバメート誘導体によるブロック共重合体の合成の歴史は1950年代までさかのぼることができる．アゾ化合物や過酸化物などのラジカル開始剤の研究が時間をかけてじっくり行われていた，のどかな時代である．その頃，ゴムの加硫促進剤として用いられていたテトラエチルチウラムジスルフィドを開始剤として用いて加熱や光照射によるラジカル重合を行うと，ジスルフィドは開始剤としてだけでなく，連鎖移動や1次ラジカル停止にも関与して，ポリマー末端にジチオカルバメートが組み込まれることが当時発表された論文に記されている．驚くべきことに，末端の炭素−硫黄結合は再解離し，ラジカル重合を再開始することや，これを利用するとブロック共重合体が得られることまで当時の論文でもしっかりと述べられている．時代背景を考えると仕方ないことかもしれないが，ポリマーが開始剤として機能する，その当時の認識はそこまでが限界であった．1950年代，イニファーターやリビングラジカル重合の概念は存在しなかったのだから仕方ない．

情報を発信する側と受けとる側の双方に準備が整ったタイミングで初めて世の中に変化が生じる．先駆的な研究であればあるほど時代がついて来ない．1950年代のラジカル重合の研究はもちろんのこと，1980年代のリビングラジカル重合の研究でさえ後の時代から考えると歯がゆい状況にあった．機が熟すまで，ほんのもう少しだけさらに時間を要した．

参考文献

1) M. Szwarc, "Living Polymers and Mechanisms of Anionic Polymerization", *Adv. Polym. Sci.*, **49**, pp. 1–177（1983）

2) S. Ogi, K. Sugiyasu, S. Manna, S. Samitsu, and M. Takeuchi, "Living Supramolecular Polymerization Realized through a Biomimetic Approach", *Nat. Chem.*, **6**, 3, pp. 188–195（2014）

3) J. Kang, D. Miyajima, T. Mori, Y. Inoue, Y. Itoh, and T. Aida, "A Rational Strategy for the Realization of Chain-Growth Supramolecular Polymerization", *Science*, **347**, 6222, pp. 646–651（2015）

4) T. Otsu and M. Yoshida, "Role of Initiator-Transfer Agent-Terminator（Iniferter）in Radical Polymerizations: Polymer Design by Organic Disulfides as Iniferters", *Makromol. Chem. Rapid Commun.*, **3**, 2, pp. 127–132（1982）

5) T. Otsu, M. Yoshida, and T. Tazaki, "A Model for Living Radical Polymerization", *Makromol. Chem. Rapid Commun.*, **3**, 2, pp. 133–140（1982）

6) 大津隆行，松本章一，吉岡正裕，"リビングラジカル重合"；日本化学会 編，『精密重合（季刊化学総説No.18）』，学会出版センター，pp. 3–18（1993）

7) 松本章一 監修，『リビングラジカル重合：機能性高分子の合成と応用展開』，シーエムシー出版（2018）

8) 澤本光男 監修，『新訂三版 ラジカル重合ハンドブック』，エヌ・ティー・エス（2023）

9) N. Corrigan, K. Jung, G. Moad, C. J. Hawker, K. Matyjaszewski, and C. Boyer, "Reversible-Deativation Radical Polymerization（Controlled/Living Radical Polymerization）: From Discovery to Materials Design and Applications", *Prog. Polym. Sci.*, **111**, 101311（2020）

10) K. Matyjaszewski and A. H. E. Müller, "Naming of Controlled, Living and "Living" Polymerizations", *Polym. Prepr. (Am. Chem. Soc., Div. Polym. Chem.)*, **38**, 1, pp. 6–9（1997）

11) T. R. Darling, T. P. Davis, M. Fryd, A. A. Gridnev, D. M. Haddleton, S. D. Ittel, R. R. Matheson Jr., G. Moad, and E. Rizzardo, "Living Polymerization: Rationale for Uniform Terminology", *J. Polym. Sci., Part A: Polym. Chem.*, **38**, 10,（Special issue on "Living or Controlled?"）, pp. 1701–1708 and 1709（2000）; M. Szwarc *et al.*, "Comments on "Living Polymerization: Rationale for Uniform Terminology" by Darling et al.", *ibid.*, pp. 1710–1752（2000）

12) A. D. Jenkins, R. G. Jones, and G. Moad, "Terminology for Reversible-Deactivation Radical Polymerization Previously Called "Controlled" Radical or "Living" Radical Polymerization（IUPAC Recommendations 2010）", *Pure Appl. Chem.*, **82**, 2, pp. 483–491（2010）

13) C. M. Fellows, R. G. Jones, D. J. Keddie, C. K. Luscombe, J. B. Matson, K. Matyjaszewski, J. Merna, G. Moad, T. Nakano, S. Penczek, G. T. Russell, and P. D. Topham, "Terminology for Chain Polymerization（IUPAC Recommendations 2021）", *Pure Appl. Chem.*, **94**, 9, pp. 1093–1147（2022）

14) G. Moad, "Living and Controlled Reversible-Activation Polymerization (RAP) on the Way to Reversible-Deactivation Radical Polymerization (RDRP)", *Polym. Inter.*, **72**, 10, pp. 861-868 (2023)

Living Radical Polymerization Guidebook:
Reaction Control for Materials Design

各種リビングラジカル重合の特徴

第II編では，さまざまなリビングラジカル重合について，重合の特徴や反応機構から反応制御の方法，応用例などを解説する．

第4章では，1990年代にリビングラジカル重合の研究の突破口となったニトロキシド媒介ラジカル重合（NMP）について説明する．NMPはドーマント種のラジカル解離を利用する制御重合法であり，反応原理と重合の特徴について詳しく述べる．第5章では，NMPに続いて開発された重合法である原子移動ラジカル重合（ATRP）について，代表的な反応系の特徴についてまとめ，重合の発見から現在に至るまでの重合制御法の発展の経緯を述べる．第6章では，交換反応機構に基づく可逆的付加開裂型連鎖移動ラジカル重合（RAFT重合）の原理と重合の適用範囲や特徴について具体的な例を示して解説する．

第7章と第8章では，2000年代に入って開発された有機テルル化合物を用いるリビングラジカル重合（TERP）ならびに有機触媒を用いるリビングラジカル重合（RTCP/RCMP）の特徴について説明する．第8章では，1980年代から研究開発が進められてきたヨウ素移動重合（ITP）についても解説する．第9章では，炭素−金属結合の解離を利用するリビングラジカル重合（OMRP）について研究開発の流れを述べる．

◉本編で学べること

- 異なるタイプのリビングラジカル重合の反応原理と特徴
- 各重合法に適用可能なモノマーの種類と重合条件
- 目的や反応条件に応じた重合方法の選択
- TERPやRTCP/RCMPの重合制御と反応機構の特徴
- ITPやOMRPの開発経緯と現在の状況
- 反応速度解析に基づくリビングラジカル重合の精密設計
- 重合制御に有効な試薬や反応条件の選択
- 各種リビングラジカル重合の工業化と応用技術

第4章

ニトロキシド媒介ラジカル重合

最も代表的なリビングラジカル重合の1つであるニトロキシド媒介ラジカル重合（nitroxide-mediated radical polymerization, NMP）は，ラジカル解離平衡を利用するもので，スチレン誘導体に有効な重合方法である．3.4.3項で述べたように，1980年代からアルコキシアミンのラジカル解離を利用したリビングラジカル重合によるポリマー構造制御がオーストラリアの研究グループから報告されていたものの，大きな注目を集めるには至らなかった．その後，Georgesらによる狭い分子量分布をもつポリスチレンの合成に関する論文が1993年に発表され，世界中の多くの研究者がリビングラジカル重合の研究に取り組み始めた．本章では，リビングラジカル重合の反応制御の鍵となるラジカル解離平衡の特徴と基本原理について説明し，続いてNMPの特徴や反応制御の例を示して解説する．また，リビングラジカル重合の重要な応用例の1つであるブロック共重合体の合成について具体的な反応例をあげて説明する．

4.1 NMPの発見

1993年，カナダのゼロックスリサーチセンターのGeorgesらは，開始剤として過酸化ベンゾイルを用いたスチレンのバルク重合の反応系に，安定ラジカルである2,2,6,6-テトラメチルピペリジン1-オキシル（TEMPO）を加えるだけで，狭い分子量分布（$M_w/M_n = 1.2 \sim 1.3$）をもつポリスチレンが簡単に合成できることを報告した[1)]．

当時，コピー機（乾式複写機）に使用するトナーのカプセル化に必要な高性能ポリマー材料を開発するため，ポリスチレン樹脂の新規合成法が模索されていた．Georgesらは，スチレンのラジカル重合の新しい制御法の研究開発への取り組みを開始し，スチレン，開始剤およびTEMPOの混合物を95℃で3.5時間加熱することを試みた．この処理によって，開始剤が分解して生じた1次ラジカルにスチレンが付加した後，安定ラジカルであるTEMPOがスチレンラジカルと再結合してアルコキシアミンが生成する．アルコキシアミンに含まれるスチレンユニットとTEMPO間のC−

［表4-1］ **Georgesらが1993年に発表した最初の論文に記載されているスチレンのNMPの重合結果**

TEMPO/過酸化ベンゾイル〔mol/mol〕	時間〔h〕	反応収率〔%〕	$M_n \times 10^{-3}$	M_w/M_n
1.2	21	20	1.7	1.28
1.2	29	51	3.2	1.27
1.2	45	76	6.8	1.21
1.2	69	90	7.8	1.27
0.5	–	86	45.6	1.57
1.5	–	74	33.1	1.24
3.0	–	71	18.2	1.19

95℃で3.5時間加熱した後，123℃で重合.
［M. K. Georges *et al.*, *Macromolecules*, **26**, 11, pp. 2987-2988（1993）を参考に作成］

O共有結合は100℃以下の温度では安定であり，C−O結合のラジカル解離は起こらない．もちろん，このときポリマーは生成しない．このことはGeorgesらも理解していたはずである．

一般に，反応性の高い（重合しやすい）モノマーの保存安定性をよくするために，市販のモノマーにはあらかじめ重合禁止剤や重合抑制剤と呼ばれる添加剤が加えられている．TEMPOは，多くの有機化合物と同様に空気中で取り扱いが可能な安定性の高いラジカルであり，再結晶やシリカゲルカラムクロマトグラフィーによって純度の高いTEMPOを単離することができる．TEMPOは反応系に存在するラジカルとただちに反応し，カップリング生成物を生成することで重合禁止作用を発揮する．このカップリング生成物は慣例的に付加物（adduct）と呼ばれる．

スチレンに所定量のTEMPOと過酸化ベンゾイルを加えた反応系を123℃まで加熱すると，重合が進行してポリスチレンが生成し，しかも収率が増大するにつれ，多分散度M_w/M_nが小さい値に保持されたままで生成ポリマーの数平均分子量（M_n）が増大する．たとえば，69時間反応後に，反応収率90%で，M_nが7.8×10^3，M_w/M_nが1.27の値をもつポリスチレンが生成する（**表4-1**）．この重合で起こっている反応は，以下のとおりである．上記の混合物を95℃で加熱するとまず付加物が生成する．その後，123℃まで昇温すると，付加物のラジカル解離が起こる．生成したスチレンラジカルが成長反応を続け，スチレンの重合が進行する．成長ラジカル末端はふたたびTEMPOと反応し，付加物を生成する．ラジカル解離が可能な，この共有結合生成物（すなわち付加物）はドーマント種として機能する．重合反応中に，ドーマント種のラジカル解離，成長，そしてTEMPOとの再結合によるドーマント種の再生が何度も繰り返されることによって，リビングラジカル重合が進行する．

Georgesらの発見で重要な点は，安定ラジカルが活性なラジカルをトラップして生成した付加物（この過程は重合禁止作用である）が高温条件下ではラジカル解離し，リビングラジカル重合が実現できることを実際に示したことである．安定ラジカルを用いて高温条件で成長末端のラジカル解離を試みた研究アプローチは以前からあったが，市販のモノマー，開始剤，重合禁止剤を混ぜて加熱するだけで，狭い分子量分布をもつポリスチレンが簡単に合成できることが当時の研究者に与えた衝撃は大きく，それこそがGeorgesらの最大の功績である．NMPはスチレンとブタジエンのランダム共重合体の合成にも応用することができ，狭い分子量分布（$M_w/M_n = 1.36$）をもつ共重合体が合成できることを最初の論文で示している[1]．

4.2 NMPの反応制御

NMPの反応機構の精密な解析にだれよりも早く取り組んだのがIBM社アルマデン研究所に所属していたHawker（後にカリフォルニア大学サンタバーバラ校に異動）であった．HawkerがFréchet研究室（当時コーネル大学）でのポスドク生活を終えて，出身国であるオーストラリアに一時的に戻った数年後に，新しい職を得てアメリカ西海岸に移ってきた直後であった．Hawkerは綿密に実験を計画し，非の打ちどころのない完璧な実験データとともに，新しい重合制御法としてのNMPの重要性を強調して，1994年，*Journal of American Chemical Society*誌に速報を発表した[2]．Hawkerが用いた反応は，Georgesらが報告した系と同じものであるが，別途に合成したアルコキシアミンを重合系に必要量だけ加えて，反応の精密な制御を行った点が異なる．生成ポリマーの分子量や分子量分布，末端基構造などの解析結果に基づいて，過酸化ベンゾイルとTEMPOを組み合わせたスチレンの重合で，開始末端と停止末端を精密に制御したポリスチレンが生成していることを示した．さらに，成長ラジカルは通常のラジカル重合と同じものであり，ラジカル解離している間にフリー成長が続いて重合が進行していることをこれらの実験データに基づいて明らかにしている．反応式に書かれたとおりに構造制御されたポリマーが合成できることを実証したこの論文の著者はHawkerただ一人である．数学や物理の理論系の論文では単独著者名での論文発表は珍しいことではないが，実験重視の合成化学分野の学術論文では共同作業や分業が多いため，単著の論文はほとんど見かけない．

図4-1(a) に示すように，過酸化ベンゾイルとスチレンとTEMPOの混合物を80℃で反応させると付加物が42％収率で単離できる．この付加物を用いて，図(b) に示

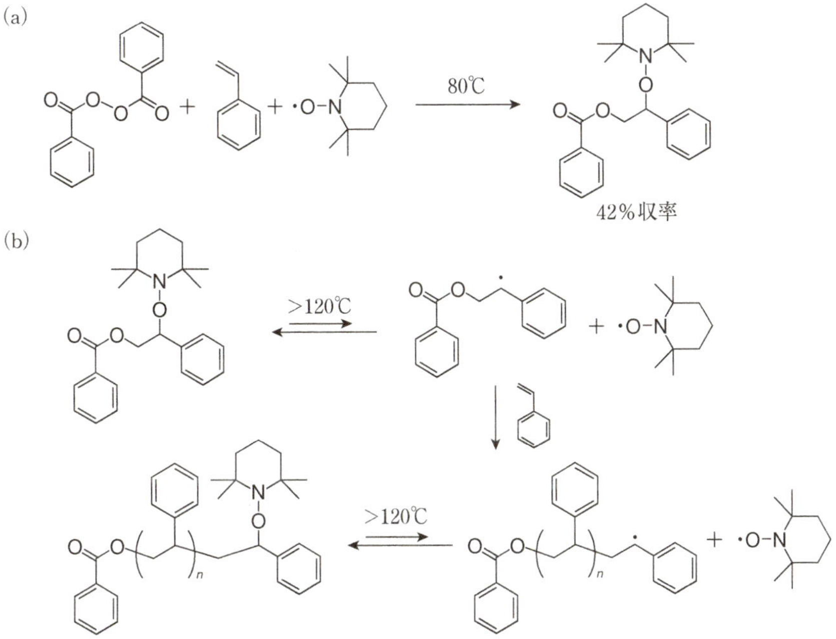

(a)

80℃

42%収率

(b)

>120℃

>120℃

［図4-1］ ニトロキシド媒介ラジカル重合（NMP）の反応機構

［表4-2］ Hawkerが1994年に行ったスチレンのNMPによる分子量と分子量分布の制御の実験結果

M_n（実験値）	M_n（計算値）	M_w/M_n（実験値）
3450	3330	1.15
4900	5200	1.14
13000	13500	1.10
25500	28000	1.20
54500	59500	1.29
82000	90500	1.36
110000	123000	1.41

［C. J. Hawker, *J. Am. Chem. Soc.*, 116, 24, pp. 11185-11186（1994), Table 1を参考に作成］

すようなスチレンのリビングラジカル重合を行った結果を**表4-2**にまとめる．サイズ排除クロマトグラフィー（SEC）から求めたM_nは，アルコキシアミンとモノマーのモル比と反応収率から計算した値とよく一致する．また，多分散度が比較的小さい値

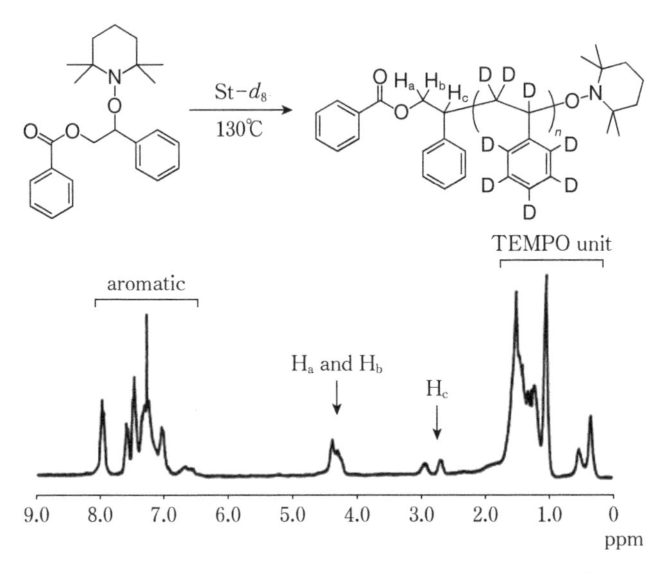

［図4-2］ スチレン-d_8のNMPで生成したポリスチレン-d_8の末端基構造を示す^{1}H NMRスペクトル

［C. J. Hawker, *J. Am. Chem. Soc.*, 116, 24, pp. 11185-11186（1994）, Figure 1より引用］

をとっていることがわかる．特に，数万以下の分子量をもつポリスチレンでは，1.1～1.2のM_w/M_nを示している．アルコキシアミンとモノマーの比を小さくし，かつ反応収率を高くすると高分子量のポリスチレンを得ることができるが，この場合にはM_nの実験値は計算値に比べて小さくなり，同時にM_w/M_nは徐々に大きくなる．アルコキシアミンの濃度が低くなると，ドーマント種の形成（成長ラジカルとTEMPO間のカップリング）と競争して起こるポリマーラジカル間での2分子停止が無視できなくなるためである．

また，Hawkerは重水素化したスチレン-d_8を重合して得られたポリマーの^{1}H NMRスペクトルに基づいて，用いたアルコキシアミンに由来する構造が開始末端と停止末端にきっちり導入されていることを確認している（**図4-2**）．ポリスチレン-d_8の^{1}H NMRスペクトルは広い範囲にわたってブロードな吸収を含み，末端基の構造だけを分離して精密に解析することは難しい．このような場合には，重水素化法が有効となる．重水素化法は，モノマーに含まれる水素をすべて重水素に置き換えることで，NMRスペクトル中でのポリマー鎖の繰り返し構造による吸収の影響を受けることなく，末端基構造だけを選択的に観察する手法である[3]．重水素化法は，ポリマーの詳細な構造解析にも利用されている[4]．

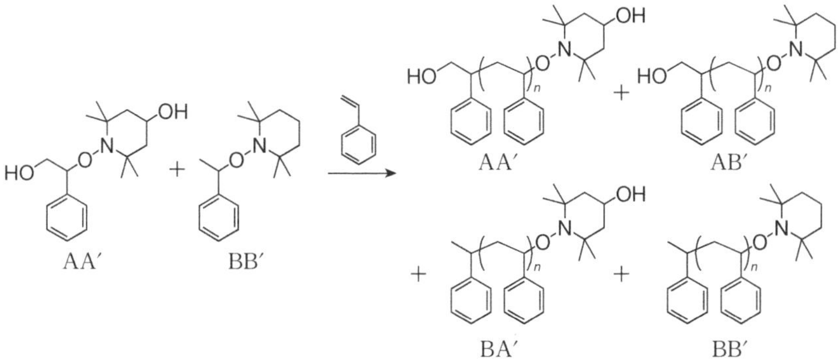

［図4-3］ 2種類のアルコキシアミンを用いたスチレンのNMPで生成するポリマーの両末端構造
4種類の組み合わせが存在する．

図4-2に示したHawkerの実験は，一見すると当たり前の反応をルーチン的に構造解析しただけのデータに見えなくもないが，スチレンの重合では，ベンゾイルオキシラジカルのモノマーへの付加が速いため脱炭酸を考慮しなくてよいこと，ほぼ100%の確率で頭−尾付加（head-to-tail addition）が進行すること，連鎖移動がきわめて起こりにくいことなど，ラジカル重合の基本的な特性を十分に理解したうえで，反応制御と解析が行われている[2]．ベンゾイルオキシラジカルのスチレンへの付加速度定数は大きく，開始末端にはベンゾイルオキシ基が定量的に導入される．メタクリル酸メチルの重合の場合と異なり，脱炭酸を経由して生成するフェニルラジカルのスチレンの重合の開始反応への関与はほとんどない（1%以下）．対照的に，Georgesらは経験的な情報に基づいて反応系を選択していたことが想像される．実際に試した反応系が理想に近いものであった（多少の試行錯誤をともなっているが）という幸運に恵まれ，結果的に他のだれよりもいち早く重要な実験データを手にすることができた，というのが現実の姿だろう．

図4-3に示す2種類のアルコキシアミン（AA′型とBB′型の化合物）を用いてスチレンのNMPを行うと，異なる末端基構造をもつ4種類のポリスチレン（AA′型，AB′型，BA′型およびBB′型）が生成する[5]．このことは，ラジカル解離と再結合を繰り返しながら重合が進行する際に，クロスオーバー反応が起こっている（アルコキシアミンのアルキル基とTEMPOの間の組み合わせが入れ替わっている）ことを示す．実際に，4種類のオリゴマーが分取型の高速液体クロマトグラフィー（HPLC）により単離され，それら化合物の化学構造が確かめられている．綿密な合成反応を設定

し，狙いどおりの化合物が実際に合成できていることを化合物の単離や構造決定などの精密な実験結果に基づいて証明する一連の方法論は，Hawkerがポスドク時代にFréchet研究室で行ったデンドリマー合成でもその実力が存分に発揮された手法である．

このように，成長末端の解離で生成したラジカルは，ドーマント種と平衡にあるものの，速やかに重合系中に拡散していき，フリー成長を繰り返す．成長末端付近でコンタクトイオンペアに相当するようなラジカルペアを形成しているわけではないことは，リビングラジカル重合の研究の初期段階から明らかにされており，フリー成長を前提とした反応設計と重合制御の取り組みが進められていった．たとえば，ポリマー末端のラジカル解離を利用して立体規則性を制御することはできないことはだれの目にも明らかだった．そのため，ニトロキシドの一部に不斉中心が含まれていても，ポリマー鎖末端の成長反応をその不斉構造によって制御することはできない[6]．ラジカル重合の成長末端は自由に回転しているため，リビングラジカル重合も通常のラジカル重合と同様，生成ポリマーの立体規則性の制御は困難であり，特別に工夫された反応制御を施す場合（11.6節参照）を除いて，通常はランダムポリマーが生成する．

アルコキシアミンのラジカル解離の起こりやすさは，ニトロキシドの構造に依存する．さまざまな構造のアルコキシアミンのラジカル解離エネルギーがDFT計算によって求められている．ニトロキシルラジカルへの解離エネルギーは5員環＞6員環＞ジ*tert*-ブチル型(非環状)＞7員環構造の順で小さくなる．解離エネルギーが小さいほどラジカル解離は起こりやすく，7員環を含むアルコキシアミンのラジカル解離が最も起こりやすい[7](**図4-4** (a))．

また，生成するアルキルラジカルが第3級炭素＜第2級炭素＜第1級炭素＜メチルの順で解離エネルギーが大きくなり，ラジカルが生成しにくくなる．解離エネルギーが小さい場合には，ラジカル解離の平衡がドーマント種であるアルコキシアミン側に偏ることにもなる．図(b) に示す2種類のアルコキシアミンのうち，アルコキシアミンAの解離速度は，アルコキシアミンBの解離速度に比べて圧倒的に大きく，これらのアルコキシアミンを用いてスチレンの重合を行うと，重合制御能は明白な違いを示す．すなわち，第2級炭素ラジカルを生成するアルコキシアミンAを用いてスチレンの重合を行うと，過酸化ベンゾイルとTEMPOを用いる重合系と同様の狭い分子量分布をもつポリマーを与えるが，第1級炭素ラジカルを生成するアルコキシアミンBを用いて重合すると，リビングラジカル重合としての特徴はほとんど認められない[8]．後者の重合では，反応収率20％付近まではM_nの増大が見られるものの，その後はほぼ一定値となり，M_w/M_nは重合初期の1.5から徐々に増大し，重合終期には2.2

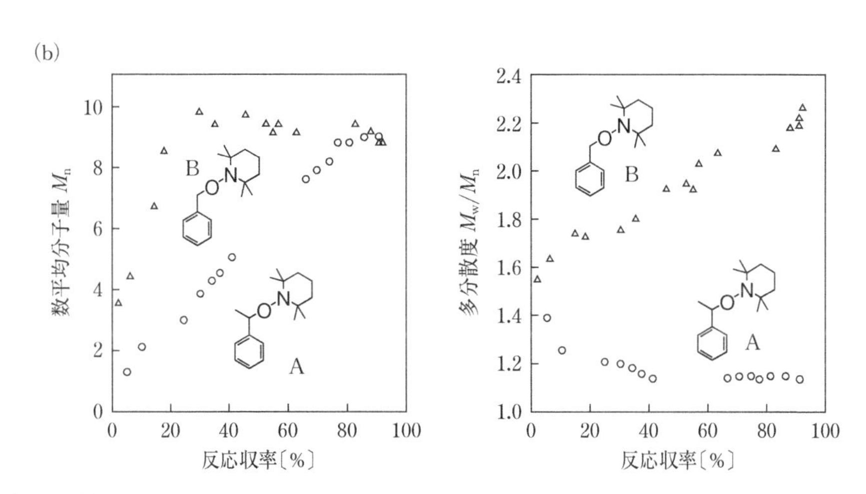

［図4-4］ **アルコキシアミンのラジカル解離に及ぼす化学構造の影響**

(a) アルコキシアミンの解離エネルギーに及ぼすニトロキシドの環構造の影響．解離エネルギーが大きくなるほどラジカル解離しにくくなる．(b) 第2級および第1級炭素ラジカルを生成するアルコキシアミンAとBを用いたスチレンのNMPにおける反応収率と数平均分子量および多分散度の関係．［C. J. Hawker *et al.*, *Macromolecules*, 29, 16, pp. 5245-5252 (1996), Figure 2およびFigure 3を参考に作成］

まで大きくなる．これは，重合条件下でのアルコキシアミンの半減期が大きく異なるためである．第2級炭素ラジカルを生成するアルコキシアミンAの半減期は5～10分と短いのに対し，第1級ラジカルを生成するアルコキシアミンBの半減期は約150分である．この場合，長時間重合後も原料のアルコキシアミンが残存していることになり，このことが分子量分布の広がりの原因となっている．開始反応が重合初期に一気に起こらない場合（緩慢開始と呼ばれる）には，ポリマー鎖の成長反応の進み方がそろわないため，ポリマー鎖長に大きな分布を生じ，多分散度は通常のラジカル重合と同様の値に近づく．また，ドーマント種の形成に比べて2分子停止が優勢となる．このように，開始剤として用いるアルコキシアミンの解離速度は，成長末端の解離速度に比べて大きいことが，NMPの反応制御の必要条件となる．このことは，NMP以外のリビングラジカル重合（たとえば，原子移動ラジカル重合（ATRP）など）にも共通する特徴である．

4.3 NMPの反応機構の解析

GeorgesらやHawkerの論文が発表された直後，多くの研究者がNMPの反応機構の解明に一斉に取り組んだ．京都大学の福田らは，パーシステントラジカル効果(persistent radical effect）が重要であることを指摘し，NMPを含めた末端解離型のリビングラジカル重合の反応機構に関する基礎を確立した[9]．

アルコキシアミンのラジカル解離のように，高反応性のラジカル(transient radical)と長寿命のラジカル（persistent radical）を生成する系では，定常状態の濃度がそれぞれ異なり，長寿命ラジカルの濃度は数桁高くなる．この現象は，Fischerによってパーシステントラジカル効果と名付けられ，理論的な考察が行われている[10]（**図4-5**）．異なる反応性をもつ2種類のラジカルが生成する場合，ラジカル間で起こるカップリング反応は元のラジカル解離の逆反応（出発物質R−Xの再生）と，高反応性ラジカル（R•）間のカップリングの2種類となる．ここで，後者は不可逆的に起こる．また，安定性の高いラジカル（X•）間でのカップリングはほとんど起こらない．これらのラジカルの反応性の違いによって，NMPの初期過程では時間（反応の進行）とともに長寿命ラジカルの濃度が徐々に高くなり，やがて一定値に収束する．このとき，長寿命ラジカルの濃度は高反応性ラジカルの濃度に比べて著しく高くなり，反応全体として高反応性ラジカルと長寿命ラジカル間のカップリングが優勢となる．

福田らは，あらかじめ単離したスチレンオリゴマーのTEMPO付加物（$M_n = 2500$, $M_w/M_n = 1.13$）を用いてスチレンの重合を125℃で行い，重合速度，生成ポリスチレンの分子量や分子量分布を詳細に解析した．さらに，電子スピン共鳴（ESR）スペクトル法を用いて重合中のTEMPO濃度を実測し，ポリマー鎖成長末端でのドーマ

$$\mathrm{R{-}X} \underset{k_{\mathrm{deact}}}{\overset{k_{\mathrm{act}}}{\rightleftarrows}} \mathrm{R\cdot} + \mathrm{X\cdot}$$

$$\mathrm{R\cdot} + \mathrm{R\cdot} \xrightarrow{\text{不可逆}} \mathrm{R{-}R}$$

$$\mathrm{X\cdot} + \mathrm{X\cdot} \not\longrightarrow \mathrm{X{-}X}$$

$$k_{\mathrm{act}}[\mathrm{R{-}X}] = k_{\mathrm{deact}}[\mathrm{R\cdot}][\mathrm{X\cdot}]$$

［図4-5］ **アルコキシアミンのラジカル解離で生じるラジカル間の反応と平衡**

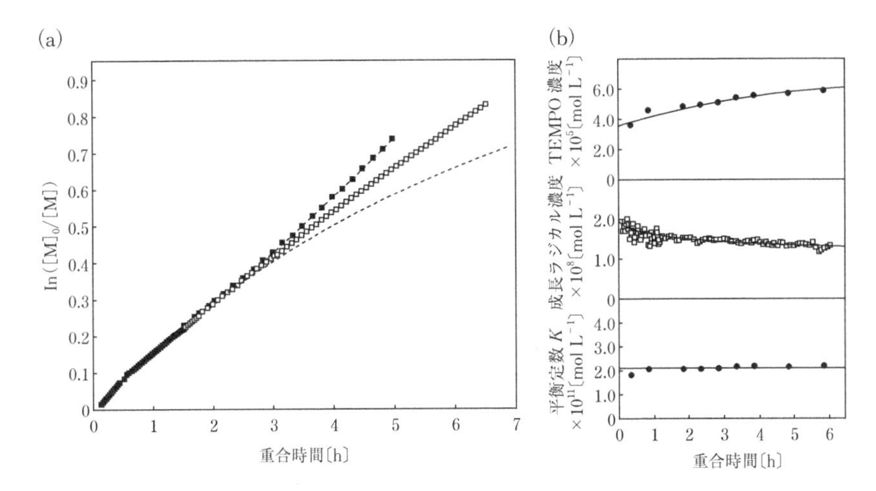

［図4-6］ 福田らによるスチレンのNMP（125℃，バルク重合）に対する反応機構の精密解析

(a) スチレンの重合速度の時間依存性．■：熱重合（開始剤不在，アルコキシアミン不在），□：スチレンオリゴマー型のアルコキシアミン（3.6×10^{-2} mol L^{-1}）添加，破線は熱重合に対する理論曲線を示す．(b) TEMPO濃度，成長ラジカル濃度および平衡定数Kの重合時間依存性．重合条件は (a) のアルコキシアミン添加系と同じ．
［T. Fukuda *et al.*, *Macromolecules*, **29**, 20, pp. 6393-6398（1996）, Figure 3およびFigure 7 ～ 9を参考に作成］

ント種と活性種間の平衡定数を見積もることに成功している（**図4-6**）．付加物は，成長ラジカルとTEMPOとの平衡にあり，これらラジカル濃度の定常状態式から，重合速度がアルコキシアミンの濃度に依存しないことが確かめられた．また，重合の進行（反応収率の変化）に応じて，成長ラジカル濃度や平衡定数がどのように変化するのか，また重合反応の概要をどのように理解すればよいのかを明らかにし，以下の結論を得ている．

安定ラジカルであるTEMPO濃度は，重合のごく初期の間に速やかに増大し，ある一定値（この論文で用いられた重合条件では$4 \sim 6 \times 10^{-5}$ mol L^{-1}）に達する．一方，成長ラジカル濃度は，$1 \sim 2 \times 10^{-8}$ mol L^{-1}と見積もられ，これらの値から平衡定数Kは2.1×10^{-11} mol L^{-1}と求められ，重合中の平衡定数は一定であることがわかる(図(b))．ラジカル間の結合形成の速度定数が$10^8 \sim 10^9$ L mol^{-1}s^{-1}の範囲にあると仮定すると，付加物は50 ～ 500 μsの間に1回ラジカル解離し，その間に約0.6 ～ 6個のスチレンモノマーが成長し，ラジカル解離から30 ～ 300 μsの間に成長ラジカルはTEMPOとふたたび結合して，ドーマント種であるアルコキシアミン末端を再生することになる．ラジカルの結合や生成の速度が小さいと，1回ラジカル解離して次に再度結合するまでの間により多くのモノマーが連鎖的に成長する．

ラジカル重合では，2分子停止による成長末端の不可逆な停止が必ず起こる．同時に，スチレンの重合では熱重合開始が起こり，生成ポリマーの多分散度はこれら熱重合開始と2分子停止がどれくらいの頻度で起こっているかによって決まる．すなわち，TEMPOが存在するリビングラジカル重合系でも，熱重合開始はTEMPO不在のときと同じ速度で起こる．末端の失活反応となる2分子停止もつねに起こっている．この点は重要であり，リビングラジカル重合の場合は制御に関連する反応ばかりに目が行きがちであるが，ラジカル重合に特有のこれら起こるべくして起こる反応の存在を見過ごしてはならない（第3章参照）．

したがって，多分散度は熱重合開始で生成するポリマー鎖の数とアルコキシアミンから生成するポリマー鎖の数の比で決まる．熱重合開始の寄与が無視できる場合の分子量分布はポアソン分布（式(3-2)）に近くなり，熱重合開始によるポリマー鎖生成の数がアルコキシアミンからのポリマー鎖生成の数の15％以下であれば，M_w/M_nは1.1以下となる．失活反応の頻度が小さい場合，実験的に観察されるSECのM_nやM_w/M_nにその影響が直接反映されないことがあり，SECの実験データだけから2分子停止の有無を議論できないことがわかる．さらに，成長末端とドーマント種間の交換反応によっても多分散度は小さくなることが指摘されている．ただし，NMPに関するシミュレーションの結果では，可逆的付加開裂型連鎖移動ラジカル重合（RAFT重合）などの交換反応によって反応制御される重合とNMPの反応機構はまったく異なり，NMPの成長末端での交換反応の寄与は小さいことが明らかにされている．

NMPでは，アルコキシアミンのホモリシスによって，成長ラジカルとTEMPOが生成し，成長反応を経た後にカップリングしてドーマント種を形成してリビングラジカル重合が進行する．ここで，NMPの反応制御にとって，重合中にTEMPOラジカルが過剰に存在することは重要な必要条件であり，TEMPOが成長ラジカルを確実にトラップしてドーマント種を形成する過程に大きく寄与している（図4-6）．NMPの反応制御能は，アルコキシアミンのラジカル解離の速度定数（ここでは活性化反応の速度定数k_{act}として表す）と平衡定数Kによって決まり，それらはC−O結合の結合解離エネルギーに依存する．図4-4に示したように，ラジカル解離の傾向は安定ラジカルの窒素原子周辺の構造による影響を受け，5員環＜6員環＜ジ*tert*-ブチル型(非環状）＜7員環構造の順に（解離エネルギーが小さいほど）k_{act}やKの値が大きくなる．また，アルコキシアミンのNO基周辺のアルキル置換基がかさ高いほど解離が起こりやすくなる．

制御重合に適したニトロキシドを分子設計する場合，ニトロキシド側に引き抜き反応を受けやすいβ水素が存在すると不均化が起こりやすくなるため，β水素が存在しな

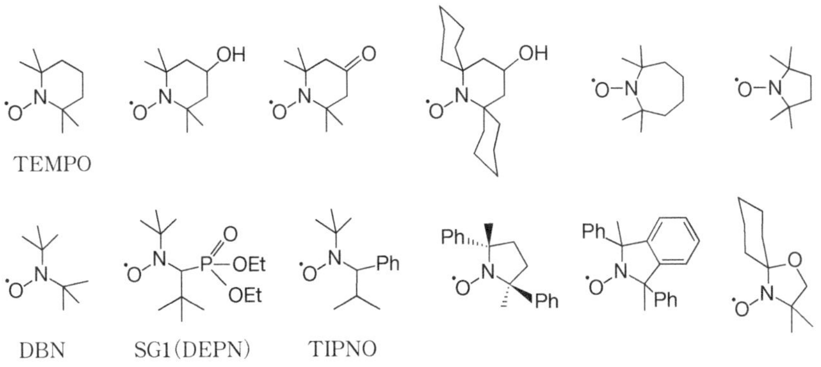

TEMPO

DBN　SG1(DEPN)　TIPNO

［図4-7］ **さまざまなニトロキシド（安定ラジカル）の化学構造**

SG1の名称は当時実験を行っていた大学院生の名前のイニシャルから名付けられた．

い形にして再結合を優先させる分子設計が施されている．**図4-7**に示すように，SG1（DEPN）やTIPNOなどの重合制御能に優れたニトロキシドが開発されている[11,12]．スチレンやその他のモノマーのリビングラジカル重合の反応制御に及ぼすニトロキシドの構造の影響が詳細に調べられ，解離速度定数の相対値は，TEMPO(1)＜TIPNO(6)＜SG1(DEPN)(10)＜DBN(24) の順に大きくなる（これらはいずれも1-フェニルエチルラジカルとカップリングしたアルコキシアミンに対する値である）[13]．NMPの反応制御にとって，活性化速度と不活性化速度の値が大きく，かつその平衡が解離側に偏りすぎない（Kが大きすぎない）ことが理想である．k_{act}とKは連動して変化するため，これらの値を独立して制御することは難しく，それらのバランスが重合制御の鍵となる．実際，TIPNOやSG1の優れた重合制御能は，適度な解離速度と平衡定数をあわせもつことに起因する[7,13]．

4.4 アルコキシアミンの合成

さまざまな官能基を含むアルコキシアミンが合成され，NMPの開始剤および重合制御剤として利用されている[14]．ラジカル開始剤，ビニルモノマーおよびTEMPOの反応からさまざまなタイプのアルコキシアミンが合成でき，ポリマー末端構造に近いアルコキシアミンが得られる．さらに，アゾ化合物や過酸化物の分解あるいはラジカル重合で生成する1次ラジカルをニトロキシドでトラップすることや，過酸化物が分解して生成する酸素ラジカルによる水素引き抜きによって生成した炭素ラジカルを

［図4-8］ **アルコキシアミン合成のための反応の例**

ニトロキシドでトラップすることによってもアルコキシアミンが合成される（図4-8）．グリニャール試薬とTEMPOの反応や，ニトロキシドのナトリウム塩とブロモ化合物のカップリング反応も用いられる．ATRPで用いられる触媒を利用して，臭化物からアルコキシアミンに変換することもできる．過酸化物ベンゾイル，モノマーおよびTEMPO（あるいは4-ヒドロキシTEMPO）から得られる付加物を加水分解し，さらにヒドロキシ基をエステル化することによってさまざまな官能基を含むアルコキシアミンに誘導できる．また，他のリビング重合で生成したポリマーの末端をTEMPO誘導体で修飾するとポリマー開始剤（アルコキシアミン構造を末端にもつ

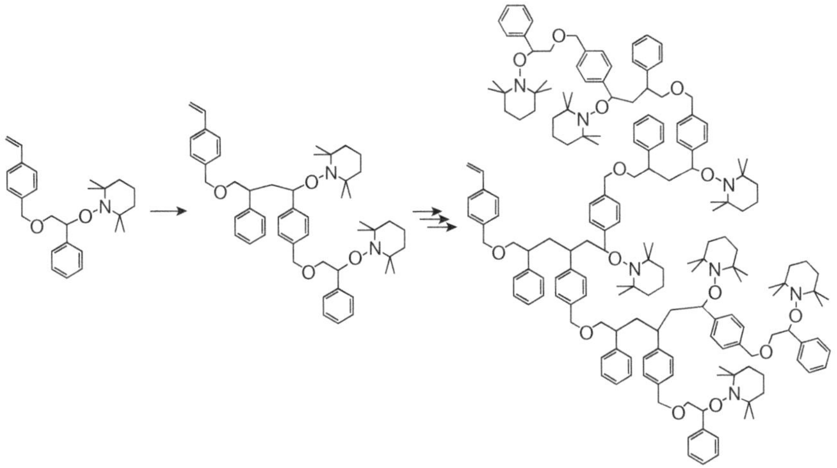

[図4-9]　スチレン誘導体のNMPによるハイパーブランチポリマーの合成

ポリマー）が合成でき，ブロック共重合体の合成に利用されている．デンドリマーやデンドロンの一部にアルコキシアミン構造を導入して多分岐構造と直鎖構造のブロック共重合体が合成されている．3官能性のアルコキシアミンを用いると3本アーム型星形ポリマーが合成できる．ポリマーの末端だけでなく，側鎖にもニトロキシドアミンの構造を導入すると，主鎖と側鎖のそれぞれの長さがそろったくし型ポリマーが得られる．さらに，アルコキシアミンの構造と2重結合を分子内にあわせもつ化合物を用いると，ハイパーブランチポリマー（多分岐ポリマー）が簡単に合成できる（**図4-9**）．

4.5 アルコキシアミンのラジカル解離速度

後藤らは，さまざまなアルコキシアミンのラジカル解離速度や解離平衡に関する膨大な量のデータを集約し，総説にまとめている[15]．低分子化合物のアルコキシアミンのラジカル解離速度定数は，電子スピン共鳴（ESR）や高速液体クロマトグラフィー（HPLC）を用いて実験的に見積もることができる．ここで，アルコキシアミンがオリゴマーあるいはポリマーである場合には，サイズ排除クロマトグラフィー（SEC）を直接あるいは間接的に利用できる．直接法では，リビングラジカル重合系でアルコキシアミンが解離して成長反応が起こり，元のアルコキシアミンと異なる分子量をもつ（SECでピークが区別できる程度まで分子量が大きくなった）ポリマーが生成する条件で反応を行う．このとき，元のアルコキシアミンの消費量（**図4-10**

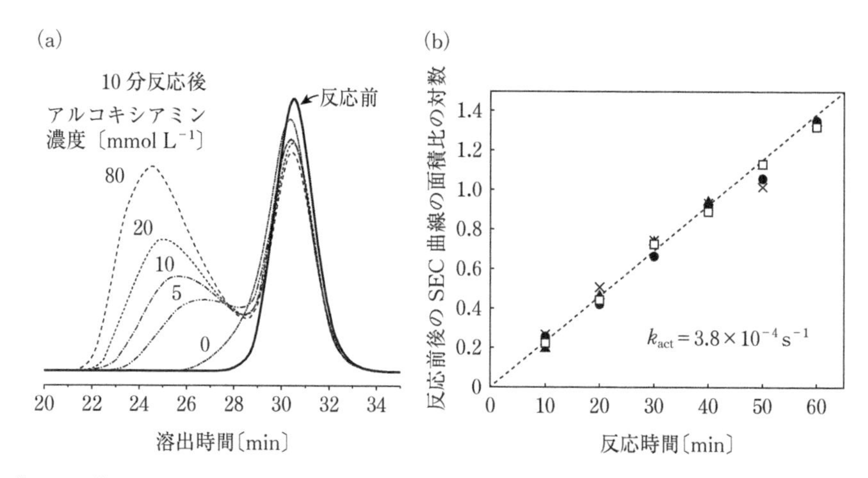

［図4-10］ アルコキシアミンのラジカル解離定数の決定方法（SEC直接法）

(a) 反応前後のSEC曲線（アルコキシアミン濃度は0～80 mmol L^{-1}），(b) ラジカル解離速度の1次プロット（各記号は異なるアルコキシアミン濃度に対する結果を示す）．［T. Fukuda *et al.*, *Macromol. Rapid Commun.*, 21, 4, pp. 151-165 (2000), Figure 4およびFigure 5を参考に作成］

に示すように，SEC曲線のピーク面積の低下の割合から決定できる）を追跡することによって，次式に示す1次反応式を用いてラジカル活性化の速度定数k_{act}を求めることができる．

$$\ln\frac{c_0}{c} = \ln\frac{S_0}{S} = k_{act}t \tag{4-1}$$

ここで，c_0とcはそれぞれ用いたアルコキシアミンの初濃度と，ある一定時間反応後の濃度であり，その比は図(a) に示した反応前後のSEC曲線（検出器としてRIを使用）の面積比（S_0/S）から求められる．活性化速度はラジカル開始剤の量には依存せず，プロットは同じ直線関係を示し，その傾きからk_{act}が決定できる（図(b)）．NMPでは活性種交換型の連鎖移動（degenerative chain transfer）がほとんど起こらないので，ここで求めたk_{act}は解離速度定数k_dに等しいことになる．第7章以降で説明するように，ラジカル解離と活性種の交換反応の両方が起こる場合には，両者を区別して考える必要があり，k_{act}はk_dと次式の関係にある．ここで，k_{ex}は交換反応の速度定数である．

$$k_{act} = k_d + k_{ex}[\mathrm{P}\bullet] \tag{4-2}$$

アルコキシアミンの構造とラジカル解離速度（活性化速度）の関係をk_{act}の相対値

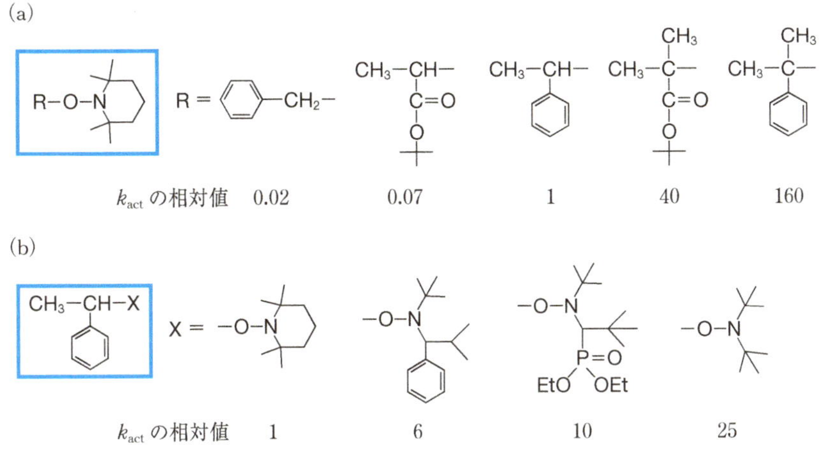

(a)

R−O−N　R = 　CH_2−　CH_3−CH−(C=O)(O-tBu)　CH_3−CH−(Ph)　CH_3−C(CH_3)−(C=O)(O-tBu)　CH_3−C(CH_3)−(Ph)

k_{act}の相対値　0.02　0.07　1　40　160

(b)

CH_3−CH−X (Ph)　X = −O−N　−O−N　−O−N (P=O, EtO, OEt)　−O−N

k_{act}の相対値　1　6　10　25

［図4-11］ アルコキシアミンの構造とラジカル解離速度との関係

ラジカル解離速度はk_{act}の相対値で表示．*tert*-ブチルベンゼン中，120℃．(a) ニトロキシドがTEMPOであるとき，アルキル基の構造がk_{act}に与える影響，(b) アルキル基を固定したとき，ニトロキシドの構造がk_{act}に与える影響．アルコキシアミンのラジカル解離によってそれぞれTEMPO, TIPNO, SG1 (DEPN), DBNが生成する．[A. Goto and T. Fukuda, *Prog. Polym. Sci.*, **29**, 4, pp. 329-385 (2004) を参考に作成]

で**図4-11**に表す．これらの数値は，いずれも*tert*-ブチルベンゼン中，120℃の反応条件で決定したものである．図(a) に示すように，ニトロキシドがTEMPOであるとき，k_{act}の相対値は第1級炭素(0.02)＜第2級炭素(0.07あるいは1)＜第3級炭素(40あるいは160)となり，成長ラジカル末端側の構造が重要であることを示す．NMPの反応設計では，成長ラジカルが第2級炭素（スチレンやアクリル酸エステルなど）であるか，あるいは第3級炭素（メタクリル酸メチルなど）であるかについてをまず考慮すべきである．また，スチレンやα-メチルスチレンの成長末端のモデルは，アクリル酸エステルやメタクリル酸エステルの成長末端に比べてそれぞれ解離速度が大きく，NMPがスチレン誘導体の重合制御に適していることと関係している．さらに，アクリル酸エステル(0.07)＜スチレン(1)＜メタクリル酸エステル(40)の序列と相対値は，メタクリル酸エステル末端のアルコキシアミンの解離が圧倒的に起こりやすいことを示す．ラジカル解離が速く，解離平衡がラジカル側に偏りすぎると，重合中の反応制御（ドーマント種の再生）ができなくなり，2分子停止が優先されてしまう．TEMPOによるメタクリル酸メチルの重合の制御が難しいもう1つの原因として，メタクリル酸メチルの成長ラジカルとTEMPO間で不均化が起こりやすいことも忘れてはならない．アクリル酸エステルではラジカル解離が比較的遅いため，重合制御には平衡を

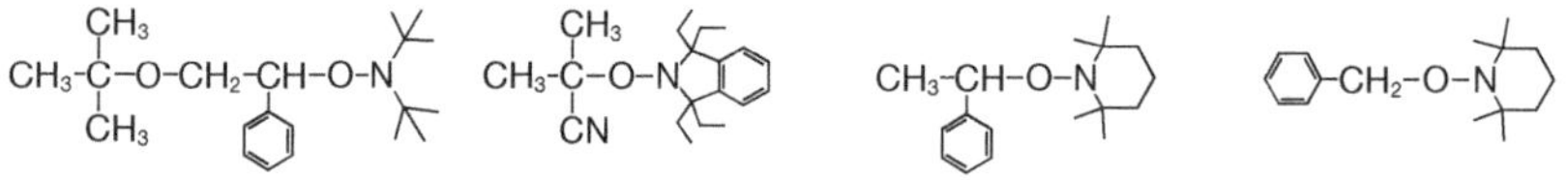

$k_{act}=1.7\times10^{-4}\ s^{-1}$ (60℃)　$k_{act}=3.0\times10^{-4}\ s^{-1}$ (100℃)　$k_{act}=1.2\sim2.3\times10^{-3}\ s^{-1}$ (123℃)　$k_{act}=7.7\times10^{-5}\ s^{-1}$ (123℃)

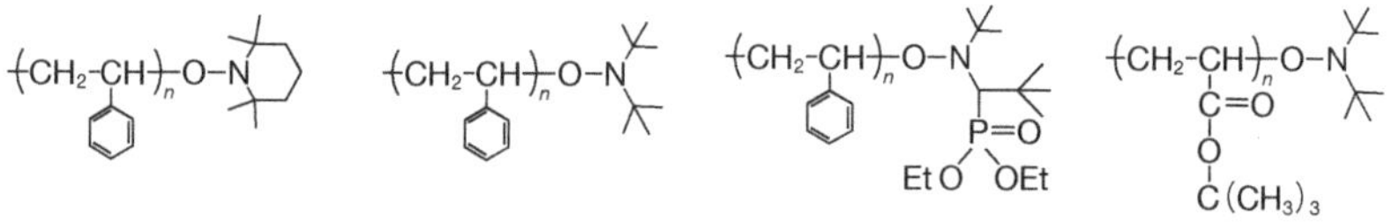

$k_{act}=1.0\times10^{-3}\ s^{-1}$ (120℃)　$k_{act}=1.1\times10^{-2}\ s^{-1}$ (120℃)　$k_{act}=1.4\times10^{-2}\ s^{-1}$ (120℃)　$k_{act}=1.0\times10^{-3}\ s^{-1}$ (120℃)

［図4-12］ アルコキシアミンの活性化速度定数k_{act}の比較

［A. Goto and T. Fukuda, *Prog. Polym. Sci.*, **29**, 4, pp. 329-385 (2004) およびT. Fukuda *et al.*, *Macromol. Rapid Commun.*, 21, 4, pp. 151-165 (2000) を参考に作成］

ラジカル側に偏らせる工夫が必要になる．より安定なニトロキシドを使用することがアクリル酸エステルの重合制御を可能にする．また，解離速度だけでなく，成長反応速度（k_p）が大きいことも考慮すべきである．ATRPでも同様の問題は生じ，各素反応の絶対速度と重合制御の関係について5.5節で詳しく説明する．

次に，ニトロキシドの構造がk_{act}に与える影響を比較する（図(b)）．k_{act}の相対値は，TEMPO(1)＜TIPNO(6)＜SG1(DEPN)(10)＜DBN(25) の順となる．解離速度が大きいことはニトロキシドを生成しやすいことを示すが，逆反応である結合速度（ドーマント種を再生する速度）も重要であり，これらの比であるラジカル解離の平衡定数にも目を向ける必要がある．

これらの結果をまとめると，アルコキシアミンの構造がラジカル解離の速度定数k_{act}に及ぼす影響として，アルキルラジカル側の構造とニトロキシドの構造のそれぞれについて考慮が必要なことがわかる．まず，重要なのは生成するアルキルラジカルが第1級，第2級あるいは第3級炭素のいずれであるか，共鳴安定化に寄与する置換基の有無，立体反発の大きさなどを考えることである．成長ラジカル側が第2級炭素のアルコキシアミンは，第1級炭素の場合や共鳴安定化できる置換基を含まないアルコキシアミンに比べて2桁以上大きなk_{act}をもつ．さらに，ニトロキシドの安定性も加味して，ラジカル活性化速度と平衡定数の両方の数値を考慮して，重合反応の設計（モノマーやアルコキシアミンの種類，重合温度など）を行うことが望まれる．代表的なアルコキシアミンのk_{act}やアレニウス式の活性化エネルギーと頻度因子を**図4-12**と**表4-3**にまとめておくので参考にしていただきたい[15),16)]．

［表4-3］ 種々のアルコキシアミンに対するラジカル解離の速度パラメータ

アルコキシアミン	活性化エネルギー* E_{act}〔kJ mol^{-1}〕	頻度因子* A_{act}〔s^{-1}〕
CH_3–C(CH_3)(CN)–O–N	92.1	1.1×10^{9}
CH_3–C(Ph)(Ph)–O–N	102.6	6.3×10^{14}
CH_3–C(CH_3)(CH_3)–O–N	114	1.0×10^{14}
CH_3–CH(Ph)–O–N	129	5.0×10^{13}
Ph–CH_2–O–N	137	4.0×10^{13}
CH_3–C(CH_3)(CH_3)–O–CH_2–CH(Ph)–O–N	138.8	9.1×10^{14}

*アレニウス式の活性化エネルギーと頻度因子.
〔A. Goto and T. Fukuda, *Prog. Polym. Sci.*, 29, 4, pp. 329-385（2004）およびT. Fukuda *et al.*, *Macromol. Rapid Commun.*, 21, 4, pp. 151-165（2000）を参考に作成〕

4.6 ポリマーの末端基構造の変換

NMPによって合成されたポリマーの末端に含まれるアルコキシアミン構造をポリマー反応によってさまざまな末端基構造に変換することができる（図4-13）．交換反応によって熱に対して安定なポリマー構造にできるだけでなく，アジド基などの活性化官能基を導入して，ポリマー反応に利用することができる．NMPだけに限らず，リビングラジカル重合で生成する制御された末端構造をもつポリマーを官能基変換してクリック反応と組み合わせると，さまざまな構造や機能をもつポリマー材料が設計できる（第12章参照）．また，ハロゲンやジチオカーボネート基を導入して，ATRPやRAFT重合のポリマー開始剤に変換することも可能であり，次節で述べるさまざまなブロック共重合体の合成に有用な方法となる．

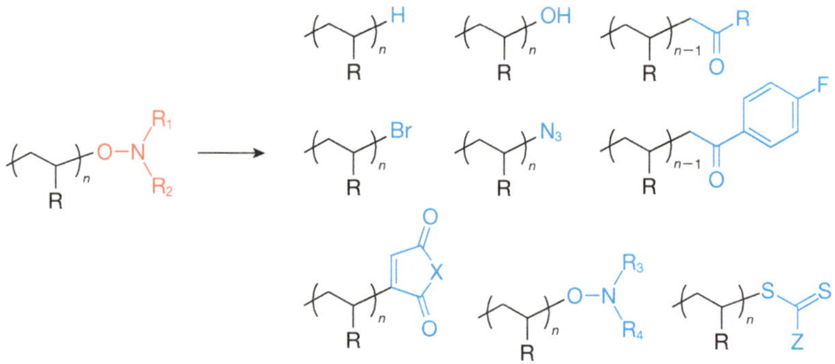

［図4-13］ **NMPを用いて合成されたポリマー末端構造の変換**

4.7 NMPによるブロック共重合体の合成

リビング重合の重要な特徴の1つとして，ブロック共重合体の合成があげられる．重合が完了後に異なるモノマーを添加すると，最初のポリマーの成長末端からさらに2番目のモノマーの成長が続き，ブロック共重合体が生成する．2段階目のブロック共重合でも分子量制御が可能な場合には，両方のセグメントの鎖長をともに制御することができる．

さらに，リビングアニオン重合などのイオン重合機構による安定で長寿命の成長活性種を利用する場合と異なり，リビングラジカル重合では，ポリマー鎖は成長活性種と平衡にあるドーマント種の形で存在する．そのため，1段階目の重合の後に生成ポリマーを単離して保存する，1段階目で生成したマクロ開始剤としてのポリマーを精製する，未反応の第1モノマーを除去するなどの操作を行うことができる．そこでは，ドーマント種を経由するリビングラジカル重合の特徴が活かされている．

ワンポットの逐次添加型の重合で，1段階目と2段階目で重合手法を変えることによってさまざまなブロック共重合体を合成することができるが，多くの場合，用いることが可能なモノマーの組み合わせに制約が生じる（第10章参照）．対照的に，リビングラジカル重合で得られるポリマー鎖の末端構造を，後処理（後重合反応，post-polymerization reaction）によって，異なる種類のリビングラジカル重合の開始剤として機能するように変換すると，効率よくブロック共重合体が合成できる．また，他のリビング重合で生成したポリマーの末端基を変換した後にリビングラジカル重合を行ってブロック共重合体を合成する方法も有効である．NMPを用いて合成したブロック共重合体の構造を**図4-14**と**図4-15**に示す．以下に，代表的な反応をとりあげ

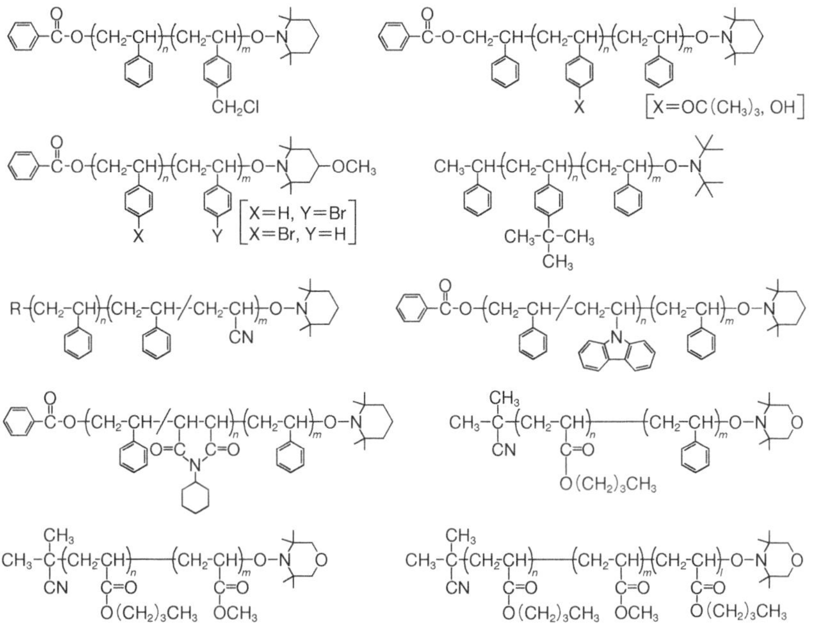

［図4-14］ NMPのみを用いて合成されたブロック共重合体の構造

て説明する．

NMPは，主としてスチレンやその誘導体の重合制御に用いられ，スチレンとスチレン誘導体のブロック共重合体の合成が数多く報告されている（図4-14）．たとえば，*p*-位をアルキル基，アルコキシ基や臭素で置換したスチレンの重合では無置換のスチレンと同様にリビングラジカル重合が進行し，狭い分子量分布をもつブロック共重合体が得られる．ポリ*p*-*tert*-ブトキシスチレンとポリスチレンのブロック共重合体を脱保護すると，ポリビニルフェノールとポリスチレンのブロック共重合体が得られる．ポリクロロメチルスチレンとのブロック共重合体のクロロメチル基をアニオンリビングポリスチレンと反応させると，線型とくし型のポリスチレンのブロック共重合体が合成できる（graft-onto法）．

ブロック共重合体の第2成分をスチレンと他のモノマーとの共重合体にするとアクリロニトリル，*N*-ビニルカルバゾール，*N*-シクロヘキシルマレイミドなどのモノマー単位を導入することができる．たとえば，アクリロニトリルとの共重合ではブロック効率や分子量が十分に制御され，構造の明確なブロック共重合体のミクロ相分離構造

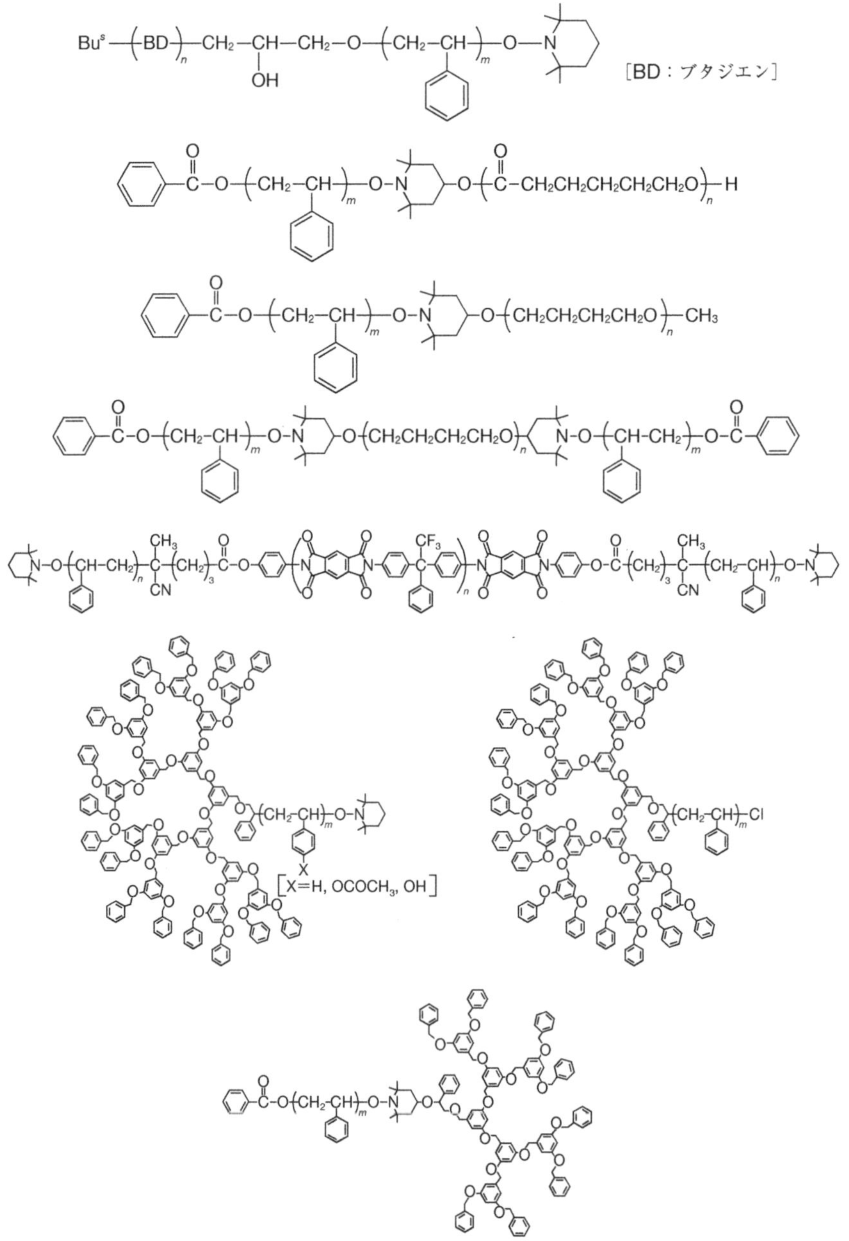

［BD：ブタジエン］

［X=H, OCOCH₃, OH］

［図4-15］ NMPと他の重合を組み合わせて合成されたブロック共重合体の構造

が透過型電子顕微鏡によって観察されている[18].

アクリル酸エステルの重合に有効なアルコキシアミンも開発され，ポリスチレンとのブロック共重合体だけでなく，ポリアクリル酸エステルどうしのブロック共重合体も合成されている．一方，メタクリル酸エステルの重合では，成長末端とTEMPOの解離平衡が解離側に偏っていることや，TEMPOと成長ラジカル間での不均化が起こりやすいことなどが，成長末端での反応制御を困難にしている．TEMPOで停止させたポリスチレン末端からのメタクリル酸メチルやメタクリル酸ジメチルアミノエチルのブロック共重合が報告されているが，メタクリル酸エステル連鎖の分子量や末端基の高度な制御は困難である．

NMPをラジカル重合以外の付加重合や開環重合と組み合わせたブロック共重合体の合成も報告されている（図4-15）．ブタジエンのリビングアニオン重合を行い，エポキシ基を含むアルコキシアミンを用いて成長末端アニオンを停止すると，2段階目にリビングラジカル重合を行うためのポリマー開始剤が合成できる．この開始剤を用いてスチレンのリビングラジカル重合を行えば，それぞれ連鎖の長さが制御されたブロック共重合体が得られる．ε-カプロラクトンのアニオン開環重合の停止末端にTEMPOを導入したポリマー開始剤を用いてスチレンの重合を行うと，ポリエステルとポリスチレンのブロック共重合体が得られる．同様に，カチオン開環重合によって得られるポリテトラヒドロフランとのブロック共重合体も合成されている．デンドリマーにTEMPOを結合させた系も検討され，高世代のデンドリマーに結合したTEMPOを用いるとポリスチレンの成長末端の定量的な停止反応は難しくなるが，逆にデンドリマーが開始末端側に導入されるように分子設計すると，デンドリマーと直鎖状ポリスチレンのブロック共重合体が効率よく合成できる．また，主鎖中にアゾ基を含むポリジメチルシロキサンやポリテトラヒドロフランを開始剤として用い，TEMPO存在下でスチレンの重合を行うことによってブロック共重合体が得られている．これらブロック共重合体の合成例は，リビングラジカル重合によってどのような構造のポリマーが合成できるのか，どのような順番で重合を行うのがよいか，望みの構造を導入するにはどのような形でどのような重合を組み合わせて用いるのがよいか，などについて考える格好の材料となる．

4.8 NMPの工業化・応用技術

NMPが工業利用されている例は限られている．適用できるモノマーがスチレンやアクリル酸エステルに限られることや，生成ポリマーの末端にアルコキシアミン構造が含まれるために熱安定性に欠けることがおもな理由である．NMPの特徴を活かしてポリスチレン系の材料を中心に，相溶化剤や分散安定剤の用途でのブロック共重合体合成に利用されている．Arkema社は，SG1を応用してブロック共重合体を合成するためのアルコキシアミン（BlocBuilder）を2005年に上市し，ヨーロッパや北米を中心に展開している．BlocBuilderシリーズはRAFT剤にも展開されている．ポリマー末端にSG1構造を含むドーマントポリマー（ポリマー開始剤）であるFlexiblocや，アクリル系ブロック共重合体であるNanostrengthなども上市している．Nanostrengthの代表的な構造であるポリメタクリル酸メチルとポリアクリル酸エステル（メチルエステルあるいは*n*-ブチルエステル）のABA型ブロック共重合体をポリメタクリル酸メチルにブレンドして，耐衝撃性に優れたポリメタクリル酸メチルキャスト板が製造されている．Nanostrengthが自己組織化することならびにポリメタクリル酸メチルとエポキシ樹脂の相溶性が高いことを利用して，エポキシ樹脂への靭性の付与が行われている．

COLUMN

世界中の研究者を驚かせた論文

1993年5月，アメリカ化学会が発行する高分子専門のジャーナルに発表されたNMPの最初の報告は速報論文であり，そのタイトルにリビングラジカルの表記はなかった（M. K. Georges, R. P. N. Veregin, P. M. Kazmaier, and G. K. Hamer, "Narrow Molecular Weight Resins by a Free-Radical Polymerization Process", *Macromolecules*, **26**, 11, pp.2987–2988（1993), Received on January 11, 1993）．実験項やサポーティングデータの添付もなく，2ページにも満たない本文に加えて数点の図表が示されただけの短い論文だった．大胆な主張を行っている一方で，論文に示されているデータは質・量ともに決して十分とはいえなかった．GeorgesらのNMPへの最大の関心はコピー機に用いるトナー材料の新規開発にあり，ポリマーの分子量や分子量分布の精密制御よりは，むしろスチレンのラジカル重合でブロック共重合体を合成することに重点を置いていたはずである．それにもかかわらず，この論文ではブロック共重合体の合成に関するデータはなく，論文の最後に今後発表予定であるとだけ書かれていた．一方，このリビングラジカル重合がスチレンとブタジエンのランダム共重合（懸濁重合系）にも適用できることが論文の末尾に示されている．懸濁重合が工業的に重要なプロセスであることを意識したのかもしれないが，この論文がNMPの第1報（しかも速報）であることを考えると，懸濁重合での成果発表を急ぐ必要はなかったように思える．不思議なバランス感覚の論文であった．現在の私たちが認識しているリビングラジカル重合と，当時のリビングラジカル重合に関する知識では，情報量が違うことを考慮して当時の状況を推し量ったとしても，大胆な主張を行うための論文を成立させるために必要な最低限の情報がこの論文には欠落していた（少なくとも実験事実に関する情報量は十分ではなかった）．ところが，この論文は編集者や審査委員によるチェックを無事にパスし，結果的にリビングラジカル重合の歴史におけるマイルストーンの1つとなった．世の中わからないものである．

1990年代中頃，アメリカ化学会発行のジャーナルにまだオンライン版はなく，冊子体のみが発行されていた．発行日から1～2週間後に航空便（あるいは1～2か月後に船便）で届く封筒から取り出した冊子体のページをめくり，この論文を読んだ世界中のラジカル重合の研究者は大きな衝撃を受けた．カナダの企業研究所に所属する（しかも当時は無名の）研究者らによって，だれも予想しなかった驚きの実験結果が，しかも単純な重合系で実現できることが書かれていた．世界中のあちらこちらですぐに追試が行われ，それほど時間を要することなく，どこでもだれでも簡単に実験結果が再現できることがわかり，その事実が世界中に拡散していった．モノマーの蒸留や精製も必要なかった．実験設備がほとんどそろっていない環境でも，市販の試薬を混ぜ合わせてとにかく加熱するだけで，反応制御の程度の差はあれ，それなりの結果が得られた．リビングラジカル重合の研究が世界中で一気に広まった背景には，重合条件が厳しく，モノマーや溶媒の精製を十分に行う必要があるリビングアニオン重合と違って，リビングラジカル重合に必要な条件が専門家以外に受け入れやすいものであったことが見逃せない．

NMPは，それまでのリビング重合の常識を覆すものであり，時代が大きく動きつつあることを当時の多くの研究者は肌で感じ取っていた．その直後から，世界中でリビングラジカル重合に関する研究が競って繰り広げられ，2000年代中頃までの短期間のうちに，リビングラジカル重合の研究はほぼ完成とみなせるところまで到達する．

参考文献

1) M. K. Georges, R. P. N. Veregin, P. M. Kazmaier, and G. K. Hamer, “Narrow Molecular Weight Resins by a Free-Radical Polymerization Process”, *Macromolecules*, **26**, 11, pp. 2987-2988（1993）

2) C. J. Hawker, “Molecular Weight Control by a "Living" Free-Radical Polymerization Process”, *J. Am. Chem. Soc.*, **116**, 24, pp. 11185-11186（1994）

3) K. Hatada, T. Kitayama, and E. Masuda, “Evidence for Disproportionation in Termination Reaction of Styrene Polymerization by α,α'-Azobisisobutyronitrile”, *Polym. J.*, **17**, 8, pp. 985-989（1985）

4) K. Hatada, T. Kitayama, and K. Ute, “Stereoregular Polymerization of α-Substituted Acrylates”, *Prog. Polym. Sci.*, **13**, 3, pp. 189-276（1988）

5) C. J. Hawker, G. G. Barclay, and J. Dao, “Radical Crossover in Nitroxide Mediated “Living” Free Radical Polymerizations”, *J. Am. Chem. Soc.*, **118**, 46, pp. 11467-11471

(1996)

6) A. Matsumoto, "Control of Stereochemistry of Polymers in Radical Polymerization", In *Handbook of Radical Polymerization*, eds. K. Matyjaszewski and T. P. Davis, Wiley-Interscience: New York, Chapter 13. pp. 691-773 (2002)

7) C. J. Hawker, "Nitroxide Mediated Living Radical Polymerization", In *Handbook of Radical Polymerization*, eds. K. Matyjaszewski and T. P. Davis, Wiley-Interscience: New York, Chapter 10. pp. 463-521 (2002)

8) C. J. Hawker, G. G. Barclay, A. Orellana, J. Dao, and W. Devonport, "Initiating Systems for Nitroxide-Mediated 'Living' Free Radical Polymerizations: Synthesis and Evaluation", *Macromolecules*, **29**, 16, pp. 5245-5254 (1996)

9) T. Fukuda, T. Terauchi, A. Goto, K. Ohno, Y. Tsujii, T. Miyamoto, S. Kobatake, and B. Yamada, "Mechanisms and Kinetics of Nitroxide-Controlled Free Radical Polymerization", *Macromolecules*, **29**, 20, pp. 6393-6398 (1996)

10) H. Fischer, "The Persistent Radical Effect: A Principle for Selective Radical Reactions and Living Radical Polymerizations", *Chem. Rev.*, **101**, 12, pp. 3581-3610 (2001)

11) D. Benoit, V. Chaplinski, R. Braslau, and C. J. Hawker, "Development of A Universal Alkoxyamine for "Living" Free Radical Polymerizations", *J. Am. Chem. Soc.*, **121**, 16, pp. 3904-3920 (1999)

12) D. Benoit, S. Grimaldi, S. Robin, J.-P. Finet, P. Tordo, and Y. Gnanou, "Kinetics and Mechanism of Controlled Free-Radical Polymerization of Styrene and *n*-Butyl Acrylate in the Presence of an Acyclic β-Phosphonylated Nitroxide", *J. Am. Chem. Soc.*, **122**, 25, pp. 5929-5939 (2000)

13) S. Marque, C. Le Mercier, P. Tardo, and H. Fischer, "Factors Influencing the C−O Bond Homolysis of Trialkylhydroxylamines", *Macromolecules*, **33**, 12, pp. 4403-4410 (2000)

14) C. J. Hawker, A. W. Bosman, and E. Harth, "New Polymer Synthesis by Nitroxide Mediated Living Radical Polymerizations", *Chem. Rev.*, **101**, 12, pp. 3661-3688 (2001)

15) A. Goto and T. Fukuda, "Kinetics of Living Radical Polymerization", *Prog. Polym. Sci.*, **29**, 4, pp. 329-385 (2004)

16) T. Fukuda, A. Goto, and K. Ohno, "Mechanisms and Kinetics of Living Radical Polymerizations", *Macromol. Rapid Commun.*, **21**, 4, pp. 151-165 (2000)

17) 松本章一,『新訂版 ラジカル重合ハンドブック』, 蒲池幹治, 遠藤剛, 岡本佳男, 福田猛 監修, エヌ・ティー・エス, pp. 246-259 (2010)

18) T. Fukuda, T. Terauchi, A. Goto, Y. Tsujii, T. Miyamoto, and Y. Shimizu, "Well-Defined Block Copolymers Comprising Styrene-Acrylonitrile Random Copolymer Sequences Synthesized by "Living" Radical Polymerization", *Macromolecules*, **29**, 8, pp. 3050-3052 (1996)

第5章

原子移動ラジカル重合

ニトロキシド媒介ラジカル重合（NMP）が1993年に報告された直後，金属触媒を用いる新しいリビングラジカル重合系が相次いで報告された．1つは，成長末端と遷移金属触媒の間をハロゲン原子が移動することによって重合を制御するもので，原子移動ラジカル重合（atom transfer radical polymerization, ATRP）あるいは遷移金属触媒を用いるリビングラジカル重合などと呼ばれる．もう1つは，Waylandらが開発した反応で，ハロゲンを利用せずに，遷移金属とポリマー鎖末端の間で直接共有結合が形成され，炭素－金属結合の可逆的なラジカル解離を利用して反応を制御する重合（OMRP）である．第5章では，これまで発展を遂げてきたATRPの発見の歴史，原理，研究発展，応用事例について詳しく説明する．OMRPについては第9章で説明する．

5.1 ATRPの発見

第4章で述べたNMPの最初の報告に前後して，多くの研究者がリビングラジカル重合に注目して研究を展開した．ドーマント種のラジカル間の解離平衡を利用する方法以外のものも含めて，さまざまなアプローチによる研究が進められていた．その中で，カラッシュ付加[1]（**図5-1**）に着目した新しい反応制御法によるリビングラジカル重合が複数の研究グループによってほぼ同時期に見出された．

京都大学の澤本らはルテニウム（Ru）触媒を用いて（**図5-2**）[2]，カーネギーメロン大学のMatyjaszewskiらは銅（Cu）触媒を用いて（**図5-3**）[3]，それぞれ独立に研究を展開し，新しいタイプのリビングラジカル重合を発見した．両研究グループの最初の研究成果は速報論文としてどちらも1995年に発表されている．

ATRPは，中心金属の酸化還元反応をともない，ハロゲン化されたポリマー末端がドーマント種として機能する．ポリマー末端のハロゲン原子が遷移金属錯体に移動し，このとき金属の酸化数が増し，ポリマー末端にはラジカルが生成する．逆に，遷移金属錯体から成長ラジカルにハロゲン原子が移動する（金属は還元される）と，ポリマーの成長は一時的に（可逆的に）停止し，ドーマント種が生成する．

Cl
Cl_3C R
Cu^{I}
CCl_4
$Cu^{III}-Cl$
Cl_3C R
$Cu^{II}-Cl$ ＋ $Cl_3C\cdot$
R

［図5-1］ ラジカル機構による炭素－ハロゲン間へのオレフィンの挿入反応（カラッシュ付加）

$CCl_4 \xrightarrow{Ru^{II}} CCl_3\cdot \cdots Ru^{III}-Cl \xrightarrow{CH_2=C(CH_3)C(=O)OCH_3} CCl_3-CH_2-C(CH_3)(C(=O)OCH_3)\cdot \cdots Ru^{III}-Cl$

$\longrightarrow CCl_3-CH_2-C(CH_3)(Cl)-C(=O)OCH_3 \xrightarrow{MeAl(ODBP)_2} CCl_3-CH_2-C(CH_3)(Cl)-C(OCH_3)=O \cdots CH_3Al(ODBP)_2$

$\xrightarrow[Ru^{II}]{CH_2=C(CH_3)C(=O)OCH_3} CCl_3\!\left(CH_2-C(CH_3)(C(=O)OCH_3)\right)_2\!Cl \xrightarrow{CH_2=C(CH_3)C(=O)OCH_3} CCl_3\!\left(CH_2-C(CH_3)(C(=O)OCH_3)\right)_n\!Cl$

［ Ru^{II} ＝ $RuCl_2(PPh_3)_3$（PPh3, Cl, PPh3, Ph3P, Cl）　ODBP＝－O－（2,6-Bu^t フェニル）　Ph：フェニル基　Bu^t：*tert*－ブチル基 ］

［図5-2］ 1995年に澤本らが報告したATRPの最初の例

$$CH_3-CH(C_6H_5)-Cl + Cu^{I}/L \rightleftarrows CH_3-CH(C_6H_5)\cdot + Cl-Cu^{II}/L \xrightarrow{CH_2=CH(C_6H_5)} CH_3-CH(C_6H_5)-CH_2-CH(C_6H_5)\cdot + Cl-Cu^{II}/L$$

[L : 2,2'-ビピリジン]

$$\xrightarrow{CH_2=CH(C_6H_5)} CH_3-CH(C_6H_5)-(CH_2-CH(C_6H_5))_n-CH_2-CH(C_6H_5)\cdot + Cl-Cu^{II}/L$$

$$\rightleftarrows CH_3-CH(C_6H_5)-(CH_2-CH(C_6H_5))_n-CH_2-CH(C_6H_5)-Cl + Cu^{I}/L$$

［図5-3］ **1995年にMatyjaszewskiらが報告したATRPの最初の例**

5.2 ATRPの反応機構

ATRPの反応機構を一般化して表すと**図5-4**のように書ける．ATRPでは開始剤と触媒の両方を必要とする．ここで，開始剤と触媒の用語に関して，混乱のないように簡単に説明しておく．ポリマー合成化学の分野では，開始剤と触媒の用語を次のように区別している．開始剤は，その名が示すように連鎖重合を開始する起点となるもので，開始反応によって開始剤の構造の一部がポリマーの構造（開始末端）に組み込まれる．ラジカル重合では，アゾ開始剤やレドックス開始剤などの用語が使われている．一方，本来の定義に従えば，触媒は反応速度（活性化エネルギー）を変えるだけで，触媒の構造の一部がポリマーに組み込まれることはない．ところが，配位重合ではZiegler-Natta触媒，Grubbs触媒などの用語が用いられている．これら触媒の構造の一部はポリマーの開始末端に含まれることがあるので，本来は開始剤と呼ぶべきものも含まれているが，慣例的に配位重合用の開始剤をすべて触媒と称している．カチオン重合では開始剤と触媒が明確に区別して用いられ，両方が作用する系に対しては開始剤系の用語を使用することになっている．ATRPでは開始剤と触媒が明確に区別され，重合制御には両方が必要である．

ATRPで用いるハロゲン化アルキル（開始剤）は，金属触媒の酸化還元作用によってラジカルR•を生成する．このとき，触媒の中心金属の酸化数は増し，ハロゲンXは金属触媒に移動する．ハロゲン化アルキルの還元によって生成したラジカルはモノマーに付加（重合を開始）する．生成した炭素ラジカル（付加物ラジカルある

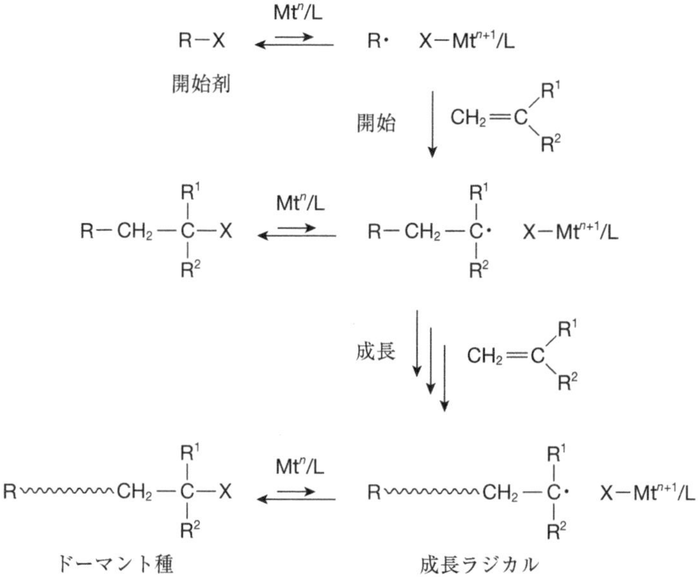

$$\mathrm{R{-}X} \underset{}{\overset{\mathrm{Mt}^n/\mathrm{L}}{\rightleftarrows}} \mathrm{R}\cdot \quad \mathrm{X{-}Mt}^{n+1}/\mathrm{L}$$

開始剤

開始　$\downarrow$　$CH_2{=}C(R^1)(R^2)$

$$\mathrm{R{-}CH_2{-}C(R^1)(R^2){-}X} \overset{\mathrm{Mt}^n/\mathrm{L}}{\rightleftarrows} \mathrm{R{-}CH_2{-}C(R^1)(R^2)\cdot} \quad \mathrm{X{-}Mt}^{n+1}/\mathrm{L}$$

成長　$\downarrow\downarrow\downarrow$　$CH_2{=}C(R^1)(R^2)$

$$\mathrm{R{\sim\sim\sim}CH_2{-}C(R^1)(R^2){-}X} \overset{\mathrm{Mt}^n/\mathrm{L}}{\rightleftarrows} \mathrm{R{\sim\sim\sim}CH_2{-}C(R^1)(R^2)\cdot} \quad \mathrm{X{-}Mt}^{n+1}/\mathrm{L}$$

ドーマント種　　　　成長ラジカル

［図5-4］ **ATRPの一般式**

Mt^n/Lおよび$\mathrm{Mt}^{n+1}/\mathrm{L}$はそれぞれ低酸化状態と高酸化状態の金属錯体，R−Xは開始剤，Xはハロゲンを示す．

いは成長ラジカル）と高酸化状態にある金属触媒との反応によって，ハロゲンは付加物あるいはポリマー末端にふたたび導入される．このとき，金属触媒の酸化数は低下し，還元される．ここで，モノマー1分子だけが挿入されると1/1付加物が生成し，図5-4の反応式の中段左に示した生成物が得られる．この反応はカラッシュ付加と呼ばれる（図5-1）．一般化して，ハロゲン化アルキルの炭素−ハロゲン結合へのラジカル反応機構によるアルケンの挿入は，原子移動ラジカル付加（atom transfer radical addition, ATRA）と称されている．これを重合に拡張したものがATRPである．

ATRPの反応制御では，重合活性化と平衡制御が重要な鍵となる．また，触媒の失活抑制が反応制御のための重要な課題となる．まず，前者について説明する．活性化（ラジカルの生成）と不活性化（ドーマント種の生成）の反応は平衡にあり，次式で表せる．

$$\mathrm{P{-}X} + \mathrm{Mt}^n/\mathrm{L} \underset{k_{\mathrm{deact}}}{\overset{k_{\mathrm{act}}}{\rightleftarrows}} \mathrm{P}\bullet + \mathrm{X{-}Mt}^{n+1}/\mathrm{L} \tag{5-1}$$

$$K_{\mathrm{ATRP}} = \frac{k_{\mathrm{act}}}{k_{\mathrm{deact}}} \tag{5-2}$$

ここで，P−Xはハロゲン末端をもつポリマー，Xはハロゲン原子，Mtは金属，Lは配位子，k_{act}とk_{deact}はそれぞれ活性化と不活性化の反応速度定数である．平衡定数K_{ATRP}が小さいほど反応の平衡が左（ドーマント種側）に偏り，成長ラジカル濃度が低くなる．その結果，2分子停止の抑制が可能になる．これは，ラジカル停止反応は2分子反応であり，停止反応速度はラジカル濃度の2次に比例するので，ラジカル濃度を下げることによって2分子停止の寄与を低減できるためである．

また，重合中にすべてのポリマー分子が均等に成長反応に関与するためには，活性化とその逆反応である不活性化反応の絶対速度がともに大きくなければならない．すなわち，ドーマント種と活性種（ラジカル）間の交換速度が，ポリマー生成速度に比べて十分大きくないと，生成ポリマーの分子量分布が広がってしまう．分子量分布を狭くする条件には，迅速開始（開始反応速度≫成長反応速度）も満たす必要があり，開始剤の設計では図5-4のR基の選択が重要となる．開始剤R−Xの構造として，成長末端（ポリマー中の繰り返し構造）に近いものが選ばれるが，成長末端に比べて活性化反応を受けやすい構造であることが求められる．

式(5-1)を変形して，一般のラジカル重合の速度式の成長ラジカル濃度（[P•]）に相当する部分にK_{ATRP}([R−X][$\mathrm{Cu^{I}}$/L]/[X−$\mathrm{Cu^{II}}$/L])を導入すると，ATRPの重合速度に対する次式が得られる．

$$R_{\mathrm{p}} = k_{\mathrm{p}} K_{\mathrm{ATRP}} \frac{[\mathrm{R-X}][\mathrm{Mt}^{m}/\mathrm{L}]}{[\mathrm{X-Mt}^{m+1}/\mathrm{L}]}[\mathrm{M}] \tag{5-3}$$

重合速度はK_{ATRP}に比例するので，重合速度を大きくするためにK_{ATRP}を大きくする必要があるが，平衡が右側（成長ラジカルが生成する側）に偏ると，2分子停止の関与が大きくなり，反応制御に不利となる．

生成ポリマーの分子量分布に関して，理想的なリビング重合では多分散度$M_{\mathrm{w}}/M_{\mathrm{n}}$はポアソン分布（$M_{\mathrm{w}}/M_{\mathrm{n}} = 1 + 1/P_{\mathrm{n}}$）に従うが，ATRPでは式(5-4)の第3項目が無視できない．ここで，pは反応収率である．式(5-4)において，k_{deact}が$M_{\mathrm{w}}/M_{\mathrm{n}}$制御の鍵を握ることになるが，$k_{\mathrm{deact}}$を実験的に直接決定することは難しい．そこで，$K_{\mathrm{ATRP}}$と$k_{\mathrm{act}}$の実測値から$k_{\mathrm{deact}}$を見積もる方法が一般的に用いられる．

$$\frac{M_{\mathrm{w}}}{M_{\mathrm{n}}}=1+\frac{1}{P_{\mathrm{n}}}+\frac{k_{\mathrm{p}}([\mathrm{R-X}]_0-[\mathrm{R-X}])}{k_{\mathrm{deact}}[\mathrm{Mt}^{m+1}]}\left(\frac{2}{p}-1\right) \tag{5-4}$$

5.3 さまざまな金属触媒を用いる重合反応制御

ATRPの開発当初からCu触媒による反応系に限らず，さまざまな遷移金属触媒によるATRPの開発が澤本らによって精力的に行われてきた[4),5)]．Ru触媒や鉄（Fe）触媒による重合制御はその代表的な例であり，適用モノマーの多様性，取り扱いの容易さ（安定性），安価・市販で入手可能なこと，溶媒への可溶性・耐性，水やアルコール重合溶媒系への展開（分散重合を含む）などを考慮して，Matyjaszewskiらによる Cu系ATRPの触媒開発とは異なる形のアプローチが行われた．

澤本らは，最初の論文[2)]でハロゲン化アルキル型開始剤として四塩化炭素（CCl_4）を用い，これに活性化剤としてRuの塩化物のトリフェニルホスフィン錯体（$RuCl_2(PPh_3)_3$）を組み合わせて，メタクリル酸メチルのリビングラジカル重合の検討を開始した（図5-2）．トルエン溶媒中60℃でのメタクリル酸メチルの重合条件で，開始剤と触媒の組み合わせとして$CCl_4/RuCl_2(PPh_3)_3$を用いても重合しないが，この反応系に$CH_3Al(ODBP)_2$などのアルミニウム化合物を共存させると，定量的な重合がリビング的に進行する．四塩化炭素はラジカル重合の強力な連鎖移動剤（テロマー）として知られているが，Ru錯体を用いた条件下では四塩化炭素は重合初期に完全に消費され，開始剤としてのみ作用する．その後，いくつかの含ハロゲン開始剤について検討が行われ，ジクロロアセトフェノン（CCl_2HCOPh）を用いると，同様の条件下でほぼ理想的なリビング重合が可能であり，分子量分布が狭いポリマーが得られることが見出されている．これまでの間にさまざまな開始剤が提案されている[4),5)]．

リビングラジカル重合に用いられる代表的なRu触媒およびその他の遷移金属触媒の化学構造を**図5-5**に示す．触媒の活性を向上させるため，ホスフィンだけでなく，インデニルやシクロペンタジエニルなどさまざまな配位子が用いられ，金属中心の電子密度を調整することによって触媒の活性化が達成されている．これらの配位子は，触媒の溶解性にも大きく影響する．Ru錯体は水やアルコールにより失活しないという特徴を活かして，プロトン性溶媒中での重合が積極的に展開された．たとえば，$CCl_2HCOPh/RuCl_2(PPh_3)_3/Al(OiPr)_3$開始剤系を用いてメタノールなどのアルコール溶媒中，80℃で重合を行うと，トルエン中とほぼ同じ速度でリビング重合が進行し，狭い分子量分布をもつポリマーが生成する．また，同様の重合を水中でモノマーを分散させて行っても（懸濁重合あるいはミニエマルション重合），微細な油滴中でリビ

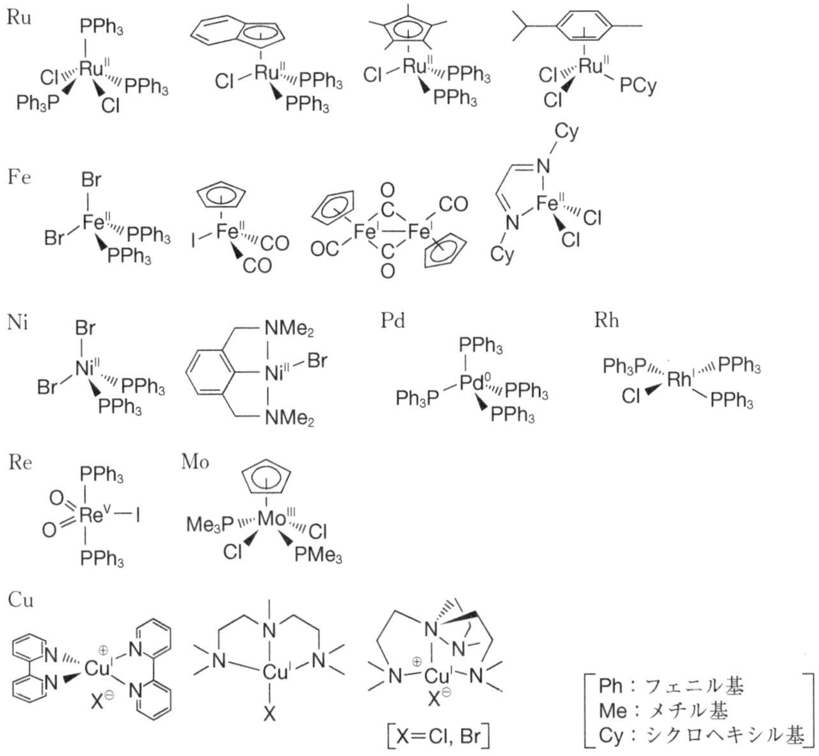

Ru　Fe　Ni　Pd　Rh　Re　Mo　Cu

[X=Cl, Br]

[Ph：フェニル基
Me：メチル基
Cy：シクロヘキシル基]

［図5-5］ さまざまな中心金属と配位子の組み合わせからなる遷移金属触媒の例

ング重合が進行する．また，アルミニウム化合物（$Al(OiPr)_3$）を添加しなくても，トルエン中の重合速度を上回る重合が可能であり，M_nが10万以上のポリマーが合成可能であった．これらの結果は，通常のラジカル重合で広く行われている水媒体中での不均一系重合を利用して精密ラジカル重合が可能であることを示す．Ruと同族のFeは地球上に豊富に存在する金属元素であり，生体への毒性も低いため，さまざまな配位子と組み合わせたFe触媒を用いたATRPが開発されている．RuやCu以外にも，ニッケル（Ni），パラジウム（Pd），ロジウム（Rh），レニウム（Re），モリブデン（Mo）などを含む錯体がATRPの触媒として利用されている．

リビングラジカル重合で生成するポリマーの繰り返し構造や末端基構造を精密に調べるうえで，質量分析が有力な分析手段となる．リビングラジカル重合系を詳しく分析した例として，Ru触媒を用いたATRPで生成したポリメタクリル酸メチルの

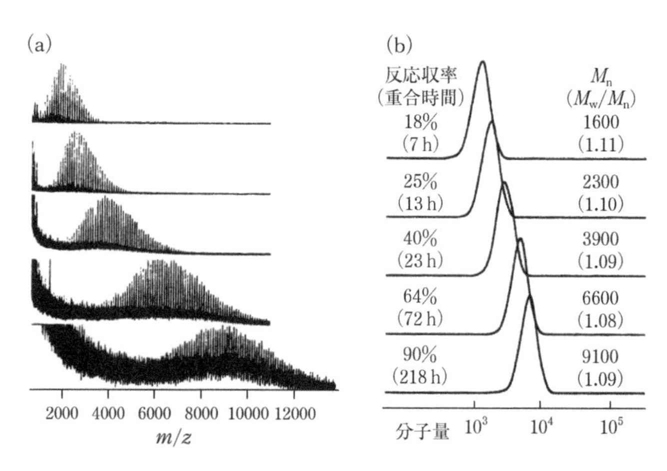

［図5-6］ Ru触媒を用いたATRPで生成したポリメタクリル酸メチルの（a）MALDI–TOF質量分析スペクトルと（b）SEC曲線

［H. Nonaka *et al.*, *Macromolecules*, 34, 7, pp. 2083-2088（2001）, Figure 1より引用］

MALDI-TOF（matrix-assisted laser desorption/ionization time-of-flight）質量分析スペクトルとサイズ排除クロマトグラフィー（SEC）曲線を**図5-6**に示す[6]．質量分析スペクトルの横軸はm/z値を比例軸で表しており，SEC曲線は通常分子量の対数軸で表している点に注意してほしい．ここでの試料は，いずれも数平均分子量M_nが10^4以下の比較的低分子量のものであるが，質量分析スペクトルのS/N比が分子量の増大にともなって大きく低下することがわかる．

また，**図5-7**(a) より，2,2′-アゾビスイソブチロニトリルによる通常のラジカル重合では不均化停止（図中●）と再結合停止（図中▲）の両方が起こっていることがわかる．対照的に，図(b) ではATRPで合成したポリマーはよく制御された末端構造（ドーマント種の再生によって生じた末端基構造）だけをもっている．ただし，注意が必要なのは，質量分析ではイオン化の際に末端基から定量的な脱離反応が起こり，予測した分子量と異なる値のピークが検出されることが少なくないことである．実際，同様のRu触媒を用いたATRPで生成したポリスチレンの質量分析スペクトルでは，ポリマー末端がすべて不飽和基を含む形で検出される．これは，イオン化した後に飛行している間に，末端に塩素をもつポリマーからHClが脱離するためである．脱離の起こりやすさはポリマーの種類によって異なることが知られ，ポリスチレンではイオン化後の検出までの間に脱離が起こる．

脱離反応をともなうことによる本来の分子量と異なるポリマーの生成の頻度は，

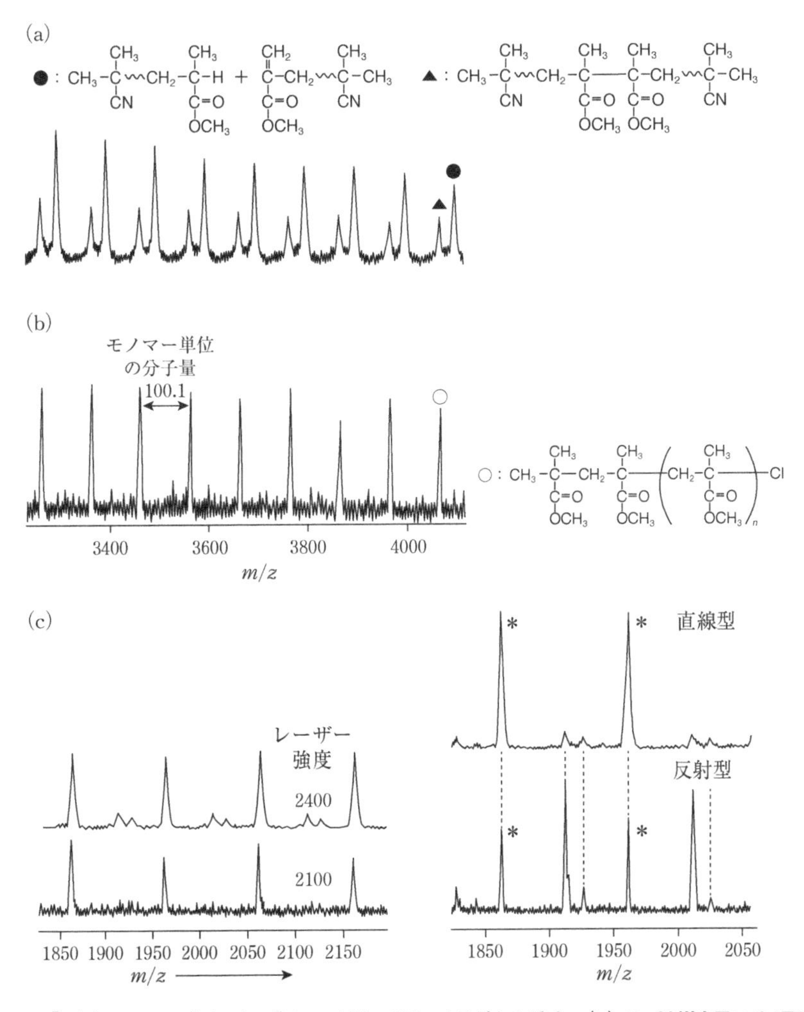

［図5-7］（a）2,2'-アゾビスイソブチロニトリルを用いたラジカル重合，（b）Ru触媒を用いるATRPで生成したポリメタクリル酸メチルのMALDI-TOF質量分析スペクトルおよび（c）測定条件によるスペクトルの形状や強度の変化

［H. Nonaka *et al*., *Macromolecules*, 34, 7, pp. 2083-2088 (2001), Figure 3, Figure 5およびFigure 6を参考に作成］

レーザー照射の強度や測定モード（直線型あるいは反射型）の違いにも依存する．測定条件によるスペクトルの違いの例を図(c）に示す．ポリマーの繰り返し周期（重合度）に基づく周期的なメインピークの位置や形状には変化がないが，イオン化のためのレーザー強度が高くなるとメインピーク以外のm/z値をもつピークが出現し，その強度はレーザー出力の増大にともなって大きくなる．高出力でレーザー照射したときに生じるこれらのピークは，ポリマー本来の分子構造を直接反映するものではなく，レーザー照射時の脱離などのなんらかの反応による生成物によるものである．ここでは，末端にハロゲンを含むポリメタクリル酸メチルが生成しており，末端からのHClの脱離が無視できない．スペクトルのS/N比はレーザー出力を大きくするほどよくなるので，分解や脱離をできるだけともなわずにS/N比のよいスペクトルを得るための最適のレーザー出力条件を決定する必要がある．同様の脱離の影響は，イオン化後の飛行時間の設定とも強く関連する．飛行時間が比較的短い直線型では脱離の影響は小さく，高いS/N比のスペクトルを得ることができる．一方，飛行時間が約2倍となる反射型を用いると，質量（横軸）に対して高分解能のスペクトルが得られる反面，S/N比が低下するだけでなく，明らかに脱離の影響を強く受ける．これら測定モードは，目的に応じて使い分けて，かつそれぞれ最適のイオン化の条件などを設定することが重要である．

図5-5で示したように，Ru以外の8族から10族の後周期遷移金属を用いたATRPについても詳しい検討が行われている．たとえば，2価のNiやFeのホスフィン化合物はアクリル系モノマーのリビングラジカル重合に有効であり，特に$NiBr_2(PBu_3)_2$が熱的に安定で，M_nが40万以上の高分子量ポリマーを与える．Teyssieらも，ATRPの研究を開始した直後からNiを含む有機金属触媒をメタクリル酸メチルのリビングラジカル重合に積極的に用いている[7]．

遷移金属触媒の中心金属と配位子の開発が，開始剤の開発と平行して進められ，さまざまなモノマーのATRPが一般化していった．メタクリル酸メチル以外のモノマー，たとえば，メタクリル酸エチルやメタクリル酸*n*-ブチルについてもリビング重合が達成されている．Ru触媒による重合が極性基によって阻害されない特徴を反映して，メタクリル酸2-ヒドロキシエチル（HEMA）やアクリルアミドなどのリビングラジカル重合が行われている．アクリル酸エステルでは，Ru触媒およびNi触媒によるリビングラジカル重合が可能であるものの，メタクリル酸エステルの重合に比べると重合制御は難しく，反応条件に制約が生じる．スチレンのリビングラジカル重合は，おもにCu触媒やRu触媒を用いて検討されている．スチレンの重合に用いられる開始剤では，メタクリル酸メチル用の開始剤と比較すると，ハロゲン末端からのラジカル生成がより起こりにくいため，塩化物型の開始剤は有効ではないことがある．このような場合には，開始剤として臭素やヨウ素を含む化合物を用いるとラジカル生成が容易に進行し，反応制御が達成されやすい．

これら共役系ビニルモノマーのリビングラジカル重合が高度に制御可能になってい

ることと対照的に，エチレン，塩化ビニルおよび酢酸ビニルに代表される非共役系モノマーのATRPによるリビングラジカル重合の制御には制約が多く，これら遷移金属触媒による非共役モノマーの高度な重合制御は，共役モノマーの重合制御に比べると難しい．

5.4 Cu触媒系の配位子設計

ここでは，Cu触媒系の触媒活性や重合制御能の向上のための配位子設計について，これまでの経緯を説明する．Cu触媒を用いるATRPの最初の論文ではCuと組み合わせる配位子としてビピリジル（bpy）が用いられた．続いて，触媒の有機溶媒への可溶化を目的としてピリジン環へのノニル基（分岐のある長鎖アルキル置換基）の導入が行われた．その後，触媒の高活性化を目指した触媒開発が続けられている[8]．

触媒の酸化還元電位（$E_{1/2}$）とK_{ATRP}の間には直線関係があり，酸化還元電位が低いとラジカルを発生しやすく，重合速度が大きくなる．ただし，重合反応の制御が単純に酸化還元電位で説明できるわけではなく，活性化と不活性化の両方の反応制御のための条件を満たす必要がある．Cu触媒を用いたATRPにおける配位子の種類とK_{ATRP}の関係を**表5-1**に，配位子の化学構造を**図5-8**に示す．ビピリジン系（bpyやdNbpyなど）から多座配位子系（PMDETAやMe_6TRENなど）や環状化合物（Me_4Cyclamなど）に至るまでさまざまな配位子が用いられ，これまでに重合活性との相関が明らかにされている[9]．

Cu触媒系ATRP用配位子の開発の歴史を振り返ると，次のような触媒開発の流れがわかる．アルキル基（分岐型の長鎖アルキル基が有効）の導入による触媒の溶解性の改善がまず行われ（1995年），次に直鎖上の3座および4座配位子が検討された（1997年以降）．3座および4座直鎖アミン配位子は，アクリル酸メチル，メタクリル酸メチルおよびスチレンのATRPで高い制御を実現できる．ただし，触媒の溶解性

［表5-1］ ATRPで用いられるおもなCu触媒のK_{ATRP}値

配位子	K_{ATRP}
bpy	3.9×10^{-9}
dNbpy	3.0×10^{-8}
PMDETA	7.5×10^{-8}
TPEDA	2.0×10^{-6}
Me_6TREN	1.5×10^{-4}

ビピリジン系配位子（1995〜）

bpy　dTbpy　dHbpy　dNbpy

直鎖多座配位子（1997〜）

TMEDA　PMDETA　HMTETA

4座3脚配位子（1998）

Me_6TREN　Et_4TREN

大環状配位子（1999〜）

$Me_4Cyclam$　Cyclam−B　$Me_6Cyclam$

置換ピコリルアミン配位子（2012〜2018）

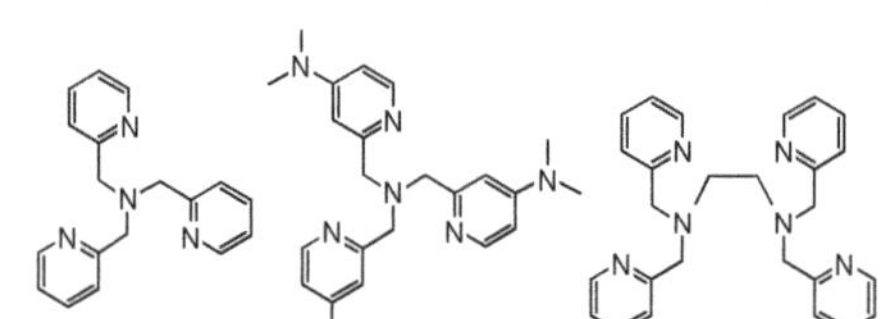

TPMA　$TPMA^{NMe2}$　TPEDA

［図5-8］ Cu触媒系ATRPの配位子開発の歴史的変遷

［T. G. Ribelli *et al.*, *Macromol. Rapid Commun.*, **40**, 1, e1800616（2019）を参考に作成］

はまだ十分ではなく，高重合活性を保ちつつ溶解性の問題を解決するために，重合を90℃以上の高温で行う必要がある．触媒のさらなる高活性化を目指して，4座3脚型のトリス(2-アミノエチル)アミン（TREN）が候補化合物として浮上し，TRENをメチル化したトリス(2-(ジメチルアミノ)エチル)アミン（Me_6TREN）やエチル化したトリス(2-(ジエチルアミノ)エチル)アミン（Et_6TREN）が用いられるようになった(1998年)．1999年，大環状アミンがアクリルアミドやメタクリルアミドのATRPで使用され，$Me_4Cyclam$は*N,N*-ジメチルアクリルアミドや*N-tert*-ブチルアクリルアミドに対して，重合活性を高める効果が著しいが，制御面では十分なはたらきを示さないことがわかった．これは，重合速度を大きくするためにK_{ATRP}を大きくする必要があるが，2分子停止の関与が大きくなり，制御にとって不利となるためである．同じく大環状配位子である$Me_6Cyclam$を非共役モノマーの*N*-ビニルピロリドンのATRPに適用すると比較的高速で，かつ適度な制御能を発揮する．他の非共役モノ

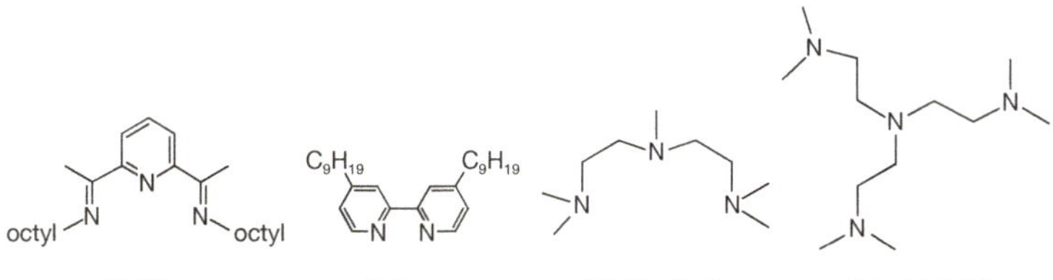

	DOIP	dNbpy	PMDETA	Me_6TREN
k_{act}の相対値	1	6	9	$>10^4$

［図5-9］**Cu触媒系ATRPのk_{act}に対する配位子の効果**

ここでは，速度定数を相対値で表記．［A. Goto and T. Fukuda, *Prog. Polym. Sci.*, **29**, 4, pp. 329-385（2004）を参考に作成］

［表5-2］**低分子モデル反応から求めたCu触媒系ATRPに対するk_{deact}値（アセトニトリル中，75℃）**

ラジカル	触媒系	$k_{deact}\times10^{-7}$〔$L\ mol^{-1}s^{-1}$〕
$\cdot CH_2CH_2Ph$	$CuBr_2$/DOIP	0.31
$\cdot CH_2CH_2Ph$	$CuBr_2$/PMDETA	0.61
$\cdot CH_2CH_2Ph$	$CuBr_2/Me_6TREN$	1.4
$\cdot CH_2CH_2Ph$	$CuBr_2$/dNbpy	2.5
$\cdot CH_2CH_2Ph$	$CuCl_2$/dNbpy	0.43

配位子の化学構造については図5-8および図5-9を参照．

マーのATRPの実現を目指して，$Cu/Me_6Cyclam$を触媒とする酢酸ビニルのATRPが試みられたものの高度な制御は困難であることがわかった．さらに，4座あるいは6座の置換ピコリルアミン配位子（TPMA, $TPMA^{NMe2}$, TPEDA）などが開発され，スチレンやアクリル酸メチルの重合制御や高活性化に用いられている．

代表的な配位子を含むCu触媒の活性化反応の速度定数k_{act}（相対値）を**図5-9**にまとめる[10]．配位子の構造がk_{act}値に与える影響と，表5-1に示したK_{ATRP}値に及ぼす配位子の影響を見比べることによって，重合反応系の重合活性化と反応制御の全体像を知ることができる．k_{act}値への影響は重合速度を支配し，K_{ATRP}値への影響は反応制御能を支配する．式(5-1）に示す反応の逆反応である不活性化反応の速度定数（k_{deact}）を実験的に直接求めることは難しいが，低分子モデル反応（低分子のラジカルと高酸化数の金属触媒とが反応してハロゲン化アルキルが生成する反応）に対する速度定数が報告されている（**表5-2**）．

さらに，配位子設計だけでなく，開始剤の設計の開発に対しても詳細な検討が行われている．アセトニトリル中のCu^IX/TPMA重合系（X＝Br, Cl）での開始剤の種類

[表5-3] **Cu触媒系ATRPに対するさまざまなハロゲン化アルキルのk_{act}値（k_{deact}値については表5-2参照）**

ハロゲン化アルキル	触媒系	溶媒	温度〔℃〕	k_{act}〔$L\ mol^{-1}s^{-1}$〕
Cl-2	CuCl/bpy	バルク重合	110	0.020
Cl-2	CuCl/dHbpy	トルエン	110	0.018
Cl-2	CuCl/dNbpy	アセトニトリル	35	5.6×10^{-5}
Cl-2	CuCl/Me_6TREN	アセトニトリル	35	1.5
Cl-2	CuCl/dHbpy	トルエン	110	0.52
Cl-2	CuBr/dHbpy	トルエン	110	0.010
Br-1	CuBr/dHbpy	トルエン	110	0.18
Br-2	CuBr/dNbpy	アセトニトリル	35	0.085
Br-4	CuBr/bpy	アセトニトリル	35	0.018
Br-5	CuBr/bpy	アセトニトリル	35	0.24
Cl-1	CuCl/TPMA	アセトニトリル	25	0.78
Cl-3	CuCl/TPMA	アセトニトリル	25	38
Cl-4	CuCl/TPMA	アセトニトリル	25	110
Cl-5	CuCl/TPMA	アセトニトリル	25	1.4
Br-1	CuBr/TPMA	アセトニトリル	25	160
Br-3	CuBr/TPMA	アセトニトリル	25	2700
Br-4	CuBr/TPMA	アセトニトリル	25	2200
Br-6	CuBr/TPMA	アセトニトリル	25	4500

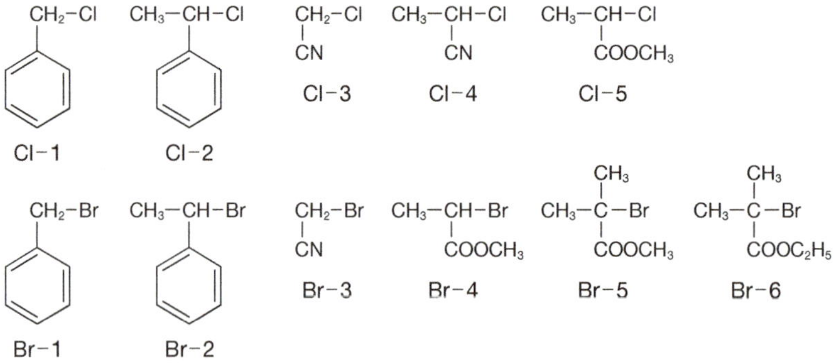

Cl-1: CH_2−Cl（ベンゼン環）
Cl-2: CH_3−CH−Cl（ベンゼン環）
Cl-3: CH_2−Cl, CN
Cl-4: CH_3−CH−Cl, CN
Cl-5: CH_3−CH−Cl, $COOCH_3$

Br-1: CH_2−Br（ベンゼン環）
Br-2: CH_3−CH−Br（ベンゼン環）
Br-3: CH_2−Br, CN
Br-4: CH_3−CH−Br, $COOCH_3$
Br-5: CH_3−C(CH_3)−Br, $COOCH_3$
Br-6: CH_3−C(CH_3)−Br, $COOC_2H_5$

[A. Goto and T. Fukuda, *Prog. Polym. Sci.*, **29**, 4, pp. 329-385 (2004), M. Fantina *et al.*, *Electrochem. Acta*, **222**, 20, pp. 393-401 (2016) を参考に作成]

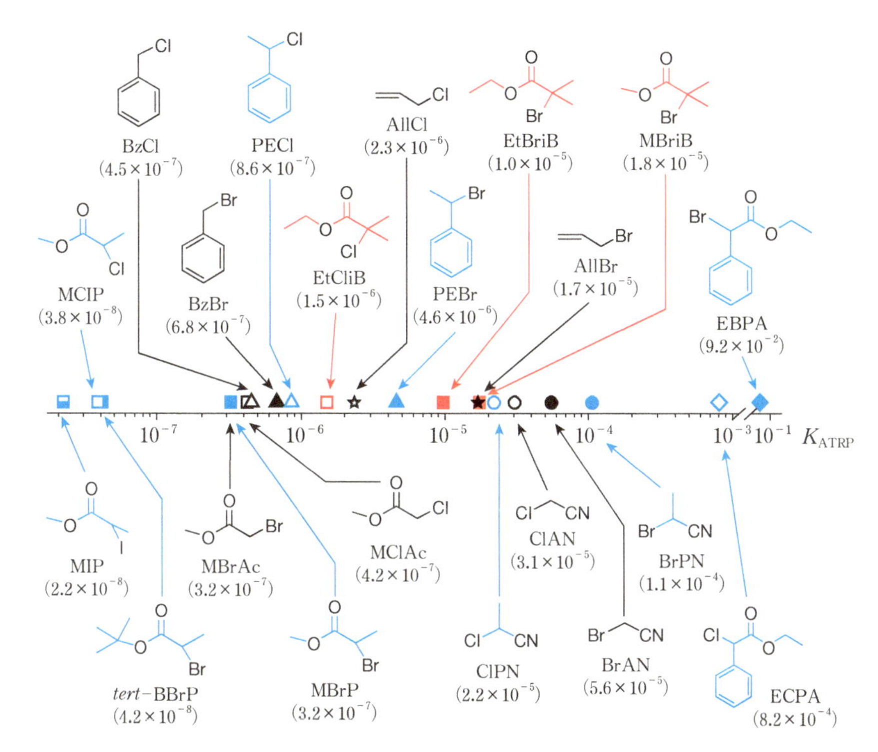

［図5-10］ Cu触媒系ATRPの開始剤の設計による重合活性化（開始剤の構造とK_{ATRP}の関係）

［W. Tang *et al.*, *J. Am. Chem. Soc.*, **130**, 32, pp. 10702-10713（2008）, Figure 3を参考に作成］

とk_{act}の関係が詳しく調べられている．その他のCu触媒系とさまざまなハロゲン化アルキルを組み合わせた系を含めて，これまでに報告されているk_{act}の一部を**表5-3**にまとめる[10),11)]．これらラジカル反応の速度定数の決定には，ラジカルクロック法（1.5節参照）が用いられる．ここでは，アルキルラジカルとTEMPOのカップリング反応（速度定数が既知）を基準として，ハロゲン化アルキルの生成量との比較からk_{act}を決定している．k_{act}に対するラジカルや配位子の構造の影響が小さい場合には，k_{deact}とK_{ATRP}は互いに似た傾向を示す．

また，さまざまな開始剤に対するK_{ATRP}を化学構造式とともに**図5-10**に示す．重合制御には，これらK_{ATRP}と表5-2に示すk_{deact}（あるいは表5-3に示すk_{act}）の両方を考慮した反応設計が不可欠である．前述したように，Cu触媒系ATRPの配位子設計では，当初は試行錯誤に頼らざるを得ない面があった．1995年の最初のビピリジル配位子に始まり，アルキル置換基の導入による金属触媒の可溶化（均一重合反応系の設計)，3座配位子系から4座配位子系へ，直鎖系から分岐系へ，さらに大環状系，新しい系の開発へと，配位子の選択（設計）が続いてきた．実際の重合制御の結果のフィードバックによる触媒開発（配位子設計）は現在でも続いているが，近年，開発の方法論に新しいアプローチが見られる．計算化学を積極的に活用することによって，重合結果を後付けで説明する研究スタイルから実験の前に活性を予測して触媒設計を効率よく進める手法への転換である．Cooteは，積極的に計算化学を取り入れた研究に取り組み，さまざまな研究グループとの共同研究を通して，配位子設計だけでなく，開始剤の設計と反応機構解析に計算化学を活用して成果をあげている[13]．繰り返し強調してきたように，重合制御には平衡反応の両方向の素反応速度がともに大きいことが重要である．k_{act}は実験的に求めることが可能であり，ハロゲンが結合した炭素が第1級＜第2級＜第3級の順で活性化の速度は増大する．また，共役基構造（COOMe＜CN）やハロゲンの種類（Cl＜Br）の選択が重要である．DFT計算による結果は，これまでの実験結果とよい相関を示し，ハロゲンの種類ごとに考察した結合エネルギーとの精密な関係が議論されている．

5.5 改良型ATRPの開発（触媒失活の抑制）

ATRPを含むすべてのリビングラジカル重合における成長反応過程は，ドーマント種と平衡にあるラジカルを介して起こる．これらのラジカルから成長反応が進行するだけでなく，停止反応もある確率で起こることが避けられない（式(5-5)）．

$$\mathrm{P{-}X} + \mathrm{Cu^{I}Y/L} \underset{k_{deact}}{\overset{k_{act}}{\rightleftharpoons}} \mathrm{P\cdot} + \mathrm{X{-}Cu^{II}Y/L} \tag{5-5}$$

（P· に対し：モノマー，k_p（成長）；k_t → P あるいは P−P）

$$\mathrm{DCF} = \frac{[\mathrm{T}]}{[\mathrm{R{-}X}]_0} = \frac{2P_{\mathrm{T}}k_t[\ln(1-p)]^2}{[\mathrm{M}]_0 k_p^2 t} \tag{5-6}$$

よく制御されたリビングラジカル重合では，ドーマント種の生成量が圧倒的に大きく，通常の2分子停止（不可逆な停止）によって生成したポリマー鎖の割合は小さい(1～10%と見積もられている)．ポリマー鎖は，ドーマント種と活性種の間を往復する断続的な成長過程において，大半の時間をドーマント種の状態で眠って過ごすことになる．

式(5-6) に示すように，失活したポリマー鎖の割合（dead chain fraction, DCF）は，

［表5-4］ **代表的なビニルモノマーのリビングラジカル重合における要求（重合度と制御能）とそれに要する重合時間の関係**

モノマー	k_p〔L $mol^{-1}s^{-1}$〕	k_t〔L $mol^{-1}s^{-1}$〕	$P_T = 500$		$P_T = 100$	
			$p = 60\%$	$p = 90\%$	$p = 60\%$	$p = 90\%$
アクリル酸メチル	47400	1.10×10^8	37 s	234 s	7 s	47 s
メタクリル酸メチル	1300	9.00×10^7	13.3 h	83.9 h	2.7 h	16.8 h
スチレン	665	1.10×10^8	2.8 days	17.5 days	0.6 days	3.5 days

〔F. Lorandi *et al.*, *J. Am. Chem. Soc.*, 144, 34, pp. 15413-15430（2022）を参考に作成〕
重合条件：80℃，バルク重合，$P_T = [M]_0/[R-X]_0$.

開始剤R−Xの初期濃度に対する不可逆的に停止した鎖の濃度（[T]）で定義できる．理想的なリビングラジカルでは，生成するポリマー鎖の数は用いた開始剤の数に等しく，重合中にポリマー鎖の数は変化しないためである．DCFは，目標とする数平均重合度P_T（すなわち［M］$_0$と［R−X］$_0$の比），反応収率（p），成長と停止速度定数（k_p, k_t）および重合時間tに依存する．式(5-6)は，重合速度が小さいほど（重合時間が長いほど），反応収率が低いほど，P_Tが小さいほど，初期モノマー濃度が高いほど，モノマーの成長が速いほど（すなわち，k_t/k_p^2の値が小さいほど）DCFが低下することを示す．

表5-4は，3種類の代表的なビニルモノマー（アクリル酸メチル，メタクリル酸メチルおよびスチレン）のk_pとk_t, 10%DCF（重合後に90%の末端が活性を保持している状況を意味する）に必要な重合時間（計算値）を比較したものである[14]．P_Tが500のポリアクリル酸メチルを得るには，わずか37秒の重合で，60%反応収率でそれが達成できる．それに対し，同じレベルの制御でポリメタクリル酸メチルの合成には13.3時間，ポリスチレンの合成では2.8日もの長時間が必要になる．これは，生成ポリマーの分子量制御や反応制御には，モノマーがもつ重合反応性（成長と停止速度という本質）が直接関係しているためである．同様に，90%反応収率で比べてみると，ポリアクリル酸メチルに対して$P_T = 500$および100の場合，前者ではわずか3.9分，後者では47秒しか必要としない．ポリスチレンに対しては，90%反応収率で，$P_T = 100$の場合には3.5日を必要とする．$P_T = 100$の条件に対して，60%反応収率であれば，重合の進行が遅いスチレンでも0.6日で目標値に達することを示し，この値は現実的な重合時間といえる．

さらに，実際の重合では，重合初期の反応条件設定に加えて，反応中の副反応によ

［表5-5］**Cu触媒系ATRPの発展**

発表年	開発や改良の内容
1995	ATRP
1997	金属銅（Cu^0）の利用
1998	Me_6TERN
2000	Me_6TERN/Cu^0系
2005	AGET-ATRP
2006	ICAR-ATRP
2006	ARGET-ATRP
2006	SET-LRP
2008	ISET-ATRP
2011	eATRP
2012	SARA-ATRP

る平衡の移動を考慮しなければならない．式(5-5)で2分子停止が無視できず，ポリマー鎖末端が一部失活する．このことは，それ以上成長できないポリマーが蓄積され，分子量の増加に影響を与え，分子量分布を広げるだけでなく，高酸化状態の金属錯体が蓄積されるために，式(5-5)の平衡を左に偏らせることになる．そのため，成長ラジカル濃度は低下し，同時に重合速度の低下を招く．また，有効な重合条件（低酸化数，高酸化数の各金属触媒濃度，モノマーに対するそれらの比など）が初期状態から変わってしまうことも意味する．さらに，多くの有機金属触媒は，重合系の着色をともない，重合後に触媒の除去を必要とする場合が多いため，より高活性の触媒を最小限度の量だけ使用して重合を行うことが求められる．

1995年のATRPの発見以降，当初の配位子の設計に加えて，触媒の失活を抑制して高活性化するためのCu触媒系の改良型ATRPがつぎつぎと提案された（**表5-5**）．2006年にICAR-ATRP（initiators for continuous activator regeneration ATRP）やARGET-ATRP（activators regenerated by electron transfer ATRP）が提案された．これらの重合法は，それぞれラジカル発生剤（開始剤）あるいは還元剤をあらかじめ重合系に加えて行うものである．2005年，ARGET-ATRPに先立って提案されたAGET-ATRP（activators generated by electron transfer ATRP）は高酸化状態のCu^{II}を用いて重合系中で重合制御に必要なCu^{I}を生成するものである[15]．AGET-ATRPは現在も水系での重合の有用な活性化手法として用いられている．2012年，これらの重合手法はSARA-ATRP(supplemental activator and reducing agent ATRP)へとさらに発展を遂げた[16]．

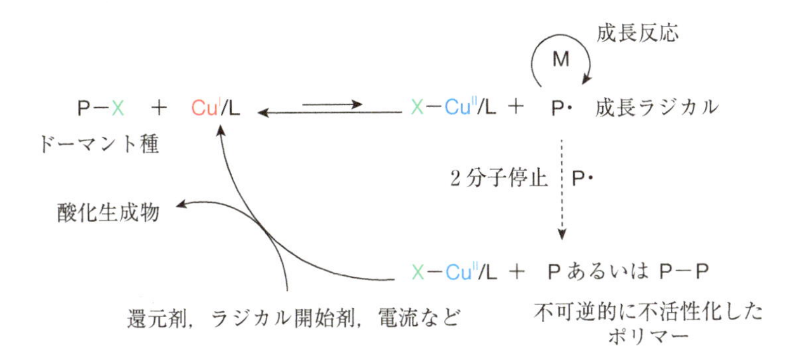

［図5-11］ **ICAR−ATRPとARGET−ATRPの基本原理**

名称や用いる試薬の組み合わせは多様であるが，これらに共通するのは，重合触媒が高酸化状態に偏ってしまうことを防ぎ，ドーマント種と成長ラジカル間の平衡を重合初期の望ましい形に保って，重合全体の活性化とその持続を助ける作用を含んでいることである．重合触媒を高活性化することによって触媒量を軽減でき，重合後の触媒除去にも有利となる．**図5-11**にICAR-ATRPおよびARGET-ATRPの基本原理を示す．重合反応中に生成する高酸化状態のX−Cu^{II}/Lを強制的に還元して元のCu^{I}/Lに戻して系の平衡を初期状態と同じ形に保とうとするもので，なんらかの添加物を重合系に加えておくことによってこれを達成する．電気化学的に還元する方法（eATRP）も知られている[17]．重合触媒の酸化還元の問題は，ATRPの反応制御に最も重要な点の1つである．近年，有機触媒を用いたATRPが開発され，光照射によって反応制御が可能な金属を用いない重合系として注目を集めている[18]（10.5節参照）．

5.6 反応機構に関する論争

Percecらは ATRPに関する研究を1995年から継続して行い，以前から重合反応系で起こる1電子移動に着目して研究を展開してきた（SET-LRP（single-electron transfer LRP）モデル）[19), 20]．Percecらが提唱する反応機構とMatyjaszewskiらが提唱する反応機構（SARA-ATRPモデル）[21]との間で反応制御に有効に作用している機構の解釈をめぐって論争が続いている．反応条件や反応初期に用いる触媒の酸化状態に違いはあるものの，重合挙動に共通点は多い．それにもかかわらず，反応機構の解釈には相容れないものがあり，研究初期から互いの持論をそれぞれ展開し続けている．

(a) SARA-ATRP

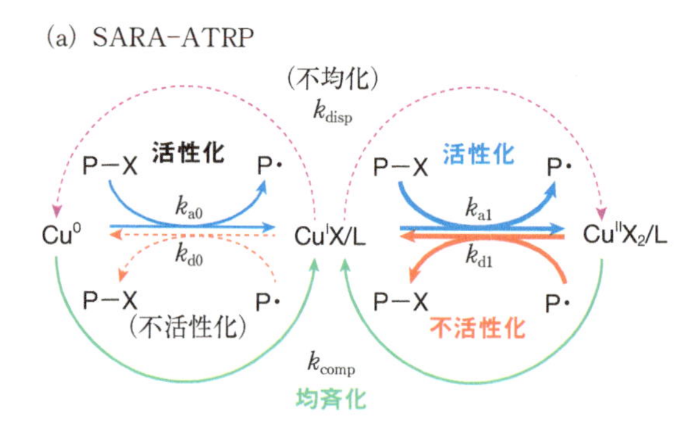

(b) SET-LRP

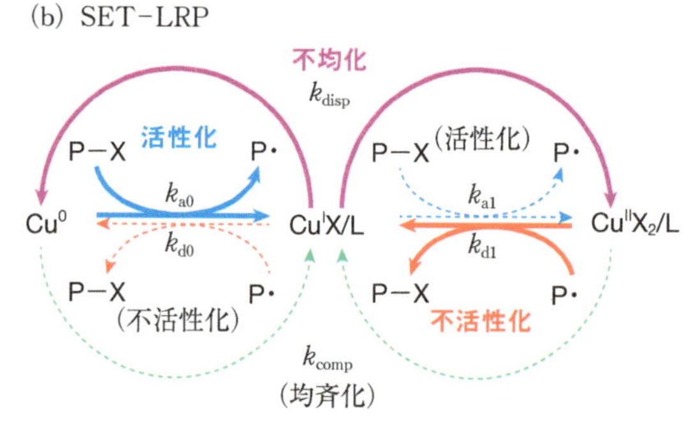

［図5-12］ ATRPの反応機構に関する2つの異なるモデルの比較

［D. Konkolewicz *et al.*, *Macromolecules*, 46, 22, pp. 8749-8772 (2013), Scheme 4およびScheme 5を参考に作成］

補助活性剤や還元剤を用いる原子移動ラジカル重合（SARA-ATRP）と，1電子移動型のリビングラジカル重合（SET-LRP）の2つのモデル（**図5-12**）の違いを簡単に説明しよう．図(a)のSARA-ATRPでは，Cu^Iはハロゲン化アルキルの活性化剤（成長ラジカル生成に重要な役割を果たしている）であり，Cu^0は補足的な活性化剤であると解釈される．Cu^0は，過剰なCu^{II}をCu^Iへと変換して元の平衡状態を保つための還元剤であり，不均化は考える必要がない．対照的に，図(b)のSET-LRPでは，Cu^0がおもな活性化剤であり，Cu^0からハロゲン化アルキルに1電子移動して，ラジカルアニオンが生成し，続いてラジカルとハロゲンアニオンが生成する．この反応機構は外圏機構に分類され，SARA-ATRPの反応が内圏機構で進行する点と異なる．SET-LRPでは，Cu^Iはハロゲン化アルキルを活性化しているのではなく，Cu^0とCu^{II}への不均化を起こすと考えられ，ジメチルスルホキシドなどの極性溶媒を用いると，不均化が効率よく進行し，狭い分子量分布を保ったまま超高分子量のポリメタクリル酸メチルが合成できる．また，非共役モノマーである塩化ビニルの重合制御にも有効である[22]．このように，ATRPの反応機構そのものの解釈に対する議論が終わることなく続いている．

5.7 ATRPの工業化・応用技術

リビングラジカル重合の工業的な応用例として，生成するブロック共重合体の分散安定剤や相容化剤への応用，グラフト化による材料の表面修飾などがあげられる[23]（**表5-6**）．同時に，ポリマー鎖の末端修飾による機能化もリビング重合が得意とする分野である．国内でもカネカ社や日本ゼオン社は，それぞれCu触媒あるいはRu触媒やFe触媒を用いるATRPを利用した製品開発に積極的に取り組んでいる．

カネカ社は，ATRPの技術をいち早く導入し，末端に架橋性官能基をもつテレケリックポリアクリレート（製品名KANEKA XMAP）を製造している[24]．同社は，従来から末端に架橋性シリル基をもつテレケリックポリエーテル（変成シリコーン，製品名カネカMSポリマー）を上市してきた実績がある．おもなグレードの製品の末端シリル基はメチルジメトキシシリル基であり，主鎖のポリエーテルが低いガラス転移温度をもち，分子量も数千から数万程度であるため，架橋前のポリマーは液状であり，スズ化合物などの触媒の存在下，空気中の水分で加水分解され，他の基と脱水縮合することでシロキサン結合を形成し，3次元ネットワークを形成，ゴム弾性を発現する．カネカMSポリマーは，建築用シーラントや弾性接着剤の主原料として使用され，耐久性や非汚染性に優れているが耐熱性や耐光性に課題があった．そこで，主鎖構造をポリエーテルからポリアクリレートに変更することが提案されたが，従来はアクリル酸エステルを高度に制御して重合することは困難であった．ATRPは，アクリル酸エステルにも適用可能であり，よく制御された分子構造をもつテレケリックポリ

［表5-6］ ATRPを利用して工業化（製品化）された例

製造企業	製品名	用　途
カネカ社	KANEKA XMAP	シーラント・接着剤
Pilot Polymer Technologies社	fractASSIST, Crystalein, Surfaclear, Advantomer	オイル分野化学品，パーソナルケア製品・化粧品
Thermo Fischer Scientific社	ProPac IMAC-10	SEC/HPLCカラム
PPG社	Andaro	顔料

［N. Corrigan *et al.*, *Prog. Polym. Sci.*, 111, 101311（2020）を参考に作成］

アクリレートの製造に適した重合技術であった．Cu触媒を用いるATRPの研究がカーネギーメロン大学で始まった直後から工業化に向けての検討が進められ，カネカ社は世界に先駆けていち早く工業化を達成した．テレケリックポリアクリレートの製造には，ATRPの以下の特徴が活かされている[24)]．

- ATRPは幅広い種類のモノマーに適用可能であり，アクリレートの重合でも高いレベルでの重合制御が可能である．
- 架橋前は低粘性の液体であり，硬化後に均一な構造の3次元ネットワークを形成し，ゴム弾性を発現することが液状ゴムに求められる．M_w/M_nが1に近いほど，低粘性と大きな網目構造による良好な物性が実現しやすい．これは，粘性は重量平均分子量M_wに依存し，架橋点間距離（網目密度）は数平均分子量M_nに依存するためである．
- ATRPで生成するポリマー鎖の末端には定量的にハロゲンが導入されており，ハロゲンを化学反応によってさまざまな官能基に変換することが可能である．末端への架橋性官能基の導入も容易に行うことができる．
- 工業的なポリマー製造では高反応収率まで重合を行う必要があるが，アクリレートのATRPでは95%以上の反応収率でも良好な重合制御が維持されている．
- 分子量が数千から数万程度のオリゴマーやテレケリックポリマーの合成では，開始剤の価格の影響を無視することができないが，ATRPではベンジル位やエステルのα位にハロゲンが置換した化合物を開始剤として使用でき，工業的に多種多様な化合物が安価に供給されている．
- 重合触媒が，精密な錯体合成によるものではなく，臭化銅や塩化銅と配位子であるポリアミンなどを混合するだけで系中で金属錯体触媒を形成できる．

テレケリックポリアクリレートの末端には，架橋性官能基が導入されており，官能基の種類によってそれぞれ硬化形式が異なる．メチルジメトキシシリル基を導入したポリアクリレートは，変成シリコーンと同様，空気中で脱水縮合によって硬化する．アルケニル末端を含むものでは，Si−H基を複数個もつ硬化剤が白金触媒存在下で使用され，加熱によるヒドロシリル化によって硬化する．両末端にメタクリロイル（あるいはアクリロイル）基をもつポリマーは，UV照射などによりラジカル重合して硬化する．硬化後のゲル分率は95～98%と高く，高耐熱性，高耐光性，優れたガラス接着性，良好なUV硬化性，低硬化収縮性，非汚染性，耐油・耐薬品性，低圧縮永久ひずみ，繰り返し圧縮伸長疲労耐性，衝撃吸収性，ガスバリア性，エポキシ相溶性など，数多くの特徴をもっている．

COLUMN

論文とのめぐり逢い

名古屋大学の上垣外正己教授は，リビングラジカル重合系にルテニウム触媒を用いることにした経緯を若手研究者の集まりなどで何度か披露している．1993年末，上垣外博士（当時，学術振興会特別博士研究員（受入教員：澤本光男助教授），京都大学旧東村研究室所属）は若手研究会で座長を務めることになり，講演者の専門分野に関連する研究を事前に把握しておくため，以前に見たフォトレジストの総説（上田充，伊藤洋，“化学増幅型レジスト”，有機合成化学協会誌，**49**, 5, pp. 437–450（1991））を，旧教授室の山積みされた雑誌の中から探していた．現在と違って，自分のパソコンから文献検索システムや電子ジャーナルに自由にアクセスできる環境は整っていなかった．目当ての論文を探すために，大学の図書館などに直接出向いて，雑誌や製本された厚い冊子体のページを順にめくって調べるのはごく自然の風景だった．

ちょうどそのとき，幸運の女神が風を吹かせた．ふと目にした別の総説論文に，Ru錯体がハロゲン化アルキルの炭素−塩素結合を活性化してカラッシュ反応が進行して1：1付加物が生成するという記述があった（上方宣政，亀山雅之，“ルテニウム錯体を用いる高選択的ラジカル反応”，有機合成化学協会誌，**47**, 5, pp. 436–447（1989））．この論文は，探していた論文とはもちろん違っていたものの，澤本助教授とリビングカチオン重合の考え方を基に開発しようとしていたリビングラジカル重合の実現に最適な触媒と思われた．予期しなかったRu錯体の論文に偶然遭遇したようだ．新しい制御重合がこの世に生まれ出た瞬間である．

リビングラジカル重合の研究は，他の系での試行錯誤によりすでに行われており，準備は整っていた．彼らは早速，Ru錯体を用いた新しい反応系を追加して実験を継続した．実験を行っていた大学院生の機転もあり，期待どおりの見事な結果へと結びついた．最新の成果を遷移金属触媒によるリビングラジカル重合の最初の論文としてまとめて投稿するまで多くの時間は必要としなかった．その数か月前に新しく研究室を立ち上げたばかりの澤本教授の研究グループの旗揚げともいえる記念すべき論文が発表された．

同時期，遷移金属触媒とハロゲン化アルキルに着目した研究者が太平洋の向こう側にもいた．澤本教授らの論文発表の数か月後に，カーネギーメロン大学のMatyjaszewski教授によるCu触媒を用いた論文が発表され，その直後に当時ケースウェスタン大学（後にピッツバーグ大学に異動）のPercec教授も同じような反応機構による重合制御の論文発表を行っている．興味深いことに，ATRPに関する初期の論文はどれも1995年に公表されている．いかに研究開発が激しく競り合っていたかを示している．世界中で同じゴールを目指す研究は，互いに見えない形でつねに同時進行しているということである．当時，Matyjaszewski研究室に博士研究員として滞在していたカネカ社の中川佳樹博士は，アメリカ滞在中の研究テーマを変更し，大きく方向転換を図った．2年間の研究室滞在の後，日本に戻るとATRPの工業化に向けた研究開発を行い，数年後に世界で初めてATRPを利用したポリマー材料製造プロセスの工業化に成功している．

リビングラジカル重合をめぐる発見の経緯と当時の時代背景については，“リビングラジカル重合の夜明け前”，松本章一，近畿化学工業界（きんか誌），**70**, 8, pp. 5–8（前編）および**70**, 9, pp. 1–4（後編）（2018）を参照していただきたい．

参考文献

1) M. S. Kharasch, H. Engelmann, and F. R. Mayo, “The Peroxide Effect in the Addition of Reagents to Unsaturated Compounds. XV. The Addition of Hydrogen Bromide to 1- and 2-Bromo- and Chloropropenes”, *J. Org. Chem.*, **2**, 3, pp. 288–302（1937）

2) M. Kato, M. Kamigaito, M. Sawamoto, and T. Higashimura, “Polymerization of Methyl Methacrylate with the Carbon Tetrachloride/Dichlorotris（triphenylphosphine）-ruthenium（II）/Methylaluminum Bis（2,6-di-*tert*-butylphenoxide）Initiating System: Possibility of Living Radical Polymerization”, *Macromolecules*, **28**, 5, pp. 1721–1723（1995）

3) J.-S. Wang and K. Matyjaszewski, “Controlled/“Living” Radical Polymerization. Atom Transfer Radical Polymerization in the Presence of Transition-Metal Complexes”, *J. Am. Chem. Soc.*, **117**, 20, pp. 5614–5615（1995）

4) M. Kamigaito, T. Ando, and M. Sawamoto, “Metal-Catalyzed Living Radical Polymerization”, *Chem. Rev.*, **101**, 12, pp. 3689–3745（2001）

5) M. Ouchi, T. Terashima, and M. Sawamoto, “Transition Metal-Catalyzed Living Radical Polymerization: Toward Perfection in Catalysis and Precision Polymer Synthesis”, *Chem. Rev.*, **109**, 11, pp. 4963–5050（2009）

6) H. Nonaka, M. Ouchi, M. Kamigaito, and M. Sawamoto, “MALDI-TOF-MS Analysis of Ruthenium（II）-Mediated Living Radical Polymerization of Methyl Methacrylate, Methyl Acrylate, and Styrene”, *Macromolecules*, **34**, 7, pp. 2083–2088（2001）

7) C. Granel, Ph. Dubois, R. Jerome, and Ph. Teyssie, “Controlled Radical Polymerization of Methacrylic Monomers in the Presence of a Bis（ortho-chelated）Arylnickel（II）Complex and Different Activated Alkyl Halides”, *Macromolecules*, **29**, 27, pp. 8576–8582（1996）

8) K. Matyjaszewski and J. Xia, “Atom Transfer Radical Polymerization”, *Chem. Rev.*, **101**, 9, pp. 2921–2990（2001）

9) T. G. Ribelli, F. Lorandi, M. Fantin, and K. Matyjaszewski, “Atom Transfer Radical Polymerization: Billion Times More Active Catalysts and New Initiation Systems”, *Macromol. Rapid Commun.*, **40**, 1, e1800616（2019）

10) A. Goto and T. Fukuda, “Kinetics of Living Radical Polymerization”, *Prog. Polym. Sci.*,

29, 4, pp. 329-385 (2004)

11) M. Fantina, A. A. Issea, N. Bortolameia, K. Matyjaszewski, and A. Gennaroa, "Electrochemical Approaches to the Determination of Rate Constants for the Activation Step in Atom Transfer Radical Polymerization", *Electrochem. Acta*, **222**, 20, pp. 393-401 (2016)

12) W. Tang, Y. Kwak, W. Braunecker, N. V. Tsarevsky, M. L. Coote, and K. Matyjaszewski, "Understanding Atom Transfer Radical Polymerization: Effect of Ligand and Initiator Structures on the Equilibrium Constants", *J. Am. Chem. Soc.*, **130**, 32, pp. 10702-10713 (2008)

13) C. Fang, M. Fantin, X. Pan, K. de Fiebre, M. L. Coote, K. Matyjaszewski, and P. Liu, "Mechanistically Guided Predictive Models for Ligand and Initiator Effects in Copper-Catalyzed Atom Transfer Radical Polymerization (Cu-ATRP)", *J. Am. Chem. Soc.*, **141**, 18, pp. 7486-7497 (2019)

14) F. Lorandi, M. Fantin, and K. Matyjaszewski, "Atom Transfer Radical Polymerization: A Mechanistic Perspective", *J. Am. Chem. Soc.*, **144**, 34, pp. 15413-15430 (2022)

15) K. Min, H. Gao, and K. Matyjaszewski, "Preparation of Homopolymers and Block Copolymers in Miniemulsion by ATRP Using Activators Generated by Electron Transfer (AGET)", *J. Am. Chem. Soc.*, **127**, 11, pp. 3825-3830 (2005)

16) A. Nese, Y. Li, S. Sheiko, and K. Matyjaszewski, "Synthesis of Molecular Bottlebrushes by Atom Transfer Radical Polymerization with ppm Amounts of Cu Catalyst", *ACS Macro Lett.*, **1**, 8, pp. 991-994 (2012)

17) N. Bortolamei, A. A. Isse, A. J. D. Magenau, A. Gennaro, and K. Matyjaszewski, "Controlled Aqueous Atom Transfer Radical Polymerization with Electrochemical Generation of the Active Catalyst", *Angew. Chem. Int. Ed.*, **50**, 48, pp. 11391-11394 (2011)

18) J. C. Theriot, C.-H. Lim, H. Yang, M. D. Ryan, C. B. Musgrave, and G. M. Miyake, "Organocatalyzed Atom Transfer Radical Polymerization Driven by Visible Light", *Science*, **352**, 6289, pp. 1082-1086 (2016)

19) V. Percec and B. Barboiu, ""Living" Radical Polymerization of Styrene Initiated by Arenesulfonyl Chlorides and $Cu^{I}(bpy)_{n}Cl$", *Macromolecules*, **28**, 23, pp. 7970-7972 (1995)

20) B. M. Rosen and V. Percec, "Single-Electron Transfer and Single-Electron Transfer Degenerative Chain Transfer Living Radical Polymerization", *Chem. Rev.*, **109**, 11, pp. 5069-5119 (2009)

21) D. Konkolewicz, Y. Wang, M. Zhong, P. Krys, A. A. Isse, A. Gennaro, and K. Matyjaszewski, "Reversible-Deactivation Radical Polymerization in the Presence of Metallic Copper. A Critical Assessment of the SARA ATRP and SET-LRP Mechanisms", *Macromolecules*, **46**, 22, pp. 8749-8772 (2013)

22) V. Percec, T. Guliashvili, J. S. Ladislaw, A. Wistrand, A. Stjerndahl, M. J. Sienkowska, M.J. Monteiro, and S. Sahoo, "Ultrafast Synthesis of Ultrahigh Molar Mass Polymers by Metal-Catalyzed Living Radical Polymerization of Acrylates, Methacrylates, and

Vinyl Chloride Mediated by SET at 25 ℃", *J. Am. Chem. Soc.*, **128**, 43, pp. 14156-14165 (2006)

23) N. Corrigan, K. Jung, G. Moad, C. J. Hawker, K. Matyjaszewski, and C. Boyer, "Reversible-Deactivation Radical Polymerization (Controlled/Living Radical Polymerization): From Discovery to Materials Design and Applications", *Prog. Polym. Sci.*, **111**, 101311 (2020)

24) 中川佳樹,『新訂版 ラジカル重合ハンドブック』, 蒲池幹治, 遠藤剛, 岡本佳男, 福田猛 監修, エヌ・ティー・エス, pp. 706-714 (2010)

第6章

可逆的付加開裂型
連鎖移動ラジカル重合

1993年にニトロキシド媒介ラジカル重合（NMP）が，2年後の1995年に原子移動ラジカル重合（ATRP）が相次いで発表され，さらにその先を争って研究が世界中で行われていた．その頃，まったく異なる反応機構による新しいリビングラジカル重合が見つかり，ラジカル重合によるポリマー構造制御法のラインナップに追加された．この第3の重合手法を開発したのは，オーストラリア連邦科学産業研究機構（CSIRO）の研究員たちであり，かつてはニトロキシドによる重合制御にいち早く取り組んでいた研究グループであった．新しいリビングラジカル重合は可逆的付加開裂型連鎖移動ラジカル重合（RAFT（reversible addiction-fragmentation chain transfer）重合）と名付けられ，最初の論文が1998年に発表された[1]．交換反応機構に基づくRAFT重合には，NMPやATRPと根本的に異なる特徴が多く含まれる．従来から用いられている通常のラジカル重合の反応系にRAFT剤を添加するだけでリビングラジカル重合を実現できるという点で画期的な重合手法であり，発表直後から話題となった．その後，多くの種類のモノマーで重合制御が可能なことがわかり，世界中で多くの研究が展開されていった．ラジカル重合やポリマー合成の専門分野の研究者に留まらず，バイオ系，材料系，物理系，機械系を問わず，さまざまな専門領域の研究者や技術者が，それぞれ材料開発にRAFT重合を活用しようとさまざまな試みを開始した．

本章では，まず可逆的な付加開裂型の連鎖移動の基本的な反応機構について説明し，続いて代表的なRAFT剤とRAFT重合の例やポリマー構造制御への応用を紹介する．

6.1 可逆的付加開裂型の連鎖移動

NMPやATRPと同様，RAFT重合もドーマント種と活性種の間の平衡を利用しているが，その平衡式の左右はいずれもドーマント種とラジカル活性種の組み合わせで

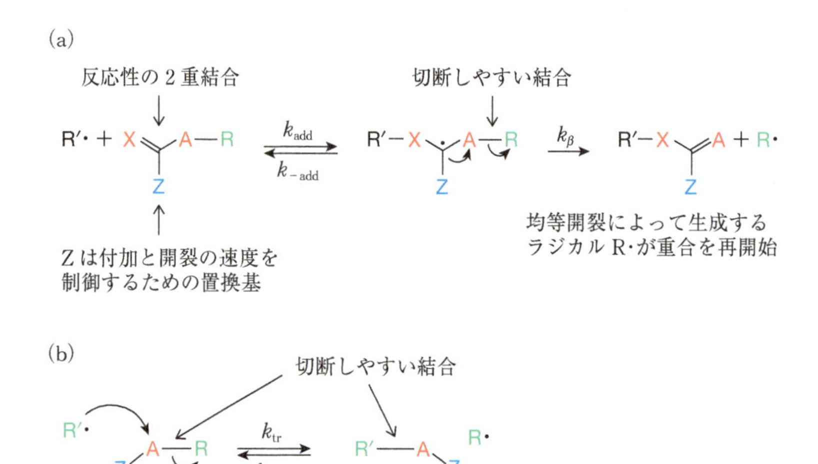

［図6-1］ (a) 付加開裂型連鎖移動と，(b) 置換型連鎖移動の反応機構と特徴

あり，2つのポリマー鎖間でのラジカル活性種の交換反応を利用して重合反応の制御を行うものである．この平衡反応の最大の特性として，式の左右が同じ形であり，平衡の偏りがない点があげられる．NMPやATRPではドーマント種側への平衡の偏りが反応制御に重要な鍵となっている点と異なる．すなわち，ラジカル活性種とドーマント種の間での交換反応速度（頻度）が大きいことを利用して重合制御している点が他のリビングラジカル重合との大きな違いである．RAFT重合と同じ機構で反応制御する重合手法として，フランスの研究者たちが名付けたMADIX（macromolecular design via the interchange of xanthates）が知られている．RAFT重合とMADIXの名称は互いに異なるが，反応機構は同一である．第8章で述べるヨウ素移動重合(ITP）も連鎖移動を積極的に利用した重合制御法の1つである．

付加開裂型の連鎖移動については2.5.4項〔3〕で述べたが，ここでもう一度説明しておく[2)]．付加開裂型連鎖移動では，**図6-1** (a) に示すように，ラジカルが不飽和結合に付加して中間体ラジカルを生成した後に，別の結合がβ開裂して新たなラジカルと不飽和化合物を生成する．ここで，k_{add}, k_{-add}およびk_βは，それぞれ付加反応，その逆反応およびβ開裂反応の速度定数である．付加開裂型連鎖移動では，重合中のRAFT剤（付加開裂型連鎖移動剤）に対する連鎖移動の速度定数k_{tr}は，式(6-1）に示すように，k_{add}と分配係数ϕの積で表される．ϕは式(6-2）で定義される．

$$k_{\mathrm{tr}} = k_{\mathrm{add}} \frac{k_{\beta}}{k_{-\mathrm{add}} + k_{\beta}} = k_{\mathrm{add}} \phi \tag{6-1}$$

$$\phi = \frac{k_{\beta}}{k_{-\mathrm{add}} + k_{\beta}} \tag{6-2}$$

RAFT重合に対する付加開裂型連鎖移動は，ラジカル開始剤の分解によって発生した低分子ラジカルが連鎖移動剤（RAFT剤）に付加し，さらにβ開裂によってRAFT剤に含まれる構造（R）に由来するラジカル（R•）を生成する反応に相当する．重合初期では，ラジカル開始剤から発生したラジカルとRAFT剤の反応が主である．一方，重合が進行すると成長ラジカルとRAFT末端との交換反応が主となるため，左右対称型の平衡反応が成立し，その交換速度が重合反応制御の鍵となる．

付加開裂型連鎖移動による重合制御によって生成するポリマーの末端構造について説明しておく．この反応で用いられる連鎖移動剤の特徴として，反応性の高い2重結合をもつこと，ならびにZ基が付加反応と開裂反応の速度を制御するはたらきをすることがあげられる．RAFT剤へのR′•の付加によって生成した中間体ラジカルのA−R結合が弱ければ効率よくR•が生成し，その結合が強ければ，逆反応によって元の化合物に戻る．ここで新たに生成したR•には，速やかに再開始反応に進むことが求められる．

一方，同様の連鎖移動反応を単純な置換反応で行おうとすると，図(b)に示す反応設計が必要である．ここで示すような形の可逆的な連鎖移動（ラジカル置換反応）が効率よく進行する化合物はごく限られているため，置換反応を利用する可逆的な連鎖移動を重合に応用することは難しい．対照的に，図(a)に示した付加開裂型は，分子設計の許容範囲が広く，多くの化合物にこの反応機構を適用できる利点をもっている．RAFT重合に用いられる化合物（RAFT剤）の化学構造が多岐にわたり，比較的広い範囲の化合物が重合制御に有効なのは，この可逆的な連鎖移動の適用範囲が広いことに起因している．

6.2 RAFT重合の反応機構

RAFT重合の反応機構を**図6-2**に示す[2]．図(a)の開始（ラジカルの生成），図(b)と図(d)の成長，図(e)の2分子停止（ラジカルの失活）の各反応は，通常のラジカル重合と何も変わらない．ただ，そこに可逆的な連鎖移動が加わるだけである．この点が前章までで説明してきた他のリビングラジカル重合と異なる．NMPやATRPで

(a) 開始

開始剤 ⟶ I・ $\xrightarrow{\text{M}}$ $\xrightarrow{\text{M}}$ P・

(b) 成長とRAFT剤への可逆的連鎖移動

$$\text{P}\cdot + \text{S}{=}\text{C(Z)}{-}\text{S}{-}\text{R} \underset{k_{-\text{add}}}{\overset{k_{\text{add}}}{\rightleftharpoons}} \text{P}{-}\text{S}{-}\dot{\text{C}}\text{(Z)}{-}\text{S}{-}\text{R} \underset{k_{-\beta}}{\overset{k_{\beta}}{\rightleftharpoons}} \text{P}{-}\text{S}{-}\text{C(Z)}{=}\text{S} + \text{R}\cdot$$

（P・はMを付加して成長：k_{p}）

(c) 再開始

$$\text{R}\cdot \xrightarrow[k_{\text{i}}]{\text{M}} \text{R}{-}\text{M}\cdot \xrightarrow{\text{M}} \xrightarrow{\text{M}} \text{P}\cdot$$

(d) 成長とポリマー鎖間での可逆的連鎖移動

$$\text{P}\cdot + \text{S}{=}\text{C(Z)}{-}\text{S}{-}\text{P} \underset{k_{-\text{addP}}}{\overset{k_{\text{addP}}}{\rightleftharpoons}} \text{P}{-}\text{S}{-}\dot{\text{C}}\text{(Z)}{-}\text{S}{-}\text{P} \underset{k_{\text{addP}}}{\overset{k_{-\text{addP}}}{\rightleftharpoons}} \text{P}{-}\text{S}{-}\text{C(Z)}{=}\text{S} + \text{P}\cdot$$

（両側のP・はMを付加して成長：k_{p}）

(e) 2分子停止

$$\text{P}\cdot + \text{P}\cdot \xrightarrow{k_{\text{t}}} \text{2P あるいは P}{-}\text{P（失活したポリマー）}$$

［図6-2］ RAFT重合の反応機構

は，専用の開始剤を用いてリビングラジカル重合を行うため，重合速度の予測や制御が難しいことがしばしばある．対照的に，RAFT重合の開始反応機構は通常のラジカル重合と変わりないため，一般的なラジカル重合の特徴を活かしたままで，さらに分子量やポリマー構造の制御を行うことができる．ただし，厳密な意味では，RAFT重合は完全な構造制御が不可能な重合方法（反応機構の原理上，通常の開始と停止が必ず含まれるため）である．

ポリマーのα末端（開始末端）には開始剤（アゾ開始剤や過酸化物）の分解によって開始された構造（図(a)）と，RAFT剤への連鎖移動の後にRAFT剤切片が導入された構造（図(c)）の両方が含まれる．ω末端（停止末端）についても，ジチオエステルやトリチオカーボネート基などのRAFT剤切片でキャップされた末端構造（リビングラジカル重合に必要なドーマント種）（図(d)）だけでなく，2分子停止による失活した末端構造が含まれる．これらの異なる末端構造の比は，重合条件（開始剤やRAFT剤の濃度比など）に依存し，求められる精密制御の程度に応じて適切な重合条件を設定する必要がある．RAFT重合が2分子停止を必ずともなうという特徴は，リビングラジカル重合の名称の適用に関する重大な問題（RAFT重合がリビングラジカル重合の定義の範囲に収まらないという切実な問題）を引き起こすことになる(3.5節参照)．

可逆的な連鎖移動のプロセスには，大きく分けて2種類の反応が含まれる．重合初期段階で重要となる連鎖移動剤（RAFT剤）に対する連鎖移動と，重合中ずっと起こり続けることが求められるポリマー末端（マクロRAFT剤）に対する連鎖移動の2種類である．反応形態（ラジカル種の構造や反応性，RAFT剤の構造）がそれぞれで異なる．

開始剤から生成した1次ラジカルのRAFT剤に対する反応は，図6-1(a）に示したものと同様であり，RAFT剤への連鎖移動と，生成したラジカルR•からの再開始が確実に起こることが求められる．ポリマー鎖の成長が始まると，成長ラジカルは他のポリマー（ドーマント種）に連鎖移動し，末端にRAFT構造をもつポリマーが生成して，そのポリマー鎖の成長反応は休止する．連鎖移動によって活性化された別のポリマー鎖は，同様に成長を続け，やがて連鎖移動する．このプロセスを頻繁に繰り返すこと（交換連鎖反応機構）によって，それぞれポリマー鎖は平均的かつ断続的に成長を続け，リビング重合が達成される．さまざまなRAFT剤に対して連鎖移動定数が見積もられているが，式(6-1）に示したように，成長過程においては逆反応の寄与を考慮しなければならず，通常のMayoプロット（2.5.4項〔1〕参照）を用いる方法では，連鎖移動定数を正しく評価できない．

RAFT剤の設計において，R置換基とZ置換基はそれぞれ役割分担が明確であり，これら置換基の構造が重合制御に重要な役割を果たす．R置換基は，X−R結合が切断してR•を生成すると同時に，速やかに重合を再開始する必要があるため，ポリマーの成長末端と類似していて，かつポリマー末端に比べて解離しやすい構造が求められる．Z置換基は，中間体ラジカルの安定性に影響を及ぼし，ラジカルの付加速度や開裂速度を制御するはたらきをもつ．共鳴安定化によってR•の生成を促進することができるが，成長ラジカルの特性（連鎖移動の起こりやすさ）によってZ置換基による安定化がどれだけ必要とされるかに違いが生じる．

このような置換基設計の指針のもと，さまざまなRAFT剤が開発されている．代表的なRAFT剤として，ジチオエステル，トリチオカーボネート，ザンテート，ジチオカルバメート（それぞれZ = ArあるいはR，SR，OR，NR_2）などがある．おおよそこの順にラジカルの付加速度や開裂速度が低下する傾向にある．

用いるモノマーの種類によって使い分けが必要であり，モノマーの種類とRAFT

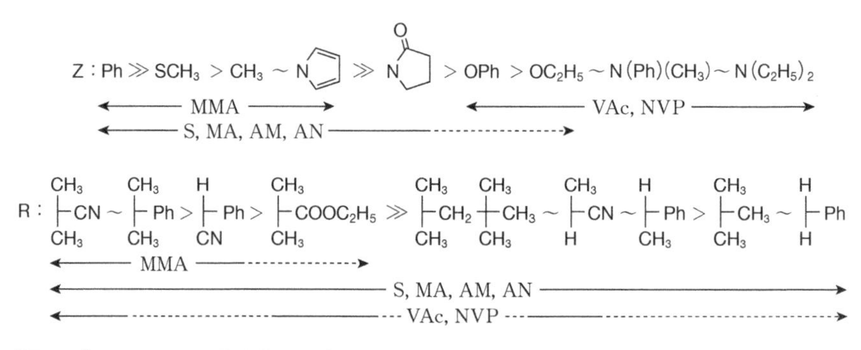

［図6-3］ **RAFT剤のZ置換基およびR置換基の構造と重合制御が可能なモノマーの関係**

ここで，MMA, S, MA, AM, ANはそれぞれメタクリル酸メチル，スチレン，アクリル酸メチル，アクリルアミド，アクリロニトリルであり，高反応性モノマー群（MAM）に分類される．VAcとNVPは酢酸ビニルと*N*-ビニルピロリドンであり，低反応性モノマー群（LAM）に分類される．［D. J. Keddie *et al.*, *Macromolecules*, 45, 13, pp. 5321-5341 (2012), Figure 3を参考に作成］

剤の相性については，**図6-3**の関係が成立する．RAFT重合に用いられるモノマーは，高反応性モノマー群（more activated monomer, MAM）と低反応性モノマー群（less activated monomer, LAM）に大きく分類され，反応性に応じて適切なRAFT剤との組み合わせを選択する必要がある．

MAMには，共役モノマーであるブタジエン，イソプレン，スチレン，ビニルピリジン，メタクリル酸エステル，アクリル酸エステル，アクリルアミド，無水マレイン酸，マレイミド，アクリロニトリルなどが含まれる．LAMには，非共役モノマーである酢酸ビニル，*N*-ビニルピロリドン，塩化ビニル，アルケンなどが含まれる．一般的に，MAMには，ジチオエステルやトリチオカーボネート型のRAFT剤が，LAMには，ザンテートやカルバメート型のRAFT剤が適している．

RAFT重合は，分岐や架橋構造の制御に対しても有効な作用を示す．たとえば，エチレンのラジカル重合では，ポリマーへの連鎖移動のため分岐構造が多く含まれ，M_w/M_nは大きな値となるが，ザンテート型のRAFT剤を用いて重合を行うと分岐構造の生成が抑制され，M_w/M_nは1.5から2程度となる．10%程度の酢酸ビニルを共重合することが可能であり，加水分解により極性基を容易に導入できる．また，ジエンモノマーの重合においても，高反応収率での架橋反応によるゲル化を抑制できるメリットがある．

さまざまなモノマーとRAFT剤を組み合わせた重合反応系で分子量制御がどれくらい起こるかを，連鎖移動定数から見積もることができる．スチレン，メタクリル酸メチルおよびアクリル酸メチルの重合における種々のRAFT剤の見かけの連鎖移動

［表6-1］ 代表的なビニルモノマーのRAFT重合における種々のRAFT剤（RS(C=S)Z）の見かけの連鎖移動定数

モノマー	RAFT剤の種類	R基	Z基	温度〔℃〕	C_{tr}
スチレン	ジチオエステル	$-CH_2Ph$	$-Ph$	110	26
スチレン	ジチオエステル	$-CH_2Ph$	$-Ph$	60	50
スチレン	トリチオカーボネート	$-C(CH_3)_2COOH$	$-SC(CH_3)_2COOH$	70	25.2
スチレン	トリチオカーボネート	$-CH_2Ph$	$-SC_{12}H_{25}$	110	9.4
スチレン	トリチオカーボネート	$-CH_2Ph$	$-SCH_2Ph$	110	18
スチレン	ジチオエステル	$-CH_2Ph$	$-CH_3$	110	10
スチレン	ザンテート	$-CH_2Ph$	$-OPh$	110	0.72
スチレン	ザンテート	$-CH_2Ph$	$-OC_2H_5$	110	0.11
スチレン	ジチオカルバメート	$-CH_2Ph$	$-NC_4H_4$（ピロール）	110	11
スチレン	イニファーター	$-CH_2Ph$	$-N(C_2H_5)_2$	110	0.009
メタクリル酸メチル	ジチオエステル	$-C(CH_3)_2Ph$	$-Ph$	110	56(5.9)*
メタクリル酸メチル	ジチオエステル	$-C(CH_3)_2CN$	$-Ph$	60	25(6.8)*
メタクリル酸メチル	ジチオエステル	$-C(CH_3)_2COOC_2H_5$	$-Ph$	60	1.7
メタクリル酸メチル	ジチオエステル	$-CH(CH_3)Ph$	$-Ph$	60	0.15
メタクリル酸メチル	ジチオエステル	$-C(CH_3)_3$	$-Ph$	60	0.03
メタクリル酸メチル	ジチオエステル	$-CH_2Ph$	$-Ph$	60	0.03
メタクリル酸メチル	トリチオカーボネート	$-C(CH_3)(CN)C_2H_4COOH$	$-SC_{12}H_{25}$	75	16.7
アクリル酸メチル	ジチオエステル	$-CH_2Ph$	$-Ph$	60	105
アクリル酸メチル	トリチオカーボネート	$-C(CH_3)_2COOH$	$-SCH(CH_3)COOC_2H_5$	60	112

［A. Goto and T. Fukuda, *Prog. Polym. Sci.*, **29**, 4, pp. 329-385(2004)を参考に作成．＊はC. Walling, *J. Am. Chem. Soc.*, **70**, 7, pp. 2561-2564（1948）を参考にした］

定数C_{tr}を**表6-1**にまとめる[4]．Z基の違いにより，C_{tr}値が大きく変化し，その傾向は図6-3に示した順番と一致する．すなわち，図6-3のZ基の左側から右側に進むに従ってC_{tr}値が数桁小さくなる．このように，RAFT剤の置換基とモノマーの組み合わせで連鎖移動（交換反応）の起こりやすさが大きく変化するため，用いるモノマーの種類に応じてRAFT剤を適切に選択する必要がある．表6-1のカッコ内の数値に示すように，Wallingらが1948年に報告した一部のジチオエステルのC_{tr}値[5]は実際の値に比べて小さく見積もられている．Wallingらの時代にはRAFT重合の反応機構が知られていなかったため，式(6-1)の逆反応の寄与を無視して，通常のMayoの方法に従ってC_{tr}値を決定したためである．

6.3 RAFT剤の種類と特徴

6.3.1 ジチオエステル

ジチオ安息香酸エステル（Zがフェニル基）型のRAFT剤は，スチレンやメタクリル酸メチルなどの共役モノマーの重合で優れた制御能を示し，R基にジメチルベンジルやイソブチロニトリルなどの第3級置換基を含む化合物が用いられる．ジチオエステルは比較的加水分解を受けやすいことが知られ，合成したポリマー鎖末端に含まれるRAFT基の除去や他の置換基への変換が可能である（6.5.1項参照）．Z基がベンジル基やアルキル基のRAFT剤も開発されているが，ジチオベンゾエート型のRAFT剤に比べて，C_{tr}値は小さくなる傾向にある．

6.3.2 トリチオカーボネート

Z基がアルキルチオ（SR）基であるトリチオカーボネート型RAFT剤は，ジチオベンゾエート型RAFT剤に比べるとC_{tr}値が小さくなるが，共役モノマーの重合制御によく用いられる．合成が容易であるため，さまざまなトリチオカーボネート型RAFT剤が市販されている（**図6-4**）．トリチオカーボネート基の両側のR基が同一のものや，互いに異なるものがある．片側にはα位にフェニル基，エステル基，シアノ基などを置換してラジカル解離しやすいR基の構造とし，もう一方のR基をアルキル基（メチル基やドデシル基など）とすると，RAFT剤の片側のみで解離が進行する．対称型のRAFT剤を使用すると両側2か所で連鎖移動が起こる．トリチオカーボネート型RAFT剤は多くの種類のモノマーの重合制御に有効に作用することが報告されているため，RAFT剤の中で最もよく用いられている．共役モノマーのRAFT重合を行う際には，最初にトリチオカーボネート型RAFT剤を用いて重合制御の検討を開始することが多い．

6.3.3 ザンテート

Z基がOR基であるザンテート型RAFT剤（図6-4）を用いる重合は，6.1節で述べ

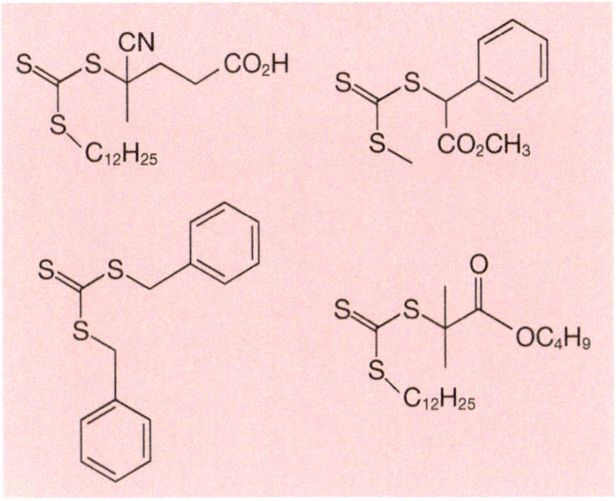

トリチオカーボネート型 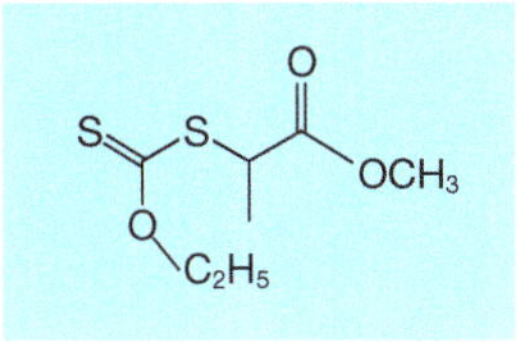　　ザンテート型

［図6-4］ **代表的なトリチオカーボネート型およびザンテート型RAFT剤**

トリチオカーボネート型RAFT剤の上の2つは国内の試薬メーカーから入手可能，それ以外も工業生産用のRAFT剤として海外のメーカー（Arkema社，Lubrizol社，Rhodia社（Solvay社））から市販されている．

たように，MADIXと称されることがある．ザンテート型RAFT剤は，おもに酢酸ビニル，*N*-ビニルピロリドン，*N*-ビニルカルバゾールなどの非共役モノマーの重合制御に有効である．これは，これらの非共役モノマーから生成する成長ラジカルが，不安定で高い電子密度をもち，電子供与性のアルコキシ基（Z基）がβ開裂を促進する効果をもつためである．共役モノマーの重合に用いると，成長ラジカルのザンテート型RAFT剤への付加が遅く，かつ中間体ラジカルが不安定でβ開裂が速いため，重合制御が困難となる．共役モノマーの重合に用いるためには，電子求引性のフェノキシ基をもつザンテート型RAFT剤（中間体ラジカルが安定化する傾向にある）を選択する必要がある．

6.3.4 ジチオカルバメート

Z基にピロール基を導入したジチオカルバメート型RAFT剤が非共役モノマーの重合制御に用いられる．*N,N*-ジアルキルジチオカルバメート型RAFT剤は1980年代にイニファーターとして用いられた化合物であるが，ジアルキル置換体では中間体ラジカルの開裂速度が速すぎるため，重合制御，特に共役モノマーの重合制御に用いることは困難である．これらの速度論的な解釈は1990年代以降になって明らかにされ，*N,N*-ジアルキルジチオカルバメート化合物のスチレンに対するC_{tr}値が小さい(0.009) ことがわかっている（表6-1）．

6.4 RAFT重合の実用面での特徴

6.4.1 モノマーとRAFT剤の選択

表6-2に，種々のビニルモノマー（スチレン誘導体，アクリル酸エステル，メタクリル酸エステル，アクリルアミド，メタクリルアミド，酢酸ビニルおよび*N*-ビニル

［表6-2］ **種々のビニルモノマーに対する重合制御が可能なRAFT剤の組み合わせ**[6)]

	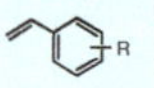	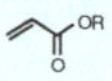	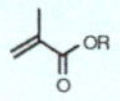	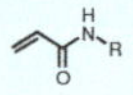	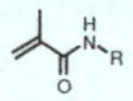	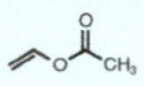	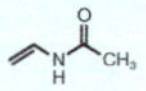
ジチオエステル							
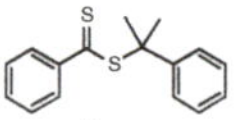	A	A	A	A	A	×	×
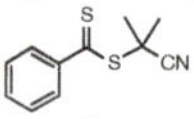	A	A	A	A	A	×	×
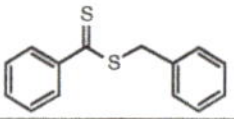	B	B	×	B	×	×	×
トリチオカーボネート							
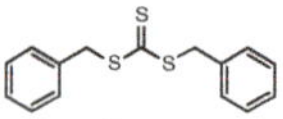	B	B	×	B	×	×	×
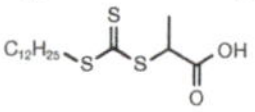	B	B	×	B	×	×	×
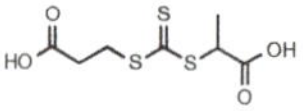	B	B	×	B	×	×	×
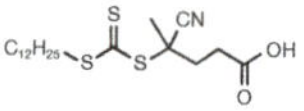	A	A	A	A	A	×	×
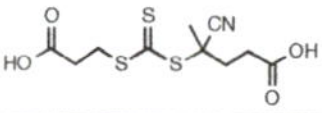	A	A	A	A	A	×	×
ジチオカルバメート							
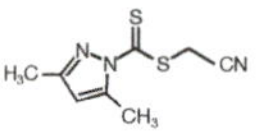	A	A	×	A	×	B	B
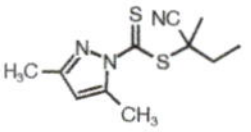	A	A	C	C	C	B	B
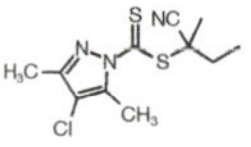	A	A	B	B	B	B	B
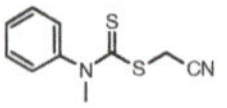	×	×	×	×	×	A	A

A：高度に分子量制御，B：適度に分子量制御が可能，C：分子量制御に制約あり（多分散度＞1.3），×：分子量制御不可．［G. Moad and E. Rizzardo, *RAFT Polymerization: Methods, Synthesis and Applications, Vols. 1 and 2*, Wiley-VCH: Weinheim（2022）, pp. 27-28, Table 3.1を参考に作成］

アセトアミド）に対する重合制御が可能なRAFT剤（ジチオエステル，トリチオカーボネートおよびジチオカルバメート）の組み合わせをまとめる．6.3節で述べたように，RAFT剤にはそれぞれ特徴があり，制御可能なモノマーの種類は限られている．共役モノマーと非共役モノマーに共通して利用できるRAFT剤が存在しないことがわかる．ただし，ピリジン環を含むジチオカルバメート型RAFT剤は中性では酢酸ビニルなどの低反応性モノマー(LAM）の重合制御に有効であり，重合系を酸性にするとRAFT剤はピリジニウム塩となり，高反応性モノマー（MAM）の重合に有効となることが知られている（10.2節参照）．いずれにしても，モノマーの種類（特性）に合わせて適切なRAFT剤を選択することが重合制御の鍵となる．

6.4.2 重合条件の設定

通常，実験室規模でラジカル重合を行う際には，高品質（分析用）の溶媒を用いるか，あるいは汎用グレードの溶媒を蒸留精製してから使用する．モノマーに含まれる重合禁止剤は，中性あるいは塩基性アルミナカラムを通して除去される．固体（結晶）の開始剤は再結晶後に使用される．重合に使用する化合物のこれらの精製は，重合の再現性を得るために必要な操作であるが（第15章参照），RAFT重合ではこれらの前処理が必要というわけではない．未精製のモノマー，開始剤，溶媒を用いて，酸素除去が不十分な環境で重合を行ってもRAFT重合では比較的狭い分子量分布をもつポリマーが得られる．

RAFT剤としてトリチオカーボネート化合物である4-シアノ4-ドデシルチオカルボニルチオペンタン酸（$C_{12}H_{25}S(C{=}S)SC(CN)(CH_3)CH_2CH_2COOH$）を，開始剤として2,2'-アゾビスイソブチロニトリルを用いてメタクリル酸メチルのRAFT重合を行った結果を**表6-3**に示す．ここでは，いずれの試薬も市販品を精製せずにそのまま使用している．

［表6-3］ 未精製の試薬を用いて脱気操作を行わずに行ったメタクリル酸メチルのRAFT重合の結果

雰囲気・脱気操作	重合時間〔h〕	反応収率〔%〕	$M_n \times 10^{-4}$	M_w/M_n
凍結脱気	1.5	93	10.0	1.25
窒素置換	1.5	87	9.0	1.25
脱気操作なし	1.5	26	3.8	1.38
脱気操作なし	3.0	88	11.2	1.26

重合条件：メタクリル酸メチル（10 g），2,2'-アゾビスイソブチロニトリル（5 mg），4-シアノ4-ドデシルチオカルボニルチオペンタン酸（5 mg），バルク重合，80℃．［G. Moad et al., Aust. J. Chem., 58, 6, pp. 379-410（2005）を参考に作成］

凍結脱気や窒素置換により酸素除去した場合に比べて，空気存在下（脱気操作なし）で1.5時間重合すると，反応収率やM_nはそれぞれ26％と3.8×10^4まで大きく低下する（酸素を除去した場合の反応収率とM_nは，それぞれ93％，87％と10.0×10^4，9.0×10^4である）が，生成ポリマーのM_w/M_nは1.38であり，酸素を除去した場合（$M_w/M_n = 1.25$）に比べて少し大きいにすぎない．また，重合時間を延ばすことによって，高分子量でかつ狭い分子量分布をもつポリマーを高反応収率で得ることができる（収率88％，$M_w/M_n = 1.26$）．RAFT重合では重合初期に誘導期を生じることが多く，不純物や酸素が含まれると誘導期が長くなる．誘導期の間に不純物や酸素が開始ラジカルと反応して消費され，誘導期の終了後は通常の（精製済み・無酸素条件）重合と同様の反応が進行する[7]．

近年，ラジカル開始剤を使用せずに，光触媒の酸化還元反応をRAFT重合に組み込んだPET-RAFT（photoinduced electron/energy transfer RAFT）重合が開発されている[8]．光触媒が光励起された後に，RAFT剤（チオカルボニルチオ化合物など）を1電子還元し，ラジカル種が生成，重合が開始される．通常のRAFT重合と同様，成長ラジカルとドーマント種（RAFT末端をもつポリマー）の間で交換反応が進行し，重合が制御される．光照射のオンオフによって重合を制御することができる（10.5節参照）．さらに，硫黄を含まないRAFT剤の開発も進められている[9]．

6.5 RAFT重合によるポリマー構造制御

6.5.1 ポリマーの末端基構造制御

RAFT重合のポリマー末端に含まれるRAFT残片は加熱により分解し，着色や臭いの原因となる．そのため，ω末端基を定量的に除去する，あるいは他の安定な官能基に変換する方法が開発されている．また，アミンなどの求核剤と反応させると容易にチオールに変換でき，一般的な有機化学反応が応用できる（**図6-5**）．

RAFT剤のR基に官能基を導入しておくと，ポリマーの開始末端に官能基を導入することができる．R基の一部を官能基で置換してもRAFT剤の反応性には影響が小さく，さまざまな官能基を含むRAFT剤が開発されている．カルボキシ基を含むトリチオカーボネート型RAFT剤（図6-4）が市販されており，RAFT剤に含まれる官能基の化学修飾によって容易に末端基導入を行うことができる．

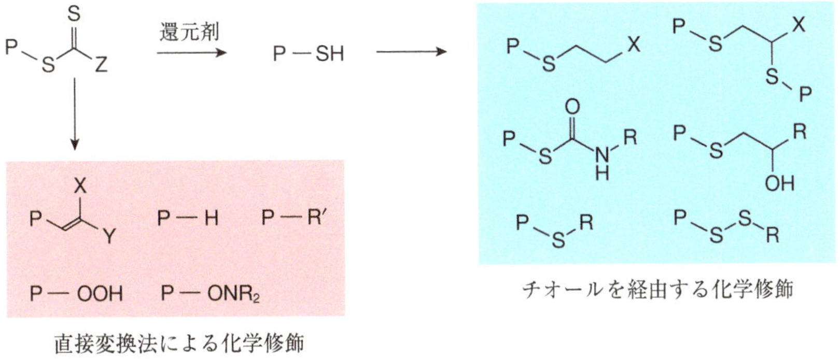

［図6-5］ **RAFT重合で生成するポリマーのω末端構造の直接変換法による化学修飾とチオールを経由する化学修飾**

6.5.2 ブロック共重合体の構造設計

1官能型のRAFT剤を用いて，モノマーAとモノマーBを逐次的に2段階でそれぞれ重合するとAB型ブロック共重合体が得られる（**図6-6**(a) および (b)）．この場合には，RAFT残片（−S(C=S) Z基）が片末端に含まれることになる．2官能性のRAFT剤には，ポリマー中央部にRAFT残片が含まれ，その左右でポリマーの中央に向かってそれぞれ成長反応が進行するタイプと，ポリマー中央に開始末端が含まれ，そこからポリマーの外側（両末端側）に向かって成長反応が進行するタイプの2種類がある（図(c) および図(d)）．図(d) のタイプでは重合後にRAFT残片を除去することができるが，図(c) のタイプではポリマー中央での鎖切断をともなうため，RAFT残片を除去することができない．これらの反応経路は，ブロック共重合体の構造（繰り返し単位の構造や重合の順番，末端基構造の制約など）に応じて，適正な方法を選択するのが好ましい．

近年，重合誘起自己組織化（polymerization-induced self-assembly, PISA）が注目され，機能性微粒子の設計に応用されている．水中で重合を行い，官能基を含む極性モノマーが用いられ，リビングラジカル重合の特徴がそこで活かされている．PISAでは，まず親水性のマクロ開始剤（RAFT重合ではマクロRAFT剤）を合成し，次に核となる疎水性モノマーをブロック共重合する．重合の進展（第2セグメントの鎖長増大）とともに，自発的にポリマー間で自己集合体を形成する．このとき，疎水性セグメントの形状に応じて球状ミセル，棒状ミセル，ベシクルなどの異なる形態の集合体が発現する．PISAについては13.4節で詳しく説明する．

(a)

モノマー A
開始剤

モノマー B
開始剤

(b)

末端官能基化
（RAFT 基の導入）

モノマー B
開始剤

(c)

モノマー A
開始剤

モノマー B
開始剤

(d)

モノマー A
開始剤

モノマー B
開始剤

［図6-6］ **RAFT重合によるブロック共重合体の繰り返し構造および末端基構造の制御**

6.6 RAFT重合の工業化・応用技術

これまで何度も述べたように，RAFT重合は通常のラジカル重合系にRAFT剤を添加するだけで（どのRAFT剤を選択するかは重要であるが），リビングラジカル重合を実現できる．工業生産のための製造プロセスやその取り扱いに関して，従来の設備やノウハウを活かしやすい利点があるため，RAFT重合は工業利用が最も進んでいる．これまでに公表されている工業利用の例を**表6-4**にまとめる[10]．おもな製品群は，RAFT重合によって合成されたブロック共重合体を利用するポリマーや顔料の分散安定剤，星型ポリマーを利用した粘度調整剤などであり，保湿剤やガス拡散制御剤などにも応用されている．また，RAFT剤を市販する化学企業が増え，工業生産規模でのポリマー生産にもRAFT重合が柔軟に対応できる環境が整いつつある．

［表6-4］ **RAFT重合を利用した工業利用の例（2020年頃までの代表的なものを抜粋）**

企業名	製品名など	用途・特徴など
Rhodia社（Solvay社）	Rhodibloc RS	非イオン性両親媒性ブロック共重体・分散安定剤
	Rhodibloc FL	セメント添加剤
	Rhodibloc GC	ガス拡散制御剤
	不明	RAFT剤
BYK-Chemie社	DISPERBYK-2xxx	保湿剤，顔料分散剤
Orica社	不明	ラテックス・カプセル化顔料
Lubrizol社	Asteric	粘度調整剤（星型ポリマー）
Arkema社	BlocBuilder DB	RAFT剤
Boron Molecular社	BM RAFT agents	RAFT剤
Axalta社	Performance Coatings	顔料分散剤

［N. Corrigan *et al.*, *Prog. Polym. Sci.*, 111, 101311（2020）を参考に作成］

6.7 RAFT重合に関する書籍

RAFT重合に関する成書は以前にも出版されていたが[11]，2022年に発刊された全25章1240ページからなる2分冊の成書には，RAFT重合に関する基礎から応用までのすべてが網羅されている[6]．また，RAFT重合を使いこなすために有用な情報が盛り込まれた総説[2),7),12]も発表されているので活用していただきたい．

COLUMN

リベンジを果たしたRAFT重合の発見

1990年中頃，オーストラリア連邦科学産業研究機構（CSIRO）の研究員であったRizzardo博士，Moad博士，Thang博士は，高性能の可逆的付加開裂型連鎖移動剤（RAFT剤）を探すため，日夜試行錯誤を続けていた．その結果，最終的なRAFT剤の有力候補としていくつかの硫黄化合物を絞り込む段階までたどり着いた．多くの化合物は新規に合成された化合物ではなく，既存の化合物であり，別の目的で工業的に利用されている添加剤などであった．彼らは，以前から周りに存在する化合物を片っ端からスクリーニングして候補化合物を拾い出し，徹底した評価を積み重ねていた．その努力の積み重ねこそが貴重であり，これほどまでに重大な発見につながったといえる．彼らは，化合物が本来もっているにもかかわらず，だれも知らない別の一面を新たに引き出し，そしてその結果として第3の新しいリビングラジカル重合を開発することに成功した．

彼らは短期間でデータをまとめると同時に，新しい制御重合の機構に関する概念を整理して，RAFT重合の名称とともに最初の論文を発表した．じつは，1980年代にTEMPOによるリビングラジカル重合をいち早く見出していたのも同じ研究グループのメンバーだった．当時は特許を優先し，学術論文の発表が後回しになってしまった．このことが，NMPの発見者としての正当な評価を受けられないという納得しがたい状況を生み出してしまっていた．同じ轍は2度と踏まないという強い決意があった．

新しい反応の命名法には2種類ある．1つは，最初の原理や反応を示す論文が発表されて，後にその反応を利用する他の研究者たちが，自然発生的に（場合によっては意図的あるいは組織的に）発見者の名前を反応の名称に含めた形で論文中に記載するというスタイルである．人名反応の多くはこのケースに相当する．自分の名前を自分で最初から付けて，最初の論文を発表するという例はない．最初の論文で反応に自分の名前を冠した場合は，間違いなく編集者や査読者から掲載却下の判定が下される．

一方，研究者の名前を含めなければ最初から反応の名称を提案（新しい反応に自分自身で命名）することができる．反応機構に由来する名称の場合は，反応の発見者や提案者が意図的に反応を名付けて最初の論文を発表することが多く，略称をインパクトあるものにするためさまざまな工夫がなされる．読みやすく，覚えやすい略称になるように語順を変えたり，普段使わない言葉を辞書で探し出したり，部外者からするとそこまでやるかと思えるようなところまで，研究者たちはこだわりをもって研究以外の場面でも知恵を絞るのである．

RAFT重合は，後者の典型的な例であり，1998年に発表された最初の論文の題目は“Living Free-Radical Polymerization by Reversible Addition-Fragmentation Chain Transfer: The RAFT Process”であり，本書執筆時点で5000回近く引用されている．反応名は途中で変えられないので，よく考えて名付ける必要があるが，最初の論文発表の段階ではよくわかっていないことも多く，研究者の好みによって名付けられることが多い．その後の発展や応用の範囲や流れも含めて名付けられることが理想的であり，研究者のセンスが問われる瞬間である．リビングラジカル重合全般の呼称に関する問題については3.5節を参照していただきたい．

参考文献

1) J. Chiefari, Y. K. Chong, F. Ercole, J. Krstina, J. Jeffery, T. P. T. Le, R. T. A. Mayadunne, G. F. Meijs, C. L. Moad, G. Moad, E. Rizzardo, and S. H. Thang, "Living Free-Radical Polymerization by Reversible Addition-Fragmentation Chain Transfer: The RAFT Process", *Macromolecules*, **31**, 16, pp. 5559–5562 (1998)

2) G. Moad, E. Rizzardo, and S. H. Thang, "Radical Addition-Fragmentation Chemistry in Polymer Synthesis (Feature Article)", *Polymer*, **49**, 5, pp. 1079–1131 (2008)

3) D. J. Keddie, G. Moad, E. Rizzardo, and S. H. Thang, "RAFT Agent Design and Synthesis", *Macromolecules*, **45**, 13, pp. 5321–5342 (2012)

4) A. Goto and T. Fukuda, "Kinetics of Living Radical Polymerization", *Prog. Polym. Sci.*, **29**, 4, pp. 329–385 (2004)

5) C. Walling, "The Use of S^{35} in the Measurement of Transfer Constants", *J. Am. Chem. Soc.*, **70**, 7, pp. 2561–2564 (1948)

6) G. Moad and E. Rizzardo, *RAFT Polymerization: Methods, Synthesis and Applications, Vols. 1 and 2*, Wiley-VCH: Weinheim (2022)

7) G. Moad, E. Rizzardo, and S. H. Thang, "Living Radical Polymerization by the RAFT Process", *Aust. J. Chem.*, **58**, 6, pp. 379–410 (2005)

8) C. Wu, N. Corrigan, C.-H. Lim, W. Liu, G. Miyake, and C. Boyer, "Rational Design of Photocatalysts for Controlled Polymerization: Effect of Structures on Photocatalytic Activities", *Chem. Rev.*, **122**, 6, pp. 5476–5518 (2022)

9) M. Amano, M. Uchiyama, K. Satoh, and M. Kamigaito, "Sulfur-Free Radical RAFT Polymerization of Methacrylates in Homogeneous Solution: Design of exo-Olefin Chain-Transfer Agents ($RCH_2C(=CH_2)Z$)", *Angew. Chem. Int. Ed.*, **61**, e202212633 (2022)

10) N. Corrigan, K. Jung, G. Moad, C. J. Hawker, K. Matyjaszewski, and C. Boyer, "Reversible-Deactivation Radical Polymerization (Controlled/Living Radical Polymerization): From Discovery to Materials Design and Applications", *Prog. Polym. Sci.*, **111**, 101311 (2020)

11) C. Barner-Kowollik, *Handbook of RAFT Polymerization*, Wiley-VCH: Weinheim (2008)

12) S. Perrier, "RAFT Polymerization: A User Guide", *Macromolecules*, **50**, 19, pp. 7433–7447 (2017)

第7章

有機テルル化合物を用いるリビングラジカル重合

有機テルル化合物を用いるリビングラジカル重合はTERP（organotellurium-mediated living radical polymerization）と呼ばれ，2002年に京都大学の山子らによって開発された重合制御法である．ニトロキシド媒介ラジカル重合（NMP）に特徴的なドーマント種と活性種の間のラジカル解離平衡による制御と，可逆的付加開裂型連鎖移動ラジカル重合（RAFT重合）に特徴的な交換反応による制御の性質をあわせもち，おもに後者の交換反応機構が制御に重要な役割を果たしている．共役モノマー，非共役モノマー，水溶性モノマー，極性基などの官能基を含むモノマーなど，モノマーの種類を問わず適用できる点に特徴がある．本章では，TERPの重合制御機構や反応の特徴について説明する．

7.1 TERPの反応機構と重合の特徴

TERPの基本的な反応制御機構を**図7-1**に示す[1)~3)]．図(a) に示す反応は，NMPと同様の可逆的な解離とドーマント種の再生からなり，有機テルル化合物の加熱や光照射によるドーマント種と活性種間のラジカル解離平衡が成立し，ポリマーラジカルからの成長に続いて再結合が起こることによってドーマント種が再生される．TERPの重合が開発された当初は，この可逆的な解離が重要視されたが，すぐ後に，図(b) に示す成長ラジカルとドーマント種間の交換反応が重要なはたらきをしていることが明らかにされている．後者は，RAFT重合で観察される交換反応機構と同様の反応である．これら2種類の制御機構は重合条件によってどちらが優勢となるかが決まり，低温での重合では交換反応機構がおもにTERPを反応制御する．一方，100℃以上の高温条件では可逆的な解離・再結合の機構も重要な役割を果たすことになる．低温でTERPを行う場合は重合速度を加速するためにラジカル開始剤が使用されるが，有機テルル化合物は高温での加熱や光照射によってラジカル解離するため，ラジカル開

(a)

P−TeZ ⇄ P・ + ・TeZ

M

(b)

P・ + P′−TeZ ⇄ P−TeZ + P′・

M　　M

［図7-1］ **TERPの反応機構**

(a) ドーマント種と活性種間の解離平衡，(b) 可逆的な連鎖移動（ドーマント種とラジカル間での交換反応）．PとP′はポリマー鎖，P•とP′•は成長ラジカル，Mはモノマー，Zは置換基を示す．

［表7-1］ **さまざまな条件下でのTERPの結果**

モノマー	重合条件	温度〔℃〕	時間〔h〕	収率〔%〕	M_n	M_w/M_n
アクリル酸*n*-ブチル	開始剤なし	100	24	69	8300	1.12
アクリル酸*n*-ブチル	開始剤添加	60	0.5	92	10700	1.17
アクリル酸*n*-ブチル	光照射（500 W水銀ランプ）	0	4	86	10500	1.16
スチレン	開始剤なし	100	98	98	9400	1.15
スチレン	開始剤添加	60	11	94	11300	1.17
メタクリル酸メチル	開始剤なし	80	13	81	8300	1.12
メタクリル酸メチル	開始剤添加	60	2	98	9600	1.15

有機テルル化合物として$C(CH_3)_2(COOCH_2CH_3)TeCH_3$を使用．開始剤なしの場合（光照射による重合を含む）の重合条件は，［モノマー］/［有機テルル化合物］= 100/1（モル比）．開始剤として2,2′-アゾビスイソブチロニトリルを添加した重合では，［モノマー］/［開始剤］/［有機テルル化合物］= 100/1/1（モル比）．メタクリル酸メチルの重合ではジメチルジテルリドを添加．

始剤を用いずに重合制御を行うこともできる．

例として，モノマーの種類（ここでは，アクリル酸*n*-ブチル，スチレンおよびメタクリル酸メチルを使用），ラジカル開始剤の有無，重合温度，光照射の有無など重合条件を変えて行ったTERPの結果を**表7-1**にまとめる．アクリル酸*n*-ブチルの重合結果から明らかなように，0～100℃の広い重合温度範囲で，狭い分子量分布をもつポリマーが高反応収率で得られ，さまざまな反応条件で制御重合が可能である．温度と光照射条件を適切に選択すれば，開始剤を添加および無添加のいずれの場合でも高反応収率で10^4程度のM_nをもつポリマーを合成できる．スチレンやメタクリル酸メチルのラジカルの重合でも同様の結果が得られる．いずれのモノマーの重合でもきわめて狭い分子量分布（M_w/M_n = 1.12 ～ 1.17）をもつポリマーが得られる．開始剤を用いると，高度な反応制御を行いながら，かつ高速で重合が進行し，短時間で高反応収率に到達し，分子量や分子量分布がよく制御されたポリマーを合成することができる．

7.2 重合制御剤の種類と構造

TERPで用いられる代表的な有機テルル化合物，有機アンチモン化合物および有機ビスマス化合物を図**7-2**に示す[2),3)]．これら有機テルル化合物はおもに連鎖移動剤として作用するが，その他の開始反応などの役割も含めて重合制御剤と呼ぶことが多い．Teに結合した2つの置換基のうち，一方を成長ラジカルに類似した構造にすると，この置換基とTe間の結合が選択的にラジカル解離する．もう一方の置換基がメチル，*n*-ブチルあるいはフェニル基などの場合には，これらの置換基とTe間のC−Te結合は安定であり，ラジカル解離しない．これまで述べてきた他の重合（NMPや原子移動ラジカル重合（ATRP）など）と同様，重合制御を効率よく行うためには，開始剤から生成した1次ラジカルが優先的に低分子の有機テルル化合物と反応し，さらに成長反応を経て，テルリドラジカルとの再結合あるいは，有機テルル化合物への連鎖移動によってドーマント種を形成するプロセスが必要である．重合制御剤として，有機テルル化合物だけでなく，図7-2に示す有機アンチモン化合物や有機ビスマス化合物も用いられる．

重合制御剤として用いられる有機テルル化合物は，アルキルリチウムと金属テルルの反応やアゾ開始剤とジアルキルジテルリドの反応によって合成することができるが，酸素に対して不安定なので，不活性ガス雰囲気で取り扱う必要がある．対照的に，原料のジアルキルジテルリドは比較的安定であり，空気中で取り扱いが可能である．こ

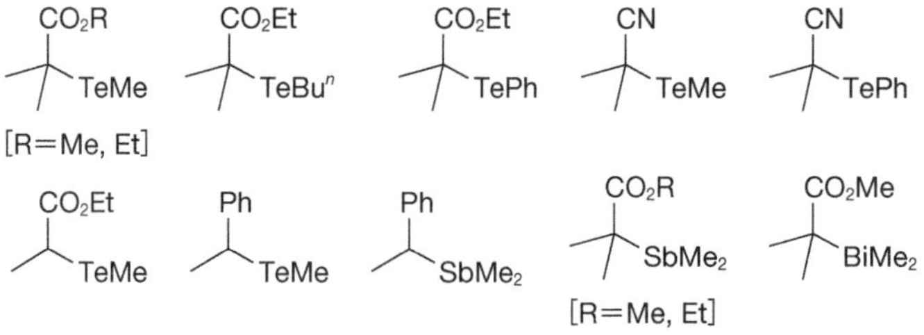

CO_2R TeMe [R=Me, Et]
CO_2Et $TeBu^n$
CO_2Et TePh
CN TeMe
CN TePh
CO_2Et TeMe
Ph TeMe
Ph $SbMe_2$
CO_2R $SbMe_2$ [R=Me, Et]
CO_2Me $BiMe_2$

［図7-2］ TERPに用いられる代表的な重合制御剤

Me：メチル基，Et：エチル基，Bu^n：*n*-ブチル基，Ph：フェニル基．有機アンチモン（Sb）化合物や有機ビスマス（Bi）化合物を用いる重合はそれぞれSERP，BERPと名付けられている（表3-4参照）．

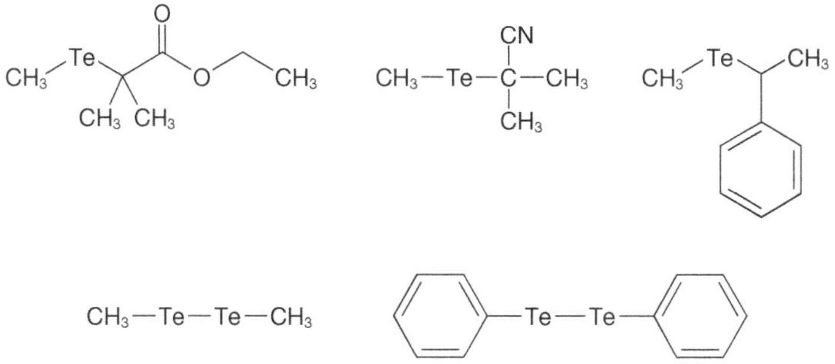

［図7-3］ **一般試薬として入手可能なTERPの重合制御剤**

上段のアルキルテルリド化合物は2023年から市販が開始されている．ジフェニルジテルリドは以前から入手可能．

の特性を利用して，重合反応系にジアルキルジテルリドとアゾ開始剤を添加して，反応系中で制御重合の活性種である有機テルル化合物を発生させることができ，簡便な重合方法として有用である．ジフェニルジテルリドは，さらに安定であり，取り扱いに優れている．大気中で通常の試薬と同様に取り扱うことが可能であり，一般の市販試薬として入手できる．近年，国内の一般試薬メーカーから**図7-3**に示す化合物が市販され始め，だれでもTERPを行える環境が整いつつある．

7.3 TERPによるポリマーの構造制御

TERPで制御可能な重合の結果（適用可能なモノマーの構造とポリマーの数平均分子量ならびに多分散度）を**図7-4**にまとめる．対象となるモノマーには，スチレン，アクリル酸，アクリル酸エステル，アクリルアミド，アクリロニトリル，メタクリル酸エステルなどの共役モノマー，酢酸ビニル，*N*-ビニルアミド，*N*-ビニルイミダゾール，*N*-ビニルカルバゾールなどの非共役モノマーが含まれる．これらモノマーは，いずれもほぼ同様の重合条件で制御可能であるが，より精密なポリマー構造制御を行うためには，モノマーの種類と制御剤の組み合わせを慎重に選択する必要がある．また，ブロック共重合体の合成では加えるモノマーの順番も制御に影響を及ぼす場合がある．また，エチレンも対称モノマーに含めることができ，温和な圧力・温度条件でのエチレンの重合制御が試みられている．TERPは水溶性モノマーや官能基を含むモノマーの重合にも有効であり，ヒドロキシ基，カルボン酸，アンモニウム塩，イソシアネートなどの極性官能基を含むモノマーの重合制御が可能である．さらに，イオン液体性モノマーの重合も報告されている．バルク重合や有機溶媒中の溶液重合だけでなく，

スチレン誘導体

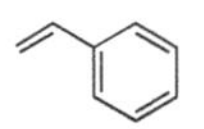

$M_n = 3000 \sim 87000$
$M_w/M_n = 1.07 \sim 1.21$

Cl
$M_n = 8800$
$M_w/M_n = 1.41$

OMe
$M_n = 10900$
$M_w/M_n = 1.17$

メタクリル酸エステル

CO_2Me
$M_n = 9000 \sim 107000$
$M_w/M_n = 1.10 \sim 1.18$

CO_2Et
$M_n = 10600$
$M_w/M_n = 1.12$

$CO_2(CH_2)_2OH$
$M_n = 3800 \sim 22300$
$M_w/M_n = 1.18 \sim 1.28$

アクリルアミド誘導体

$CONMe_2$
$M_n = 10100$
$M_w/M_n = 1.22$

$CONHPr^i$
$M_n = 12200 \sim 98700$
$M_w/M_n = 1.06 \sim 1.15$

アクリロニトリル

CN
$M_n = 15000 \sim 37800$
$M_w/M_n = 1.07 \sim 1.22$

アクリル酸およびアクリル酸エステル

CO_2Bu^n
$M_n = 8300 \sim 2230000$
$M_w/M_n = 1.08 \sim 1.20$

CO_2Bu^t
$M_n = 9800$
$M_w/M_n = 1.18$

CO_2Me
$M_n = 8800$
$M_w/M_n = 1.12$

CO_2H
$M_n = 7000$
$M_w/M_n = 1.34$

$CO_2(CH_2)_2NMe_2$
$M_n = 12000$
$M_w/M_n = 1.23$

$CO_2(CH_2)_2OH$
$M_n = 11600$
$M_w/M_n = 1.23$

非共役モノマー（*N*-ビニル化合物，酢酸ビニル）

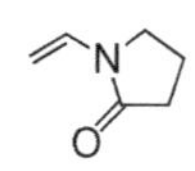

$M_n = 3100 \sim 83500$
$M_w/M_n = 1.06 \sim 1.29$

N N
$M_n = 9000$
$M_w/M_n = 1.14$

N
$M_n = 21200$
$M_w/M_n = 1.11$

OAc
$M_n = 3000$
$M_w/M_n = 1.26$

［図7-4］ TERPで重合制御が可能なモノマーの構造と生成ポリマーの数平均分子量（M_n）ならびに多分散度（M_w/M_n）の例

Me：メチル基，Et：エチル基，Pr^i：イソプロピル基，Bu^n：*n*-ブチル基，Bu^t：*tert*-ブチル基，Ac：アセチル基．
［S. Yamago, *Chem. Rev.*, **109**, 11, pp. 5051-5068（2009），Scheme 9を参考に作成］

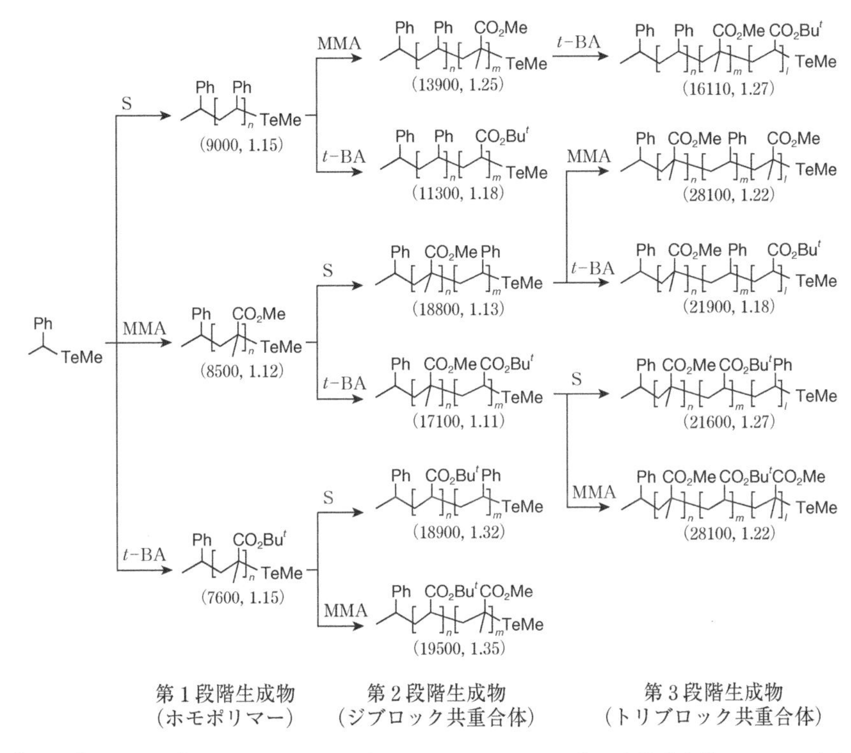

［図7-5］ AB型ジブロック共重合体ならびにABA型，ABC型トリブロック共重合体のTERPによる合成例

構造式の下の数値は数平均分子量と多分散度（M_n, M_w/M_n）を表す．S：スチレン，MMA：メタクリル酸メチル，*t*-BA：アクリル酸*tert*-ブチル，Me：メチル基，Bu^t：*tert*-ブチル基，Ph：フェニル基．［S. Yamago, *Chem. Rev.*, **109**, 11, pp. 5051-5068（2009), Scheme 14を参考に作成］

水中での懸濁重合や乳化重合も用いることができ，ポリマー微粒子の製造に利用されている．

また，さまざまな組み合わせのブロック共重合体が合成されている．TERPでは，大きく異なる構造や反応性をもつモノマーに対して同一の有機テルル化合物を用いて重合制御が可能な点を活かして，さまざまなランダム共重合や交互共重合体からなるブロック連鎖を含むポリマーが合成されている．ここでは，TERPの特徴をよく表す合成例を2つとりあげて説明する．

1つは，共役モノマーであるスチレン，メタクリル酸メチルおよびアクリル酸*tert*-ブチルを組み合わせて原理的に可能な6種類のAB型ジブロック共重合体を重合制御して合成した例である（**図7-5**）．まず，これら3種類の共役モノマーをそれぞれ単独

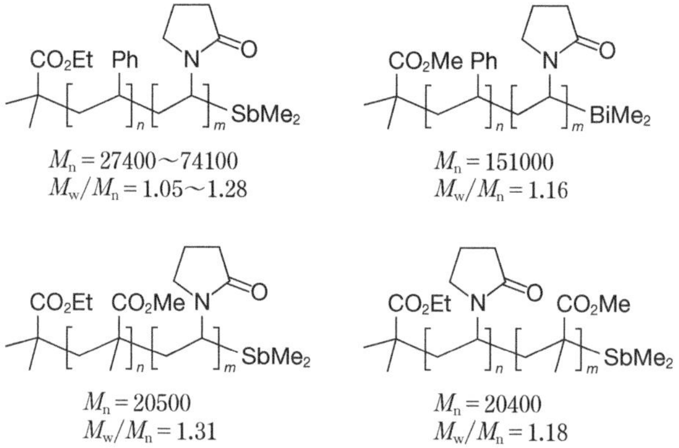

$M_n = 27400 \sim 74100$
$M_w/M_n = 1.05 \sim 1.28$

$M_n = 151000$
$M_w/M_n = 1.16$

$M_n = 20500$
$M_w/M_n = 1.31$

$M_n = 20400$
$M_w/M_n = 1.18$

［図7-6］ TERPで合成可能な共役モノマーと非共役モノマーの組み合わせからなるAB型ジブロック共重合体

［S. Yamago, *Chem. Rev.*, **109**, 11, pp. 5051-5068（2009）, Scheme 15を参考に作成］

重合して，反応収率85～95%まで達した際に，異なるモノマーをそれぞれ逐次添加し，さらに重合を継続すると，第2段階目のAB型ジブロック共重合体が合成できる．第1段階目のホモポリマーのM_w/M_nは1.12～1.15であり，ジブロック共重合体のM_w/M_nも1.11～1.35であり，狭い分子量分布を保っていることがわかる．重合をこの段階で停止せずに，さらに第3モノマーを添加すると，第3段階目のABA型あるいはABC型のトリブロック共重合体が得られる．図7-5に示すように，さまざまな構造のトリブロック共重合体（$M_w/M_n = 1.18 \sim 1.27$）が合成できる．

もう1つの例は，共役モノマーと非共役モノマーを組み合わせたブロック共重合体の合成である．リビングアニオン重合によるブロック共重合体の合成では，モノマーの添加順序が重要であり，成長末端アニオンの求核性が高いモノマーから順に重合を行う必要があり，メタクリル酸メチルを先に重合すると，第2モノマーとしてスチレンを選択することができない．リビングラジカル重合でも，リビングアニオン重合に比べると制約は少なくなるものの，NMPなどでは非共役モノマーの重合制御が難しく，共役モノマーでも制御可能な組み合わせは限られている．一方，TERPでは共役モノマーと非共役モノマーの両方に対して重合制御が可能なため，**図7-6**に示すように，*N*-ビニルピロリドンのような非共役モノマーと，スチレンやメタクリル酸メチルのような共役モノマーとを組み合わせたAB型ジブロック共重合体を合成できるだけでなく，重合の順番を入れ替えた重合でも，構造が制御されたジブロック共重合体が生成する．このように，単一のリビングラジカル重合法への適用モノマーの範囲が広

［表7-2］ 有機テルル，有機アンチモン，有機ビスマス化合物を用いるリビングラジカル重合で生成するポリマーのドーマント種の交換反応速度定数と連鎖移動定数

ドーマント種	温度〔℃〕	交換反応速度定数 k_{ex}〔$L\ mol^{-1}s^{-1}$〕	連鎖移動定数 C_{ex}（$= k_{ex}/k_p$）
PSt−$TeCH_3$	60	5.7	17
PMMA−$TeCH_3$	60	3.0	3.6
PMA−$TeCH_3$	60	460	19
PSt−$Sb(CH_3)_2$	60	11	32
PSt−$Bi(CH_3)_2$	60	18	53

PSt：ポリスチレン，PMMA：ポリメタクリル酸メチル，PMA：ポリアクリル酸メチル．

ければ広いほど，その重合手法の応用範囲が広がる．

TERPと同様の反応機構で進行する重合として，図7-2に示したように，15族元素であるアンチモン（Sb）やビスマス（Bi）を含む有機アンチモン化合物ならびに有機ビスマス化合物を用いるリビングラジカル重合も開発されている．重合制御能を評価するための指標となる成長末端のドーマント種の連鎖移動定数C_{ex}(交換と成長の反応速度定数の比，交換移動定数と表記されることもある）は，Te＜Sb＜Biの順に大きくなり，この順に重合制御能が優れていることを示す（**表7-2**）．有機テルル化合物を用いるTERPと共通する重合の特徴をもつが，有機アンチモン化合物を用いると重合速度が比較的遅くなる傾向にあり，ラジカル開始剤を添加する必要がある．これは，有機アンチモン化合物のラジカル解離がほとんど起こらないためである．対照的に有機ビスマス化合物の熱による解離速度は大きく，開始剤が不在でも加熱するだけで高速で重合が進行する．

硫黄はテルルと同じ14族元素に属するが，イニファーターとして用いられていた有機硫黄化合物の連鎖移動定数は大きくないため，高い重合制御能を示さない．同様に，14族元素の第3周期に属するセレン（Se）についても，ジフェニルジセレニド(PhSeSePh）やアルキルフェニルセレニド（RSePh）などの有機セレン化合物を用いたリビングラジカル重合が検討されている[4]，スチレンなどのリビングラジカル重合の反応制御やポリマー構造制御の詳細が報告されているが，有機セレン化合物を用いた反応設計の基本的な考え方はイニファーターを用いた方法論に近い．セレン化合物は，テルル化合物と異なり，高い反応制御能を示さず，ポリマー構造制御にも限界が生じるためである（章末コラム参照）．

7.4 ラジカル重合の反応機構解析への応用

TERPはポリマー構造制御だけでなく，基礎的なラジカル重合の素反応機構の解析にも利用できる．たとえば，分子量や分子量分布が精密に制御され，末端に有機テルル基を含むポリマーをTERPによって合成し，さらにポリマー末端から成長ラジカルを発生させる．このとき，2分子停止（再結合あるいは不均化）のみが起こり，かつ前駆体ポリマーがすべてラジカル解離する条件で反応を行い，サイズ排除クロマトグラフィー（SEC）を用いて反応生成物の分子量や分子量分布を前駆体ポリマーと比較すると，ラジカル重合の停止反応機構をモデル的に解析することができる[5)]．

ラジカル重合の2分子停止の反応様式には再結合と不均化があり，両者が競争して起こることは1930年代から知られており，さまざまな方法によってラジカル重合の素反応機構が明らかにされてきた．たとえば，同位体ラベル法，粘度法，NMR法などによって停止反応様式の定量的な解析が行われ，スチレンのラジカル重合では再結合が優先して起こることや，メタクリル酸メチルのラジカル重合では再結合と不均化の両方が競争して起こることがよく知られている．ここで，再結合と不均化のどちらがどれだけ優勢になるかはモノマーの種類（すなわち成長ラジカルの構造）や温度に依存する．

TERPを利用すると，これらの2分子停止の競争反応を評価できる．末端に有機テルル基を含み，狭い分子量分布をもつポリスチレンに紫外光照射してポリスチレンの成長ラジカルを生成させると，ポリマーラジカル間で2分子停止が進行する．再結合で生成したポリマーは前駆体ポリマー（紫外光照射前）の2倍の分子量をもつため，**図7-7**(a) に示すように，SEC曲線で前駆体ポリマーと明確に区別して検出することができる[5)]．一方，不均化によって生成したポリマーは前駆体ポリマーと近い分子量をもつため，ほぼ同じ場所に観察される．すべての前駆体ポリマーが消費されるまで反応を行い，最終的に得られるポリマー混合物のSEC曲線を再結合と不均化で生成したポリマーによる溶出曲線に分割することによって，両者の反応の起こる頻度を見積もることができる．

図(a) に示した解析結果は，ポリスチレンの成長ラジカルは，不均化/再結合比が14/86で再結合が優勢であることを示す．また，この値は25℃から100℃の範囲でほぼ一定である．このような手法で，スチレン，メタクリル酸メチルならびにアクリル酸メチルの停止反応機構の解析を行った結果を**表7-3**にまとめる．スチレンのラジカル重合では再結合がほぼ優勢であるが，不均化も決して無視できない[6)]．また，メタクリル酸メチルの重合の不均化/再結合比は温度に緩やかに依存し，－20℃では

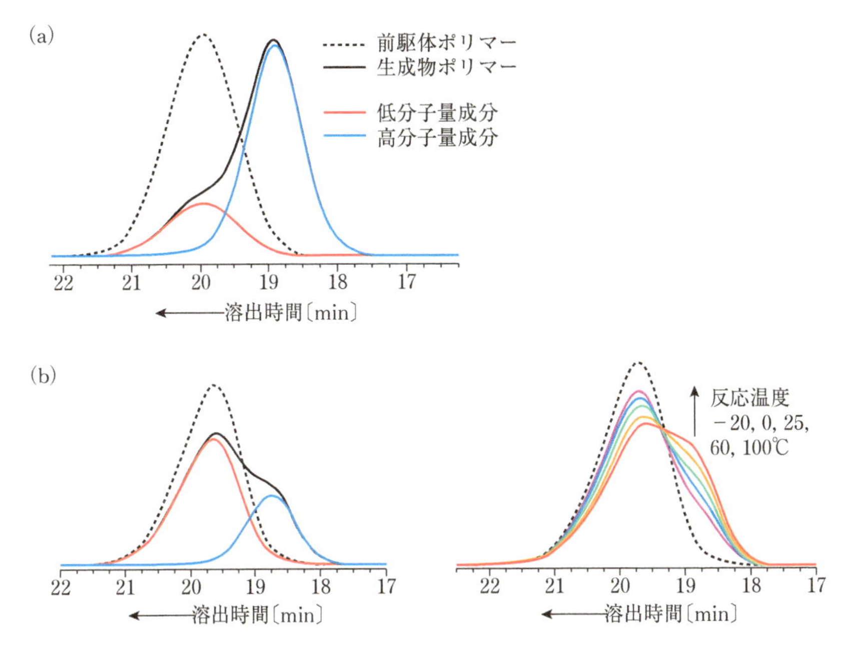

［図7-7］ 末端に有機テルル基をもつポリマーから生成するポリマーラジカル間の再結合および不均化の停止速度を比較するためのSEC曲線の解析

(a) ポリスチレンのピーク分割の例（60℃），(b) ポリメタクリル酸メチルのピーク分割の例（60℃）とポリメタクリル酸メチルの反応選択性の温度依存性を示す生成物ポリマーの溶出曲線（温度が高くなるほど再結合によって生成する高分子量側のピーク強度が大きくなる）．［Y. Nakamura and S. Yamago, *Macromolecules*, **48**, 18, pp. 6450-6456（2015）を参考に作成］

83/17の比で圧倒的に不均化が優勢であるが，温度が高くなると反応の選択性は低下し（図(b)），100℃では63/37にまで達することが指摘された．不均化が優勢であることは従来から報告されてきた結果とよく一致するものの，温度依存性は従来報告されてきた傾向と異なっており，温度以外の因子も含めてさらに議論が必要である．

アクリル酸エステルのラジカル重合の停止反応の選択性は明らかではなかったが，TERPを適用することによって，低温で圧倒的に不均化が優勢であることや，スチレンやメタクリル酸メチルに比べて強い温度依存性を示すことが初めて明らかにされている．国内外の高分子化学の教科書での記述を比較すると，アクリル酸エステルのラジカル重合について，確かなデータがないまま結論付けられているものもある．教科書に書いてあることが必ずしも正しいとは限らないことに注意が必要である．さらに，アクリロニトリルの重合についてもTERPを利用した解析が行われ，溶媒の極性や粘度が停止反応様式の選択性に強く影響を与えることが指摘されている[7),8)]．

［表7-3］ ラジカル重合の停止反応機構の温度依存性のTERPによる評価（不均化/再結合比の決定）

モノマー	温度〔℃〕	不均化/再結合の比
スチレン	25	15/85
	60	14/86
	100	13/87
メタクリル酸メチル	− 20	83/17
	0	78/22
	25	73/27
	60	68/32
	100	63/37
アクリル酸メチル	25	99/1
	60	92/8
	80	86/14
	100	68/32
	120	52/48

〔Y. Nakamura and S. Yamago, *Macromolecules*, 48, 18, pp. 6450-6456 (2015) を参考に作成〕

7.5 多分岐ポリマーの構造制御と機能開拓への応用

TERPは分岐ポリマー合成にも応用できる．たとえば，TERPの重合の連鎖移動能が高く，ポリマー末端構造の制御が行いやすいという特徴を活かして，多分岐ポリマー（ハイパーブランチポリマー）が効率よく合成されている[9]（**図7-8** (a)）．デンドリマーが世代（あるいは半世代）ごとの逐次反応の繰り返しによって合成されることと対照的に，多分岐ポリマーは1段階の反応によって効率よく合成できる点に特徴がある．多分岐ポリマーはAB_2型モノマーの重縮合や開始剤の構造を含むビニルモノマーの自己縮合的な反応によって合成されることが多く，デンドリマーとは異なり，規則正しい分岐構造をもたない．対照的に，図(b) のように，有機テルル基を組みこんだモノマーのラジカル重合では，高度に構造制御された多分岐ポリマーが生成し，コアとなる開始点のポリマーの構造に応じて，直鎖状ポリマーとデンドロンを結合したポリマーや，2つ以上のデンドロンを結合したデンドリマーに近い構造のポリマーが合成でき，分岐構造が制御されたポリマーの物性や応用に関する研究が展開されている[9]．さらに，多分岐ポリマーの分岐構造の形成過程の確率的シミュレーションが実験によって得られるポリマーの分子量分布（$M_w/M_n = 1.5 \sim 2$）を再現できること

［図7-8］ **TERPによる多分岐ポリマー（ハイパーブランチポリマー）の合成**

(a) 重合制御機能を組み込んだモノマーとアクリル酸メチルの重合制御剤を用いた共重合によって生成するポリマーの化学構造．(b) 直鎖状ポリマーとデンドロンのブロック共重合体ならびに2官能性や3官能性の重合制御剤を用いた多分岐ポリマーの合成．［S. Yamago, *Polym. J.*, 53, 8, pp. 847-864 (2021), Figure 3およびScheme 4を参考に作成］

や，ポリマーの生成反応過程で副反応はほとんど起こらず，理想に近い分岐構造が生成することが報告されている[10),11)].

7.6 TERPの工業化・応用技術

リビングラジカル重合を学術的なポリマー構造制御としての観点だけでなく，産業的なポリマー材料合成の観点から捉えると，反応性の異なる多くの種類のモノマーの重合に適用できること，極性官能基などを含んでも制御が可能なこと，成長末端の除去や変換が容易であることなどの特性が求められる．TERPは，これらの要求を十分満たすリビングラジカル重合法であり，粘着剤や顔料分散剤などへの応用が展開されている．

ただし，他のリビングラジカル重合と異なり，TEPRでは取り扱いや合成に一定の経験やノウハウが必要となることに加えて，重合制御剤として使用される有機テルル化合物の供給元が特定の企業（大塚化学社）に限定されていたため，TERPの工業利用も限られた範囲内に留まっていた．この点は，RAFT重合が分野や業種を問わずに広く活用され，多くのRAFT剤が市販されている状況と異なる．ただし，TERPに必要な反応試薬も市販が開始され，状況は変わりつつある．

TERPによって合成される機能性ポリマーの応用開発は，探索研究を含めた初期段階から産学連携体制（京都大学・大塚化学社）によって展開されてきた[12)]．工業的な応用展開には，TERPの次のような特徴が活かされている．

- 重合可能なモノマー種が多く，非共役モノマーや極性官能基を含むモノマーにも適用可能である．他のリビングラジカル重合法ではアクリル酸エステルの制御に制約が生じることが多いが，TERPはアクリル酸エステルの重合に適した制御法である．
- 末端基構造や分子量ならびに分子量分布を精密に制御しながら，高分子量ポリマーを合成することが可能である．粘着剤に使用されるポリアクリル酸エステルには数十万から百万程度の高分子量のポリマーが必要となることが多いが，TERPを用いると高分子量化が容易である．
- ブロック共重合体やランダムポリマーの構造制御をさまざまな重合条件（組み合わせるモノマーの種類，重合の順番，溶媒の種類など）で実現できる．

粘着剤の開発では，上に示したTERPの特徴のうち，特に超高分子量領域での分子量分布の制御が有効に活かされている．**図7-9**（a）に示すように，TERPで合成された粘着剤は，従来品に比べて狭い分子量分布をもつ．また，応力-ひずみ曲線の違いから明らかなように，高い破断強度と破断伸びに特徴のある機械特性が報告されて

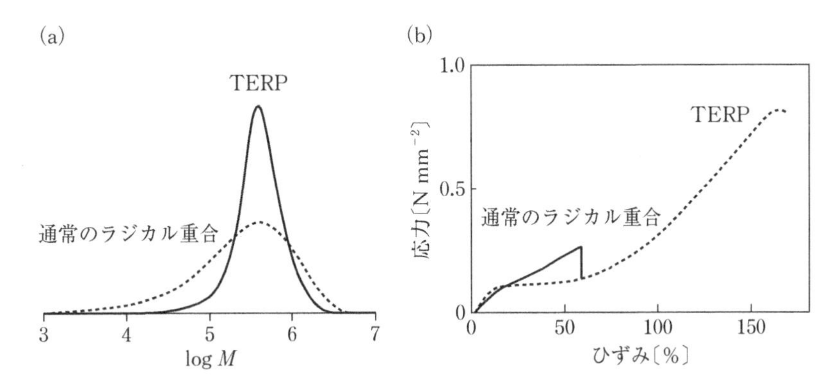

［図7-9］ **TERPと通常のラジカル重合法で合成した粘着剤の（a）分子量分布と（b）機械特性の比較**

［河野和浩，日本接着学会誌，52, 10, pp. 300-305（2016），図4および図6を参考に作成］

いる（図(b)）．TERPによって合成された粘着剤では低分子量成分が低減され，ポリマー鎖間での絡み合いの効果が大きくなり凝集力が向上するため，保持力試験において従来品と比較して10倍以上の保持時間を示す．また，一般に粘着剤の樹脂組成では凝集力向上のための架橋点となるカルボキシ基やヒドロキシ基を含む極性モノマーが共重合されるが，TERPではこれらの極性モノマーを保護基なしでそのまま利用することができ，粘着剤用のポリマー合成手法として優れている．架橋点が均一にポリマー鎖中に導入されていることも粘着剤の性能向上に寄与している．

TERPは顔料分散剤の合成にも利用されている．たとえば，表面が酸性処理されたカーボンブラックを樹脂や塗料に均質に分散させるため，ブロック共重合体が使用される．カーボンブラックへの吸着成分であるポリメタクリル酸ジメチルアミノエチルと溶媒に用いる酢酸エチルに親和性の高いポリメタクリル酸*n*-ブチルを組み合わせたブロック共重合体をTERPによって合成すると，分散安定性の高い顔料を設計でき，再凝集が防止できる．この例に限らず，TERPの顔料分散剤への応用では，顔料表面や溶媒およびバインダーなどの添加剤に応じたポリマーの分子設計が可能であり，有機顔料および無機顔料を凝集防止しながら安定に分散できる結果，貯蔵安定性や再溶解性などに特徴のあるさまざまなグレードの顔料分散剤が開発されている．

COLUMN

16族元素 硫黄からセレン，そしてテルルへ

元素周期表を見るとすぐわかるように，テルル（Te）と硫黄（S）はどちらも同じ16族の元素であり，それぞれ第2周期と第4周期に位置している．その間に位置する第3周期のセレン（Se）についても，いくつかの有機セレン化合物を用いたリビングラジカル重合が検討されている．1997～1999年にかけて，名古屋工業大学の国貞秀雄助教授と当時博士課程の大学院生であったTae Seok Kwon氏らは，有機セレン化合物を用いたリビングラジカル重合の開発を行い，Kwon氏はその研究成果を学位論文としてまとめた．彼が大学院生として在籍中，直接の指導教員であった国貞助教授は病気のため他界したが，Kwon氏はそれまでの研究を継続して行い，研究室の他の教員の協力を得て無事に学位取得までたどり着いた．彼らは，ジフェニルジセレニド（PhSeSePh）やアルキルフェニルセレニド（RSePh）などを重合制御剤として用い，スチレンなどのリビングラジカル重合を報告している（T. S. Kwon, S. Kumazawa, T. Yokoi, S. Kondo, H. Kunisada, and Y. Yuki, “Living Radical Polymerization of Styrene with Diphenyl Diselenide as a Photoiniferter. Synthesis of Polystyrene with Carbon-Carbon Double Bonds at Both Chain Ends”, *J. Macromol. Sci., Pure Appl. Chem.*, **A34**, 9, pp. 1553-1567（1997））．Kwon氏らの有機セレン化合物を用いた反応設計の基本的な考え方は，大津隆行教授（大阪市立大学）が使用していた硫黄系イニファーターによる重合制御の方法論に近いものであった．有機セレン化合物は有機硫黄化合物に比べて優れた連鎖移動剤あるいは重合制御剤であると結論したものの，残念ながらリビングラジカル重合の新しい領域を切り拓くには至らなかった．有機セレン化合物がもつ重合制御能は十分でなかったためである．有機硫黄化合物や有機セレン化合物と有機テルル化合物の間には連鎖移動能に明らかな差があり，そのことは後になってTERPの重合機構の詳細が明らかになるとともに，これら元素の違いによる重合制御能の決定的な違いも明らかにされることになる．

有機セレン化合物による重合制御に限界のようなものを感じとったとき，周期表のもう一段下の元素にまで手を伸ばすという選択肢を選ぶことのハードルはどれくらいの高さに相当するだろうか．一般的な高分子化学者にとって，テルルは未知の元素に近く，有機テルル化合物の利用という選択肢は簡単には選べるものではない．有機合成化学者であり，高分子化学者でもある山子茂教授の強みはそこにある．元素の性質のわずかな違いによって特性が大きく変わるという化学の一面を示しており，化学の面白さと難しさの両方を感じさせる．

参考文献

1) S. Yamago, K. Iida, and J. Yoshida, "Tailored Synthesis of Structural-ly Defined Polymers by Organotellurium-Mediated Living Radical Polymerization (TERP): Synthesis of Poly (meth) acrylate Derivatives and Their Di- and Triblock Copolymers", *J. Am. Chem. Soc.*, **124**, 46, pp. 13666-13667 (2002)

2) S. Yamago, "Development of Organotellurium-Mediated and Organostibine-Mmediated Living Radical Polymerization Reactions", *J. Polym. Sci., Part A: Polym. Chem.*, **44**, 1, pp. 1-12 (2006)

3) S. Yamago, "Precision Polymer Synthesis by Degenerative Transfer Controlled/Living Radical Polymerization Using Organotellurium, Organostibine, and Organobismuthine Chain-Transfer Agents", *Chem. Rev.*, **109**, 11, pp. 5051-5068 (2009)

4) T. S. Kwon, S. Kumazawa, T. Yokoi, S. Kondo, H. Kunisada, and Y. Yuki, "Living Radical Polymerization of Styrene with Diphenyl Diselenide as a Photoiniferter. Synthesis of Polystyrene with Carbon-Carbon Double Bonds at Both Chain Ends", *J. Macromol. Sci., Pure Appl. Chem.*, **A34**, 9, pp. 1553-1567 (1997)

5) Y. Nakamura and S. Yamago, "Termination Mechanism in the Radical Polymerization of Methyl Methacrylate and Styrene Determined by the Reaction of Structurally Well-Defined Polymer End Radicals", *Macromolecules*, **48**, 18, pp. 6450-6456 (2015)

6) K. Hatada, T. Kitayama, and E. Masuda, "Evidence for Disproportionation in Termination Reaction of Styrene Polymerization by α,α'-Azobisisobutyronitrile", *Polym. J.*, **17**, 8, pp. 985-989 (1985)

7) Y. Nakamura, T. Ogihara, S. Hatano, M. Abe, and S. Yamago, "Control of the Termination Mechanism in Radical Polymerization by Viscosity: Selective Disproportionation in Viscous Media", *Chem. Eur. J.*, **23**, 6, pp. 1299-1305 (2017)

8) X. Li, T. Ogihara, T. Kato, Y. Nakamura, and S.Yamago, "Evidence for Polarity-andViscosity-Controlled Pathways in the Termination Reaction in the Radical Polymerization of Acrylonitrile", *Macromolecules*, **54**, 10, pp. 4497-4506 (2021)

9) S. Yamago, "Practical Synthesis of Dendritic Hyperbranched Polymers by Reversible Deactivation Radical Polymerization", *Polym. J.*, **53**, 8, pp. 847-864 (2021)

10) M. Tosaka, H. Takeuchi, M. Kibune, T. Tong, N. Zhu, and S. Yamago, "Stochastic Simulation of Controlled Radical Polymerization Forming Dendritic Hyperbranched Polymers", *Angew. Chem. Int. Ed.*, **62**, 29, e202305127 (2023)

11) Y. Jiang, M. Kibune, M. Tosaka, and S. Yamago, "Practical Synthesis of Dendritic Hyperbranched Polyacrylates and Their Topological Block Polymers by Organotellurium-Mediated Emulsion Polymerization in Water", *Angew. Chem. Int. Ed.*, **62**, 35, e202306916 (2023)

12) 河野和浩, "リビングラジカル重合を用いた粘着剤の開発と産業化", 日本接着学会誌, **52**, 10, pp. 300-305 (2016)

第8章

ヨウ素や有機触媒を用いるリビングラジカル重合

ヨウ素移動重合（iodine transfer polymerization, ITP）は，1980年代に企業の研究者によって開発されたポリマー構造制御法である．ITPの利用目的がフッ素樹脂やエラストマーの製造に限られ，工業利用を優先して研究開発が進められたため，2000年以降になって可逆連鎖移動触媒重合（reversible chain transfer catalyzed polymerization, RTCP）と可逆錯体形成媒介重合（reversible complexation-mediated polymerization, RCMP）が登場するまで，ITPが注目される機会は限られていた．一方，現在までに知られているリビングラジカル重合方法の中で最後に発見されたRTCPとRCMPは，非金属性の分子触媒を用いるポリマーの合成手法として多くの注目を集めている．本章では，これら重合の歴史的な経緯を含めて，それぞれの重合の特徴などを説明する．

8.1 ヨウ素移動重合（ITP）の発見

1980年代，ダイキン工業社の研究者であった建元らは，耐油性に優れた特殊ゴムで，パッキンなどに応用されているフッ素系エラストマーを開発する過程で，新しいブロック共重合体の合成法を見出した[1]．パーフルオロプロピレンやテトラフルオロエチレンなどのフッ素系モノマーのラジカル重合では，ポリマー末端に導入されたヨウ素原子が連鎖移動を受けやすく，成長ラジカルによって容易に引き抜かれる．連鎖移動によって生成した成長ラジカルはさらに成長反応を続け，ふたたび連鎖移動によって末端にヨウ素を含むポリマーを生成する．建元らは，この反応特性に注目し，可逆的な連鎖移動反応を利用したブロック共重合体の合成に成功した．

ITPの反応機構は，現在のリビングラジカル重合の一般的な分類に従えば，活性種交換型の連鎖移動（degenerative chain transfer）を利用したリビングラジカル重合に属する．残念なことに，ITPが開発された1980年代は，リビングラジカル重合の反応制御に対して交換反応が重要な役割を果たすことがまだ十分には認識されていない時代であった（3.3節参照）．そのため，当時，ITPを含めて交換反応の重要性が指摘されることはなかった．可逆的付加開裂型連鎖移動ラジカル重合（RAFT重合）が発見されるのはITPの発見から10年以上後のことである．ITPはフッ素系モノマーなどの限られた種類のモノマーに対して有効なブロック共重合体の合成に有用な重合法という受け止め方が強かった．ただし，産業面からの視点に立つと，フッ素系ポリマーの製造のみに適していることがフッ素系化合物を取り扱うことに手慣れていたダイキン工業社の独自技術として好ましい方向で作用し，ITPは工業化まで一気に展開し，機能性ポリマー材料の製造技術として成功を収めた．

8.2 ITPの反応機構

ヨウ化アルキルR–Iの炭素–ヨウ素結合は，炭素–臭素結合や炭素–塩素結合に比べて結合解離エネルギー（BDE）が小さく，ラジカル種を生成しやすい（1.4.1項）．そのため，ヨウ素を含む化合物は，連鎖移動剤としてよく用いられる．実際，ポリマー成長末端と近い構造の化合物の炭素–ヨウ素間のBDEはいずれも小さく，連鎖移動反応が起こるために十分である．RCH_2–Iへの連鎖移動の起こりやすさは，α置換基Rの構造に依存し，CN ～ CO_2R > Br ～ Cl > F > CH_3 > Hの順となる．また，ラジカル生成には立体効果も重要な役割を果たすため，生成する炭素が第3級>第2級>第1級の順に連鎖移動の起こりやすさは低下する．

当時のITP開発に関する学術論文はほとんど発表されておらず，反応の特徴や機構の詳細が数編の総説にまとめられているにすぎない[1)]．ITPの特徴をまとめると，次のとおりとなる．

- ITPで生成するポリマーの分子数は重合系に添加するヨウ素化合物の分子数で決まり，分子量を自在に調整できる．また，分子量分布が狭いポリマーを合成できる．
- 後から異なるモノマーを添加するとさらに重合が進行し，ブロック共重合体を容易に合成できる．
- ポリマー末端のヨウ素は反応性が高く，架橋や末端反応性ポリマーの合成に利用できる．
- ポリマー末端の炭素–ヨウ素結合を光化学的にラジカル解離でき，さまざまなポリマー反応への応用が期待できる．

これらの特徴を活かして，数十万以上の高分子量の機能性ポリマーの合成，たとえばフッ素ゴムを分子末端のみで架橋する手法の開発，熱可塑性エラストマーをはじめ

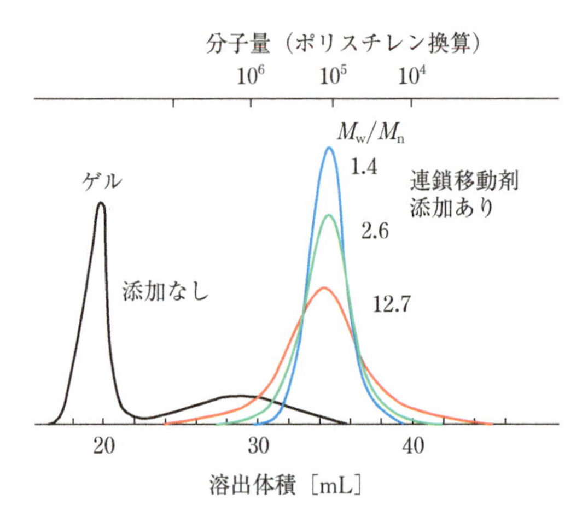

［図8-1］ フッ化ビニリデン（VDF）とヘキサフルオロプロピレン（HFP）のランダム共重合体のSEC曲線

［建元正祥，高分子論文集，49，10, pp. 765-783（1992），Figure 1を参考に作成］

とする種々のブロック共重合体の合成，液状末端反応性ポリマーなどの開発にITPが利用されている．1980年頃のITPの開発経緯は，以下のとおりである．

建元らはテロメリゼーション反応を検討している際に，生成するオリゴマーの分子量分布がポアソン分布に近くなっていることに気が付いた．彼らは，この重合がリビングラジカル重合の要素を兼ね備えていることをいち早く見抜き，ITPの本格的な技術開発に着手した．当時は，アニオン重合や開環重合だけでなく，カチオン重合や配位重合でもリビング重合がつぎつぎと見出され，ラジカル重合でもなんとかしてリビング重合を達成しなければという機運が高まりつつある時代であった．

$(CF_3)_2CFI$や$I(CF_2)_4I$などのヨウ素化合物を連鎖移動剤として用い，フッ化ビニリデン（VDF）とヘキサフルオロプロピレン（HFP）のランダム共重合体のオリゴマー（テロマー）や高分子量ゴムの合成がまず試みられた．フッ素ゴムの合成反応では，パーフルオロオクタン酸アンモニウムを乳化剤とし，微量の過硫酸アンモニウムを重合開始剤とする単純な乳化重合系が一般的に用いられており，そこにヨウ素化合物を添加するだけでこの制御重合を実現することができた．連鎖移動剤を添加しない場合にはゲルを含む超高分子量体が生成する条件下で，$(CF_3)_2CFI$や$I(CF_2)_4I$を添加したところ驚くほど分子量分布が狭くなる結果が得られた（**図8-1**）．図中の黒色線は添加剤なしの系に対する結果であり，ゲル化が起こる．イソペンタンを添加すると（赤色線）ゲル化を抑制できるが，多分散度は12.7と大きい値となる．緑色線はI

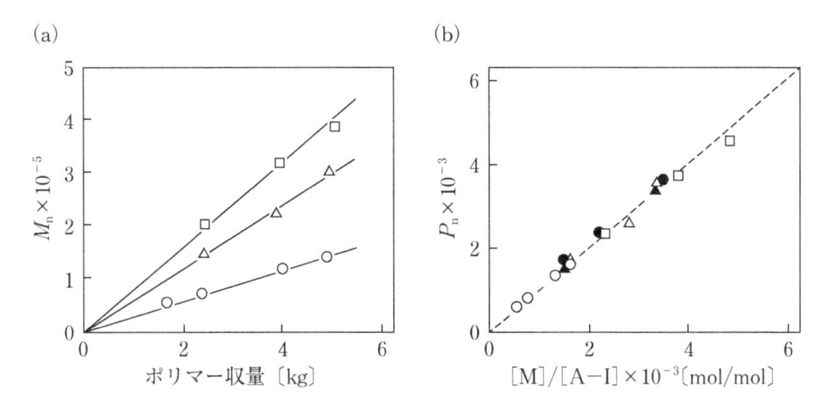

［図8-2］ (a) ポリマー収量とM_nの関係と (b) モノマー消費量とヨウ素化合物の添加量のモル比（[M]/[A−I]）とP_nの関係

異なる記号は重合条件が異なることを示す．［建元正祥，高分子論文集，49，10, pp. 765-783 (1992)，Figure 2およびFigure 3を参考に作成］

$(CF_2)_4I$を添加した系であり，多分散度は2.6まで低下する．青色線は（$(CF_3)_2CFI$を添加した結果を示し，多分散度は1.4まで低下する．これら連鎖移動剤を添加した系では，M_nが約10^5の高分子量で架橋していないポリマーが生成する．

建元らは，これらの結果はリビングラジカル重合反応機構によるものであるとの仮説に基づいて，ヨウ素化合物の種類や添加量，反応収率などを変えて分子量制御の程度やM_w/M_nの変化を調べた．生成ポリマーのM_nがポリマー収量に比例して増大することは明らかだった（**図8-2** (a)）．また，モノマー消費量とヨウ素化合物の添加量のモル比（[M]/[A−I]）に対して各試料のP_nをプロットすると，ヨウ素化合物の種類によらずに同じ直線関係が得られた（図(b)）．このようにして，ポリマー収量とヨウ素化合物のモル比によってポリマーの分子量が決定されることや，ポリマー1分子に1個のヨウ素原子が結合していることが明らかになった．

低分子ヨウ素化合物からヨウ素が引き抜かれて生じるラジカルにモノマー付加が繰り返し起こった後に，他の低分子ヨウ素化合物からふたたびヨウ素をラジカル的に引き抜いて（すなわち連鎖移動反応によって），連鎖成長がいったん停止し，ドーマント種を形成する．重合は別のポリマー鎖で続き，重合全体が停止するわけではない．ドーマントポリマー鎖末端の炭素−ヨウ素結合が，低分子ヨウ素化合物の場合と同様に，ラジカル引き抜き反応に対して活性であり，ヨウ素がふたたび引き抜かれてポリマーラジカルが生成する．このように，リビングラジカル重合の機構がこの重合系で成立していることは1980年代に確かめられていた．ただし，当時の講演録や，後に発表された総説では，かなり控えめな表現でリビングラジカル重合の特徴が記されている．2分子停止の影響を抑えるための明確な指針がなく，用いるモノマーの種類や反応条件を変えることによって，経験的に最適の重合条件を模索することが多かったためである．

1990年代後半に入り，スチレン，アクリル酸ブチルならびに酢酸ビニルなどのITPが試みられたが，制御が可能な重合条件や生成ポリマーの分子量に制約が多く，一般的なビニルポリマーの高分子量体の分子量制御へのITPの適用は難しいことがわかった．スチレンの重合にITPを適用すると，比較的狭い分子量分布（M_w/M_n = 1.6～2.0）のポリスチレンが生成する[2)]．後藤らは，ポリスチレンラジカルと末端にヨウ素を含むポリスチレンとの間の交換連鎖移動定数C_{ex}を実験的に決定し，C_{ex}が3.6（80℃）であることを報告している[3)]．交換移動によって制御されるポリマーの分子量分布に対する理論的な取り扱いを適用すると，反応収率が100%に達したときでもM_w/M_nの値は1.28以下にはならない計算となり，スチレンの重合ではITPの機能による反応制御が難しいことがわかる．後に，アクリル酸ブチルや酢酸ビニルでもITPによる制御が試みられたものの精密に構造制御された高分子量体を合成することは困難であった[4),5)]．移動剤として用いるヨウ化アルキルは光や熱に対して不安定なことが少なくないため，ヨウ素分子やヨウ化カリウムを用いて重合中にヨウ化アルキルを発生させる方法（逆ヨウ素移動重合（RITP））も開発されている[6),7)]．

結果的に，ITPはフッ素系モノマーの重合だけに限定される特殊なケースとして位置付けられ，研究開発のペースは次第に衰えつつあったが，2000年代に入ると海外でITPを積極的に工業利用する機運が高まった．次節で述べる新しい制御重合の発見に触発され，ITPの再評価が進んだためである．ITP開発初期の知的所有権の有効期間がつぎつぎと終了したことも影響している．当時の技術資料はほぼ特許のみに限定され，日本語での講演録などは残されているものの，英文での学術論文（オリジナル論文）がほとんど発表されなかったことや，1980年代当時の研究開発に関する情報発信の手段は限られていたこと（現代とは比べものにならない状況だった）が，ITP開発当初の技術が海外にまで広まらなかった原因の1つとなっている．最近になってようやくITPはリビングラジカル重合としての正当な評価を受け，グローバルに活用され始めている．

8.3 可逆連鎖移動触媒重合（RTCP）

2000年前後，ニトロキシド媒介ラジカル重合（NMP），原子移動ラジカル重合（ATRP），RAFT重合などおもなリビングラジカル重合の反応機構が明らかになり，重合反応制御の特徴や精密制御のための条件の制約（反応制御の限界）も明確になりつつあった．ITPやATRPに関して，ポリマー末端に導入されるハロゲンをもっとうまく活用する，たとえば，ハロゲンを含むドーマント種から効率よくポリマーを活性化して成長ラジカルに変換する方法はないだろうかと，多くの研究者が同じような願望をもってそれぞれ研究に取り組んでいた．ATRPで使用される遷移金属触媒は，電子材料向けのポリマー材料合成では，ppb以下の極端な低濃度レベルまでの除去工程を必要とすることがあり，触媒活性の向上や担持型触媒の開発，および重合後の触媒除去の効率化が大きな課題となっていた．金属を用いない重合法の代表であるRAFT重合に対しても，その最大の欠点である着色や臭いの問題や，硫黄化合物が銅の腐食を促進するため，これらの欠点を解消できる新しいリビングラジカル重合法が待ち望まれていた．

ITPの適用はフッ素系の非共役モノマーの重合に限られており，一般のビニルモノマー，とくに共役モノマーの重合への適用が難しいことは前節で述べたとおりである．ポリマーの末端に導入されたハロゲン原子（ヨウ素を含む）を利用して，遷移金属触媒を用いることなしに効率よく連鎖移動させることができる，そのような形にまで飛躍的に進化した重合法が可逆連鎖移動触媒重合（RTCP）である（**図8-3**）．後藤（当時京都大学）らは，有機化合物を触媒として用いて，効率よくポリマー末端のハロゲン原子の交換反応が進行する系を新たに設計した[8),9)]．有機触媒を用いるリビン

$$\mathrm{P{-}I} + \mathrm{A}\cdot \underset{k_{\mathrm{deact}}}{\overset{k_{\mathrm{act}}}{\rightleftarrows}} \mathrm{P}\cdot + \mathrm{A{-}I}$$

A−I ＝ GeI_4　PI_3　NIS（N−I）　（R, R′, R″置換フェノール O−I）　CI_4

［図8-3］**RTCPの反応機構と使用される触媒（ヨウ素化合物A−I）の例**

触媒に含まれるヘテロ元素は，Sn，Ge，P，N，Oなどでいずれも金属元素を含まない有機分子触媒である．

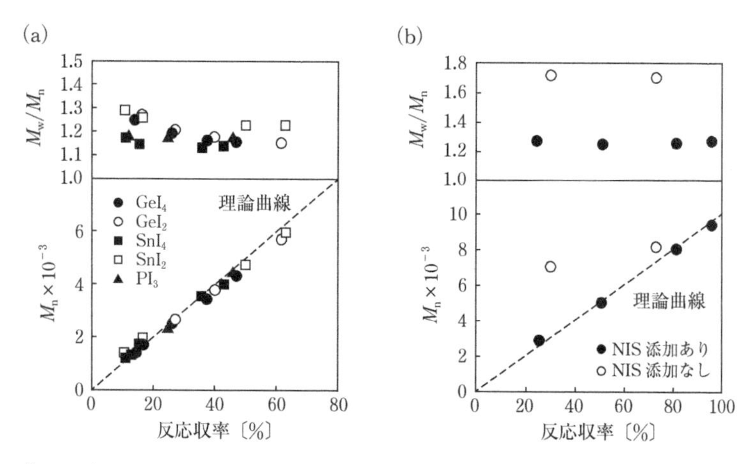

［図8-4］ さまざまな重合制御剤を用いたメタクリル酸メチルのRTCPの反応収率と数平均分子量および多分散度の関係

(a) 種々のヨウ素化合物を使用した重合制御の例.(b) NISを使用した重合制御の例,白丸は触媒なしの反応系でITPに相当する.(b)では,ヨウ素化合物としてNIS添加ありとなしのいずれの場合も$(CH_3)_2C(CN)I$を添加.［後藤淳,高分子論文集,72,5, pp. 199-207 (2015),Figure 3およびFigure 4を参考に作成］

グラジカル重合の反応機構は,可逆的な連鎖移動を促進する触媒を用いるRTCPと,ヨウ素との錯体形成を利用して可逆的に活性化と不活性化の平衡反応を制御する可逆錯体形成媒介重合（RCMP）の2種類に大別される[10),11)].

RTCPでは,保護基としてヨウ素を用い,活性化と不活性化に作用する触媒として,ゲルマニウム,リン,窒素,酸素などのヘテロ元素を含む化合物（GeI_4,PI_3,*N*-ヨウ化コハクイミド（NIS),ヨウ化チモール,CI_4（四ヨウ化炭素）など）を触媒として利用する（図8-3).開始剤として2,2'-アゾビスイソブチロニトリルを用いた通常のラジカル重合系（たとえば,メタクリル酸メチルの80℃でのバルク重合の反応系）に,触媒としてヨウ素化合物あるいはNISを添加して重合を行うと,反応収率とともに生成ポリマーのM_nは直線的に増加し,通常のラジカル重合に比べて明らかに小さいM_w/M_n（約1.2）を示す（**図8-4**).この重合では,2,2'-アゾビスイソブチロニトリルの分解により生じたラジカル（あるいはメタクリル酸メチルの成長ラジカル）が,触媒のNISのヨウ素を引き抜き,ドーマント種（R−IあるいはPolymer−I）を生成する.このとき,同時に,窒素ラジカルが生成する.窒素ラジカルはドーマント種の活性化剤として作用する（ドーマント種からヨウ素を引き抜いてNISを生成する).このサイクルにより,ドーマント種は高い頻度で可逆的に活性化される.NIS（触媒）を用いない系はITPに相当するが,ヨウ素化合物の$(CH_3)_2C(CN)I$のみを用いた系で

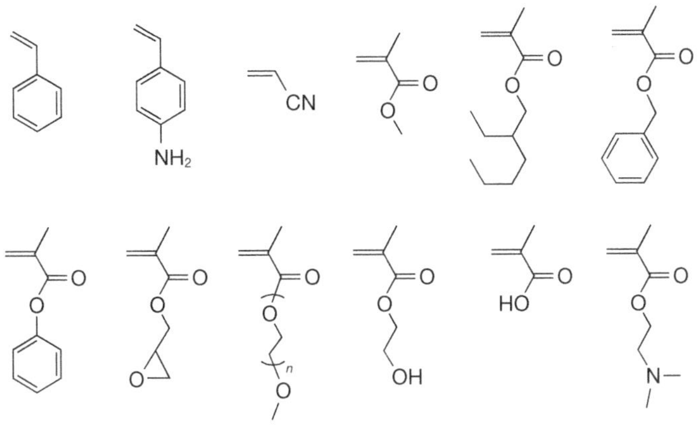

［図8-5］ **RTCPに適用可能なモノマーの化学構造**

はポリメタクリル酸メチルのラジカルからのヨウ素の引き抜き（連鎖移動）やポリマー末端間での交換速度が遅く，非フッ素系モノマーの重合では制御が難しい．NISの有無で，反応経路が大きく異なり，重合制御能が変えられる点がこの重合の特徴である．

RTCPは，スチレンやメタクリル酸メチルだけでなく，官能基や極性基を含むモノマーの重合にも適用することができ，エポキシ基，ヒドロキシ基，アミノ基，カルボキシル基などを含むスチレン誘導体やメタクリル酸エステル，アクリロニトリルなどの単独重合や共重合の反応制御が報告されている（**図8-5**）．機能性モノマーの重合制御が可能なことがRTCPの特徴の1つである．RTCPで用いられる触媒は金属を含まず，また毒性の低い一般的な化合物であり，電子材料や生体材料の合成に際して有利となる条件を兼ね備えている．そのため，RTCPの発見当初からさまざまな応用分野での工業利用のための条件検討が進められている．

8.4 可逆錯体形成媒介重合（RCMP）

RTCPの重合制御剤は成長ラジカルとヨウ素原子を受け渡しすることによって反応を制御しており，制御のための反応機構の原理にはATRPと共通する側面をもっている．ここで，第3級アミンなどを用いるとヨウ素と錯体を形成する機構によっても重合反応を制御することができる．この重合をRTCPと区別して，可逆錯体形成媒介重合（RCMP）と呼ぶ[11]（**図8-6**）．第3級アミンとヨウ素（I_2）を用いたメタクリ

$$\text{P–I} + \text{amine} \underset{k_{\text{deact}}}{\overset{k_{\text{act}}}{\rightleftharpoons}} \text{P}\cdot + \text{I}\cdots(\text{amine})$$

第3級アミン触媒

Et_3N　Bu_3N　Me_2N NMe_2

TEA　TMEDA

第3級アミン以外の触媒

$Na^{\oplus}N_3^{\ominus}$　$Na^{\oplus}SCN^{\ominus}$　$Na^{\oplus}I^{\ominus}$　$Bu_4N^{\oplus}I^{\ominus}$　$RCOO^{\ominus}Na^{\oplus}$　$CH_3SO_3^{\ominus}NBu_4^{\oplus}$

NH　$(CH_3)_2N$　$N(CH_3)_2$　$O^{\ominus}$–$N^{\oplus}$　R

［図8-6］ **RCMPの反応機構と反応に用いられる触媒の例**

Me：メチル基，Et：エチル基，Bu：ブチル基．

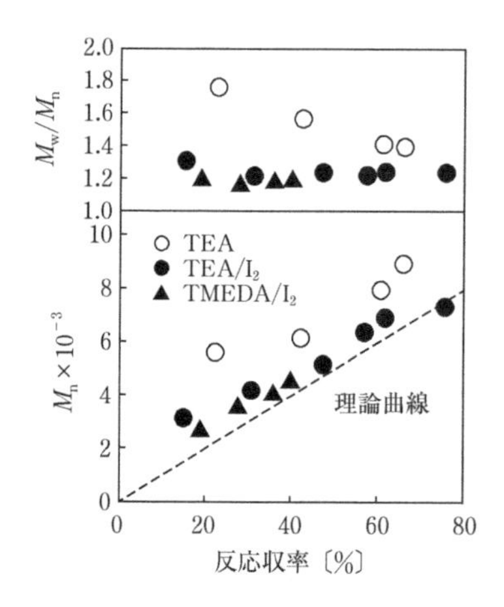

［図8-7］ **第3級アミンとヨウ素を用いたメタクリル酸メチルのRCMPの反応制御**

［A. Goto *et al.*, *Macromolecules*, 44, 22, pp. 8709-8715（2011）, Figure 3を参考に作成］

ル酸メチルのRCMPの例を図**8-7**に示す．トリエチルアミン（TEA）あるいはテトラメチルエチレンジアミン（TMEDA）などをI_2と組み合わせるだけで重合制御が可能になる．RCMPでは，ドーマント種のヨウ素とハロゲン結合形成が可能な求核剤（ヨウ素アニオンなどの電子供与性化合物）を触媒として用いる．図8-6に示した平

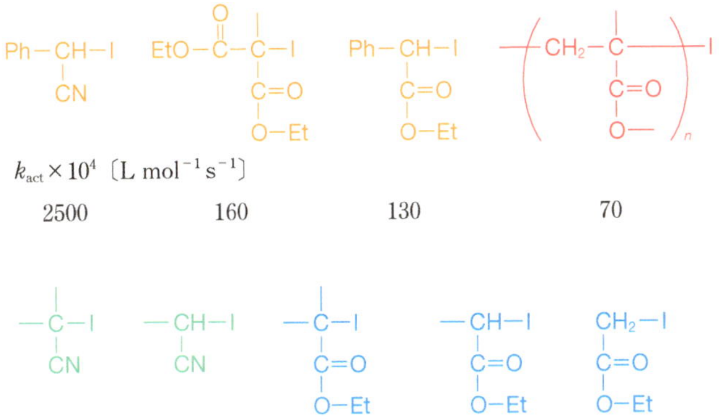

$k_{act} \times 10^4$〔L mol^{-1} s^{-1}〕

2500　　160　　130　　70

58　　40　　23　　4　　<1

［図8-8］ **RCMPの反応制御に用いるヨウ化アルキルドーマント種の活性化速度定数の比較**

Et：エチル基，Ph：フェニル基．〔C.-G. Wang *et al*., *Polym. Chem*., 11, 35, pp. 5559-5571（2020），Figure 5を参考に作成〕

衡からわかるように，ドーマント種（末端にヨウ素を含むポリマー）と第3級アミンなどの反応によって，成長ラジカルが生成すると同時に，ヨウ素−触媒間で形成された錯体が生じる．この反応は可逆的であり，ドーマント種が可逆的に活性化される仕組みである．

第3級アミン以外に，擬ハロゲンアニオン，有機超塩基，ピリジン*N*-オキシドアニオン，オキシアニオンなどの電子供与性化合物が触媒として利用される．また，さまざまなヨウ化アルキル化合物が低分子ドーマント種として利用でき，活性化速度定数k_{act}はアルキル基が第3級＞第2級＞第1級の順で小さくなり，エステル基やフェニル基などの共役置換基を導入すると，活性化速度定数はさらに大きくなる（**図8-8**）．

重合制御が可能なモノマーの種類はRTCPとほぼ同様であり，極性基やイオン性基を含むモノマーの重合にも適用できる．ヨウ化第4級アンモニウム塩を側鎖に含むメタクリル酸エステルのRCMPでは，触媒を添加する必要がなく，自己触媒重合が進行する．RCMPを利用して，ブロック共重合体や分岐ポリマーが合成されている．

8.5 ITPとRTCP（RCMP）の工業利用

フッ素系エラストマーは，耐油性や耐熱性に優れているので，パッキンやシーリング用途に最適な材料であり，1980年代にITPを用いて製造されたエラストマーがダイキン工業社によって最初に工業化された．現在では，国内外の多くの企業がITPを

［表8-1］ ITPを利用した製品工業化（フッ素系エラストマー）の例

企業名	製品名など
3M社	Dyneon
AGC社	AFLAS
ダイキン工業社	DAI-EL
Chemours社	Viton
Solvay社	Tecnoflon

［N. Corrigan *et al.*, *Prog. Polym. Sci.*, 111, 101311（2020）を参考に作成］

用いてフッ素系エラストマーを生産している[13)]（**表8-1**）.

ITPは高吸水性用ゲルの製造にも応用され，網目構造が均一で優れた吸水特性を示すゲルの製造に利用されている．高吸水性用ゲルのポリマー製造には，アクリル酸（塩）と架橋剤を水溶液中でラジカル重合する方法が用いられる．生成したゲルを細断，乾燥，粉砕，ふるい分けして得られる粒子状の架橋ポリマーの表面処理など，2次加工を経て製品化される．通常のフリーラジカル重合で生成するポリマーの分子量分布は広く，網目構造も不均一なものとなる．局所的に架橋密度が高く，ポリマー鎖が複雑に絡み合った部分と，局所的な架橋点濃度が低いため網目になっていない部分が含まれる．これらの不均一網目構造は，ゲルの膨潤阻害や吸水性能の低下につながるものであった[14)]．一方，多官能モノマー（架橋剤）を添加したリビングラジカル重合によって生成するゲルは，ポリマーの1次鎖長がそろうだけでなく，架橋点が均等に導入されるため，ゲルは均一な網目構造をもつことになる．衛生用品などに使用される吸水性ポリマーの製造プロセスには，生成ポリマーは安価，安全，低毒性，無着色，無臭であることが必須条件であり，かつ工程の大幅な変更や生産性の著しい低下をともなわないことが要求される．この条件を満たすリビングラジカル重合がITPであった[15),16)]．

8.2節で説明したように，ITPは共役系モノマーの制御には不向きであるが，工業製品の製造では必ずしも厳密な反応制御やポリマー構造制御が求められているわけではない．吸水性ポリマーの原料となるポリアクリル酸ゲルの合成に際しても，ITPによってほどよい制御が実現でき，特に重合初期に反応系内の温度分布に起因する超高分子量ポリマーの生成を抑制できれば，目標とする均一網目構造をもつポリマーゲルが製造できるはずとの考えに基づいて開発が進められた[16)]（**図8-9**）．重合初期の分子量調整が反応制御（網目構造の制御）の重要な鍵となるため連鎖移動速度が大きいヨウ化アルキルを選定し，さらに水溶性と重合中の耐加水分解性を兼ね備えた最適構造

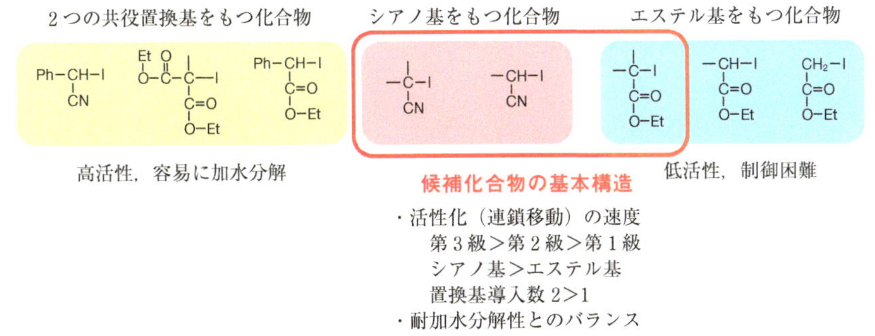

2つの共役置換基をもつ化合物　　シアノ基をもつ化合物　　エステル基をもつ化合物

高活性，容易に加水分解　　低活性，制御困難

候補化合物の基本構造

・活性化（連鎖移動）の速度
　第3級＞第2級＞第1級
　シアノ基＞エステル基
　置換基導入数 2＞1
・耐加水分解性とのバランス

［図8-9］ 高吸水性ポリマー用のポリアクリル酸ゲル製造のためのITPに用いるヨウ化アルキル制御剤の分子設計

［T. Miyajima *et al.*, *Polym. J.*, **52**, 4, pp. 365-373（2020）, Figure 4を参考に作成］

をもつ重合制御剤の開発が進められ，高性能高吸水性ポリマーゲルの商業生産が達成されている．

また，RTCPやRCMPの産業利用が精力的に実践され，顔料分散剤の製造プロセスに応用されている[11]．大日本精化工業社は，これらの重合に着目し，顔料分散剤への工業利用を展開している．特に，水性顔料インクジェット用のインクに用いる顔料分散液への応用が検討された．顔料に対して高い吸着能をもつ疎水性のポリマー鎖成分と溶媒可溶性を発現し，かつ水中で分散安定性と再分散性を保持できるようにする必要があった．そこで，疎水性と親水性のバランスを考慮し，水に可溶なポリマー鎖成分とからなるブロック共重合体が設計された．それぞれのセグメントは数千程度の分子量をもち，かつ狭い分子量分布をもつ．このような構造をもつブロック共重合体を使用した顔料分散剤を含むインクの分散安定性は高く，70℃で1週間保存しても，粒子径や粘度にほとんど変化がなく，良好な分散性を示す．また，無機顔料の分散安定剤として，無機顔料との結合点となるトリメチルシリル基を側鎖に含むポリメタクリル酸エステルと，溶媒に高い親和性を示すポリマー鎖とを組み合わせたブロック共重合体が合成されている．たとえば，このブロック共重合体を用いて白色無機顔料である二酸化チタン（シリカアルミナ処理，平均粒子径200 nm）の表面処理が行われている．表面処理後に貧溶媒中で析出，ろ過，洗浄，120℃で乾燥した後に，表面をポリマーで被覆した顔料が得られ，有機溶剤中で良好な分散性を示すことが確認されている．

COLUMN

大学の研究と企業の研究

1980年初頭，ダイキン工業社の建元正祥氏らは新たなポリマー構造制御法であるヨウ素移動重合（ITP）を発見した．当時，ラジカル重合によるポリマー構造の精密制御の大半が大学での基礎研究に限られていた中で，ITPは企業で行われた研究開発が大きな発見に結びつき，産業面での成果にまでしっかりと結びついた例である．建元氏は，企業の研究者であり，生産現場に近い部署で技術開発を行いながらも，ラジカル重合プロセス自体に強い関心をもち続けていた．基礎的な科学技術面を大切にし，経験と知識に照らし合わせてきっちり仕事を進めていく，どちらかというと古風なスタイルの研究者であった．ITPの新しい技術開発を発展させて工業化にも成功しているが，ポリマー合成や反応制御に強い信念とこだわりをもち，定年退職後も会社にフェローの立場で人の手をわずらわせることなく，自身のこだわりをもって，晩年まで研究開発を継続したと聞く．

当時の高分子学会の研究活動の1つとして，定期的に開催されていた参加者数十名程度の規模のミクロシンポジウムがあり，高分子構造制御は当時から重要なテーマの1つであった．「ラジカル重合におけるポリマーの構造規制」と題されたミクロシンポジウムが1984年から隔年で開催され，1990年代中頃まで続けられた．建元氏はそこでも研究発表を行い，当時のITPの研究成果は国内のラジカル重合の研究に携わる専門家の中ではよく知られていた．ただし，国際的な学会などで脚光を浴びる機会はほとんどなかった．ITPが応用可能な用途がフッ素樹脂やエラストマーの製造に限られ，また工業利用が優先される形で研究開発が進められていたためである．2000年以降，ITPと多くの共通点をもつ可逆連鎖移動触媒重合（RTCP）が新しいリビングラジカル重合法として登場したことを契機に，ITPがふたたび大きな注目を浴び，海外の企業も積極的に工業的な製品製造に利用するようになっていった．

大学の研究と企業の研究では，目的もプロセスも大きく異なり，双方での取り組みや相互の協力体制のあり方には時代が強く反映される．高度成長期には，大学と企業のそれぞれの特許に関する認識には大きな隔たりがあった．それは互いに反発し合うものではなく，むしろそれぞれが重点を置かない，あるいは必要としない部分を互いに補う形での共同研究や協力体制が成立していた．その後，大学独自で知的財産を管理する傾向が強くなり，産学連携は少しずつ形を変えながら発展してきた．半世紀前の時代の方式は役割分担が明確でシンプルな分だけ，トータル面での社会的なシステムとして効率は決して悪くなかったのではないだろうか．近年，いろんな形の産学連携の試みが続けられているが，長い目で見た時の効率は本当によくなっているだろうか．

研究者の価値観は人それぞれである．大学発の応用技術開発にどのような価値があるのか？　それを企業の研究開発にどのようにつなげればよいのか？　大学研究者自身が実用化研究にまで踏み込むことは一向にかまわないが，その本当の意味は何なのか？　答えが見つからないことは多い．

参考文献

1) 建元正祥, “ヨウ素移動重合法の開発と末端反応性高分子としての利用”, 高分子論文集, **49**, 10, pp. 765-783（1992）

2) K. Matyjaszewski, S. Gaynor, and J. S. Wang, “Controlled Radical Polymerizations: The Use of Alkyl Iodides in Degenerative Transfer”, *Macromolecules*, **28**, 6, pp. 2093-2095（1995）

3) A. Goto, K. Ohno, and T. Fukuda, “Mechanism and Kinetics of Iodide-Mediated Polymerization of Styrene”, *Macromolecules*, **31**, 9, pp. 2908-2914（1998）

4) M. C. Iovu and K. Matyjaszewski, “Controlled/Living Radical Polymerization of Vinyl Acetate by Degenerative Transfer with Alkyl Iodides”, *Macromolecules*, **36**, 25, pp. 9346-9354（2003）

5) K. Koumura, K. Sato, and M. Kamigaito, “Manganese-Based Controlled/Living Radical Polymerization of Vinyl Acetate, Methyl Acrylate, and Styrene: Highly Active, Versatile, and Photoresponsive Systems”, *Macromolecules*, **41**, 20, pp. 7359-7367（2008）

6) C. Boyer, P. Lacroix-Desmazes, J.-J. Robin, and B. Boutevin, “Reverse Iodine Transfer Polymerization（RITP）of Methyl Methacrylate”, *Macromolecules*, **39**, 12, pp. 4044-4053（2006）

7) D. Rayeroux, B. N. Patra, and P. Lacroix-Desmazes, “Synthesis of Anionic Amphiphilic Diblock Copolymers of Poly（styrene）and Poly（acrylic acid）by Reverse Iodine Transfer Polymerization（RITP）in solution and emulsion”, *J. Polym. Sci., Part A: Polym. Chem.*, **51**, 20, pp. 4389-4398（2013）

8) A. Goto, H. Zushi, N. Hirai, T. Wakada, K. Nagasawa, Y. Tsujii, and T. Fukuda, “Living Radical Polymerizations with Germanium, Tin, and Phosphorus Catalysts-Reversible Chain Transfer Catalyzed Polymerizations（RTCPs）”, *J. Am. Chem. Soc.*, **129**, 43, pp. 13347-13354（2007）

9) A. Goto, N. Hirai, T. Wakada, K. Nagasawa, Y. Tsujii, and T. Fukuda, “Living Radical Polymerization with Nitrogen Catalyst: Reversible Chain Transfer Catalyzed Polymerization with *N*-Iodosuccinimide”, *Macromolecules*, **41**, 17, pp. 6261-6264（2008）

10) 後藤淳, “有機触媒を用いた熱誘起型および光誘起型リビングラジカル重合”, 高分子論文集, **72**, 5, pp. 199-207（2015）

11) C.-G. Wang, A. M. L. Chong, H. M. Pan, J. Sarkar, X. T. Ting, and A. Goto, “Recent Development in Halogen-Bonding-Catalyzed Living Radical Polymerization”, *Polym. Chem.*, **11**, 35, pp. 5559-5571（2020）

12) A. Goto, T. Suzuki, H. Ohfuji, M. Tanishima, T. Fukuda, Y. Tsujii, and H. Kaji, “Reversible Complexation Mediated Living Radical Polymerization（RCMP）Using Organic Catalysts”, *Macromolecules*, **44**, 22, pp. 8709-8715（2011）

13) N. Corrigan, K. Jung, G. Moad, C. J. Hawker, K. Matyjaszewski, and C. Boyer, “Reversible-Deactivation Radical Polymerization（Controlled/Living Radical Polymerization）: From Discovery to Materials Design and Applications”, *Prog. Polym. Sci.*, **111**, 101311（2020）

14） T. Norisuye, T. Morinaga, Q. Tran-Cong-Miyata, A. Goto, T. Fukuda, and M. Shibayama, "Comparison of the Gelation Dynamics for Polystyrenes Prepared by Conventional and Living Radical Polymerizations: A Time-Resolved Dynamic Light Scattering Study", *Polymer*, **46**, 6, pp. 1982-1994（2005）

15） 宮島徹，"ヨウ素移動重合による高吸水性樹脂の"ええ加減"な構造制御"，高分子，**70**，2，pp. 83-85（2021）

16） T. Miyajima, Y. Matsubara, H. Komatsu, M. Miyamoto, and K. Suzuki, "Development of A Superabsorbent Polymer Using Iodine Transfer Polymerization", *Polym. J.*, **52**, 4, pp. 365-373（2020）

第9章

炭素−金属結合の解離を利用するリビングラジカル重合

1994年，遷移金属触媒を用いるリビングラジカル重合が報告された．有機合成化学者のWayland（ペンシルベニア大学）らが開発した炭素−金属結合の可逆的な解離を利用する重合制御法（organometallic-mediated radical polymerization, OMRP）である．遷移金属触媒としてコバルト（Co）錯体を使用するがハロゲン化合物を必要とせず，原子移動ラジカル重合（ATRP）と異なる反応機構によってアクリル酸エステルのリビングラジカル重合が進行するものであり，反応制御の機構に関心が寄せられた．その後，別のCo錯体が酢酸ビニルの重合制御に有効なことが見出されたが，Co錯体以外の触媒にまで重合系が広がらなかったため，この触媒系を継続的に研究するグループはWaylandらを含めて数グループに限られている．最近，OMRPに関連する重合がふたたび報告され，炭素−金属結合の可逆的な解離を利用する反応機構の今後の発展に対する期待が集まっている．本章では，Co錯体を使用する炭素−金属結合の可逆的な解離平衡を利用するリビングラジカル重合の発見当時の状況，その後の研究の展開，ならびに最近の研究動向の概要を紹介する．

9.1 OMRPの発見

ATRPが，基礎研究だけでなく応用研究や工業化まで発展して成功を収めてきたことと対照的に，ニトロキシド媒介ラジカル重合（NMP）の報告の直後に発表され，またATRPと同様に金属触媒を用いた重合制御法の1つでありながら，注目される機会の少ないリビングラジカル重合がある．1994年にWaylandらによって見出されたコバルトポルフィリン錯体を用いるアクリル酸エステルのリビングラジカル重合である[1]．NMP，ATRP，可逆的付加開裂型連鎖移動重合（RAFT重合）などと異なる特徴をもつにもかかわらず，OMRPが話題にとりあげられる機会は限られている[2]．最初の論文発表以降現在まで，Waylandと共同研究者らは継続的に研究を行っているもものの[3)～5)]，発表論文の数は多くない．この反応機構を他の金属触媒を用いた系に応用して研究を展開することが，当初期待されたよりも難しいことがわかり，研究分野の広がりや専門外の分野の研究者の新規参入が限られているためである．

一方で，1980年代にCo以外の中心金属を含むポルフィリン錯体を用いた環状モノマーのリビング開環重合が精力的に研究された[6)]．このリビング開環重合には，コバルトポルフィリン錯体を用いるアクリル酸エステルのリビングラジカル重合の反応機構と共通する点が含まれる．そこで，まず金属ポルフィリン錯体を用いるポリマーの構造制御の特徴を次節にまとめる．

9.2 金属ポルフィリン錯体を用いる重合制御

1985年，井上と相田らにより発見されたイモータル重合[6)]（immortal polymerization）は，アルミニウムポルフィリン錯体などの金属ポルフィリン錯体を重合触媒として用いるエポキシドやラクトン（環状エステル）の開環重合であり，リビングアニオン重合と同様に分子量がそろったポリマーを与える制御重合である．重合に用いられる環状モノマーと生成ポリマーの繰り返し構造を**図9-1**に示す．同様の触媒を用いて，光照射下でメタクリル酸エステルやアクリル酸エステルのリビングアニオン重合も可能である．

イモータル重合は停止反応を含まないものの，連鎖移動が頻繁に起こるという通常のリビング重合には見られない特徴をもつ．この特徴的な連鎖移動の存在により，古典的なリビング重合（停止や連鎖移動を含まない重合）と違って，連鎖移動剤の添加によって生成高分子の分子数（すなわち生成ポリマーの分子量）を制御することができる．すなわち，この重合方法を利用することにより，ごく少量の開始剤を用いて大量（開始剤分子数の数十倍から数百倍）のポリマー分子を一気に合成することができる．イモータル重合の連鎖移動は可逆的であり，かつ成長反応に比べて十分速いため，他のリビング重合と同様に分子量や分子量分布の制御が可能になるという仕組みである．通常のアニオン重合に対して強力な停止剤となる塩化水素やアルコールをこの重合系に加えても重合は停止せずに連鎖移動が起こるだけで，重合はそのまま継続する．この特徴にちなんで，当時新しく見つかったこの重合は不死身（immortal）の重合と名付けられた．中心金属としてアルミニウム以外に亜鉛やマンガンを含むポルフィリン錯体がイモータル重合の開始剤に用いられている．

イモータル重合は，反応機構に連鎖移動を含み，後に改訂されたリビング重合の分類（2010年のIUPAC勧告）にあてはめると，交換機構によるリビング重合に該当す

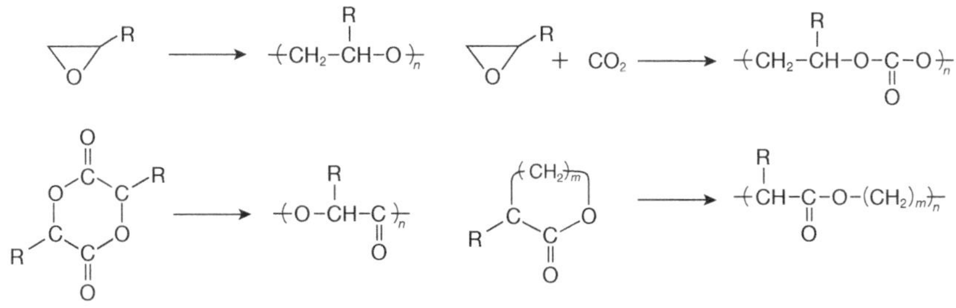

［図9-1］ 金属ポルフィリン錯体による環状モノマーのイモータル重合

るが，1985年当時は連鎖移動を含む重合がリビング重合としての市民権を得ることが難しく，1996年のIUPAC勧告（3.5節参照）から明らかなように，当時の定義では，連鎖移動が起こる重合はリビング重合と認められなかった．発見者の井上と相田らは，一般の古典的なリビング重合と異なることを強調して，イモータル重合がこれまでにない形の新しい重合方法であることを全面的にアピールし，他のリビング重合とは一線を画す特徴的な重合制御方法として定着した．

9.3 コバルトポルフィリン錯体を用いるOMRP

Waylandらは，中心金属としてCoを含むコバルトポルフィリン錯体（**図9-2**(a)）が，成長末端と再結合してドーマント種を形成して，リビング重合に利用できることを初めて見出した[1]．**図9-3**に示すように，他のリビングラジカル重合と同様，生成ポリマーの数平均分子量M_nは反応収率に比例して直線的に増大する．この重合は，ポリマーの成長末端の炭素と金属間で共有結合を形成したドーマント種からのラジカル解離平衡によって重合制御が達成されると考えられ，**図9-4**に示す反応が提案されている．この反応機構が成立するためには，β水素移動をともなう連鎖移動（2.5.4項〔2〕）が起こらない条件が必要であり，Waylandらはモノマーとしてメタクリル酸エステルではなく，アクリル酸エステルを選択した．そこに成功の要因があった．

イモータル重合と比較すると，ポルフィリンの構造はほぼ同様であるが，中心金属が異なっている．アルミニウム，亜鉛やマンガンを含むポルフィリン錯体（図9-2(b)）を用いるイモータル重合は配位アニオン重合に分類され，先に述べたように，環状エステル，環状エーテル，環状チオエーテルなどの開環重合だけでなく，メタクリル酸エステルやアクリル酸エステルの重合にも有効である．一方，OMRPでは，Co

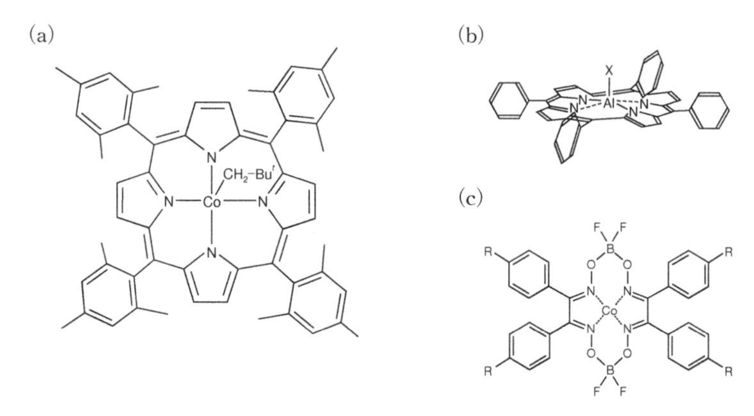

［図9-2］ **さまざまな重合制御に用いられる金属錯体の化学構造の比較**

(a) 炭素−金属間の結合の解離をともなうリビングラジカル重合に用いられるコバルトポルフィリン錯体，(b) イモータル重合に用いられるアルミニウムポルフィリン錯体，(c) β水素移動をともなうメタクリル酸メチルの連鎖移動に有効なCo錯体（2.5.4項〔2〕参照）．

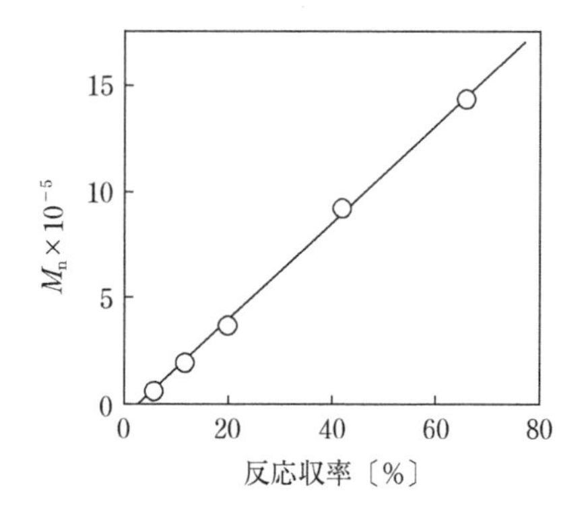

［図9-3］ **Waylandらの論文に記載されたコバルトポルフィリン錯体によるアクリル酸エステルの重合の反応収率とM_nの関係**

［B. B. Wayland *et al.*, *J. Am. Chem. Soc.*, **116**, 17, pp. 7943-7944（1994），Figure 1を参考に作成］

錯体が用いられている．図9-2（c）に示すCo錯体は，メタクリル酸エステルのラジカル重合に対する高い連鎖移動能を示し，β水素移動を経由して不飽和ポリマーが効率よく生成する（触媒的連鎖移動（CCT））．β水素移動を含む連鎖移動では，平面型のコバロキシム類が効率のよい連鎖移動剤として作用することが明らかにされている．Waylandらのアクリル酸エステルのリビングラジカル重合に用いられたCo錯体の配位子はポルフィリン錯体であり，この点がメタクリル酸エステルのβ水素移動による

$$(TMP)Co-R \rightleftharpoons (TMP)Co^{II}\cdot + R\cdot$$

$$R\cdot + CH_2{=}CHX \longrightarrow RCH_2CHX\cdot$$

$$RCH_2CHX\cdot + (TMP)Co^{II}\cdot \rightleftharpoons RCH_2CHX-Co(TMP)$$

$$RCH_2CHX\cdot + nCH_2{=}CHX \longrightarrow R(CH_2CHX)_nCH_2CHX\cdot$$

$$R(CH_2CHX)_nCH_2CHX\cdot + (TMP)Co^{II}\cdot \rightleftharpoons R(CH_2CHX)_nCH_2CHX-Co(TMP)$$

［図9-4］ コバルトポルフィリン錯体を用いるOMRPの基本反応

TMP：ポルフィリン，X：$COOCH_3$.

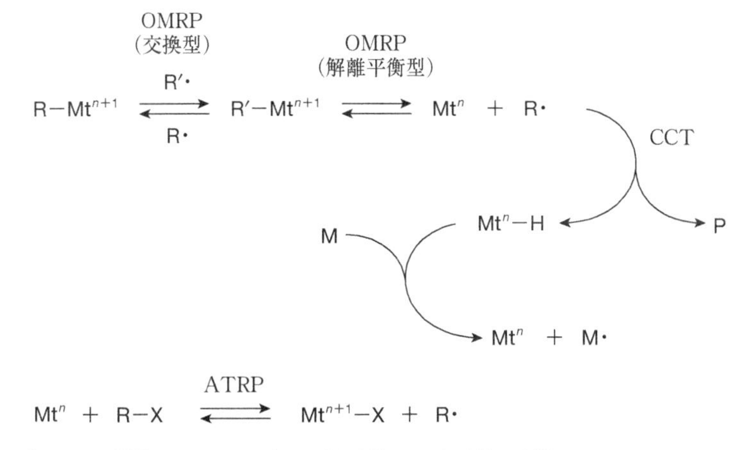

［図9-5］ 遷移金属錯体を用いるラジカル重合制御の反応機構の比較

炭素−金属解離を利用したリビングラジカル重合（OMRP），触媒的連鎖移動（CCT），原子移動ラジカル重合（ATRP）の違いを示す.

連鎖移動制御で用いられた錯体と異なっている.

図9-5は，さまざまな遷移金属錯体を用いるラジカル重合制御について，OMRP，CCT，ATRPの制御機構の違いを反応式として示したものである．ATRPでは1電子酸化還元をともなってハロゲン原子の移動をともなうのに対し，OMRPの系では炭素−金属間の解離だけでなく，ポリマーラジカルと炭素−金属結合間での活性種交換型の連鎖移動（degenerative chain transfer）も重合制御に重要な役割を果たす．OMRPとCCTの違いは，β水素移動の有無によって決まる.

$$\mathrm{L_4Co{-}R^1} \xrightarrow{+R^2\cdot} \left\{ \mathrm{R^1 \cdots CoL_4 \cdots R^2} \right\} \xrightarrow{-R^1\cdot} \mathrm{L_4Co{-}R^2}$$

［図9-6］ **OMRPにおけるラジカル交換反応**

Waylandらは重合機構解明のための研究を長年にわたって持続的に行い，可能性の1つとして，平面型のCo錯体の両面でポリマーの成長が交代する形で進行している反応機構を提案している．すなわち，ポリマー末端に結合したコバルトポルフィリン錯体の反対側から別のポリマー鎖が接近し，元のポリマー末端の炭素とCo間の結合がラジカル解離する反応が有利になっているという考え方である[7]．平面型のコバルトポルフィリン錯体に対するドーマント種とラジカル間の直接交換による反応制御を一般化した反応機構を**図9-6**に示す．ポルフィリン錯体の中心金属は平面上のポルフィリン配位子の中心に位置し，ポリマー鎖は結合を介してポルフィリン平面の片側に伸びている．このとき，反対側の面から別のポリマー活性種（成長ラジカル）が中心金属上で結合を形成すると同時にポルフィリン平面の反対側のポリマーがラジカル解離する．

後に，アセチルアセトナート錯体（$Co(acac)_2$）が酢酸ビニルのラジカル重合の制御に有効であることがJérômeらによって報告され[8),9)]，金属−炭素のラジカル解離による重合がふたたび注目を集めた．配位子の構造が異なると，制御対象となるモノマーの種類が異なることが明らかになった．$Co(acac)_2$触媒はアクリル酸エステルの重合制御には適さないことも指摘されている．ただし，酢酸ビニルとアクリル酸エステルとの共重合は可能であり，疑似的なブロック共重合体構造をもつポリマーが合成されている[10)]．懸濁重合系[9)]やポリマーを担持した系での応用や触媒除去[11),12)]も検討されている．酢酸ビニル以外の非共役モノマーの$Co(acac)_2$触媒による重合制御の可能性が検討され，フッ素系モノマーの重合[13)]やエチレンと一酸化炭素（CO）のラジカル共重合[14)]に対する$Co(acac)_2$触媒の有効性が報告されている．環状エキソメチレンモノマーのラジカル開環重合への展開も検討中であり，分解性を付与したポリオレフィンの製造法として今後の展開が期待できる．

これらの触媒による重合制御では，触媒の中心金属や配位子の組み合わせによって，ドーマント種の金属−炭素結合の強さが異なり，このことが触媒の配位子の構造と制御可能なモノマーの種類の組み合わせに密接に関連している．また，反応機構も金属－炭素結合の強さに応じて変化している可能性が指摘されている．金属－炭素結合が比較的弱い場合には，ラジカル解離型の反応機構で制御が進行し，結合解離が起こらないような条件では交換反応が優勢に作用する．また，酢酸ビニルの重合では頭－頭成長が無視できないため，形成されるドーマント種の一部が不活性化することも制御の難しさの一因となっている．

9.4 その他のOMRPの開発

Co以外の中心金属，たとえば，チタン（Ti），バナジウム（V），クロム（Cr），モリブデン（Mo）などを含む遷移金属錯体に着目した研究が進められている．**図9-7**にリビングラジカル重合の反応機構への適用の可能性が指摘されている重合触媒とモノマーの組み合わせを示す．それぞれ反応機構の詳細が検討され，最適重合条件の模索が続いている．WaylandのCo錯体を利用するリビングラジカル重合は発見以来，現在もOMRPの反応系での研究が続けられており，まだ陽の目を見ていない重合系が多く存在することを予感させる．

図9-8に示すパラジウム（Pd）錯体のダイマーが光照射条件下でモノマーとの解離平衡にあること，さらに解離側にあるPd錯体がパーシステントラジカルであるこ

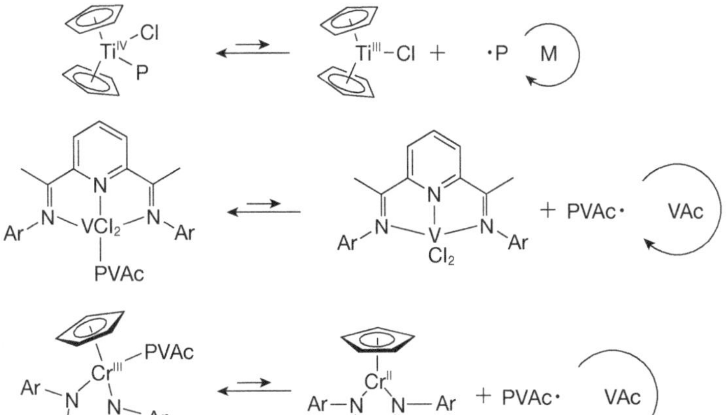

［図9-7］**OMRPが適用できる可能性が指摘されている金属錯体の例**

P：ポリマー，M：モノマー，PVAc：ポリ酢酸ビニル，VAc：酢酸ビニル，Ar：芳香族置換基．

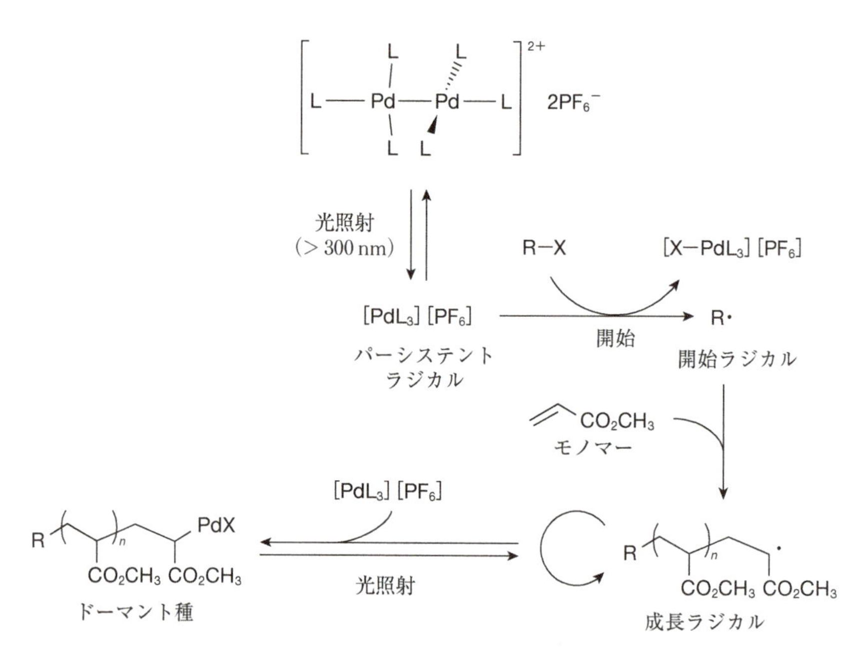

［図9-8］ **Pd錯体のパーシステントラジカルと成長ラジカル末端で形成される金属－炭素結合間のラジカル解離平衡を利用した新しいOMRPの反応機構**

Lは配位子.

とを利用して，アクリル酸エステル，ビニルケトンおよびアクリロニトリルのリビングラジカル重合が報告された[15]．重合反応中，ポリマー末端の成長ラジカルがPdパーシステントラジカルと再結合してドーマント種を形成し，さらにドーマント種が光照射によって再解離する．また，モノマーと触媒の比，反応時間，光照射のオンオフによって，生成ポリマーの分子量が予想どおりに制御されている．反応機構の詳細や関連する他の錯体での重合制御の可能性が期待される．

COLUMN

早すぎた研究，ユニークすぎた研究

成長ラジカルを長寿命化してリビングラジカル重合を実現しようとする研究は，1980年以前にも行われていた．沈殿やミセルなどの不均一な反応場で物理的にラジカルを閉じ込める方法や，金属錯体との相互作用でポリマーラジカルを安定化する方法が1970年代から試みられていた．箕浦有二教授（大阪市立大学原子力研究所）は，クロム錯体を用いたメタクリル酸メチルや酢酸ビニルなどのビニルモノマーのリビングラジカル重合に関する論文をいち早く発表した（M. Lee, Y. Ishida, and Y. Minoura, “Effects of Ligands on the “Living” Radical Polymerization Initiated by the Aged Cr^{2+} Plus Benzoyl Peroxide System”, *J. Polym. Sci., Polym. Chem. Ed.*, **20**, 2, pp. 457−465（1982）など）．この研究では，反応率の増大にともなう分子量の増加やブロック共重合体の生成などが実際に確認された．金属—炭素間に結合が形成されていたかどうかを直接確認する実験手法はなかったが（現在でも直接の結合形成の証明は難しい），反応機構を考察する中でラジカルとクロム間の相互作用（結合の形成）の可能性が指摘された．当時は，分子量評価についても，分子量や分子量分布を直接評価するための分析機器（SEC）がまだ十分には普及していなかった時代であり，分子量決定は粘度法に依存していた．分子量分布を直接評価することも容易ではなかった．さらに不運なことに，箕浦教授が病気のため現役で逝去し，クロム錯体によるリビングラジカル重合の研究は完成することなく，1980年初頭の段階で途絶えてしまった．その後，別の研究者による追試や関連化合物を用いた新しい重合制御の試みが行われたものの，有用な結果が得られないままに終わっている．

1980年代，イニファーターやTEMPOを用いたブロック共重合の合成（3.4.2項），ヨウ素移動重合（8.1節）などの現在のリビングラジカル重合の基礎となる重要な事実が多く発見されている．同じ頃，ダルムシュタット工科大学のDietrich Braun教授は，テトラフェニルエタン誘導体を開始剤として用いてメタクリル酸メチルのラジカル重合を行うと，反応収率の増加にともなって分子量が増大することに気が付いた．Braun教授はこの重合現象を1次ラジカル停止によって生成したオリゴマーが再開始しているだけであると解釈し，リビングラジカル重合の考え方，すなわちドーマント種と活性種の平衡を利用すればリビング重合が達成できることを認めようとしなかった．後年になってリビングラジカル重合への理解が世の中に広く浸透してからも，Braun教授の姿勢が変わることは一切なく，オリゴマーがラジカル開始剤として機能しているにすぎないという主張を最期まで固持し続けた．筆者の修士論文の研究は，ドイツ語で書かれた置換エタン誘導体を開始剤とする重合に関する一連の論文（A. Błedzki and D. Braun, “Polymerisationsauslösung mit substituierten Ethanen, 1. Polymerisation von Methylmethacrylat mit 1,1,2,2-Tetraphenyl-1,2-diphenoxyethan”, *Makromolekulare Chemie*, **182**, 4, pp. 1047−1056（1981）など）を訳して，実験を追試するところから始まった．みかけ上同様の実験結果が得られたが，筆者らの解釈はBraun教授の考えとは異なっていた．置換エタン誘導体は熱イニファーターとして機能し，リビングラジカル重合のモデルがこの重合にも適用できると結論して1987年に論文発表した．ただし，熱イニファーターの重合制御能には限界があり，精密なポリマー構造制御には至らなかった．新しい分野の研究に取り組むタイミングは重要であり，早すぎると時代の波に乗り損ねることがあることを物語っている．

参考文献

1) B. B. Wayland, G. Poszmik, S. L. Mukerjee, and M. Fryd, "Living Radical Polymerization of Acrylates by Organocobalt Porphyrin Complexes", *J. Am. Chem. Soc.*, **116**, 17, pp. 7943-7944 (1994)

2) W. Benchaphanthawee and C.-H. Peng, "Organo-Cobalt Complexes in Reversible Deactivation radical Polymerization", *Chem. Rec.*, **21**, 12, pp. 3628-3647 (2021)

3) B. B. Wayland, L. Basickes, S. Mukerjee, M. Wei, and M. Fryd, "Living Radical Polymerization of Acrylates Initiated and Controlled by Organocobalt Porphyrin Complexes", *Macromolecules*, **30**, 26, pp. 8109-8112 (1997)

4) Z. Li, M. Fryd, and B. B. Wayland, "New Life for Living Radical Polymerization of Mediated by Cobalt (II) Metalloradicals", *Macromolecules*, **37**, 8, pp. 2686-2687 (2004)

5) Y.-C. Lin, Y.-L. Esieh, Y.-D. Lin, and C.-H. Peng, "Cobalt Bipyridine Bisphenolate Complex in Controlled/Living Radical Polymerization of Vinyl Monomers", *Macromolecules*, **47**, 21, pp. 7362-7369 (2014)

6) S. Asano, T. Aida, and S. Inoue, "Immortal Polymerization. Polymerization of Epoxide Catalysed by an Aluminium Porphyrin-Alcohol System", *Chem. Commun.*, **1985**, 17, pp. 1148-1149 (1985)

7) B. B. Wayland, C.-H. Peng, X. Fu, Z. Lu, and M. Fryd, "Degenerative Transfer and Reversible Termination Mechanisms for Living Radical Polymerizations Mediated by Cobalt Porphyrins", *Macromolecules*, **39**, 24, pp. 8219-8222 (2006)

8) A. Debuigne, J.-R. Caille, and R. Jérôme, "Highly Efficient Cobalt-Mediated Radical Polymerization of Vinyl Acetate", *Angew. Chem. Int. Ed.*, **44**, 7, pp. 1101-1104 (2005)

9) A. Debuigne, J.-R. Caille, C. Detrembleur, and R. Jérôme, "Effective Cobalt Mediationof the Radical Polymerization of Vinyl Acetate in Suspension", *Angew. Chem. Int. Ed.*, **44**, 22, pp. 3439-3442 (2005)

10) H. Kaneyoshi and K. Matyjaszewski, "Effect of Ligand and *n*-Butyl Acrylate on Cobalt-Mediated Radical Polymerization of Vinyl Acetate", *Macromolecules*, **38**, 20, pp. 8163-8169 (2005)

11) M. A. Semsarzadeh and P. Alamdari, "Cobalt-Mediated Radical Polymerization of Vinyl Acetate in an Alumina Column Using Suspended Polyvinyl Alcohol", *J. Polym Res.*, **20**, 10, pp. 276-286 (2013)

12) M. A. Semsarzadeh and A. Sabvevari, "Silica Gel Supported $Co(acac)_2$ Catalyst in the Controlled Radical Polymerization of Vinyl Acetate: An Easy and Practical Method To Make Crystallized Poly (vinyl acetate) in A One Step Process", *J. Polym. Res.*, **24**, 11, pp. 177-186 (2017)

13) P. G. Falireas and B. Ameduri, "Cobalt-Mediated radical Copolymerization of Vinylidene Fluoride and 2,2,3,3-Trifluoroprop-1-ene", *Polymers (MDPI)*, **13**, 16, 2676 (2021)

14) A. Fuchs and S. Mecking, "Controlled Cobalt-Mediated Free-Radical Co- and Terpolymerization of Carbon Monoxide", *J. Am. Chem. Soc.*, **144**, 34, pp. 15879-15884 (2022)

15) S. Sumino and I. Ryu, "Pd-Mediated Light-Controlled Living Radical Polymerization of Methyl Acrylate", *Bull. Chem. Soc. Jpn.*, **95**, 11, pp. 1532-1536 (2022)

Living Radical Polymerization Guidebook:
Reaction Control for Materials Design

ポリマーの 精密構造制御と材料設計

第Ⅰ編でラジカル反応とラジカル重合の基礎的事項を，第Ⅱ編でリビングラジカル重合の基本的な特徴や反応機構の詳細，応用例などを説明した．第Ⅲ編では，リビングラジカル重合を利用すると，どのような構造のポリマーを合成できるのか，どこまで精密に構造を制御できるのか，構造制御したポリマーのどのような応用展開が期待できるのかを説明する．これまで述べてきた内容と関連する部分については，相当する章の記述を読み返して，理解を深めていただきたい．

第10章では重合活性種を変換して多段階の反応でリビングラジカル重合を行うことによって，ポリマー構造が精密に制御できることを説明する．光などの外部刺激による反応制御についても触れる．第11章では，ポリマー中のモノマー単位のつながり方に着目し，共重合体の分類と特徴，精密配列制御，立体規則性ポリマーの合成について述べる．第12章では，クリック反応などの高分子反応を利用したポリマーの機能化について紹介する．第13章では，リビングラジカル重合を応用した機能性ポリマーの合成について，材料設計全般の立場から概観する．第14章では，持続可能な社会に適用するための分解性ポリマーの合成に対して，リビングラジカル重合がどのように貢献できるのか，最先端の研究と今後の展望を述べる．第15章では，リビングラジカル重合を利用してポリマーを合成するための実験例を紹介する．

◉本編で学べること

- 異なるリビングラジカル重合を組み合わせたポリマー合成
- 外部刺激による重合反応の精密制御の方法とその効果
- ポリマーの精密配列制御の意義と反応の例
- リビングラジカル重合における立体規則性制御の現状と課題
- リビングラジカル重合とクリック反応の併用によるポリマー合成
- 高分子反応を利用した機能性ポリマーの材料設計と応用例
- ポリマー合成のための具体的な反応条件や実験手順

第10章

重合活性種の変換と外部因子による反応制御

第II編で説明したように，リビングラジカル重合の対象となるモノマーの種類はそれぞれ重合方法に依存し，適用可能な重合条件の範囲は限られている．また，ラジカル重合以外の反応機構によるさまざまなリビング重合がすでに開発されている．多段階の反応過程にそれぞれ最適なリビング重合を組み込むことによって，単一の重合法だけに頼っていては合成できない構造をもつポリマーを得ることが可能になる．本章では，重合特性が異なるモノマーを組み合わせて新しいポリマーを合成するために欠かせない，リビングラジカル重合の活性種変換法について説明する．また，近年新たな展開を見せている，光触媒，酸素，pHなどの外部条件によって制御するリビングラジカル重合の例を紹介する．

10.1 逐次法による重合活性種の変換

原子移動ラジカル重合（ATRP）とリビングラジカル重合以外のリビング重合を組み合わせた2段階の重合によって合成したブロック共重合体の構造を**図10-1**に示す[1)]．これらブロック共重合体の合成では，1段階目のリビング重合（リビングカチオン重合，リビング開環重合あるいはリビング開環メタセシス重合）の後，ポリマー末端をATRP用のポリマー開始剤として適した構造に高分子反応で変換し，ビニルモノマーをさらに添加して2段階目の重合を行う．ここで，1段階目の重合反応後に，ポリマーを単離せずにそのまま反応系の後処理によって末端基を変換する方法と，ポリマーを一度取り出してから別の反応系を新たに設定して2段階目の反応を行う方法がある．図10-1に示した例に限らず，2段階の逐次的な合成方法では，リビングラジカル重合以外のリビング重合で合成したポリマーの末端を変換して2段階目でATRPを適用することが多いが，順番を入れ替えてATRPを先に行ってもよい．ニトロキシド媒介ラジカル重合（NMP）と他の重合の組み合わせによるブロック共重合体の

リビングカチオン重合–ATRP

$CH_3-CH(Ph)-(CH_2-CH(Ph))_n-(CH_2-C(R)(C{=}O\,OCH_3))_m-Cl$　$[R = H, CH_3]$

$Cl-(CH(Ph)-CH_2)_n-(C(CH_3)_2-CH_2)_m-C(CH_3)_2-C_6H_4-C(CH_3)_2-(CH_2-C(CH_3)_2)_n-(CH_2-CH(Ph))_m-Cl$

リビング開環重合–ATRP

H, O, O, Br, Br, Br, O, O, n, m

リビング開環メタセシス重合–ATRP

$CH_3-C(CH_3)(Ph)-CH{=}(CH-C_5H_8-CH{=})_nCH-C_6H_4-CH_2-(CH_2-CH(R))_m-Br$　$[R = -Ph, -CO_2CH_3]$

［図10-1］ **ATRPを利用した逐次活性種変換によるブロック共重合体の合成**

図4-15も参照.

構造については4.7節の図4-15を参照していただきたい．異なる特徴をもつ重合を組み合わせることによって，リビングラジカル重合どうしの組み合わせでは得られない繰り返し構造を含むブロック共重合体が得られる.

10.2 単一反応系の重合活性種の逐次変換

ワンポットで重合を連続して行いながら，反応の途中で重合活性種を変換して，異なるモノマーに有効な化学構造に変換してブロック共重合体を合成する方法がある．リビングラジカル重合以外の重合を利用した先駆的な研究として，**図10-2**に示す反応が知られている[2]．図(a) に示すように，テトラヒドロフランのカチオン開環重合の反応系に還元剤を添加して，成長末端活性種のオキソニウムカチオンをカルボアニオン末端に変換した後に，さらにメタクリル酸エステルのアニオン重合を進行させると，ブロック共重合体が得られる[3]．2段階目の反応としてアニオン開環重合を用いることもできる．また，図(b) に示すように，スチレンのラジカル重合反応系に酸化

(a)

CH$_3$OTf カチオン開環重合 → $Sm^{II}I_2$ → アニオン重合 → $CH_3-(OC_4H_8)_n-(CH_2-C(CH_3)(C=O-O-Bu^t))_m-$

(b)

ラジカル開始剤 ラジカル重合 → $Ph_2I^{\oplus}\,PF_6^{\ominus}$ → カチオン開環重合 → $-(CH_2-CH)_n-(O-C_6H_{10})_m-$

［図10-2］ **同一反応系における重合活性種の逐次変換によるブロック共重合体の合成**

(a) カチオン開環重合からアニオン重合への変換，(b) ラジカル重合からカチオン開環重合への変換．［R. Nomura *et al.*, *Macromolecules*, 27, 17, pp. 4853-4854 (1994) およびH.-Q. Guo *et al.*, *Macromolecules*, 29, 7, pp. 2354-2358 (1996) を参考に作成］

剤としてジアリールヨードニウム塩（超多価ヨウ素化合物）をあらかじめ添加しておくと，重合中に成長ラジカルが酸化されてカルボカチオンが生成する．シクロヘキセンオキシドなどのカチオン重合性のモノマーを共存させておくと，変換されたポリマー末端のカルボカチオンからカチオン開環重合が進行し，ブロック共重合体が生成する[4)]．ただし，これらの重合系はリビング重合機構で進行しないため，分子量や分子量分布を制御できない．

同様の活性種変換反応をリビングラジカル重合に適用すると，異なる重合機構を組み合わせた成長反応機構を利用できることになり，ワンポットで効率よくブロック共

低反応性・非共役モノマー（LAM）
酢酸ビニル，*N*-ビニルアミド，
N-ビニルカルバゾールなど

塩基性　酸性

高反応性・共役モノマー（MAM）
スチレン，アクリル酸エステル，
メタクリル酸エステルなど

［図10-3］ RAFT末端のpH制御による共役モノマーと非共役モノマーの重合制御のスイッチング
［M. Benaglia *et al.*, *J. Am. Chem. Soc.*, 131, 20, pp. 6914-6915（2009）, Scheme 1を参考に作成］

重合体が合成できる．可逆的付加開裂型連鎖移動ラジカル重合（RAFT重合）は，第6章で説明したように，最もモノマーの適用範囲や重合条件が広いが，現実にはポリマー構造が厳密に制御できる条件は限られている．たとえば，共役モノマーと非共役モノマーでは用いるRAFT剤の種類（すなわちポリマー末端のRAFT基構造）を適切に変更する必要がある．高反応性モノマー（MAM）と低反応性モノマー（LAM）に共通して高活性を示すRAFT剤は存在しない．このことが，RAFT重合によるブロック共重合体の合成の際に，繰り返し構造の組み合わせの選択に対する制限を生じていた（6.2節）．

この問題を解決するため，Moadらは系のpHを変えるとRAFT剤の化学的な特性が大きく変化することに着目し，RAFT剤とモノマーの相性のそれまでのジレンマを打ち破る反応制御法を提案した[5),6)]（**図10-3**）．ピリジン環を含むジチオカルバメート型のRAFT剤が非共役モノマーの反応制御に有効に作用するのに対し，酸性条件でピリジニウム塩となったRAFT剤は共役モノマーの反応制御に有効である．この性質を利用し，まず酸性条件でメタクリル酸メチルやアクリル酸メチルの重合を行い，その後反応系を塩基性にして酢酸ビニルや*N*-ビニルカルバゾールの重合を行うことで，従来のRAFT重合では合成が困難であった組み合わせの繰り返し構造をもつブロック共重合体が合成できる．ただし，ここに示すピリジニウム塩型のRAFT剤は，アセトニトリルなどの一部の有機溶媒にのみ可溶であり，また非イオン性のRAFT剤は水系での重合には適さない．ポリマーの溶解性や溶媒の選択も含めて，重合条件の設定に制約があり，真の意味でユニバーサルなRAFT剤の開発に向けて，さらに改良の余地が残されている．一方，有機テルル化合物を用いるリビングラジカル重合

（TERP）では同じ化学構造をもつ重合制御剤が共役モノマーと非共役モノマーのいずれに対しても有効な場合が多く，ワンポットでのブロック共重合体の合成に適した重合法であるが，重合制御剤の入手や取り扱いに制約が生じる（第7章参照）．共役モノマーと非共役モノマーの組み合わせによるブロック共重合体のワンポット合成への期待は大きく，できるだけ一般性が高く，かつ簡便な合成方法が待ち望まれている．

10.3 リビングラジカル重合中の活性種変換

リビングラジカル重合の反応活性種を他のリビング重合の活性種に変換することによってさまざまな構造の共重合体を合成することが可能になる．RAFT剤はリビングラジカル重合だけでなく，リビングカチオン重合も誘起する[7]．モノマーとしてビニルエーテルを用い，微量の酸を作用させるとカチオン重合が進行し，成長末端がRAFT基で保護された（ドーマント化した）ポリマーが生成する．このとき，重合はリビングカチオン重合機構（カチオンRAFT重合）で進行し，ポリマーの末端構造（ドーマント種の構造）はラジカルRAFT重合で生成する構造と同一のものとなる．このことを利用すると，他の重合方法の組み合わせでは実現できない形でのポリマー合成が可能になる．

たとえば，ラジカル重合性のアクリル酸エステルを先に重合して，末端にRAFT基を含むポリアクリル酸エステル（マクロRAFT剤）を合成した後に，その反応系にさらにルイス酸（触媒）とビニルエーテルを重合系に添加すると，ポリマーのRAFT基末端から成長カチオンが生成し，**図10-4**（a）に示すカチオンRAFT重合機構によってブロックポリマーが生成する．ここで，ビニルエーテルを添加する前にポリマーを単離する必要はない．また，アクリル酸エステルはカチオン重合しない（カチオン共重合にもまったく関与しない）ので，仮に未反応のアクリル酸エステルが残存していても，ブロック共重合体の第2成分にはビニルエーテルだけが含まれる．また，アクリル酸エステルとビニルエーテルを最初から両方存在させておいて，はじめにラジカル発生剤を加えて加熱（あるいは光照射）してラジカルRAFT重合を優先的に進行させ，後からルイス酸を添加してカチオンRAFT重合に切り替えても同様のブロック共重合体が生成する．ただし，1段階目の反応がランダム共重合となり，非共役モノマーであるビニルエーテルが（ごく少量であるが）ポリマー鎖中に含まれる．

さらに，リビングラジカル重合とリビングカチオン重合のそれぞれに適したモノマーを両方ともに最初から添加しておき，ラジカル重合とカチオン重合のための重合開始剤が両方同時に作用する反応条件でRAFT重合を行うと，リビングラジカル重

(a)

R−S−C(=S)−SEt　—MA/IBVE or MA / ラジカル RAFT 重合→　〰CH_2−ĊH(X)　+　S=C(SR)−SEt

⇄　R・　〰CH_2−CH(X)—S−C(=S)−SEt　⇄(MtX_n)　〰CH_2−$\overset{\oplus}{C}$H(X)　+　S=C(−S−MtX_n ⊖)−SEt

ドーマント種

—IBVE / カチオン RAFT 重合→　〰(CH_2−CH(CO_2CH_3))$_m$(CH_2−CH(O−Bu^i))$_n$S−C(=S)−SEt

(b)

〰CH_2−$\overset{\oplus}{C}$H(O−Bu^i)　S=C(−S−MtX_n ⊖)−SEt

S=C(−S−R)−Z

〰CH_2−ĊH(O−Bu^i)　or　〰CH_2−ĊH(CO_2CH_3)

IBVE

カチオン
RAFT 重合

〰C−S−C(=S)−SEt
ドーマント種

ラジカル
RAFT 重合

MA
IBVE

MtX_n

R・

〰C ⊕　S=C(−S−MtX_n ⊖)−SEt

〰C・　S=C(−S−R)−SEt

CH_3−CH(O−Bu^i)—[(CH_2−CH(O−Bu^i))$_n$//(CH_2−CH(CO_2CH_3))$_m$]$_l$S−C(=S)−SEt

マルチブロック共重合体

［図10-4］ **RAFT末端をドーマント種とする直接的活性種変換によるポリマー合成**

(a) ラジカル機構によるRAFT重合からカチオン反応機構によるRAFT重合への変換（MtX_nの添加による反応機構の変換）．ビニルエーテルは最初から添加するか，あるいは途中でMtX_nと一緒に添加する．(b) カチオンRAFT重合とラジカルRAFT重合の同一重合系中における活性種の相互変換（重合中の活性種自動変換）によるマルチブロック共重合体の合成．MA：アクリル酸メチル，IBVE：イソブチルビニルエーテル，MtX_n：ルイス酸（触媒），Et：エチル基，Bu^i：イソブチル基．［M. Kamigaito *et al.*, *J. Polym. Sci., Part A: Polym. Chem.*, **57**, 3, pp. 243-254 (2019) を参考に作成］

合とリビングカチオン重合が競争的に進行する（図(b)）．ここで，リビングラジカル重合とリビングカチオン重合でそれぞれ別のポリマー鎖が生成するのではなく，図(b) に示すマルチブロック共重合体が生成する．これは，ドーマント種を形成している間のポリマー末端構造は両者でまったく同じ化学構造をもち，これら重合間での相互変換を可能にしているためである．図(b) に示す重合機構によって，ラジカル重合機構によって生成したポリアクリル酸エステルと，カチオン重合機構によって生成したポリビニルエーテルが互いにいくつも連なったマルチブロック共重合体がワンポットで容易に合成できる[8)]．

10.4 タンデム同時重合

同一の反応系の異なる2種類の触媒系を同時進行的に作用させてポリマーを合成する重合法が報告されている[2)]．異なる種類の重合の開始点となる構造を含む化合物を開始剤として用いると，それぞれ開始点の特性に応じたリビング重合が進行してブロック共重合体を得ることができる．このとき，それぞれの重合に特異的に反応するモノマーを用いれば，2種類のモノマーを添加して，2種類のリビング重合を同時に進

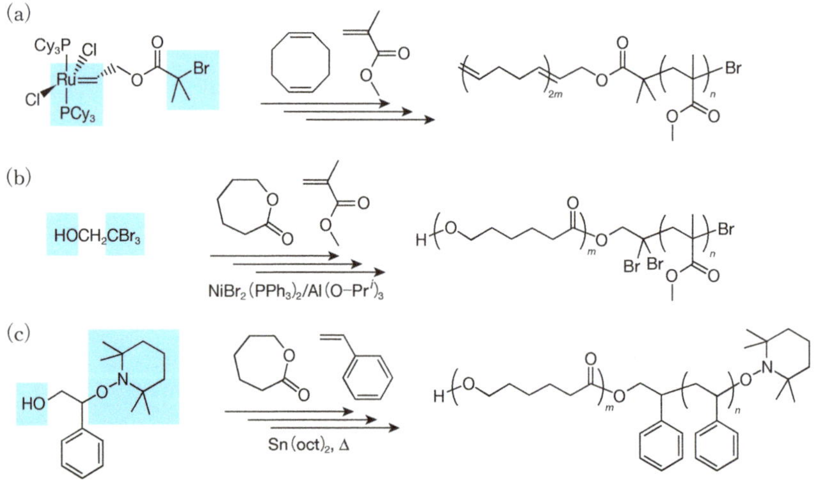

［図10-5］ タンデム同時重合によるブロック共重合体の合成

(a) 開環メタセシス重合とATRPの組み合わせ，(b) アニオン開環重合とATRPの組み合わせ，(c) アニオン開環重合とNMPの組み合わせ．水色部分の構造は重合の開始点を示す．［K. Satoh, *Molecular Technology: Synthesis Innovation, Vol. 4*, H. Yamamoto and T. Kato (Eds.), Chapter 9, pp. 231-258, Wiley-VCH (2019) を参考に作成］

［図10-6］**ラジカル重付加とATRPのタンデム同時重合によるビニルポリマーとポリエステルのマルチブロック共重合体の合成**

［上垣外正己，『新訂三版 ラジカル重合ハンドブック』，澤本光男 監修，エヌ・ティー・エス，pp. 642-664 (2023) を参考に作成］

行させることができる．この重合はタンデム同時重合と呼ばれる．たとえば，**図10-5**に示すように，開環メタセシス重合-ATRP，アニオン開環重合-ATRPあるいはアニオン開環重合-NMPの組み合わせのように，互いの重合が他方の障害とならない（他の重合の抑制や禁止効果を示さない）場合に有効な重合方法である．同時ではなく，モノマーを別々に添加して，それぞれリビング重合の最適の反応条件（温度や時間など）に調整することもできる．

ラジカル重付加は，2種類の官能基間でラジカル付加反応が繰り返されてポリマーが生成する逐次重合である[9]．炭素−炭素2重結合が連鎖的に反応せず（単独重合性がない），生成した共有結合が安定で再活性化されない場合にラジカル重付加が進行する．代表的なラジカル重付加反応として，チオール-エン反応を利用した重合がある．チオールから生成した硫黄ラジカルが2重結合に付加し，生成した炭素ラジカルがチオールから水素を引き抜く．これらの反応が繰り返され，ポリマーが生成する．

ラジカル重付加とATRPをタンデム同時重合すると，**図10-6**に示すように，ビニルポリマーとポリエステルのマルチブロック共重合体が合成できる．チオール-エン型のラジカル重付加反応だけでなく，ヨウ素移動型ラジカル重付加やRAFT型ラジカル重付加とリビングラジカル重合を組み合わせたブロック共重合体の合成が報告されている[10)]．

10.5 光触媒によるリビングラジカル重合の制御

リビングラジカル重合に光触媒（photocatalyst）を用いると，ある特定の波長の光照射によって，重合を制御することが可能になる．触媒は光励起され，励起1重項状態から系間交差によって励起3重項状態に移行し，重合反応系に含まれる開始剤やドーマント種を活性化し，成長ラジカルを発生する[11)]．活性化した後に光触媒から生成するカチオンラジカル種は成長ラジカルを不活性化する作用があり，この反応によって光触媒は元の安定な形に戻る．同時に，ポリマーはドーマント種へと戻る．このサイクルは，**図10-7**(a) に示す反応式で一般化して表すことができる．近年，さまざまな用途や使用条件に応じて，紫外光，可視光，近赤外光など異なる波長をもつ光によって効率よく励起される光触媒が開発されている[12)](図(b))．用途や使用条件に応じて最適の構造の光触媒が選ばれる．

金属を含まない有機分子からなるこれらの光触媒を用いるリビングラジカル重合の研究が盛んに行われている．さまざまな波長域に吸収帯をもつ光触媒を組み合わせて応用すると，照射光の波長によって多段階の反応を精密に制御することも可能となる．**図10-8**に示す1段階目の反応は，赤色光照射による線状のメタクリル酸エステルのランダム共重合体の生成過程であり，2段階目の緑色光照射によって主鎖末端のアクリル酸エステルの1分子成長による成長停止が起こり，同時に側鎖RAFT基からのグラフト鎖の成長が開始される．その結果，主鎖と側鎖の繰り返し構造と鎖長がいずれも厳密に制御された構造をもつグラフト共重合体を合成できる[13)]．

光照射の有無による開始反応のオンオフ（すなわち重合反応のオンオフ）の切り替えの利便性は，温度による制御や添加物の有無によるオンオフ制御に比べるとはるかに優れている[14)]．たとえば，**図10-9**(a) に示すように，厳密に光照射時のみに限って重合を進行させることができる．この優れた光制御法は，主としてATRPやRAFT重合に応用されている．時間制御だけでなくフォトマスクを利用した空間的なオンオフ制御も同時に行うことができる[15)](図10-9 (b))．

さらに，光照射以外のさまざまな外部因子によるリビングラジカル重合のオンオフ

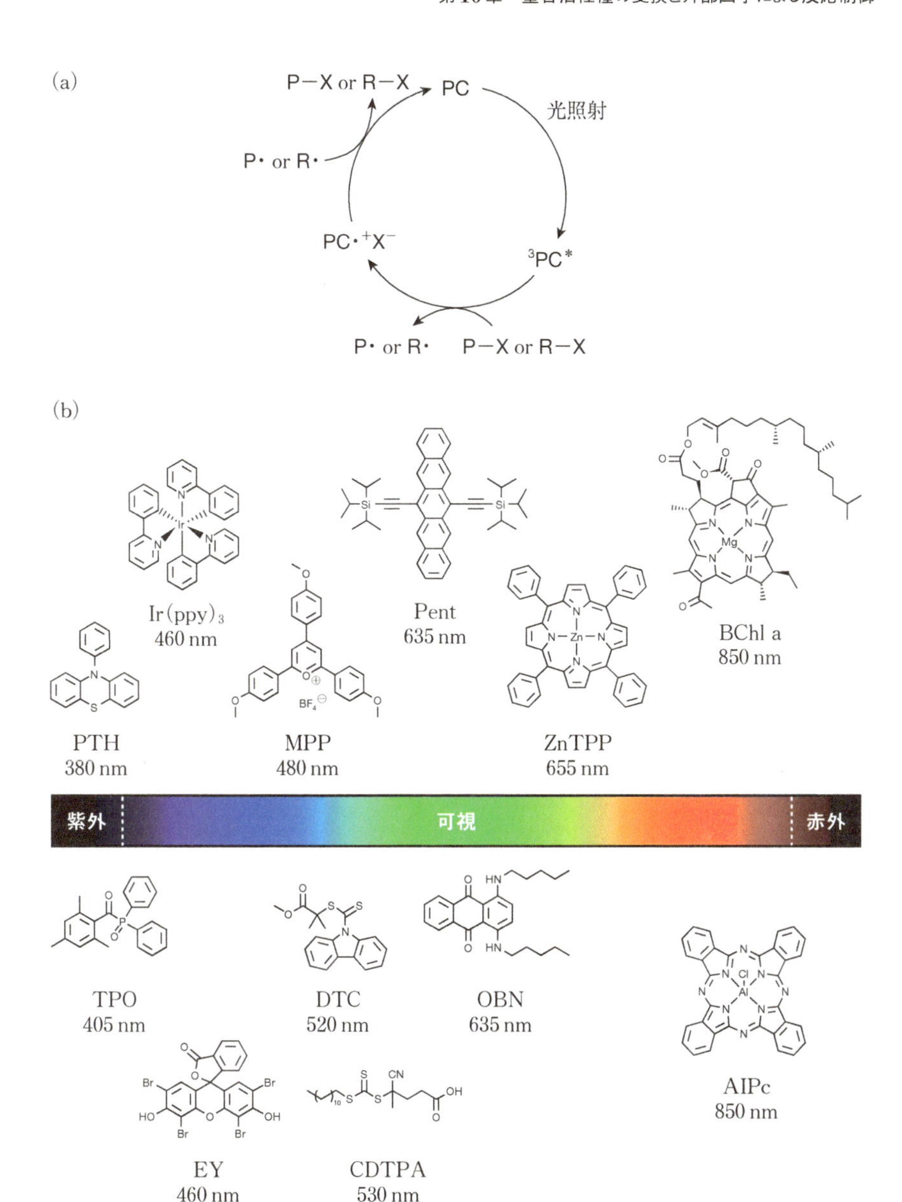

［図10-7］ (a) 光触媒を用いるリビングラジカル重合の反応制御サイクルと (b) 紫外光から近赤外光領域まで異なる最大吸収波長をもつ光触媒のラインナップ

(a) PC：光触媒，^{3}PC*は励起3重項状態の光触媒，R−X：開始剤，R•：開始ラジカル（1次ラジカル），P•：ポリマーラジカル（成長ラジカル），P−X：ポリマー開始剤（ドーマント種）．［(b) は N. Corrigan *et al.*, *Angew. Chem. Int. Ed.*, 58, 16, pp. 5170-5189 (2019) を参考に作成］

ZnTPP　PheoA　CPADB（開始剤）　BTPEMA（モノマー A）　MMA（モノマー B）

赤色光（690 nm）　ランダム共重合体　MA（モノマー C）　緑色光（530 nm）　グラフト共重合体

［図10-8］ 照射光の波長による反応制御

1段階目は赤色光照射によるメタクリル酸エステル（モノマー AとB）のランダム共重合体の合成，2段階目は緑色光照射による主鎖末端でのアクリル酸エステル（モノマー C）の1分子成長による成長停止と側鎖RAFT基からのグラフト鎖の成長．［R. Chapman *et al.*, *RAFT Polymerization: Methods, Synthesis and Applications, Vol. 1*, G. Moad and E. Rizzardo（Eds.）, Chapter 12, pp. 611-645（2022）を参考に作成］

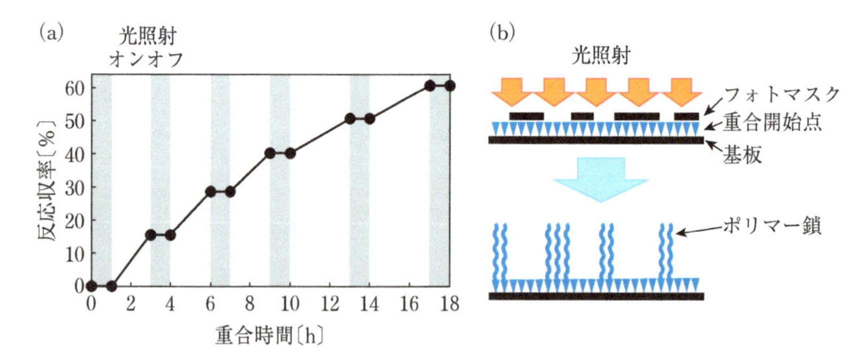

［図10-9］ 選択的光照射を用いるリビングラジカル重合の時空間制御

(a) ATRPの時間的なオンオフ制御，(b) フォトマスクを用いる空間的なオンオフ制御．［(a) は B. P. Fors and C. J. Hawker, *Angew. Chem. Int. Ed.*, **51**, 35, pp. 8850-8853（2012）を参考に作成．(b) はJ. E. Poelma *et al.*, *Angew. Chem. Int. Ed.*, **52**, 27, pp. 6844-6848（2013）を参考に作成］

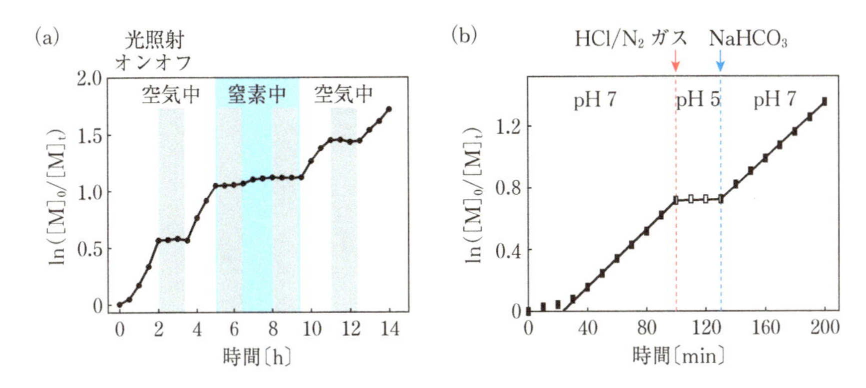

［図10-10］ さまざまな外部因子と光触媒を組み合わせたリビングラジカル重合のオンオフ制御

(a) 光と酸素による反応制御，(b) pHによる反応制御．［R. Chapman *et al.*, *RAFT Polymerization: Methods, Synthesis and Applications, Vol. 1*, G. Moad and E. Rizzardo (Eds.), Chapter 12, pp.611-645 (2022), Figure 12-5およびFigure 12-7を参考に作成］

制御，たとえば，酸素と二酸化炭素による反応制御やpHによる反応制御が行われている．光，酸素，pHによる反応制御の例を**図10-10**に示す[12]．それぞれ外部因子が光触媒に作用して，図10-7 (a) に示したラジカル発生と失活の反応を巧みに制御するための工夫が組み込まれている[16]．たとえば，酸素による反応制御（図10-10 (a)）では，空気中で光照射したときのみ重合が進行し，窒素雰囲気ではラジカル発生が起こらないため，重合は進行しない．空気を作用させると重合がふたたび開始し，リビングラジカル重合が進行する．もちろん，暗所では開始反応はオフ状態となり，重合は進行しない．ラジカル重合では，酸素は禁止剤や阻害剤として作用することが多いが，このケースのように，酸素を開始反応の酸化還元に組み込んで重合制御の手段の1つとして積極的に活用することができる．酸素によって影響を受けないリビングラジカル重合の反応系の開発が進み，ATRPやRAFT重合に対して触媒と酸素を積極的に作用させて反応を制御する系も報告されている[16),17]．図10-10 (b) のpHによる反応制御では，中性条件（pH 7）でのみ触媒が光吸収により活性化し，重合を誘起する．

光と酸素に応答してオンオフ制御が可能な重合系は，3Dプリンターを利用した3次元構造物の製造にも応用されている[18]（**図10-11**）．ここでは，光照射は下方から行われ，液状の樹脂が光反応（重合）によって硬化して成形物を与える．ある特定の位置のみで硬化反応が進行するように制御されており，複雑な形状の構造物が作成できる．重合の進行は酸素濃度で制御でき，成型品を反応の速度に合わせてゆっくりと引き上げながら連続的に硬化が行われる．

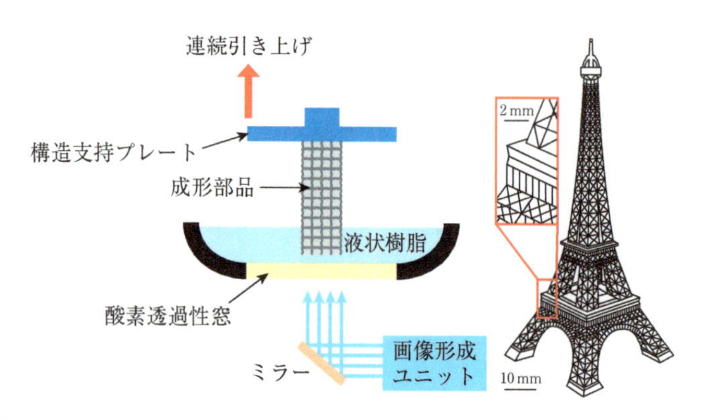

［図10-11］ **3Dプリンターによる3次元構造物の製造**

［J. R. Tumbleston *et al.*, *Science*, 347, 6228, pp. 1349-1352（2015), Figure 1およびFigrue 4を参考に作成］

COLUMN

ポリマー合成化学者と有機合成化学者 似て非なるもの

本来，研究分野に垣根など存在しないし，それまで経験してきた研究環境や現在置かれている状況あるいは今後目指す方向性が違っていても，合成化学者と呼ばれる人たちは，何か共通点をもっているものである．ところが，現実を振り返ると，ポリマー合成化学の領域で経験を積んできた研究者と，有機合成化学の領域で経験を積んできた研究者を比較したとき，言葉では表しがたい微妙な違いがあることを肌で感じる．

最終的に何を目指しているか，そもそも研究目的（目標）がまったく異なるケースをしばしば見かける．どちらの研究領域の研究者も新しいポリマーをつくり出すことを仕事の一部にしている（合成することが目的ではなく，手段である場合も少なくない）という点では共通性があるが，何を，どのようにしてつくるかという課題への取り組み方や，そもそも何のためにつくっているのかが違っているようだ．高分子化学の領域では，ポリマーを材料として眺めたときにどのような特性があるのか，それらポリマーの特徴をどのように研究に活かせるのか，これらの要素をポリマー合成化学者は無意識のうちに感じ取っているのではないだろうか．もちろん，低分子化合物を扱う有機合成化学者も，役に立つ新しい反応を開発して，新しい物質を効率よくつくり出すことをつねに考えて研究に向き合っているはずである．では何が違うのだろうか？

医薬品合成や天然物合成に直接かかわる有機合成化学者や，物理有機化学的な要素が大きい合成化学者を除けば，多くの有機合成化学者は反応生成物の物性をつねに意識しているとはいえない．むしろ反応そのものに99％の神経を集中して研究に取り組んでいることが少なくない．どちらが優れているかどうかの問題ではなく，研究スタイルやスタンスの違いだと考えてよい．ところが，研究対象としてポリマーを扱う以上，ポリマー材料の視点なしに反応を眺めることはできないし，またその視点をもつべきである．少なくとも，筆者はそう考えているが，いかがだろうか．もちろん，メタセシス反応でノーベル化学賞を受賞した(故)Robert H. Grubbs教授のように，有機合成化学者とポリマー合成化学者の2つの顔を使い分けながら，かつそれぞれの研究成果を相互にフル活用していた二刀流の研究者もいる．決して中途半端にどっちつかずの研究スタンスをとるのではなく，それぞれの研究領域の特徴や必要性を熟知したうえで，各専門分野での最先端の研究分野を切り拓いてきた雄姿が印象に残っている．とはいうものの，二刀流はだれにでも真似できるスタイルではない．ほとんどの研究者は自分流のスタイルを見つけて，最善の形でそれぞれ研究に取り組むしかないのである．

参考文献

1) 松本章一，『新訂版 ラジカル重合ハンドブック』，蒲池幹治，遠藤剛，岡本佳男，福田猛 監修，エヌ・ティー・エス，pp. 246-259（2010）

2) K. Satoh, "Molecular Technology for Synthesis of Versatile Copolymers via Multiple Polymerization Mechanism", In *Molecular Technology: Synthesis Innovation, Vol. 4*, H. Yamamoto and T. Kato（Eds.), Chapter 9, pp. 231-258, Wiley-VCH: Weinheim（2019）

3) R. Nomura, M. Narita, and T. Endo, "Block Copolymerization of Tetrahydrofuran and tert-Butyl Methacrylate. Polarity Inversion of Cationic Propagation Ends into Anionic Ones via Two-Electron Reduction by Samarium Iodide", *Macromolecules*, **27**, 17, pp. 4853-4854（1994）

4) H.-Q. Guo, A. Kajiwara, Y. Morishima, and M. Kamachi, "Radical/Cation Transformation Polymerization and Its Application to the Preparation of Block Copolymers of *p*-Methoxystyrene and Cyclohexene Oxide", *Macromolecules*, **29**, 7, pp. 2354-2358（1996）

5) M. Benaglia, J. Chiefari, Y. K. Chong, G. Moad, E. Rizzardo, and S. H. Thang, "Universal（Switchable）RAFT Agents", *J. Am. Chem. Soc.*, **131**, 20, pp. 6914-6915（2009）

6) G. Moad, D. Keddie, C. Guerrero-Sanchez, E. Rizzardo, and S. H. Thang, "Advances in Switchable RAFT Polymerization", *Macromol. Symp.*, **350**, 1, pp. 34-42（2015）

7) M. Uchiyama, K. Satoh, and M. Kamigaito, "Cationic RAFT Polymerization Using ppm Concentrations of Organic Acid", *Angew. Chem. Int. Ed.*, **54**, 6, pp. 1924-1928（2015）

8) M. Kamigaito, K. Satoh, and M. Uchiyama, "Degenerative Chain-Transfer Process: Controlling All Chain-Growth Polymerizations and Enabling Novel Monomer

Sequences", *J. Polym. Sci., Part A: Polym. Chem.*, **57**, 3, pp. 243-254 (2019)

9) 上垣外正己,『新訂三版 ラジカル重合ハンドブック』, 澤本光男 監修, エヌ・ティー・エス, pp. 642-664 (2023)

10) M. Mizutani, K. Satoh, and M. Kamigaito, "Metal-Catalyzed Simultaneous Chain- and Step-Growth Radical Polymerization: Marriage of Vinyl Polymers and Polyesters", *J. Am. Chem. Soc.*, **132**, 21, pp. 7498-507 (2010)

11) C. Wu, N. Corrigan, C.-H. Lim, W. Liu, G. Miyake, and C. Boyer, "Rational Design of Photocatalysts for Controlled Polymerization: Effect of Structures on Photocatalytic Activities", *Chem. Rev.*, **122**, 6, pp. 5476-5518 (2022)

12) N. Corrigan, J. Yeow, P. Judzewitsch, J. Xu, and C. Boyer, "Seeing the Light: Advancing Materials Chemistry through Photopolymerization", *Angew. Chem. Int. Ed.*, **58**, 16, pp. 5170-5189 (2019)

13) R. Chapman, K. Jung, and C. Boyer, "PhotoRAFT Polymerization", In *RAFT Polymerization: Methods, Synthesis and Applications, Vol. 1*, G. Moad and E. Rizzardo (Eds.), Chapter 12, pp. 611-645 (2022)

14) B. P. Fors and C. J. Hawker, "Control of a Living Radical Polymerization of Methacrylates by Light", *Angew. Chem. Int. Ed.*, **51**, 35, pp. 8850-8853 (2012)

15) J. E. Poelma, B. P. Fors, G. F. Meyers, J. W. Kramer, and C. J. Hawker, "Fabrication of Complex Three-Dimensional Polymer Brush Nanostructures through Light-Mediated Living Radical Polymerization", *Angew. Chem. Int. Ed.*, **52**, 27, pp. 6844-6848 (2013)

16) S. Shanmugam, J. Xu, and C. Boyer, "Photocontrolled Living Polymerization Systems with Reversible Deactivations through Electron and Energy Transfer", *Macromol. Rapid Commun.*, **38**, 13, 1700143 (2017)

17) J. Yeow, R. Chapman, A. J. Gormley, and C. Boyer, "Up in the Air: Oxygen Tolerance in Controlled/Living Radical Polymerisation", *Chem. Soc. Rev.*, **47**, 12, pp. 4357-4387 (2018)

18) J. R. Tumbleston, D. Shirvanyants, N. Ermoshkin, R. Janusziewicz, A. R. Johnson, D. Kelly, K. Chen, R. Pinschmidt, J. P. Rolland, A. Ermoshkin, E. T. Samulski, and J. M. DeSimone, "Continuous Liquid Interface Production of 3D Objects", *Science*, **347**, 6228, pp. 1349-1352 (2015)

第11章

ポリマーの精密配列制御

ポリマー中のモノマー単位のつながり方，すなわち配列（シークエンス）の制御は，ポリマー合成に関する重要なテーマの1つであり，共重合体の繰り返し構造の制御（ランダム共重合，交互共重合，ブロック共重合，グラフト共重合など）に代表されるように，従来から多くの研究が行われてきた．ポリマー材料を設計する際に，ブロック共重合体やグラフト共重合体の存在はなくてはならないものであり，これらの特徴ある配列構造をもつ共重合体の合成にリビングラジカル重合は重要な役割を果たしてきた．一方で，リビングラジカル重合の配列制御の精密化にともなって，ポリマー1分子レベルでの精密制御への関心が高まり，以前には想像もできなかった高度なレベルでのポリマー構造制御が可能になっている．本章では，ポリマー材料設計のこれまでの開発の動向を概観した後に，ポリマー材料の分類と用語に関する基礎的事項を説明する．続いて，ポリマーの配列制御の取り組みの方向性について述べる．立体規則性制御の現状と課題についても最後に触れる．

11.1 ポリマー材料設計の戦略

まず，リビングラジカル重合に関する研究をおおまかに振り返ってみたい．これまで解説してきたように，リビングラジカル重合は1990年代に飛躍的に発展し，その後十数年の間に全体像がほぼ完成した．2000年代中頃には，現在知られているリビングラジカル重合の手法がすべて出そろった．今後，まったく新しい反応原理に基づくリビングラジカル重合が出現する可能性は低いと考えられる．事実，リビングラジカル重合に関する研究は，合成手法の開拓，反応機構の確立，高活性化・高効率化などの基礎研究から，時代とともに応用研究や実用化研究の方向へと広がりを見せている．

現在では，リビングラジカル重合は材料設計のための有効なポリマー合成手法の1つとして，その存在価値が認められている．リビングラジカル重合は，ポリマー合成やラジカル重合の専門家だけに限られた研究対象ではなく，高分子科学全般，さらに材料科学，生物科学，医学分野など，ポリマー材料が関係するあらゆる分野で利用さ

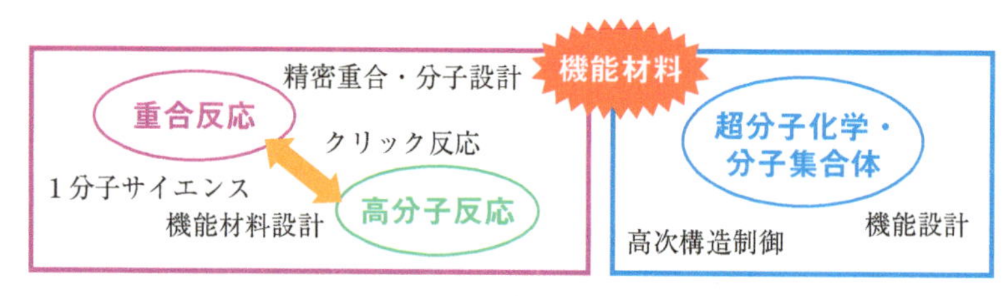

・R. J. Wojtecki, M. A. Meador, and S. J. Rowan, "Using the Dynamic Bond to Access Macroscopically Responsive Structurally Dynamic Polymers", *Nat. Mater.*, **10**, 1, pp. 14-27 (2011)

・M. Ouchi, N. Badi, J.-F. Lutz, and M. Sawamoto, "Single-Chain Technology Using Discrete Synthetic Macromolecules", *Nat. Chem.*, **3**, 12, pp. 917-924 (2011)

・T. Aida, E. W. Meijer, and S. I. Stupp, "Functional Supramolecular Polymers", *Science*, **335**, 6070, pp. 813-817 (2012)

［図11-1］ 機能材料設計のためのポリマー合成の基本戦略と関連キーワード，ならびに2010年頃に発表された重要な総説3編

れている．リビングアニオン重合と異なり，適用モノマーの種類が多く，重合操作が簡単，再現性に優れていることなどの利点が，幅広い応用分野でのラジカル重合の利用に活かされている．多くの研究者や技術者にとっての最大の関心事は，リビングラジカル重合そのものではなく，リビングラジカル重合をどのように使いこなして，材料設計にどれだけうまく応用するかにある．

2010年頃，ポリマー合成やポリマー材料設計に関する考え方をまとめた優れた総説が相次いで発表された[1)～3)]（**図11-1**）．さまざまな機能材料を設計するうえで，精密重合，クリック反応，1分子サイエンス，超分子などのキーワードが重要な役割を果たす．図に示した3編の総説には，それぞれ専門分野の立場からの異なる観点に基づく主張が明快に示されている．取り扱っているテーマは異なるが，専門領域を超えてポリマー材料研究者すべてに共通する内容を多く含む，示唆に富んだ総説であった．

1つは，動的な結合に着目したポリマー材料の設計に関するRowanらによる総説であり，刺激応答性や自己修復材料を含めて，この時期までの重要な研究が網羅されている[1)]．ポリマー構造の精密な制御が実際にものづくりと密接に関連することを示すと同時に，その後の展開の方向性を明確に示した論文である．この総説はリビングラジカル重合だけに着目したものではないので，幅広く材料設計のための反応制御の話題を取り扱っているが，間違いなく，この時期から多くの研究者が動的共有結合（12.3節参照）を活用するようになり，そこではリビングラジカル重合で蓄積されてきた知見が活かされている．

究極の精密ポリマー合成や重合反応制御への関心も高く，大内，Lutz，澤本らによる総説では，ポリマー鎖1本をどこまで精密につくり分けできるかの合成技術の状況と見通しが語られている[2]．この頃からポリマー構造の精密制御に関する研究が急加速を始めたことがわかる．その後，ポリマー構造制御に関する研究は，重合誘起自己組織化（polymerization-induced self-assembly，PISA）や1本鎖ポリマーナノ微粒子などの新しい概念や研究分野を生み出し，さらに発展を続けている．現在多く用いられているPISAに必要なポリマー構造の因子は，親水性と疎水性のバランスとポリマー鎖上での官能基の位置であり，ブロック共重合体を応用することで材料設計が容易になり，ATRP-PISAやRAFT-PISAなどが開発されている（13.4節参照）．また，リビングラジカル重合による1分子単位挿入（SUMI, 11.5節参照）が精密な配列制御の研究から始まった．

また，3番目の相田，Meijer，Stuppによる総説で示されているように，超分子化学や分子集合体による材料設計についても，2012年以降の進展は目を見張るものがある[3]．2012年当時は生体・医用関連分野での機能材料としての集合体（ベシクル，リポソームなど）の利用に限られていたが，この総説の発表直後に，超分子重合（リビング超分子重合を含む）に関する研究が急展開を見せ，超分子化学をポリマー合成やポリマー材料設計に利用する研究分野は現在も成長を続けている．新しい考え方に基づく分子集合体や高次構造形成のためのアプローチが取り入れられ，π系分子の集積体に水素結合を組み込むことで強固でさまざまな形態の集合体が合成されている．今後，材料設計のための超分子重合が飛躍的に展開していくことが期待される．

11.2 ポリマー材料の分類

IUPACの命名法に従うと，ポリマー材料はポリマーアロイ，ポリマーブレンド，ポリマーコンポジットの3種類に分類できる[4]．以下にそれぞれの定義を含めて，要点を簡単に説明する．分類の系統図（**図11-2**）が示すように，ポリマーアロイの取り扱いは複雑である．

ポリマーアロイ：相容性（compatible）あるいは混和性のポリマーブレンド，または相溶性（miscible）のポリマーブレンドを指す．ここで，相容性と相溶性は意味（定義）が異なることに注意していただきたい．ポリマーアロイは多成分系ポリマーで構成される，巨視的（マクロスコピック）に見たときに均一なポリマー材料を指す．ポリマーブレンドとブロック共重合体とグラフト共重合体を総称してポリマーアロイと呼ぶ．

ポリマーブレンド：2種類またはそれ以上の異種ポリマーからなる巨視的に見て均一

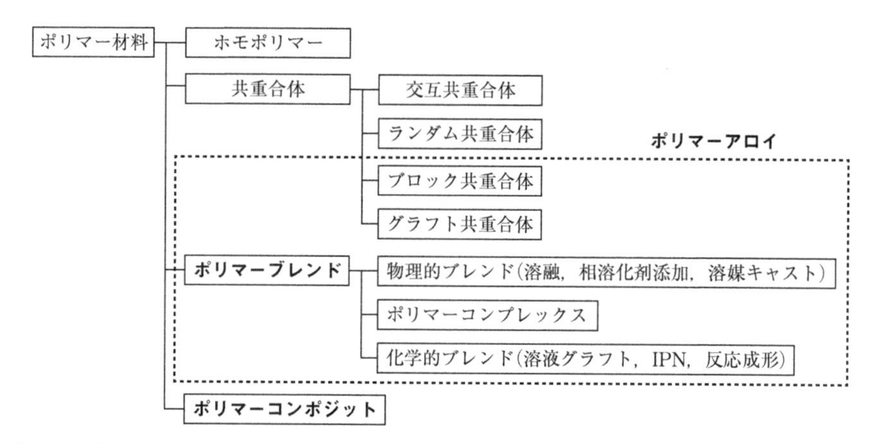

［図11-2］ **ポリマーアロイ，ポリマーブレンド，ポリマーコンポジットの分類**
［高分子学会高分子ABC研究会 編，『ポリマー ABCハンドブック』，エヌ・ティー・エス（2001）を参考に作成］

な混合系をポリマーブレンドという．ポリマーブレンドのおもな特徴として，可視光の波長の数倍以上のスケールで均一である，混合系に含まれる各成分は物理的な方法により分離可能である，などがあげられる．

ポリマーコンポジット：複合材料のうち，少なくとも1成分がポリマーであるものを指す．ただし，発泡材料はここに含めない．

ここで，ポリマーアロイに該当するポリマーは多種多様であり，ホモポリマーならびに共重合体のうちの交互共重合体とランダム共重合体はポリマーアロイに含まれないが，ブロック共重合体とグラフト共重合体はポリマーアロイに分類されることに注意が必要である．

11.3 共重合体の分類

ここで，ブロック共重合体やグラフト共重合体と違って，ホモポリマー，交互共重合体，あるいはランダム共重合体は，ポリマーアロイに含まれない．注意すべき点は，互いに非相溶なホモポリマー2種類の混合物はポリマーブレンドに該当しないことである．巨視的に見て均一に混合しないものはブレンドと呼べないからである．多くの場合，異なるポリマーは互いに混ざり合わず，巨視的に見て不均一になる．均一な混合系を実現するために，ポリマー構造の一部を変える（あらかじめポリマー分子を設計する方法と，混合の際に反応しながら成形する方法とがある），混合方法を工夫す

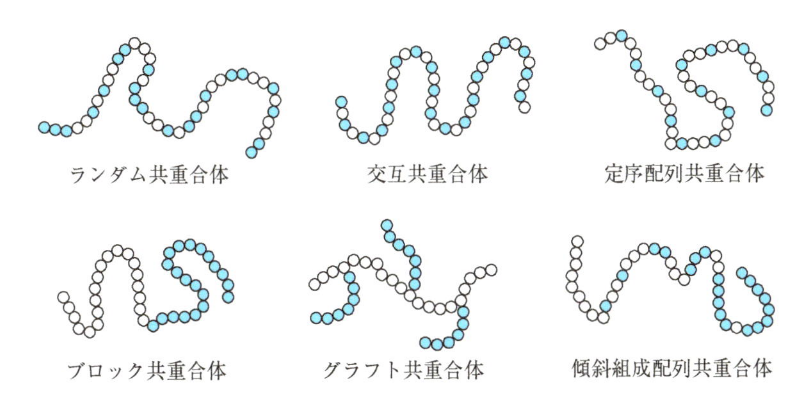

［図11-3］ **さまざまな共重合体の連鎖構造**

る，相溶化剤を添加する，ポリマー間で相互作用をもたせる，3次元的に絡み合った構造をつくる，などの方法が用いられている．一般的な低分子化合物の多成分系材料の混合系との違いは，ポリマー混合系の混合エントロピーの変化量は，低分子混合系に比べて圧倒的に小さいために，相溶に対して不利になることである．異なるポリマーどうしは基本的に混ざらない．だからこそ，ランダム共重合体の存在意義があり，ブロック共重合体やグラフト共重合体はさらに重要な意味をもっている．

ポリマーは，その構造に応じて，それぞれ特有の性質を示す．剛直で耐熱性に優れたポリマー，親水性で生体適合性に優れたポリマー，柔軟で加工性に富むポリマー，側鎖に反応性の基を含むポリマーなど，さまざまなポリマーが存在する．疎水性のポリスチレンと水溶性のポリビニルアルコールが混ざらないのは容易に理解できるが，共通する良溶媒に可溶なポリスチレンとポリメタクリル酸メチルの組み合わせや，互いによく似た構造をもつポリエチレンとポリプロピレンの組み合わせでさえ，ポリマーどうしがバルク中（溶媒が存在しない状況）で混ざり合うことはなく，巨視的に相分離する．異なる種類のポリマー間で相溶性が認められるのは，カルボン酸とピリジンあるいは塩素とカルボニル基などのように，酸と塩基（あるいはルイス酸とルイス塩基）の関係にある置換基どうしで相互作用して，異なるポリマーどうしが疑似的に結合する場合に限られている．

1種類のポリマーでは発揮できない性能を引き出すことを目的として，さまざまな形の共重合体が用いられる．共重合体とは，2種類以上のモノマーを繰り返し単位に含むポリマーのことであり，繰り返し単位の組成や配列の仕方によって違った性質を示す．**図11-3**に示すように，ポリマー鎖中に（統計的に）ランダムに配列したもの

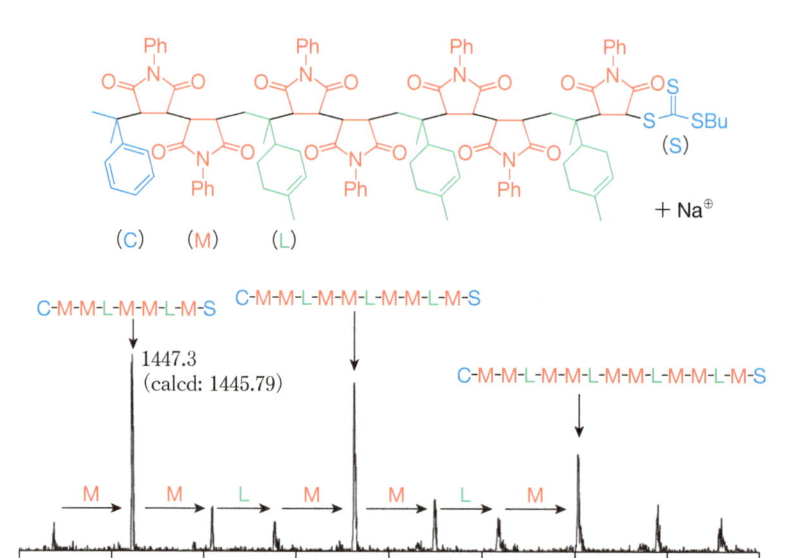

［図11-4］ *N*−フェニルマレイミドとリモネンのRAFT重合で生成する末端基や繰り返し構造（AAB型）が高度に制御された定序配列共重合体のMALDI−TOF質量分析スペクトル

［K. Satoh *et al., J. Am. Chem. Soc.*, 132, 29, pp. 10003-10005（2010）, Figure 3を引用］

をランダム共重合体，ABの繰り返し単位のみからなるものを交互共重合体と呼ぶ．AAB型共重合体のように，高度に配列が制御されたポリマーも合成でき，定序配列共重合体と呼ばれる．*N*-フェニルマレイミドとリモネンのラジカル共重合では，前末端基効果が強く作用してAAB型の繰り返し構造からなる共重合体が生成する[5]．ここで，RAFT重合を用いると分子量や分子量分布を精密に制御できるだけでなく，開始末端（α末端）構造や停止末端（ω末端）構造も精密に制御でき，それぞれ用いたRAFT剤に起因する構造がポリマー鎖の両末端に導入される．構造制御された定序配列共重合体のMALDI-TOF質量分析スペクトルの精密な解析が行われている（**図11-4**）．開始ラジカル（C）が選択的に*N*-フェニルマレイミド（M）に付加し，M−M−リモネン（L）のAAB型の単位が繰り返された後にMが1分子だけ付加した成長ラジカルがRAFT剤に連鎖移動し，末端にRAFT切片（ここでは，*n*-ブチルトリチオカーボネート基）（S）が導入される．

仮に組成を1/1に限定した場合，ランダム共重合体の繰り返し単位のつながり方は無数に存在することと対照的に，交互共重合体のモノマー単位の配列はABの繰り返しのみとなる．交互共重合体では，ポリマー1分子のどの部分を見ても同じ構造であるだけでなく，別の分子を見ても配列に分布がない．交互共重合体は，一般的なランダム共重合とは異なる条件（モノマーの組み合わせによって決まり，ルイス酸などの添加によって制御が可能）でのみ生成する．図11-4に示した定序配列共重合体も，交互共重合体と同様，AABの繰り返しのみで構成される点に特徴がある．

2種類以上の長いポリマー鎖が互いに共有結合で連結した形の共重合体のうち，直鎖状に連結したものをブロック共重合体と呼び（図11-3），繰り返し単位の配列の仕方によって，ジブロック，トリブロック共重合体，あるいはAB型，ABA型やABC型共重合体などと呼ばれる．1本のポリマー鎖に別のポリマー鎖が分岐して多数結合したものをグラフト共重合体と呼ぶ．ブロック共重合体とグラフト共重合体は，分子内に異なる種類のポリマー鎖を含むため，ミクロ相分離構造をとる．また，ブロック共重合体とグラフト共重合体は界面活性剤のようなはたらきをし，ポリマーブレンドのための相溶化剤として用いられる．ブロック共重合体は，異なるポリマー鎖間のつなぎ目が明確であるのに対し，ポリマーの片方の末端から別の末端に向かって徐々に組成が異なるポリマーは傾斜組成配列共重合体と呼ばれる．傾斜組成配列共重合体は，ブロック共重合体やグラフト共重合体に近い特性を示す．

これらの配列構造が制御されたポリマーは，リビング重合を利用して，構造や反応性の異なるモノマーの重合を段階的あるいは連続的に行うか，あるいはポリマー鎖末端の反応性基を利用した高分子反応（第12章参照）によって合成される．

11.4 配列構造の制御

リビングラジカル重合は，分子量と分子量分布の制御やブロック共重合体の合成だけでなく，さまざまな形でポリマーの配列構造の制御にも応用されている．しかしながら，天然ポリマーと異なり，人工的な重合反応で生成する合成ポリマーは，さまざまな分子鎖長，末端基，配列を含む不均一なポリマー鎖の混合物である．

ポリマーに組み込まれた官能基や機能団の位置（ポリマーの繰り返し構造の配列）が完全に制御されていないため，合成ポリマーは酵素の触媒作用のような高度な機能を発揮することができない．天然ポリマーに見られるような自律的な機能を発揮するには，ポリマー鎖1分子を端から端まで完全に制御したポリマーの合成技術を確立する必要がある．たとえば，低分子化合物の原子移動ラジカル付加（ATRA）によって合成された明確な構造（分子量分布をもたず，不均一な構造を含まない）をもつオリゴマーをさらに反応してポリマーを合成する方法や，リビングラジカル交互共重合

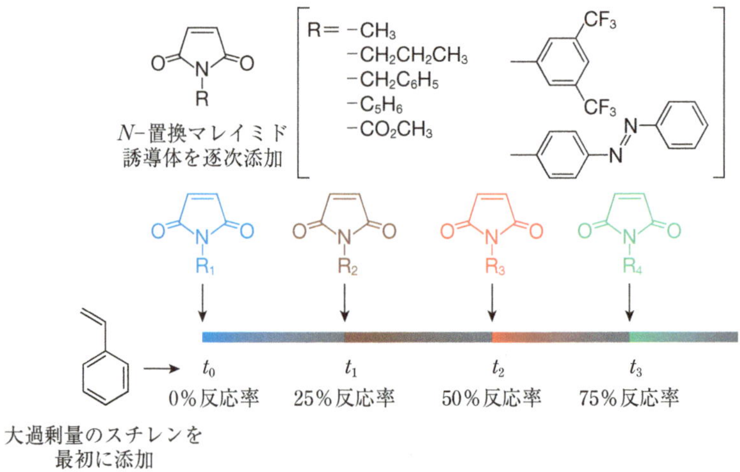

［図11-5］ スチレンのATRPの反応系にごく少量の*N*−置換マレイミド誘導体を任意のタイミングで添加してポリマー鎖の任意の場所へ官能基を導入する手法の概念図

［S. Pfeifer *et al.*, *J. Am. Chem. Soc.*, 129, 31, pp. 9542-9543（2007), Scheme 1を参考に作成］

を利用してポリマー鎖の任意の場所に官能基を配置する方法などが提案されている．

前者のアプローチでは，ATRAによって，決まった両末端基をもち，分子量分布がない（すなわち，平均ではなくある1つの決まった分子量をもつ）数量体程度のオリゴマー（discrete oligomersと呼ばれる）を合成し，さらにそれらをラジカル重付加によってポリマー化する．一定のモノマー配列が厳密に繰り返された定序配列ポリマー（たとえば，$(ABCC)_n$や$(ABCDE)_n$など）が合成されている．配列の順番を入れ替える，あるいは側鎖に数量体程度の繰り返し構造を導入するなどして，ビニルモノマー単位の配列の順番，数，位置がポリマーの物性（たとえば，ガラス転移温度）にどのように影響するかが研究されている[6]．ラジカル重付加を利用すると，精密な連鎖構造の制御が可能になる反面，ラジカル重付加は逐次反応機構で進行するため高分子量化には制約が生じる．重合速度が大きく，高分子量ポリマーが容易に生成するラジカル重合の特徴を，逐次重合の反応で活かすことはできないためである．そのため，ラジカル重付加の特徴を活かした新しい反応設計が必要となる．ラジカル重付加に用いるモノマーの組み合わせと反応の種類を設計して，ポリマー主鎖の一部にヘテロ原子や官能基を導入して分解可能なビニルポリマーを合成する試みが始まっている．

Lutzは，原子移動ラジカル重合（ATRP）をラジカル交互共重合に応用することで，ポリマーの配列制御のための新しい道を開いた[7]（**図11-5**）．スチレンのATRPを

［表11-1］ 配列制御したポリマーの機能と材料科学への応用

配列に依存する性質	生体系で関連する現象	人工的な合成系での実現
情報記録・保存	遺伝情報	基本原理のみ
機能要素の空間的構成	細胞シグナル伝達，光合成	基本原理のみ
折りたたみ，自己組織化	複雑球状体，生体組織機械的性質，分子モーター	多くの実例あり
分子認識	生体触媒，分子輸送，細胞シグナル伝達	多くの実例あり
自己複製	再生，発生，生命体	一部達成

［J.-F. Lutz, *ACS Macro Lett.*, 9, 2, pp. 185-189（2020）を参考に作成］

行う際に，ごく少量の*N*-置換マレイミド誘導体を任意のタイミングで反応系に添加することによって精密に配列制御しようというアイデアである．スチレンとマレイミドは交互共重合性が高いので，大量のスチレンモノマーが存在するところにごく少量のマレイミドが添加されると交互成長が優先され，添加後のごく短時間内でマレイミドはただちに消費される．反応はリビングラジカル重合機構で進行しているので，生成ポリマーは時間とともにポリマー鎖長が伸びていき，マレイミドをどの反応率で添加するかによって，ポリマー分子鎖へのマレイミド単位の導入位置が制御できる．マレイミドの*N*-置換基に異なる官能基を導入しておいて，これらの添加操作を何度も繰り返せば，ポリスチレン鎖の任意の場所に異なる種類の官能基を好きなだけ導入できる．

Lutzによってこのアイデアが発表されて以降，多くの研究者が同様の反応を利用して，環状や8の字型のポリマーなどの特殊構造をもつポリマーの合成を行っている（12.4.3項参照）．その後，Lutzは，ポリマーへの官能基の導入に留まらず，アイデアをさらに飛躍的に発展させた，ポリマーの配列制御そのものに関する研究を展開している[8),9)]．生体系で関連する現象と比較して，人工的な合成系で複雑な系の構築が現実にどれだけ成功しているのかなどの興味深い比較が行われている（**表11-1**）．人工的な合成系では完全な反応制御（ならびに構造制御や機能制御）にはまだ及ばないケースが少なくないが，高度な配列制御を目指したポリマー合成の研究が進められている．

また，テンプレート（鋳型）反応を利用してDNAの複製のように決まった配列をもつポリマーを合成する方法や，単独成長しないモノマーを組み合わせて1段階ずつ反応を行って複雑な繰り返し構造をもつポリマーやオリゴマーを合成する方法に加えて，1分子付加と末端基構造の化学変換を組み合わせた方法が提案されている[10)]（11.5節参照）．

11.5 1分子成長による精密配列制御

リビングラジカル重合による1分子単位挿入(single-unit monomer insertion, SUMI)を利用して配列を精密に制御する方法が注目されている．この方法は，11.4節で述べた方法をさらに発展させて，1分子レベルで精密にモノマー単位を並べてポリマー合成するものである[11),12)]．リビングラジカル重合の手法と組み合わせて，NMP-SUMI, RAFT-SUMI, ATRAなどの開発が進められている．SUMIは，RDRA（reversible-deactivation radical addition）と呼ばれることもある．

挿入されるモノマーに単独重合性がなく，また挿入後に生成する付加物の逆反応（ラジカル解離）が起こらないように反応設計すると，リビングラジカル重合のドーマント種の解離を利用して，ポリマー鎖末端に特定の構造の繰り返し単位を1分子だけ挿入できる（**図11-6**）．この反応を繰り返してポリマー化することは非効率であるが，連鎖的なラジカル重合と組み合わせて用いる場合や，ビニルポリマーの末端にさらに機能を付与する目的には有用な合成手段となる．12.4.3項で述べるポリマー末端への官能基導入とは異なる手法を利用したポリマーの高機能化が期待できる．

また，完全交互ラジカル重合[13),14)]や前末端基制御[15),16)]による配列制御などの研究に見られるように，最新分析技術の高度化と相互に発展を続けながら，ポリマー構造制御は以前とは比べものにならないレベルにまで高度化している．現時点では，合成

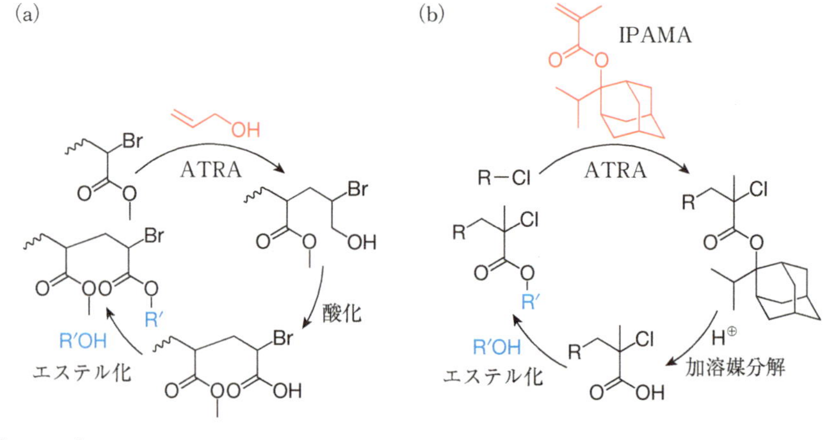

［図11-6］ ATRAによるアクリレート単位およびメタクリレート単位の1分子配列制御

サイクルごとに異なるアルコール（R′OH）を使用して，エステル基の配列を精密に制御．［M. Ouchi, *Polym. J.*, 53, 2, pp. 239-248（2021）を参考に作成］

技術の限界を示す，あるいは構造制御の可能性を広げるためのモデル的な研究が多いが，今後は応用面で利用可能な具体的な目的に応じた形で構造制御されたポリマーが材料として応用される例が増えていくと考えられる．合成ポリマーの配列制御が，ポリマー材料全般にかかわる分野でどのような形で具体的に貢献し，将来どのような姿に発展していくか楽しみである．

11.6 リビングラジカル重合の立体規則性制御

初期のリビングラジカル重合の研究で，キラルな触媒を用いることで重合の立体規則性制御ができるのではないかという淡い期待があった．残念ながら，当時行われた研究はすべて期待はずれに終わった．ラジカル重合では，活性種である成長ラジカル末端の炭素－炭素結合が回転しており，立体規則性はポリマー末端のコンフォメーションとモノマーの付加方向によって決まるためである．ここでは，リビングラジカル重合系における立体規則性制御に対して，これまでどのような取り組みが行われてきたのかを概観する．

まず，ニトロキシド媒介ラジカル重合（NMP）の系でキラルなニトロキシドを用いて合成したポリマーの立体規則性が調べられたが，それはアゾ開始剤や過酸化物を開始剤として用いた通常のラジカル重合で合成したポリマーの立体規則性と何も変わらないアタクチックなものでしかなかった[17]．活性種である成長ラジカルがフリー成長するため，当然の結果といえる．成長末端の立体構造が解離平衡にどれくらい影響を及ぼすかについて，モデル化合物を用いた計算が行われている．**図11-7**にキラルなニトロキシドDDPD（図(a)）とアキラルなニトロキシドTEMPO（図(b)）を用いたスチレンのNMPの成長末端モデルの解離平衡に対するDFT計算の結果を示す．図(a)から，(*R*,*R*)-*R*体に比べて（*R*,*R*)-*S*体はラジカル解離しやすい（活性化エネルギーが低く，解離平衡定数が大きい）ことがわかるが，その差はわずか5.6 kJ mol^{-1}にすぎない．この値は，これらアルコキシアミンのラジカル解離のための活性化エネルギー（(*R*,*R*)-*R*体と（*R*,*R*)-*S*体に対してそれぞれ139.3 kJ mol^{-1}と140.4 kJ mol^{-1}）に比べてはるかに小さいものであり，反応のエネルギー的な側面はアキラルなTEMPOを用いた系とほとんど変わらないことを示す．

成長末端のアルコキシアミン構造の（ポリスチレンラジカルをニトロキシドがキャップした）ドーマント種はこれらジアステレオマーの混合物であり，これらの解離速度の違いによる効果は期待できない．さらに，ラジカルカップリングに対するジアステレオマー間での違いも検討されているが，カップリング反応に対するエネル

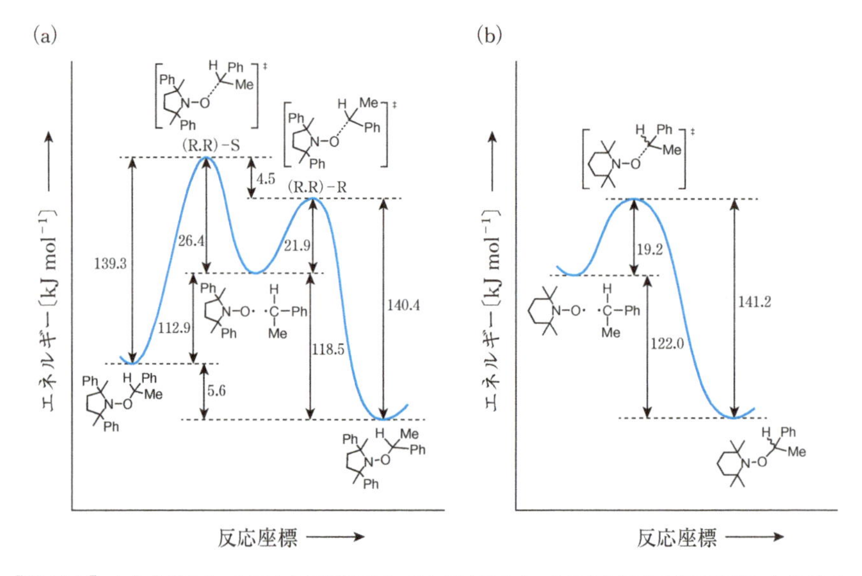

［図11-7］（a）キラルなニトロキシドDDPDと（b）アキラルなニトロキシドTEMPOを用いたスチレンのNMPの成長末端モデルの解離平衡に対するDFT計算

図の縦軸方向の長さは一部でデフォルメされている．［R. D. Puts and D. Y. Sogah, *Macromolecules*, 29, 9, pp. 3323-3325（1996）, Figure 3を参考に作成］

ギー差はわずかなものであり，カップリングの際にアルコキシアミンのどちらかのジアステレオマーのみを優先して生成させることは困難である[18]．

遷移金属錯体を触媒として用いた低分子化合物のラジカル付加では，ラジカルケージ錯体や配位圏内のラジカルが反応に関与する例が報告されている．たとえば，キラルなルテニウム（Ru）触媒によるハロゲン化物とアルケンの間のラジカル付加で，エナンチオマー過剰の付加物を生成することが知られており，これはラジカルがRu錯体の配位圏に閉じ込められているためである．澤本らのRu触媒を用いたリビングラジカル重合の初期の論文では，反応式の成長ラジカルとRu錯体の間に点線が引かれていた（図5-2）．なんらかの相互作用を期待していたことがうかがえる．フリー成長ではその相互作用の発現を期待できないとわかり，後にその点線は描かれなくなった．これらの立体規則性制御を実現しようとすると，活性種が生成した後にモノマーの付加（成長反応）が起こるか起こらないかというタイミングですぐにドーマント種に戻り，その際にカウンターラジカルや遷移金属触媒はすぐ近傍にいて相互作用を及ぼす必要がある．理想的には，活性種の生成に続いてモノマー1分子のみが成長，不活性化反応によりドーマント種を形成，このサイクルを繰り返すことで，フリー成長では起こりえなかった制御が可能になると考えられる．ただし，この考えに基づいてラジカル重合の立体規則性制御を実現した例は報告されていない．

このように，リビングラジカル重合の反応機構にさらに立体規則性制御の機能を付与することは困難であることがわかったが，このことによってリビングラジカル重合の立体規則性制御が断念されたわけではない．ルイス酸の添加や溶媒の選択によって，ラジカル重合系で立体規則性の制御が可能になったことを背景に，リビング重合の反応機構を阻害しない形で，リビングラジカル重合の反応制御と同時に立体化学の制御のための仕組みを重合系に足し合わせることで，立体特異的リビングラジカル重合が実現されている[19),20)]．互いに干渉や影響を及ぼさない複数の因子をうまく組み合わせて，複数の反応をそれぞれ精密に制御して複雑な構造の化合物を合成するための基本となる考え方として，直交型（orthogonal）の反応がある[21)]．リビングラジカル重合に直交型反応を取り入れて，ポリマーの分子量，分子量分布，末端基，配列構造の制御に，さらに立体規則性の制御を追加することができる．次節で詳しく説明する．

11.7 ルイス酸による反応制御

ルイス酸としての塩化リチウムの存在下でのアクリロニトリルの重合中に，重合速度と分子量の増加が1957年に初めて報告され[22)]，後には塩化亜鉛の存在下でのメタクリル酸メチルの成長反応の促進効果やアルキルアルミニウム塩の添加によるメタクリル酸メチルとスチレンの交互共重合が報告されているが，ルイス酸が立体選択性に及ぼす影響は長い間明らかではなかった．例外的にBCl_3の存在下でメタクリル酸メチルとスチレンを低温でラジカル共重合すると，高度に立体規則性が制御されたヘテロタクチック交互共重合体が得られることは知られていた[23)]．

1999年，メタクリル酸メチルのラジカル重合に$MgBr_2$を添加するとr付加の割合が低下することが明らかにされた[24)]．**図11-8**に，単座および2座配位型のルイス酸の存在下でのメタクリル酸メチルのラジカル重合中のシンジオタクチックおよびイソタクチックポリマーの生成，すなわちr付加およびm付加の反応モデルを示す．ルイス酸が単座配位子としてカルボニル基と相互作用する場合，鎖末端と最後から2番目のユニット基の間の立体反発のため，r付加が優位になる．一方，ルイス酸が2座配位子として作用する場合，m付加がより頻繁に起こる（1.6節参照）．$MgBr_2$添加による立体規則性制御の可能性が指摘されたことを契機にして，ビニルモノマーのラジカル重合へのルイス酸の添加による反応制御に注目が集まり始めた．その後，ルイス酸，溶媒，温度などの重合条件が網羅的に検討され，メタクリル酸エステルのラジカル重合で立

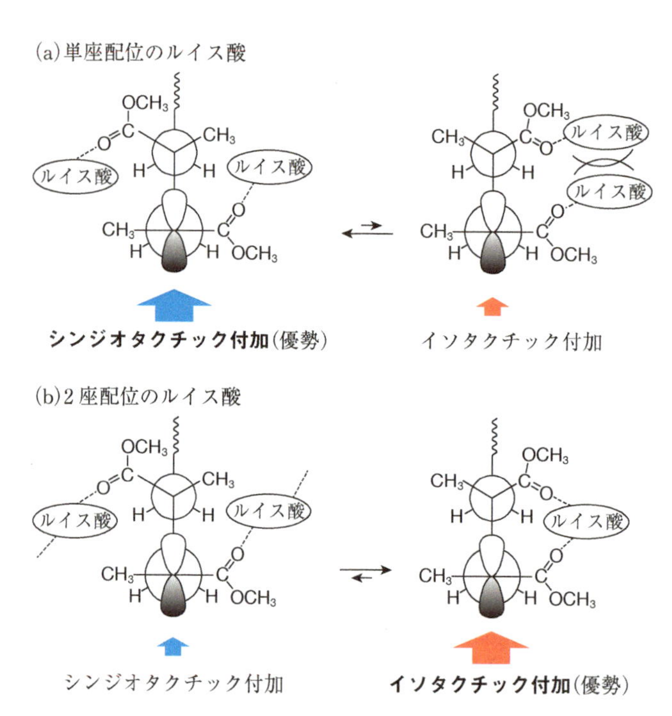

[図11-8]　ラジカル成長末端の配座制御による立体規則性ポリマー生成のモデル

(a) シンジオタクチック付加（*r*付加），(b) イソタクチック付加（*m*付加）.

体規則性の制御が徐々に可能になっていった[25]．アクリル酸エステルの反応制御は依然として容易ではなかったが，ルイス酸としてランタノイドトリフラート錯体を用いると*N*-イソプロピルアクリルアミドの立体特異的ラジカル重合が可能であることが見出され[26]，状況は大きく展開した（**表11-2**）．ルイス酸不在下でのアクリルアミドの重合では，溶媒と温度は立体規則性にほとんど影響しないことと対照的に，ルイス酸の存在下でイソタクチック付加の割合は明らかに増加し，選択性は溶媒と温度の両方に大きく依存する．$Y(OTf)_3$あるいは$Lu(OTf)_3$の存在下での*N*-イソプロピルアクリルアミドのラジカル重合に溶媒としてメタノールを使用すると最も高いイソタクチック選択性（m=92%）が得られる．

最初の立体特異的リビングラジカル重合は，ランタニドトリフレートの存在下での*N*-イソプロピルアクリルアミドの可逆的付加開裂型連鎖移動ラジカル重合（RAFT重合）で報告されている[27]（**表11-3**）．配位数が高く，原子半径が比較的大きい強力なルイス酸であるこれらのランタニド系は，成長末端付近のカルボニル基へ多座配位し，

［表11-2］ *N*-イソプロピルアクリルアミドのラジカル重合へのルイス酸添加による立体規則性制御

ルイス酸〔mol L^{-1}〕	溶媒	温度〔℃〕	立体規則性〔ダイアッド%〕	
			m付加	r付加
添加なし	$CHCl_3$	60	45	55
$Y(OTf)_3$ (0.2)	CH_3OH	60	80	20
$Y(OTf)_3$ (0.2)	H_2O	60	57	43
$Y(OTf)_3$ (0.2)	DMSO	60	47	53
$Y(OTf)_3$ (0.2)	CH_3OH	− 20	90	10
$Y(OTf)_3$ (0.5)	CH_3OH	− 20	92	8
$Lu(OTf)_3$ (0.5)	CH_3OH	− 20	92	8
$Y(OTf)_3$ (0.2)	CH_3OH	− 40	89	11
$Y(OTf)_3$ (0.2)	CH_3OH	− 78	80	20

〔Y. Isobe *et al.*, *J. Am. Chem. Soc.*, 123, 29, pp. 7180-7181（2001）を参考に作成〕

［表11-3］ ルイス酸添加によるリビングラジカル重合系での立体規則性制御が可能な組み合わせ

重合系	制御剤・触媒	モノマー	ルイス酸
RAFT重合	ジチオエステル	*N*-イソプロピルアクリルアミド	$Y(OTf)_3$ $Yb(OTf)_3$ $Sc(OTf)_3$
RAFT重合	ジチオベンゾエート	*N,N*-ジメチルアクリルアミド	$Y(OTf)_3$ $Yb(OTf)_3$
ATRP	CuX/Me_6TREN	*N,N*-ジメチルアクリルアミド，メタクリル酸メチル	$Y(OTf)_3$ $Yb(OTf)_3$ $Sc(OTf)_3$
ATRP	$[FeC_p(CO)_2]_2$（フェロセン錯体，C_pはシクロペンタジエニル基）	*N,N*-ジメチルアクリルアミド	$Y(OTf)_3$ $Yb(OTf)_3$ $Sc(OTf)_3$ $Yb(NTf_2)_3$

〔M. Kamigaito and K. Satoh, *Macromolecules*, 41, 2, pp. 269-276（2008）を参考に作成〕

イソタクチック付加を優先的に引き起こす．RAFT剤と組み合わせることによって，分子量と立体規則性が同時に制御され，比較的狭い分子量分布（$M_w/M_n = 1.3 \sim 1.8$）でイソタクチックポリマー（mダイアッド80%）が得られる．RAFT重合と対照的に，金属トリフラートをATRPと組み合わせる場合には，遷移金属錯体の構造を慎重に選択する必要がある．Cu触媒と$Y(OTf)_3$の組み合わせによっても，分子量が制御されたイソタクチックポリマーが合成されるが，Cu触媒の不活性化と分子量制御の低下が起こりやすい．一方，Fe錯体［$FeC_p(CO)_2$］$_2$では，$Y(OTf)_3$の存在下でも触媒活性を失わず，定量的で迅速な重合が可能になる．

これらの結果から判断する限りでは，ランタノイド系ルイス酸とリビングラジカル重合を組み合わせて分子量と立体規則性の両方を同時に制御する場合，RAFT重合系が有利なように思われる．また，ヘキサフルオロイソプロパノールやパーフルオロ*tert*-ブタノールなどのかさ高いフルオロアルコールは，酢酸ビニルやメタクリル酸メチルなどのエステルを含むモノマーのシンジオ特異的なラジカル重合に有効である[25]．酸性のかさ高いアルコールは，成長するポリマー末端あるいはモノマーのエステル基に配位して，成長するポリマー末端の周りに立体反発力を引き起こし，その結果，シンジオタクチック付加が起こりやすくなる．極性溶媒を用いる立体特異性ラジカル重合は，ATRP，ヨウ素移動重合，およびRAFT重合などのさまざまなタイプのリビングラジカル重合に応用可能であり，リビングラジカル重合系での立体規則性制御には多くの可能性が残されている．

COLUMN

究極のポリマーの配列制御を目指して

2000年代中頃には，ポリマーの末端構造への官能基の導入はリビングラジカル重合によってほぼ達成された状況にあった．一方，ポリマー鎖内部の任意の場所に官能基を導入することは決して容易ではなかった．11.4節で述べたATRPと交互共重合を組み合わせたJean-François Lutz博士の新しい手法は画期的なものであり，多くの研究者の注目を集めたが，その方法も決して万能ではなかった．Lutz博士はこの研究を開始した当時（2007年）はドイツのフラウンホーファー研究機構応用ポリマー研究所に所属していたが，すぐ後にフランス国立科学研究センター（CNRS）に異動した．Lutz博士はCNRSでも配列制御の研究を継続して行っていた．その頃の出来事である．現役を引退してからは滅多に姿を見せないことで有名だったHelmut Ringsdorf教授（マインツ大学，2023年3月逝去，享年93歳）がある国際会議の講演会場に突然現れ，招待講演を行っていたLutz博士に厳しいコメントを言い残して，すぐに立ち去ったらしい．この国際会議に参加していた複数の研究者からそのときの様子を教えてもらった．

Lutz博士が提案した方法では確率論的にしか官能基を導入することができないので，この方法をどれだけ発展させても天然ポリマーのような完全に制御された配列構造をもつポリマーの合成には到達することはできない，だから基本概念そのものを根本的に考え直すべきだ，という批判的な（ほぼ否定的な）コメントだったらしい．確かに，図11-5に示したスチレンとマレイミドの交互共重合を利用する系では，どれだけ添加量を減らしても（極端な話，ポリマー分子数と同モルのマレイミドを添加したとしても），反応は統計的に起こるので，ある分子には数個導入されるが，ある分子には導入されないという事態が当然起こる．数個単位で導入され，多少の分布があってもよいという設計であれば，この手法はポリマー鎖に官能基を導入するための簡便な方法になりえるが，天然ポリマーに近い究極の反応設計にはなり得ないというのである．冷静に考えれば，理にかなった指摘である．

Lutz博士はこの厳しい指摘に対して，決して引き下がることなく，彼のアイデアをさらに飛躍的に発展させて，現在も壮大な構想の研究を展開している．彼の意欲的な姿勢は，ポリマー合成や精密重合の世界をはるかに飛び越えて，まったく新しい世界へ飛び込もうとしているようにも映り，それはそれで大いに楽しみである．

参考文献

1) R. J. Wojtecki, M. A. Meador, and S. J. Rowan, “Using the Dynamic Bond to Access Macroscopically Responsive Structurally Dynamic Polymers”, *Nat. Mater.*, **10**, 1, pp. 14-27 (2011)

2) M. Ouchi, N. Badi, J.-F. Lutz, and M. Sawamoto, “Single-Chain Technology Using Discrete Synthetic Macromolecules”, *Nat. Chem.*, 3, 12, pp. 917-924 (2011)

3) T. Aida, E. W. Meijer, and S. I. Stupp, “Functional Supramolecular Polymers”, *Science*, **335**, 6070, pp. 813-817 (2012)

4) 高分子学会高分子ABC研究会 編，『ポリマーABCハンドブック』，エヌ・ティー・エス（2001）

5) K. Satoh, M. Matsuda, K. Nagai, and M. Kamigaito, “AAB-Sequence Living Radical Chain Copolymerization of Naturally Occurring Limonene with Maleimide: An End-to-End Sequence-Regulated Copolymer”, *J. Am. Chem. Soc.*, **132**, 29, pp. 10003-10005 (2010)

6) T. Soejima, K. Satoh, and M. Kamigaito, “Main-Chain and Side-Chain Sequence-Regulated Vinyl Copolymers by Iterative Atom Transfer Radical Additions and 1:1 or 2:1 Alternating Radical Copolymerization”, *J. Am. Chem. Soc.*, **138**, 3, pp. 944-954 (2016)

7) S. Pfeifer and J.-F. Lutz, “A Facile Procedure for Controlling Monomer Sequence Distribution in Radical Chain Polymerizations”, *J. Am. Chem. Soc.*, **129**, 31, pp. 9542-9543 (2007)

8) J.-F. Lutz (Ed.), *Sequence-Controlled Polymers*, VCH-Wiley (2018)

9) J.-F. Lutz, “Toward Artificial Life-Supporting Macromolecules”, *ACS Macro Lett.*, **9**, 2, pp. 185-189 (2020)

10) D. Y. Oh, M. Ouchi, T. Nakanishi, and M. Sawamoto, “Iterative Radical Addition with a

Special Monomer Carrying Bulky and Convertible Pendant: A New Concept toward Controlling the Sequence for Vinyl Polymers", *ACS Macro Lett.*, **5**, 6, pp. 745-749 (2016)

11) J. Xu, C. Fu, S. Shanmugam, C. J. Hawker, G. Moad, and C. Boyer, "Synthesis of Discrete Oligomers by Sequential PET-RAFT Single-Unit Monomer Insertion", *Angew. Chem. Int. Ed.*, **56**, 29, pp. 8376-8383 (2017)

12) C. Boyer, M. Kamigaito, K. Satoh, and G. Moad, "Radical-Promoted Single-Unit Monomer Insertion (SUMI) [*aka.* Reversible-Deactivation Radical Addition (RDRA)]", *Prog. Polym. Sci.*, **138**, 101648 (2023)

13) M. Ouchi, "Construction Methodologies and Sequence-Oriented Properties of Sequence-Controlled Oligomers/Polymers Generated via Radical Polymerization", *Polym. J.*, **53**, 2, pp. 239-248 (2021)

14) K. Nishimori and M. Ouchi, "AB-Alternating Copolymers via Chain-Growth Polymerization: Synthesis, Characterization, Self-Assembly, and Functions", *Chem. Commun.*, **56**, 24, pp. 3473-3483 (2020)

15) M. Kamigaito, "Evolutions of Precision Radical Polymerizations from Metal-Catalyzed Radical Addition: Living Polymerization, Step-Growth Polymerization, and Monomer Sequence Control", *Polym. J.*, **54**, 12, pp. 1391-1405 (2022)

16) 松本章一，久野美輝，山本大介，山本大貴，岡村晴之，"シークエンス制御したマレイミド共重合体の合成と耐熱透明ポリマー材料設計への応用"，高分子論文集，**72**，5, pp. 243-260 (2015)

17) R. D. Puts and D. Y. Sogah, "Control of Living Free-Radical Polymerization by a New Chiral Nitroxide and Implications for the Polymerization Mechanism", *Macromolecules*, **29**, 9, pp. 3323-3325 (1996)

18) N. A. Porter and P. J. Krebs, "Stereochemical Aspects of Radical Pair Reactions", *Topics in Stereochemistry*, **18**, pp. 97-127 (1988)

19) M. Kamigaito and K. Satoh, "Stereoregulation in Living Radical Polymerization", *Macromolecules*, **41**, 2, pp. 269-276 (2008)

20) K. Satoh and M. Kamigaito, "Stereospecific Living Radical Polymerization: Dual Control of Chain Length and Tacticity for Precision Polymer Synthesis", *Chem. Rev.*, **109**, 11, pp. 5120-5156 (2009)

21) N. Corrigan, M. Ciftci, K. Jung, and C. Boyer, "Mediating Reaction Orthogonality in Polymer and Materials Science", *Angew.Chem. Int. Ed.*, **60**, 4, pp. 1748-1781 (2021)

22) C. H. Bamford, A. D. Jenkiins, and R. Johnston, "Studies in Polymerization. XII. Salt Effects on the Polymerization of Acrylonitrile in Non-Aqueous Solution", *Porc. Royal Soc.*, **A241**, 1226, pp. 364-375 (1957)

23) Y. Gotoh, T. Iihara, N. Kanai, N. Toshima, and H. Hirai, "Synthesis of Highly Coheterotactic Poly(methyl methacrylate-*alt*-Styrene)", *Chem. Lett.*, **19**, 12, pp. 2157-2160 (1990)

24) A. Matsumoto and S. Nakamura, "Radical Polymerization of Methyl Methacrylate in the

Presence of Magnesium Bromide as the Lewis Acid", *J. Appl. Polym. Sci.*, **74**, 2, pp. 290-296 (1999)

25) S. Habaue and Y. Okamoto, "Stereocontrol in Radical Polymerization", *Chem. Rec.*, **1**, 1, pp. 46-52 (2001)

26) Y. Isobe, D. Fujioka, S. Habaue, and Y. Okamoto, "Efficient Lewis Acid-Catalyzed Stereocontrolled Radical Polymerization of Acrylamides", *J. Am. Chem. Soc.*, **123**, 29, pp. 7180-7181 (2001)

27) B. Ray, Y. Isobe, K. Morioka, S. Habaue, Y. Okamoto, M. Kamigaito, and M. Sawamoto, "Synthesis of Isotactic Poly(*N*-isopropylacrylamide) by RAFT Polymerization in the Presence of Lewis Acid", *Macromolecules*, **36**, 3, pp. 543-545 (2003)

第12章

高分子反応を利用したポリマー材料設計

高強度・高靭性ポリマーや自己修復ポリマーを設計するために可逆的な架橋結合をもつネットワークポリマーに注目が集まっている．古典的な化学架橋とは異なる特徴をもつ動的共有結合による架橋構造を含むネットワークポリマーが合成され，新しいポリマー材料の物性に関する特徴が明らかにされ，これまでにない形の高性能ポリマー材料の設計が始まっている．

また，20世紀終盤からグリーンケミストリーの重要性が増し，有機合成化学分野における反応設計に対する基本的な考え方や研究アプローチの方法に大きな変化が生じた．反応や触媒の設計が高度になり複雑化する中で，もっとシンプルな方法で効率よい反応を開発すべきであるとの考えに基づいて，Sharplessはクリックケミストリー（click chemistry）の研究を2000年頃から開始した．モノマーからポリマーを精密に合成する手段としてのリビングラジカル重合と，高分子反応に適したクリックケミストリーを組み合わせることによって，従来のリビングラジカル重合だけでは合成が難しかった構造をもつポリマー材料の設計が可能になっている．

本章では，高分子反応の特徴とネットワークポリマーに関する近年の研究動向を概観した後に，高分子反応を利用したポリマー材料設計にリビングラジカル重合がどのような形でかかわっているかを説明する．さらに，リビングラジカル重合によるポリマー合成にクリック反応を積極的に活用した材料設計について合成反応の例を紹介する．

12.1 高分子反応の特徴

高分子反応は，直接重合で得ることができない構造をもつポリマーの合成に有効な方法である．たとえば，ポリビニルアルコールは，酢酸ビニルのラジカル重合で得られるポリ酢酸ビニルの加水分解によって合成される．また，天然ポリマーであるセルロースは溶解性に乏しいが，化学修飾することによって，可溶性の酢酸セルロースや硝酸セルロースに誘導でき，機能性ポリマー材料として活用されている．高分子反応は，100年以上前にStaudingerが高分子説を立証する際にも利用された．

高分子反応を行うとき，単離精製の難しさを考慮しなければならない．低分子化合物の反応では，反応収率が95％であれば，蒸留，再結晶あるいはクロマトグラフィーなどにより，生成物中に含まれる5％の未反応原料あるいは副生成物を分離除去して，高純度の反応生成物を単離することができる．ところが，高分子反応では，ポリマー側鎖や末端に含まれる官能基を95％の高反応収率で他の官能基に変換しても，目的とする構造以外のポリマーを生成物から分離することはできない．ポリマー側鎖に含まれる官能基の変換を行った場合，1本のポリマー鎖に含まれる複数の官能基を，反応したものと未反応のものとに分離することは原理的に不可能であり，ここが低分子化合物の反応との根本的な違いである．

また，開始（あるいは停止）末端に含まれる官能基の変換反応のように，ポリマー鎖に含まれる官能基がうまく反応したポリマー鎖と未反応のポリマー鎖を分離することも事実上不可能である．高分子量のポリマー鎖の末端構造だけを識別して分離する方法がないためである．近年，金属有機構造体（metal-organic frameworks, MOF）を利用してポリマー鎖末端を識別して分離できる画期的なクロマトグラフィーの新しいシステムが開発されているが[1]，一般的な分離・分析方法として普及するまでにはしばらく時間がかかりそうである．将来，仮に精密な分離が可能になったとしても，合成反応の段階でできるだけ余計なものをつくらないことは，つねに合成化学に課せられる使命である．

12.2 ネットワークポリマーの材料設計

ネットワークポリマーを含むポリマー材料設計では，高次構造の制御や物性制御も含めた合成プロセスを用いる必要がある．合成過程で架橋点が形成されると分子運動が抑制され，架橋構造が反応や物性に大きく影響するためである．また，共有結合によって化学架橋されたネットワークポリマーを変形させると，応力集中によって網目構造の一部の結合が切断され，物性が低下して最終的に破断する．対照的に，水素結合，金属配位，静電相互作用，疎水性相互作用，ホスト-ゲスト相互作用，結晶化などを利用した物理架橋によるネットワークでは，架橋点の結合が弱いため，変形時に結合解離するが，変形後に再配列した位置で再び結合を形成し，結合の組み換えが起こる．この特性は，高伸長，高靭性，形状回復，自己修復性などの機能発現に利用さ

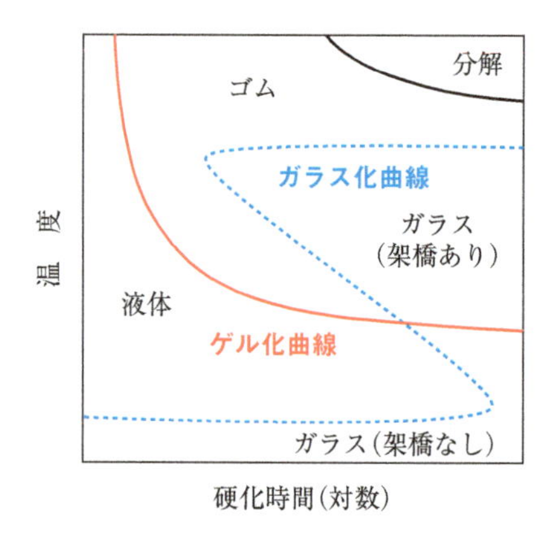

［図12-1］ネットワークポリマーの硬化時間，硬化温度，ゲル化（ネットワーク形成）ならびにガラス化の状態の相関図

［A. Shundo *et al.*, *JACS Au*, 2, 7, pp. 1522-1542（2022）, Figure 11を参考に作成］

れている[2)].

硬化反応を利用したポリマー材料設計に共通する問題として，密なネットワークの形成やガラス化（反応系の凍結）によって，ある時点以降は官能基どうしが近づけず，100％反応収率に達する前に反応が頭打ちになる点があげられる．**図12-1**は，硬化時間と温度がゲル化（ネットワーク形成）やガラス化とどのような関係にあるかを模式的に表したものである[3)]．ガラス化曲線より右側の領域では系がガラス状態にあることを示し，ゲル化曲線の左および下側では液体（一部ガラス化），右および上側ではゴム状あるいは架橋したガラス状態となることを示す．高温領域では分解が起こることも示されている．架橋構造形成のための反応挙動と系全体の流動性や局所的な官能基の分子運動性は互いに関連し，系がどのような状態にあるかを理解したうえで反応設計することが重要である．物質の流動性は，緩和時間（τ）と観察時間（T）の比で定義されるデボラ数（De，無次元量の値）で評価でき（式(12-1)），観察する現象や分子運動の緩和時間が観察時間よりはるかに小さい（デボラ数が1よりはるかに小さい）場合にはそれが止まって見える（流動性が失われる）ことを意味する．

$$De = \frac{\tau}{T} \tag{12-1}$$

永久的な化学結合による架橋を含む材料では，破断伸び（破断ひずみ）と硬さ（弾性率）を同時に改善することが難しいため，多点相互作用型の水素結合性の架橋点を含む材料設計が行われている．可逆的な架橋を利用する材料設計のうち，水素結合に

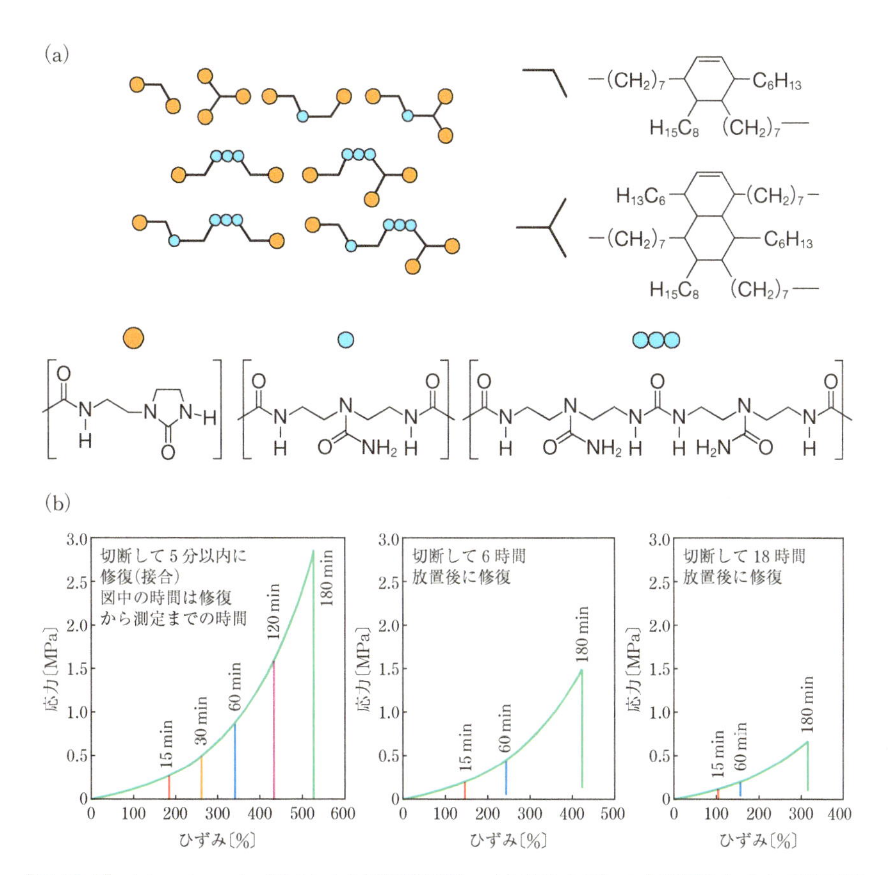

［図12-2］（a）Leiblerらが提案した自己修復型ゲル（水素結合型）の化学構造と（b）引張試験によって評価した自己修復の性能比較

［P. Cordier *et al.*, *Nature*, **451**, 7181, pp. 977-980（2008）, Figure 2およびFigure 4を参考に作成］

よる物理架橋を利用した材料設計が大きく発展するきっかけとなったのが，2008年に報告されたLeiblerらの水素結合ネットワーク材料である[4]（**図12-2**（a））．彼らが開発した多点で相互可能な水素結合性のネットワークポリマー（可塑剤を添加したエラストマー材料）は優れた自己修復性を示し（図(b)），その後，同様の手法を用いた材料開発が世界中で競うようにして行われた．その後，Leiblerらは，結合の組み換え手法をさらに発展させ，高温でのエステル交換反応を利用した高強度で自己修復性をもつ材料を新たに開発した[5]（**図12-3**（a））．材料開発のポイントは，ポリマーの架橋点を以前の交換可能な水素結合から安定なエステル結合に置き換えたことと，エステル

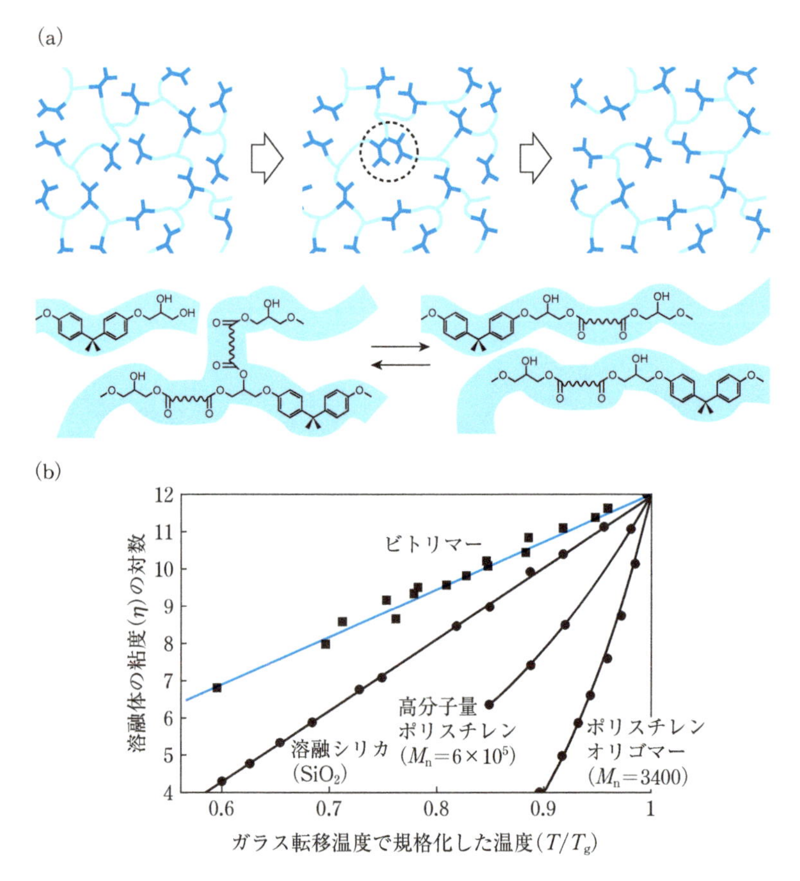

［図12-3］ 動的共有結合（エステル交換型）を利用した自己修復材料の（a）架橋点の交換反応と（b）流動特性

［D. Montarnalmathieu *et al*., *Science*, 334, 6058, pp. 965-968（2011），Figure 1およびFigure 4を参考に作成］

結合でありながら速やかな交換を可能にしたこと（動的共有結合の活用）にあるが，それだけには留まらない．彼らは，高温条件，ルイス酸存在下でエステル交換が可能になっているポリマーの流動挙動が，他の有機材料とは明らかに異なっていることを指摘し，この現象を的確に表すためにビトリマー（vitrimer）という新しい概念と用語を提唱した（図(b)）．現在，ビトリマーは多くの分野でさまざまな観点から研究が進められている[6]．

動的共有結合には，解離平衡をともなう系と，交換反応による系の2種類があり，前者の例として，アルコキシアミンのラジカル解離や，ディールス-アルダー反応の解離平衡などが知られている．後者は，エステル交換反応に代表される反応であり，結合交換に架橋点の一時的な解離を必要としない．このことは，材料の物性に大きな影響を与え，高温時に交換速度が増した状態でも一定の架橋点数が保持されるため，温度上昇にともなう流動性の変化が通常のポリマー材料と大きく異なる．ビトリマー材料は，再加工性，修復性，リサイクル性が高い材料であり，高温で流動性がありながら，金型を使用せずに一定の形状を保持できるという，通常のポリマーには見られない特徴がある．

ここで，専門分野によって名称や解釈が異なる場合があるので，検索には注意が必要である．動的共有結合を用いるネットワークポリマーに対して，dynamic polymer networksやdynamic covalent polymer networksの用語が一般的に用いられるが，光硬化材料の分野ではcovalent adaptable networks（CAN）の用語も使用される．

12.3 ラジカル解離平衡型の動的共有結合を用いる材料設計

アルコキシアミンは，ニトロキシド媒介ラジカル重合（NMP）のドーマント種であり，加熱条件下で開裂と再結合の平衡となり，モノマーが存在しない場合には，結合交換反応が進行する．異なる組み合わせの官能基ペアをもつ2種類のアルコキシアミン（**図12-4**(a) の左辺）を加熱すると，最終的に4種類のアルコキシアミンの混合物となる（図4-3）．この平衡をポリマー反応に利用することができる．ジオール成分として異なる化学構造をもつポリウレタンなどの主鎖の一部にアルコキシアミンの構造を導入しておくと，熱解離平衡後のポリマーは平均化された（ランダムな）繰り返し構造を含むものとなる（図12-4 (b)）．また，最初に組み合わせるポリマーがともに狭い分子量分布をもつ場合でも，交換反応後の分子量分布は統計的なものになり，多分散度M_w/M_nは最終的に2に近づいていく．同様にして，アルコキシアミン構造をポリマーの側鎖に導入すると，グラフト共重合体が合成できる．ラジカル解離平衡を利用するこれらの高分子反応は，異種ポリマーを組み合わせた複合ポリマー材料の設計に有効である[7]．

また，架橋点にアルコキシアミン構造を用いると，架橋反応と脱架橋反応を制御して，可逆的な架橋反応をポリマー材料に組み込むことができる（**図12-5**）．交換反応は溶液中だけでなく，バルク反応系でも進行する．動的共有結合の利用には，結合の組み換えが速やかに起こる必要があり，分子鎖の自由度（運動性）が不可欠である．分子運動が強く束縛されているガラス状ポリマーに比べて，エラストマーや膨潤ゲルでは交換反応が速やかに進行するため，ソフトマテリアルを用いた研究が積極的に進

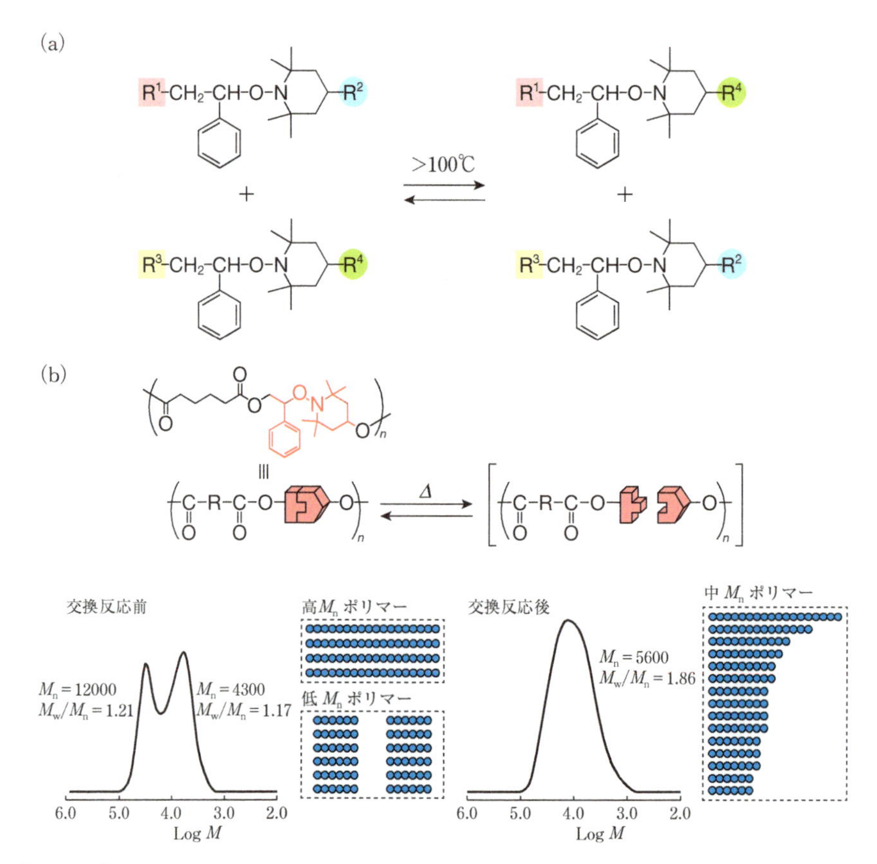

［図12-4］（a）アルコキシアミンの熱解離による交換反応と（b）アルコキシアミン構造を含むポリウレタンの熱解離平衡後のポリマーの繰り返し構造と分子量分布

(a) 左の2種類のアルコキシアミンを加熱すると4種類のアルコキシアミンの混合物が生じる.

められている.

動的共有結合による架橋や自己修復ポリマー材料の開発の経緯をたどると，21世紀初頭に転換期が存在したことがわかる．2001年にイリノイ大学のWhiteやMooreらの論文が*Nature*誌に発表され[8]，翌2002年にカリフォルニア大学ロサンゼルス校（UCLA）のWudlらの論文が*Science*誌に発表された[9]．それ以降，これらの先駆的な研究に触発された自己修復ポリマー材料の研究が現在も世界中で繰り広げられている．前者では，エポキシ樹脂をマイクロカプセル化してGrubbs触媒とともに熱硬化したエポキシ硬化物に分散させておき，外力によって生じたクラックが材料内部で進

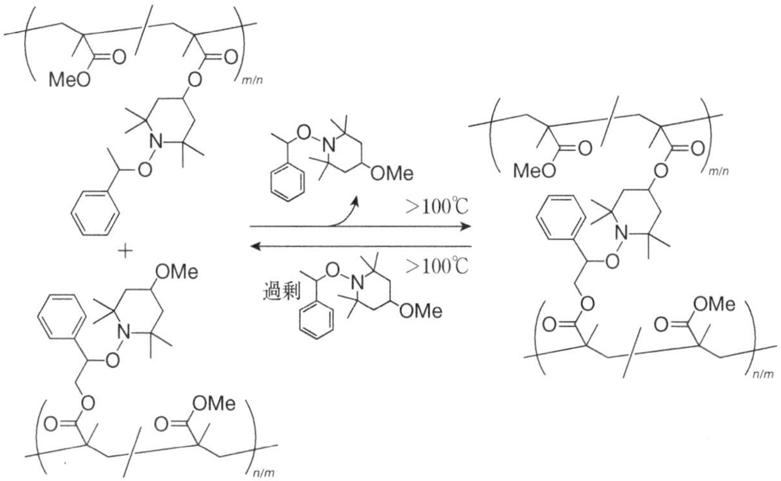

［図12-5］ アルコキシアミンの交換反応を利用した可逆的架橋（動的共有結合）システム

展するとマイクロカプセルが壊れてカプセル内のエポキシ樹脂が硬化して，クラック進展を止める仕組みが用いられている．後者では，多官能マレイミドと多官能フランのディールス-アルダー反応による動的架橋が自己修復ポリマー材料に有効であることが示されている．

安定ラジカルの解離平衡を利用した自己修復ポリマー材料も合成されている[10]．安定ラジカルの再結合によってドーマント化でき，かつ酸素によって失活しない化合物として，ジアリールビベンゾフラノン（DABBF）やビス(2,2,6,6-テトラメチルピペリジン-1-イル)ジスルフィド（BiTEMPS）が開発されている（**図12-6**(a)）．これらの機能団を分子鎖中に導入すると，ポリマーゲル中で動的共有結合の組み換えが有効に作用し，切断サンプルの切断面を接触させて室温で放置するだけで自己修復が進行して（図(b)），引張強度が回復する．修復後は元のゲルと同等の強度を示す．修復可能な材料の種類や範囲は広がり，フィルム材料などへの展開が進んでいる．さらに，無溶媒系であるエラストマーやコンポジット系も含めて，動的共有結合を用いたポリマー材料設計が広範囲で展開されている．

ポリマー材料開発に対して自己修復の機能とあわせて重要なのが，分子レベルでの材料損傷をいち早く外部に知らせる機能であり，この目的を達成するためにメカノクロミズムが利用されている．材料の構造欠陥や部分損傷を可視化できるシステムには，開環-閉環異性化をともなうフォトクロミック分子や，炭素−炭素間のホモリシスに

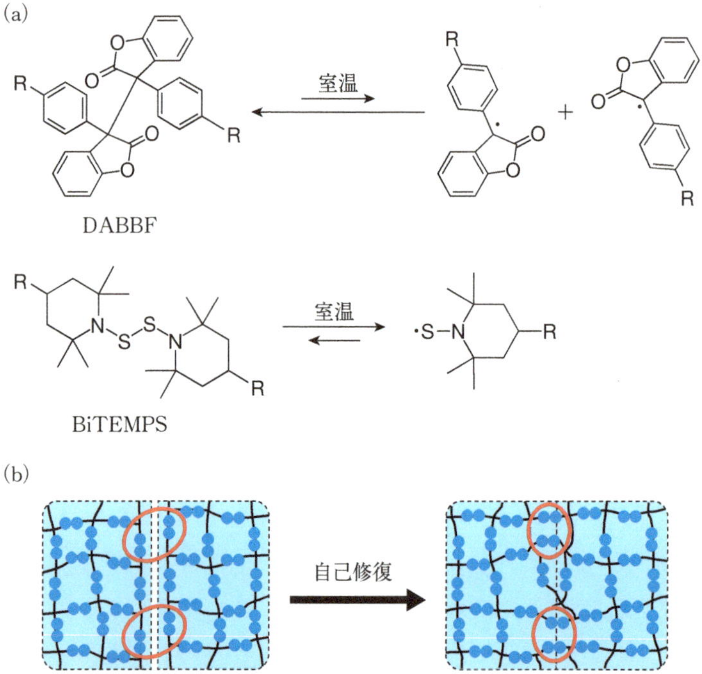

(a)

DABBF

BiTEMPS

(b)

［図12-6］(a) 空気中でも失活しないDABBFとBiTEMPSのラジカル解離平衡と (b) 自己修復ポリマーゲルの結合交換型修復機構

よる蛍光発光分子が用いられる．共有結合の切断によるラジカル発生時に発光現象が観察されることは昔から知られており，材料損傷の情報を外部に発信する道具として利用できる．ミクロな分子レベルの領域での力学的な刺激を受けて発光波長が変化するメカノクロミック材料には，材料全体が受けるマクロな応力を，化学変化を引き起こして発色する分子骨格（メカノクロモフォア）まで効率よく伝達することが求められる．この目的に適した材料として結晶性ポリマーやネットワークポリマーがあげられる．材料に応力負荷がかかったときに，分子鎖に沿って応力が伝達され，最終的に弱い結合箇所で共有結合のラジカル解離が起こり，効率よく発光する必要があるためである．

図12-7に示すように異なる発色団をもつラジカルの前駆体ダイマー（ラジカル系メカノクロモフォア）が合成され，これら発色団を組み込んだメカノクロミックポリマー材料が開発されている．たとえば，DFSNを主鎖中に導入したポリマーを局所的に加圧すると応力負荷がかかった部分でラジカルが発生してピンク色に発色し，同時

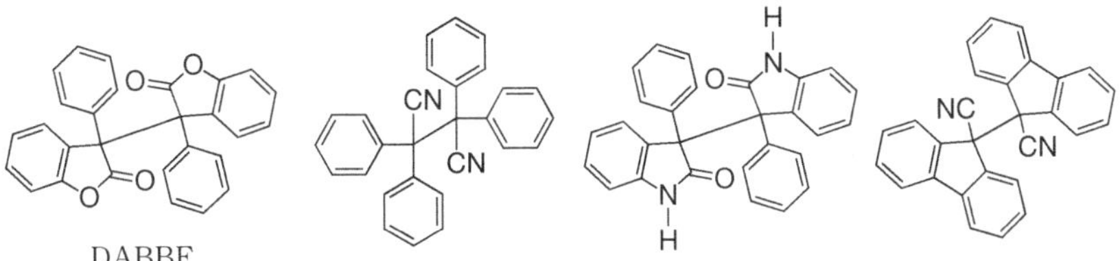

DABBF
（青）

TASN
（ピンク，蛍光は黄）

DABI
（ピンク）

DFSN
（ピンク）

［図12-7］ラジカル系メカノクロモフォアの化学構造と発色の違い

に蛍光が観測される．このとき，ポリマーの側鎖にラジカル重合可能なメタクリル酸エステル構造をあらかじめ組み込んでおくと，ラジカル発生による発色と同時にラジカル重合が進行する結果，負荷がかかった部分のみで架橋反応が進行し，材料の補強が行われる．このように，力学的な刺激によって損傷部位を可視化できるだけでなく，内部応力を利用して化学反応を誘起して高強度化が可能な材料として注目されている[11]．ダブルネットワークなどの多重構造のネットワークポリマーの架橋点にもメカノクロミック分子が組み込まれ，犠牲的破壊にともなって発色する系が開発されている．

12.4 クリック反応を用いるポリマー材料設計

12.4.1 クリック反応とは

Sharplessは，有用な新規化合物やコンビナトリアルライブラリーを簡便に合成するための，幅広い反応条件に適用が可能で，高い信頼性があり，しかも選択性に優れた一連の反応の開発を進め，この手法をクリックケミストリーと命名した[12]．図12-8に典型的なクリック反応（クリックケミストリーの考え方に沿った反応をクリック反応と呼ぶ）の例を示す．クリックケミストリーの根底には，現在の合成化学の力量をもってすれば，特別な試薬，特殊な反応条件，熟練を必要とする反応条件，特別な設備を必要とする手法を駆使してようやく合成できる反応ではもはや十分とはいえず，実用に耐えうるだけの量を実用的な方法で合成できなければ，真に価値ある反応とはいえない，という考え方が存在する．

理想とされるクリック反応は，状況に合わせて反応条件を設定することのできる，適用範囲の広いものでなければならない．対象となる原料と生成物の種類にはさまざまな構造の化合物が含まれ，用いられる反応には，高反応収率で生成物を与え，簡単

NaN_3, NH_4Cl, H_2O, 環流
収率 97％

$EtO_2C-C{\equiv}C-CO_2Et$
H_2O, 70℃
収率 97％

医薬品

［図12-8］ **クリック反応を利用した異なる異性体構造をもつ化合物の立体選択的な医薬品前駆体の合成例**

［H. C. Kolb *et al.*, *Angew. Chem. Int. Ed.*, **40**, 11, pp. 2004-2021（2001）を参考に作成］

に分離可能で，副生成物を生じないことが要求される．反応プロセスは，ごく簡単なもの，できれば酸素や水に対して敏感でないものが使用される．すなわち，既存の化合物を出発物質とし，既存の試薬を用い，溶媒を用いる場合は害の少ないものや簡単に分離できるものがよく，生成物の単離が容易な一連の合成反応がクリック反応に相当する．生成物の精製が必要な場合には，クロマトグラフィー以外の簡便な方法，たとえば，結晶化や蒸留などが好ましい．もちろん，特殊な条件や熟練を要する反応条件や，特殊な設備や装置を必要とする反応は避けるべきであり，できる限り常温，大気圧下で操作できる反応がよいとされる．

これら数多くの厳しい条件を満たすクリック反応が実際に開発されている．不飽和結合の1,3-双極子環状付加反応はさまざまな化合物の合成に有効な反応であり，アセチレンとアジドの環化付加反応を用いたクリック反応が詳しく研究されている．

12.4.2 リビングラジカル重合とクリック反応の組み合わせ

クリック反応は，精密に構造制御されたポリマーの設計に有用であり，リビングラジカル重合と組み合わせることによって，さまざまな機能をもつブロック共重合体，

グラフト共重合体，星型ポリマーなどの特殊構造ポリマーだけに留まらず，自己集合による複雑な高次構造の形成が分子中にプログラムされたポリマーなどの複雑な構造体の設計に応用されている．

クリック反応がポリマー合成に活用される例が急増した背景には，2000年以降のポリマー合成に関する研究を取り巻く状況の変化が関係している．当時，リビングラジカル重合の開発が一段落し，重合制御やポリマー合成はさらに高度なレベルでの制御を目指し，ポリマー1分子を取り扱うサイエンスが展開しつつあった（11.1節）．新しい機能をもつポリマーを合成する手段として，モノマーからポリマーを直接合成する重合反応だけでは材料設計に制約が生じるため，ポリマー反応の活用が期待されていた．しかしながら，古典的な高分子反応が精密材料設計には適していないことはだれの目にも明らかだった．このような状況のもと，クリック反応がポリマー設計に適した合成手段となることが指摘され，その後クリック反応の利用頻度が急激に高まっていった．Hawkerは，クリック反応をポリマー合成に応用することの重要性をいち早く指摘し，研究を開始した．まず，2004年に開催された国際会議の招待講演で初めてそのアイデアを公開し，2005年に発表された総説に具体的な内容がまとめられている[13]．その後，リビングラジカル重合とクリック反応を組み合わせたポリマー合成の研究が多くの研究者によって展開されている[14),15]．

ブロック共重合体の合成は，逐次的にモノマーを添加して行う連続的なリビングラジカル重合によることが多い．あるいは，リビングラジカル重合によって合成したポリマーを単離した後に官能基変換を行って，異なる重合系でさらにリビング重合を行う方法が用いられる（第10章）．ここで，ポリマー末端をアジドあるいはアルキンで修飾したポリマーをそれぞれリビングラジカル重合で合成すれば，**図12-9**に示すように，両ポリマーをクリック反応によってカップリングしてブロック共重合体を合成することができる．同様の方法で，ポリマー末端基の官能基を効率よく導入することができる．グラフトポリマーの合成やポリマー側鎖への官能基導入も可能である．

図12-10に，リビングラジカル重合とクリック反応を組み合わせたポリマー構造制御の具体的な反応例を示す[16]．アルキニル基を含む開始剤を用いて原子移動ラジカル重合（ATRP）を行って，α末端にアルキニル基をもつポリマーを合成する．もう一方で，ATRPで得られるポリマーのω末端のブロモ基をトリメチルシリルアジドと反応して，ω末端にアジド基を導入したポリマーを合成する．ここで，2官能性開始剤を用いるとα末端とω末端にアジド基を含むテレケリックポリマーが合成できる．これらのアルキニル基を含むポリマーとアジド基を含むポリマーにヨウ化銅と塩基触媒を加えて，テトラヒドロフラン中，室温で攪拌するだけで，ブロック共重合体が高反応

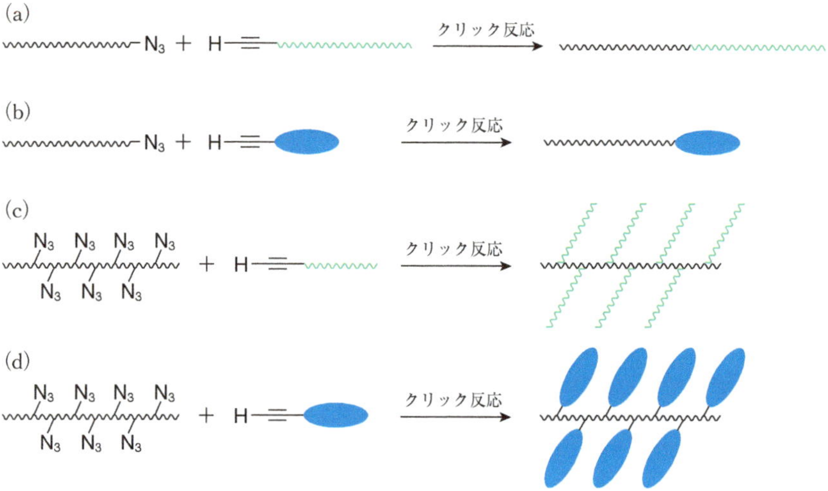

［図12-9］ アジドとアセチレン間のクリック反応を利用したポリマー構造制御の模式図

(a) ブロック共重合体の合成，(b) ポリマー末端への官能基の導入，(c) グラフトポリマーの合成，(d) ポリマー側鎖への官能基の導入．アジドとアセチレンの場所を入れ替えることも可能である．

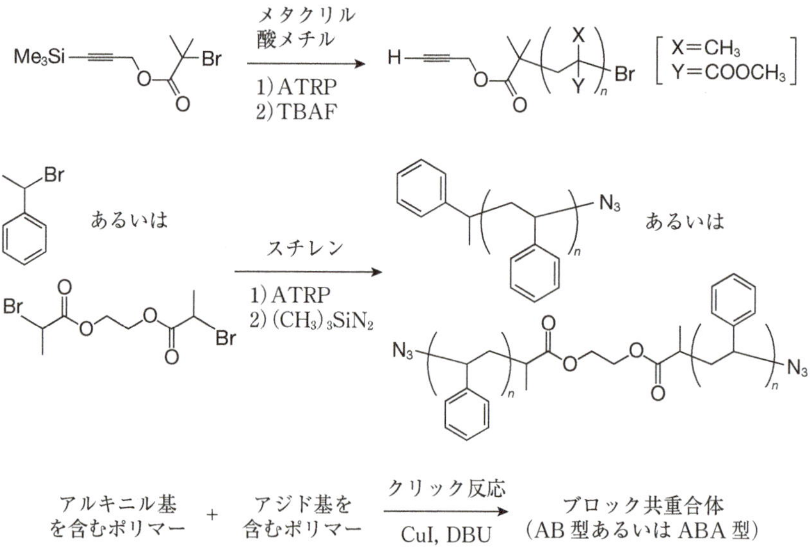

［図12-10］ ATRPとクリック反応を組み合わせたブロック共重合体の合成

TBAF：テトラブチルアンモニウムフルオリド（脱保護触媒），DBU：ジアザビシクロウンデセン（塩基触媒）．

収率で生成する．末端にアジドあるいはアルキンを含むポリエチレングリコールとの反応も同様に進行する．クリック反応とATRPにはいずれも低酸化数のCu触媒が用いられるので，アルキンを含むモノマーとアジド化合物が共存すると，クリック反応と重合反応をワンポットで競争させて行うことも可能である．可逆的付加開裂型連鎖移動ラジカル重合（RAFT重合）でも同様に末端にアジドあるいはアルキンを含むポリマーが合成できる．ポリ酢酸ビニルやポリビニルアルコールのセグメントを含むブロック共重合体の合成には非共役モノマーの重合が必要なため，RAFT重合が適している[17]．

同様に，側鎖に多数のアルキニル基を導入したポリマーと，末端にアジド基を導入したポリマーを組み合わせて反応すると，グラフト共重合体が得られる．アルキンの導入量や位置をリビングラジカル重合で制御すると，それに応じてグラフト共重合体の枝の本数と位置が決まる．枝の分子量や分子量分布は，末端アジド型ポリマーを合成する際に，リビングラジカル重合によって調整することができる．

12.4.3 クリック反応によるポリマーへの官能基導入

典型的なクリック反応の例を**図12-11**にまとめる[15]．低分子化合物とのクリック反応によってポリマーの末端修飾（機能化）が可能になり，生分解性ポリエステル，糖，タンパク質，蛍光プローブなど多様な構造の化合物の他，構造制御して末端にアジド基を導入した水溶性ポリマー，たとえば，ポリビニルアルコール，ポリ*N,N*-ジメチルアクリルアミド，側鎖にポリエチレングリコール鎖を導入したポリアクリル酸エステルなどとカップリングした例が報告されている．同様に，反応性の低分子化合物と反応すると側鎖に多数の官能基を導入できる．特に，糖やデンドロンなどのユニットを側鎖に含むポリマーの合成に効果的である．導入するポリマーの分子量や分子量分布を制御しながら，かつ望ましい位置にこれらかさ高い置換基を導入することができる．ポリエチレングリコール鎖と蛍光ラベルを組み合わせた複合的に機能化した生体関連ポリマー材料も容易に設計できる．このように，クリック反応はポリマー材料の機能化に欠かせないものとなっている（13.5節も参照）．

一般に，環状ポリマーの合成は，末端に反応性基を導入したポリマーを，できるだけ分子間反応が起こらないような高希釈条件で，分子内のみで選択的に環化反応することで行われる．反応収率が低いことや副生成物との分離が困難なことなど，合成面での課題が残されている．カップリング反応を確実に行うことが可能なクリック反応を応用すると，これら課題の多くを解消することができる[18),19]．リビングラジカル重合とクリック反応による環状ポリマーの合成例を**図12-12**に示す．ここでは，11.5

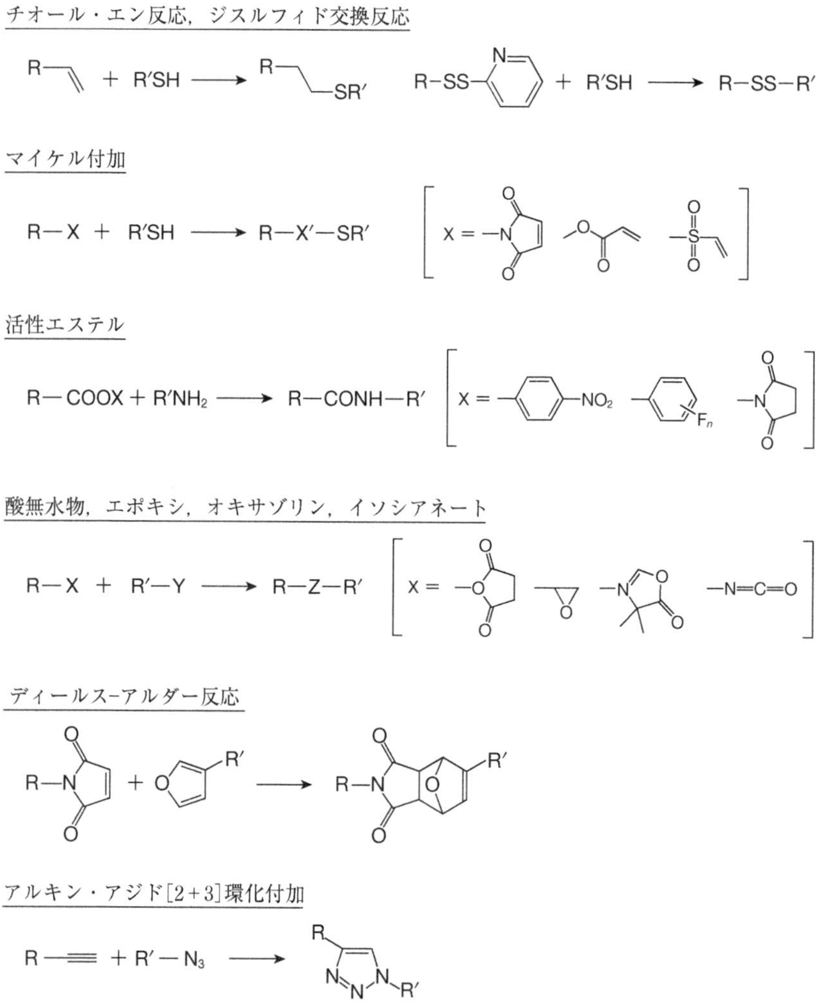

チオール・エン反応，ジスルフィド交換反応

R—CH=CH$_2$ + R′SH ⟶ R—CH$_2$CH$_2$—SR′　　R−SS−(2-pyridyl) + R′SH ⟶ R−SS−R′

マイケル付加

R—X ＋ R′SH ⟶ R—X′—SR′

活性エステル

R—COOX ＋ R′NH$_2$ ⟶ R—CONH—R′　[X = —C$_6$H$_4$—NO$_2$, —C$_6$H$_{5-n}$F$_n$, —N(succinimide)]

酸無水物，エポキシ，オキサゾリン，イソシアネート

R—X ＋ R′—Y ⟶ R—Z—R′　[X = ..., —N=C=O]

ディールス-アルダー反応

アルキン・アジド[2+3]環化付加

R—≡ ＋ R′—N$_3$ ⟶

［図12-11］ **ポリマーの機能化に利用可能なクリック反応**

節で説明したリビングラジカル重合の反応の途中で機能性モノマーを少量添加して，ポリマー鎖の任意の場所に官能基を導入する方法が用いられている．クリック反応と組み合わせることでさまざまな環状ポリマーの合成に応用されている[15]．この方法では，スチレンとマレイミドの交互共重合が活かされ，スチレンのリビングラジカル重合の反応の途中（任意の反応収率）でごく少量のマレイミドを添加することによって，

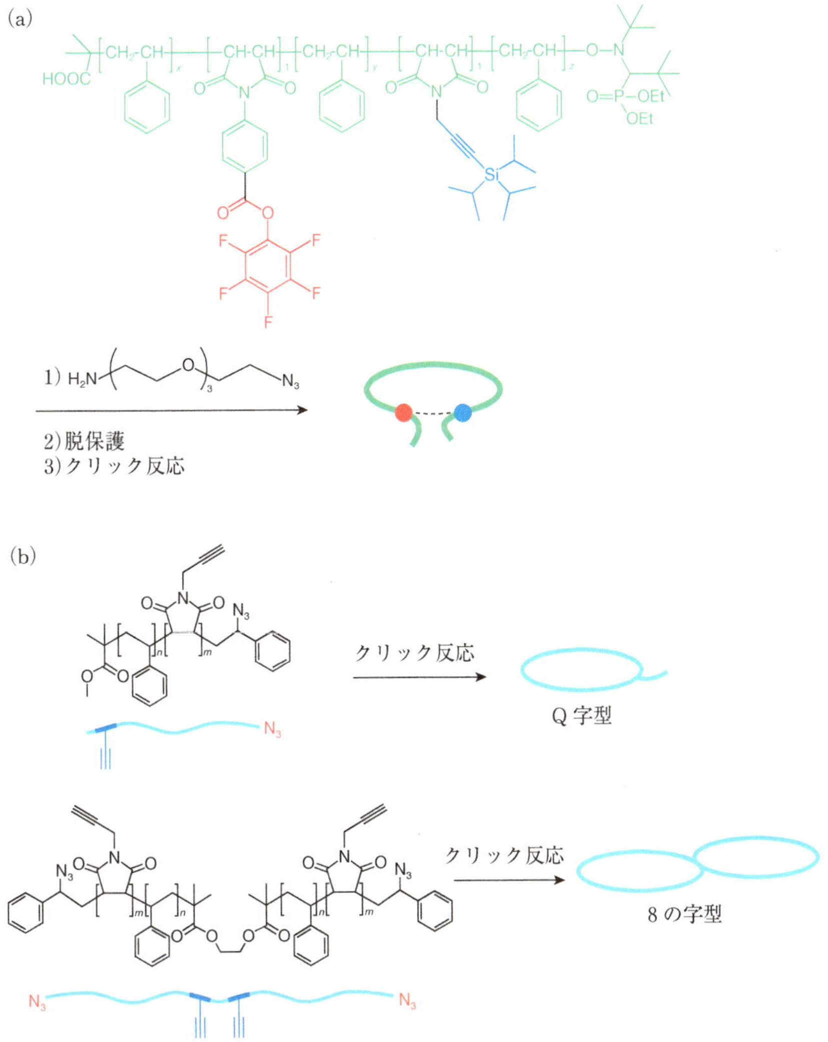

(a)

1) $H_2N-(CH_2CH_2O)_3-CH_2CH_2-N_3$
2)脱保護
3)クリック反応

(b)

クリック反応

Q字型

クリック反応

8の字型

[図12-12] リビングラジカル重合とクリック反応を利用した環状ポリマーの合成例

(a) 異なる官能基（前駆体）を含む2種類のマレイミドを用いた環状ポリマーの合成，(b) ポリマー側鎖に導入したアルキニル基とポリマー末端に導入したアジド基の反応によるQ字型と8の字型の環状ポリマーの合成．[P. Theato and H.-A. Klok（Eds.）, *Functional Polymers by Post-Polymerization Modification*, Wiley-VCH（2013）を参考に作成]

ポリマー鎖の特定の位置に官能基を含むマレイミド単位を導入することができる．図(a) では，低分子のジアジド化合物を後から添加して，ポリマー末端に含まれるアルキニル基（ここではポリマー末端近傍に導入されている）間を結ぶことで，環状ポリマーの合成が完了する．

同様の方法で，ポリマー鎖の内部に導入されたアルキニル基を，ポリマー鎖の片末端あるいは両末端に導入されたアジド基と反応することによって，Q字型や8の字型の環状ポリマーなどが合成できる（図(b)）．第11章で説明したように，ここで示した方法論では後から添加するモノマー単位は統計的に導入されるため，確実に1分子だけを導入することは原理的に不可能であるが，末端に確実に導入されているアジド基との分子内反応を利用することによって，これらの特殊構造からなるポリマーを効率よく合成することができる．

COLUMN

2度目のノーベル化学賞受賞（2001年&2022年）

アメリカ西海岸に位置するスクリプス研究所のKarl Barry Sharpless教授は，2001年にキラルな触媒による水素化反応で化学賞を受賞しており，2022年の授賞対象となった，クリックケミストリーや生物学的反応を使って機能性分子をつくる手法の開発での化学賞は2度目の受賞であった．科学史上，2度ノーベル賞を受賞したのはMaria Salomea Skłodowska-Curie教授（パリ大学）が最初であり，放射線の研究で1903年に物理学賞を，1911年にラジウムとポロニウムの発見などで化学賞を受賞している．Linus Carl Pauling教授（カリフォルニア工科大学）も化学賞（1954年）と平和賞（1962年）を受賞している．同じ賞を2回受賞している研究者もいる．John Bardeen博士（ベル研究所）は1956年（半導体の研究およびトランジスタ効果の発見）と1972年（超伝導現象の理論的解明）に物理学賞を2回受賞しているし，Frederick Sanger教授（ケンブリッジ大学キングズ・カレッジ）は1958年（インスリンの構造研究）と1980年（核酸の塩基配列の決定）にそれぞれ化学賞を受賞している．Sharpless教授は，史上5人目となるノーベル賞2回受賞の栄誉を見事に射止めた．

多くの研究者にとって，クリックケミストリーが2022年のノーベル化学賞の授賞対象となったことは予想外であった．Sharpless教授がクリックケミストリーの研究領域を開拓し，発展させてきたことはいうまでもない事実であり，それこそ名実ともに最大の功労者であることに異論はない．ただし，教授がすでにノーベル化学賞を受賞していることや，最近10年近くは実質的には化学以外の周辺分野での研究領域が化学賞の対象となることが多く（事実，化学賞受賞者の専門の研究分野がバイオであったり，物理であったり，環境であったりと，化学賞の対象分野が広がる傾向がしばらく続いていた)，有機化学分野の主流である，直球ど真ん中のストライクのような対象分野に驚いたのだ．2022年10月の第1週目の水曜日の夜（日本時間)，いつになったら始まるのかもわからないノーベル賞発表のライブ中継をパソコン画面上で流したままにしながら，いつものデスクワークに集中していたとき，発表開始の直後にSharpless教授の名前が呼ばれた．それを聞いて，2022年ノーベル化学賞に関連する分野の創始者として紹介されたのだと勝手に思い込んでしまった（こんな早とちりをしたのは筆者だけかもしれないが)．そのすぐ後に，Sharpless教授も受賞者の一人だと理解し，再び驚いた．

2022年の化学賞には，バイオ関連分野への展開による応用面での貢献が大きいことは間違いないが，それでも基礎科学分野としての有機化学の研究領域が対象となったことは注目に値する．

参考文献

1) N. Hosono and T. Uemura, "Metal-Organic Frameworks as Versatile Media for Polymer Adsorption and Separation", *Acc. Chem. Res.*, **54**, 18, pp. 3593-3603 (2021)

2) 松本章一，"架橋高分子合成における最近の進歩"，日本接着学会誌，**58**，12，pp. 436-447 (2022)

3) A. Shundo, S. Yamamoto, and K. Tanaka, "Network Formation and Physical Properties of Epoxy Resins for Future Practical Applications", *JACS Au*, **2**, 7, pp. 1522-1542 (2022)

4) P. Cordier, F. Tournilhac, C. Soulié-Ziakovic, and L. Leibler, "Self-Healing and Thermoreversible Rubber from Supramolecular Assembly", *Nature*, **451**, 7181, pp. 977-980 (2008)

5) D. Montarnalmathieu, M. Capelot, F. Tournilhac, and L. Leibler, "Silica-Like Malleable Materials from Permanent Organic Networks", *Science*, **334**, 6058, pp. 965-968 (2011)

6) 林幹大，"結合交換性架橋高分子における最近の進歩"，日本接着学会誌，**59**，6，pp. 219-228 (2023)

7) T. Maeda, H. Otsuka, and A. Takahara, "Dynamic Covalent Polymers: Reorganizable Polymers with Dynamic Covalent Bonds", *Prog. Polym. Sci.*, **34**, 7, pp. 581-604 (2009)

8) S. R. White, N. R. Sottos, P. H. Geubelle, J. S. Moore, M. R. Kessler, S. R. Sriram, E. N. Brown, and S. Viswanathan, "Autonomic Healing of Polymer Composites", *Nature*, **409**, 6822, pp. 794-797 (2001)

9) X. Chen, M. A. Dam, K. Ono, A. Mal, H. Shen, S. Nutt, K. Sheran, and F. Wudl, "A Thermally Remendable Cross-Linked Polymeric Material", *Science*, **295**, 5560, pp. 1698-1702 (2002)

10) K. Imato, M. Nishihara, T. Kanehara, Y. Amamoto, A. Takahara, and H. Otsuka, "Self-Healing of Chemical Gels Cross-Linked by Diarylbibenzofuranone-Based Trigger-Free Dynamic Covalent Bonds at Room Temperature", *Angew. Chem. Int. Ed.*, **51**, 5, pp. 1138–1142 (2012)

11) T. Watabe and H. Otsuka, "Enhancing the Reactivity of Mechanically Responsive Units via Macromolecular Design", *Macromolecules*, **57**, 2, pp. 425–433 (2024)

12) H. C. Kolb, M. G. Finn, and K. B. Sharpless, "Click Chemistry: Diverse Chemical Function from a Few Good Reactions", *Angew. Chem. Int. Ed.*, **40**, 11, pp. 2004–2021 (2001)

13) C. J. Hawker and K. L. Wooley, "The Convergence of Synthetic Organic and Polymer Chemistries", *Science*, **309**, 5738, pp. 1200–1205 (2005)

14) R. K. Iha, K. L. Wooley, A. M. Nystrom, D. J. Burke, M. J. Kade, and C. J. Hawker, "Applications of Orthogonal "Click" Chemistries in the Synthesis of Functional Soft Materials", *Chem. Rev.*, **109**, 11, pp. 5620–5686 (2009)

15) P. Theato and H.-A. Klok (Eds.), *Functional Polymers by Post-Polymerization Modification*, Wiley-VCH (2013)

16) J. A. Opsteen and J. C. M. van Hest, "Modular Synthesis of Block Copolymers via Cycloaddition of Terminal Azide and Alkyne Functionalized Polymers", *Chem. Commun.*, **2005**, 1, pp. 57–59 (2005)

17) D. Quémener, T. P. Davis, C. Barner-Kowollik, and S. H. Stenzel, "RAFT and Click Chemistry: A Versatile Approach to Well-Defined Block Copolymers", *Chem. Commun.*, **2006**, 48, pp. 5051–5053 (2006)

18) B. A. Laurent and S. M. Grayson, "An Efficient Route to Well-Defined Macrocyclic Polymers via "Click" Cyclization", *J. Am. Chem. Soc.*, **128**, 13, pp. 4238–4239 (2006)

19) F. M. Haque and S. M. Grayson, "The Synthesis, Properties and Potential Applications of Cyclic Polymers", *Nat. Chem.*, **12**, 5, pp. 433–444 (2020)

第13章

ポリマー構造制御による高機能材料の設計

リビングラジカル重合は，ポリマー合成やポリマー材料の限られた分野だけでなく，さまざまな分野で利用が期待されている重合技術であり，応用開発が進められている．本章では，これまで紹介してきたリビングラジカル重合を活用することで，実際にどのような材料設計が可能なのかを理解するために，いくつかのトピックスを選んで，リビングラジカル重合の具体的な活用例を紹介する．

13.1 ポリマーブラシの合成と材料の機能化[1)～3)]

リビングラジカル重合は，固体材料の表面グラフト化による高機能化に利用できる．ポリマー溶液を塗布・乾燥する通常のコーティング法では耐溶剤性や耐久性に問題が生じる場合，固体材料の表面に重合開始点を導入して表面グラフト重合を行うと，ポリマー鎖を共有結合で材料表面に固定することができ，安定した物性や機能を保持することができる．リビングラジカル重合による表面グラフト法は，金属やガラスなどの無機材料だけでなく，医用材料や生体材料などの有機材料も含めて，材料の表面改質に有効な手段の1つとなっている．

材料の表面グラフトポリマー化を行う際に，表面上に高密度でポリマー鎖を配列させると，ポリマー溶液中で見られるランダムコイルと異なるポリマー鎖の形態や挙動が観察される．このようなポリマーは濃厚（高密度）ポリマーブラシと呼ばれ，材料のトライボロジー特性（摩擦・摩耗，潤滑など）を改善することができる．トライボロジーは，省エネルギーや低環境負荷に直結する問題であり，接触して運動する材料間での表面抵抗を下げるためのさまざまな取り組みが行われている．従来，摩擦や摩耗などを扱う機械工学分野でのポリマーの利用は，ポリシロキサンなどのポリマー潤滑剤（あるいは潤滑油への添加剤）などに限られていた．材料表面を濃厚ポリマーブラシで修飾すると，以下に説明するように，境界潤滑領域の摩擦を低減，かつ流体潤

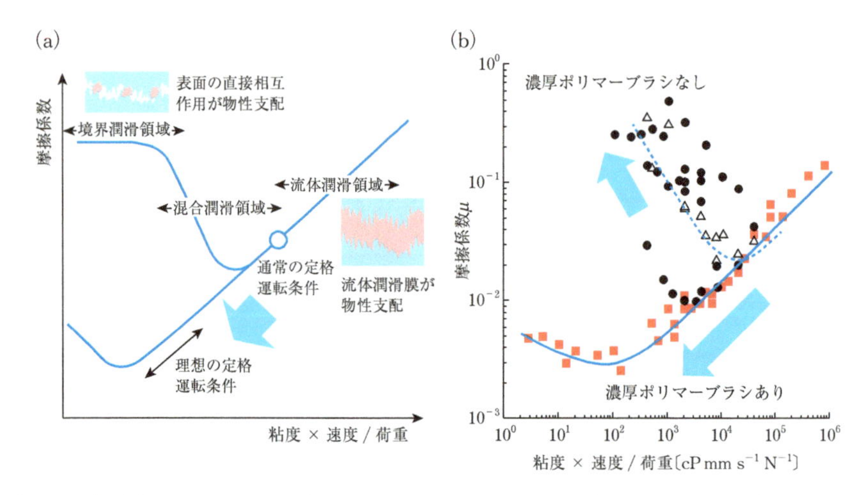

［図13-1］ (a) 一般的な潤滑機構の概念（ストライベック曲線）と (b) マイクロトライボロジー計測によって得られたポリメタクリル酸メチル濃厚ポリマーブラシのストライベック曲線による特性解析の例

［高分子学会 編『ポリマーブラシ（高分子基礎科学One Point 5）』，共立出版（2017）を参考に作成］

滑領域を拡張することができる．この特性によって，材料の摩擦や摩耗に対する材料開発や表面処理についての考え方が大きく変わった．

図13-1 (a) に，一般的な潤滑機構の概念図（ストライベック曲線）を示す[1)]．摩擦係数は，粘度と速度に比例，荷重に反比例する関数であり，速度や荷重に応じて流体潤滑領域から境界潤滑領域へ移行する．流体潤滑と境界潤滑の各領域は，それぞれ粘度，速度，荷重に対する応答が異なる．流体潤滑領域では材料表面間に潤滑剤の流体としての物性が現れるのに対し，境界潤滑領域では材料表面どうしの相互作用が物性を支配する．多くの材料には低摩擦化の方向性が求められている．そのためには，低速化や低粘度化にともなって図(a) の混合潤滑領域から左側にシフトする際に境界潤滑に移行せずに，さらに摩擦係数が低下するような工夫が求められる．図(b) はポリメタクリル酸メチル濃厚ポリマーブラシの摩擦係数の実測値をプロットしたものである．ポリマーブラシが存在しない場合（図(b) の三角と丸のプロット）は，通常のストライベック曲線に従って，粘度や速度の低下にともなって摩擦係数の再上昇傾向が見られるが，濃厚ポリマーブラシで表面修飾した材料（図(b) の四角のプロット）は摩擦係数がさらに約1桁低下し，理想とされる低粘度・低速度での摩擦係数の低減が達成されていることがわかる．

材料表面にグラフトポリマー鎖を固定する方法として，grafting-to法（あるいは

grafting-on法）とgrafting-from法がある．grafting-to法は，ポリマー鎖をあらかじめ合成しておいて，材料表面に導入した反応性の官能基と結合する方法である．grafting-to法では，ポリマーが基材表面に吸着あるいは分子間相互作用して結合する

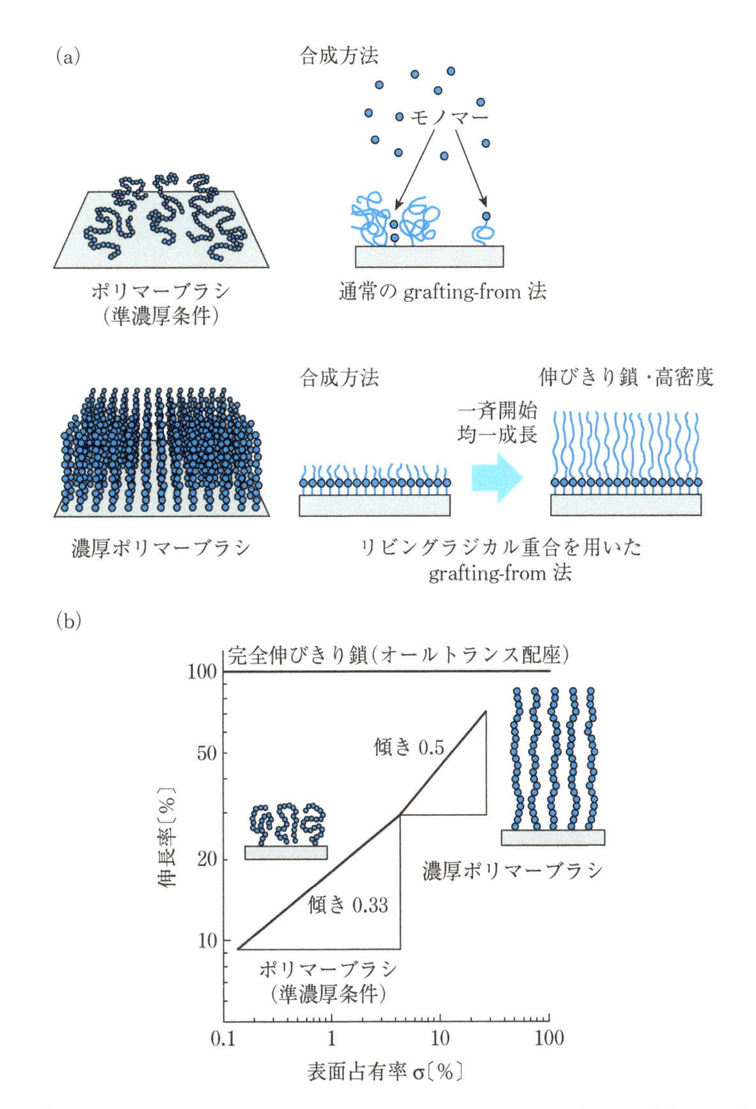

［図13-2］（a）ポリマーブラシの作製方法とポリマー鎖の伸張形態のモデル図と（b）濃厚ポリマーブラシの表面占有率と伸長率の関係

［高分子学会 編『ポリマーブラシ（高分子基礎科学One Point 5）』，共立出版（2017）を参考に作成］

際に，溶液中でランダムコイル状のポリマー鎖が固体材料表面上へ順に固定され，グラフト化された表面はマッシュルーム型の構造となる．表面に固定した後でポリマー鎖を引き伸ばしてポリマーブラシの形態にすることはエントロピーの大きな損失をともなうため難しいため，grafting-to法では高密度でポリマー鎖を表面グラフト化することはできない．

一方，材料表面に導入した重合開始点からモノマーを重合してグラフト鎖を形成するgrafting-from法では，**図13-2**(a) に示すように，重合中にポリマー鎖が基板から離れる方向に成長していく．通常のラジカル重合法でこれを行うと，開始が一斉に起こらないために，表面のところどころでポリマー鎖が生成する．この状況はgrafting-to法での状況に近く，結果的にgrafting-to法と同様の表面構造となってしまう．ここで，grafting-from法にリビングラジカル重合を適用すると，開始が一斉に起こり，すべてのポリマー鎖がそろって成長を続けることになる．表面から一斉に高密度で生成するポリマー鎖は，互いの立体反発のために伸びきり鎖構造をとったまま成長を続け，最終的に高分子量ポリマーが高密度で伸びきり鎖の状態で材料表面上に固定された濃厚ポリマーブラシが得られる．

図(b) にポリメタクリル酸メチル濃厚ポリマーブラシの表面占有率と伸長率の関係を示す[1)]．表面占有率と伸長率の関係を示す各直線の傾きは，理想的な伸びきり鎖の濃厚ポリマーブラシでは0.5，ランダムコイル状（マッシュルーム型）ポリマーのポリマーブラシでは0.33の値となることが知られている．実際に表面占有率が異なるポリマーブラシの伸長の様子を比較すると，表面占有率5％付近でポリマー鎖の伸長の仕方が不連続に変化し，ランダムコイル構造から伸びきり鎖に変わる．このように，ある表面占有率を境にして，それ以下では準濃厚ポリマーブラシとなり，それ以上では濃厚ポリマーブラシとなる．濃厚ポリマーブラシの条件が成立しない場合には，図13-1のモデルに示したように，低粘度，低速度，高応力負荷条件で摩擦係数は大きくなるが，濃厚ポリマーブラシ条件では低摩擦係数を実現できる．

13.2 金属・無機ナノ微粒子の表面修飾[4)~9)]

リビングラジカル重合は，金属微粒子や金属酸化物微粒子のポリマー表面修飾にも有効である．電子・光学材料分野で使用される微粒子の表面をポリマーブラシで修飾することによって，分散安定化の向上や高度な3次元配列制御などの高機能化が行われている．微粒子表面へのポリマーブラシの固定には，さまざまなリビングラジカル重合を利用した表面開始重合が利用できる．

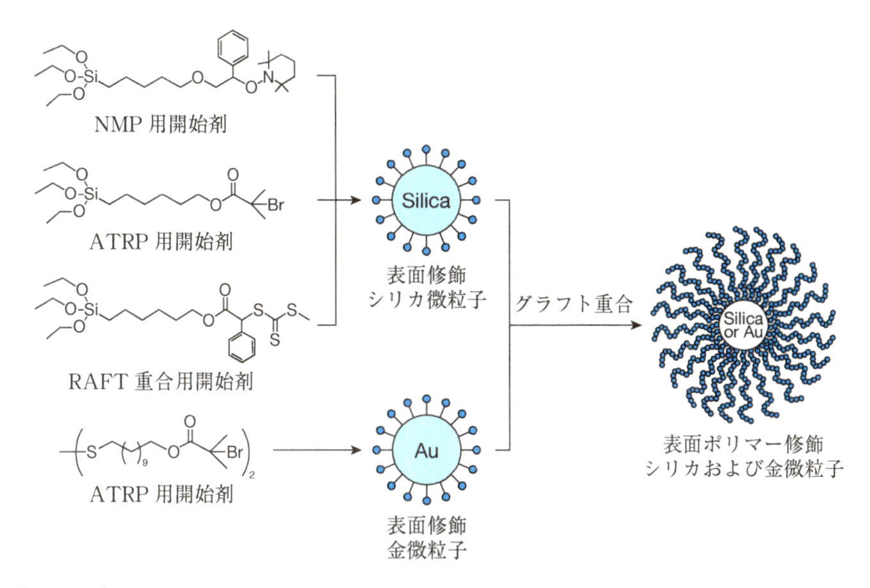

［図13-3］ シリカや金微粒子上の表面開始リビングラジカル重合のための開始点導入とグラフト重合の反応例

［K. Ohno, *Molecular Technology: Synthesis Innnovation Vol. 4*, H. Yamamoto and T. Kato（Eds.）, Chapter 14, pp. 379-397, Wiley-VCH（2019）, Figure 14-2およびFigure 14-4を参考に作成］

まず酸化物，金属，カーボンあるいはポリマー微粒子の表面を化学修飾して，重合開始点を導入し，次に材料表面上の開始点からラジカルを発生させてグラフト重合することによってポリマーで表面修飾を行う．リビングラジカル重合の種類として，原子移動ラジカル重合（ATRP）あるいは可逆的付加開裂型連鎖移動ラジカル重合（RAFT重合）が選択されることが多い．これは表面修飾のための重合に用いるモノマーが官能基を含んでいることが少なくないことや，各重合の開始点を導入しやすいという利点のためである．シリカや金微粒子表面への重合開始点の導入の反応例を図**13-3**に示す[4]．ニトロキシド媒介ラジカル重合（NMP）やATRPの重合開始点，あるいはRAFT重合の制御のための官能基をもつ化合物に含まれるトリエトキシシリル基をシリカ表面と反応させて重合開始点を微粒子表面上に固定する．同様に，金微粒子表面への重合開始点の固定にはジスルフィド化合物が利用される．前節で述べたように，導入されるグラフトポリマー鎖の密度は重要であり，ポリマーブラシで修飾することによって，従来よく用いられてきた単純なポリマーコーティング法による微粒子の表面修飾とは，特性が異なる微粒子を作製できる．開始点導入を最適の反応条件で行うことは，微粒子の表面修飾にとって重要なポイントとなる．

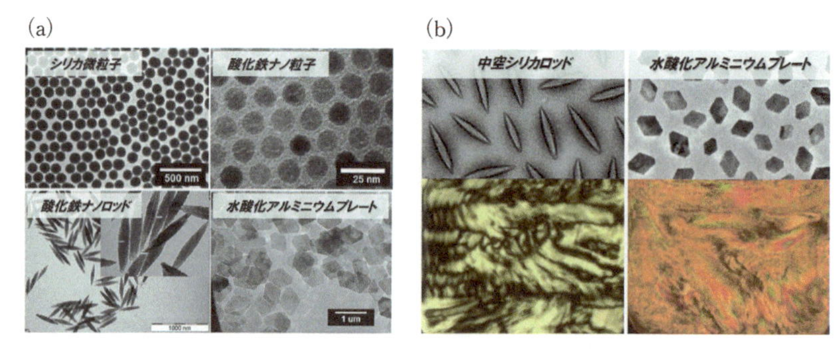

［図13-4］ 表面開始リビングラジカル重合による金属酸化物微粒子表面のポリマーブラシによる修飾と機能化

(a) ポリマーブラシを表面グラフト化した金属酸化物微粒子，(b) 表面修飾異方性微粒子による液晶形成．［大野浩司，高分子，69，12, pp. 642-645（2020），図1および図2を引用］

シリカや金の微粒子だけでなく，さまざまな金属酸化物微粒子の表面修飾が行われている．**図13-4**(a) に，ポリマーブラシで表面修飾したさまざまな形状をもつ金属酸化物微粒子の例を示す[9]．これら以外にも，酸化チタン，酸化亜鉛，ヒドロキシアパタイト，金属有機構造体（MOF），カーボンナノチューブ，酸化グラフェンなど多くの種類の複合ナノ微粒子の作製が報告されている．表面修飾した複合微粒子は，優れた分散安定性を示し，2次元あるいは3次元での微粒子の配列制御が試みられている．グラフトポリマー鎖の繰り返し構造や鎖長に応じて，分散状態での微粒子間距離の精密な制御が可能になり，コロイド結晶の発現や液晶の形成が確認されている（図(b)）．

有機無機ハイブリッド合成によく用いられる分子状のかご型シルセスキオキサン(POSS，$(RSiO_{1.5})_n$) のリビングラジカル重合を活用したポリマーの複合化の研究も行われている[5]．側鎖にPOSSを含むブロック共重合体が合成され，共重合体のナノ相分離構造の制御とナノメートルスケールの分解能をもつリソグラフィー材料への応用が検討されている．

13.3 両親媒性モノマーを利用した表面特性制御[10), 11)]

表面修飾の対象となる材料には，さまざまな素材（有機，無機および金属）が含まれ，材料の形態も大面積の平板から微粒子，さらに複雑な構造のものまでさまざまである．ここで，表面修飾の目的に応じて，重合開始点の導入法や表面グラフト化に用

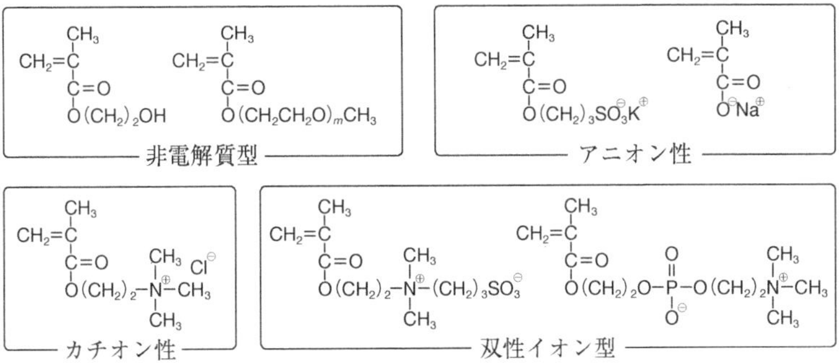

［図13-5］ **親水性ポリマーブラシの作製に利用される親水性モノマー（非電解質型，アニオン性，カチオン性および双性イオン型）の例**

いられるポリマーの種類が選択される．

図13-3に示したように，シリカの表面修飾ではシランカップリング剤を用いた開始点の材料表面への固定が最も一般的であり，素材に応じたカップリング剤が開発されている．表面開始ATRP（surface-initiated ATRP, SI-ATRP）を用いてシリコンウェハを表面修飾する場合の典型的な反応の手順を以下に示す．まず開始剤となる官能基を含むシランカップリング剤でシリコンウェハを表面処理し，メタクリル酸エステルを表面グラフト化して濃厚ポリマーブラシを作成する．反応系にフリーの開始剤を添加しておくと，表面上から開始するグラフト鎖とは別に，溶液中でも開始，重合が起こり，グラフト化されていないフリーポリマーが副生する．このポリマーの分子量や分子量分布を評価することで，グラフト鎖の分子量と分子量分布を推定できる．グラフト重合の目的や材料の利用形態に合わせて，**図13-5**に示す非電解質型，アニオン性，カチオン性あるいは双性イオン型のモノマーが用いられる[10),11)]．

ポリマー電解質ブラシは，高い表面自由エネルギーをもち，優れた濡れ性（低い水接触角）を示す．興味深いことに，カチオン性ポリマーブラシで修飾した基板と，アニオン性ポリマーブラシで修飾した基板を微量の水とともに接着すると強い接着力（1 cm^2の接着面積で5 kgの荷重に耐える）を発現し，アニオンとカチオンの静電引力相互作用の寄与による接着が可能になることを示す．接着後に試験片をNaCl水溶液に浸すと容易に剝離し，接着と剝離の繰り返しが可能である．親水性ポリマーブラシの生体適合性に関する研究も行われ，タンパク吸着，細胞接着，血小板粘着などが調べられ，血液中の長時間滞留可能な材料が開発されている．

13.4 水媒体不均一系リビングラジカル重合とポリマー微粒子[12)〜19)]

リビングラジカル重合の研究は均一な溶液中で行われることが多いが，工業的なラジカル重合の利用では，乳化重合や懸濁重合などの水を媒体とする不均一系重合を用いることが主流であり，乳化重合や懸濁重合でリビングラジカル重合を実現するための研究が進められている．水を分散媒体として用いる不均一系重合の工業的な意義の重要性については，1993年のGeorgesらのNMPの最初の論文で，懸濁重合でのスチレンとブタジエンのランダム共重合体の合成に関するSECデータが示されていたことを思い出していただきたい（第4章コラム参照）．水媒体不均一系重合は，生成物であるポリマーが水中に分散したエマルションとして得られ，ポリマー微粒子の合成に利用されている．関連する分野は，塗料や接着だけでなく，電子材料，化粧品，医用材料などの先端機能性材料にかかわる分野全般に及び，単一成分からなる真球粒子だけでなく，粒子表面を修飾したものや，内部構造や微粒子の形態を複雑に制御した微粒子など，高度な構造制御が行われている．

水媒体不均一系重合に分類される重合法は，分散状態，生成する微粒子のサイズ，添加剤の有無と種類などによってそれぞれ名称が異なる．不均一系重合法の種類と生成するポリマー微粒子径の関係を**図13-6**にまとめる．これら水媒体中の重合に対してもリビングラジカル重合を適用することができ，さまざまな重合の反応挙動やポリマーの構造制御に関する研究成果が総説にまとめられている[12)]．

乳化重合では，高分子量のポリマーが高収率で生成し，生成物が高固形分濃度で，かつ低粘度で得られるため工業的に有利な方法である．ただし，乳化重合ではラジカル発生が水相，重合の場がミセル内あるいは微粒子内であるので，重合制御剤の溶解性や各相への分配を考慮する必要がある．リビングラジカル乳化重合では，モノマー

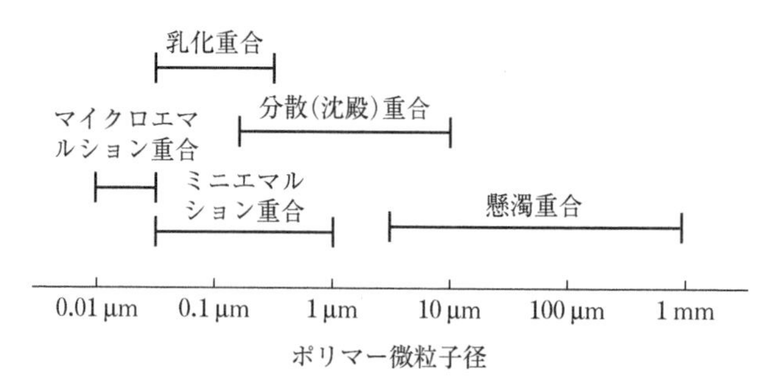

［図13-6］ 不均一系重合法の種類と得られるポリマー微粒子のサイズ

滴内に開始剤や重合制御剤が分配されないような工夫が必要であり，水溶性マクロ開始剤が用いられる．水中で水溶性のマクロ開始剤に疎水性のモノマーが付加することによって両親媒性化し，重合制御剤はミセルを形成する．低分子の界面活性剤を使用しないソープフリーリビングラジカル乳化重合も可能である．同様の反応機構は，後述するPISAでも利用されている．

懸濁重合では，数µm～数mmサイズの比較的大きいポリマー微粒子が生成する．懸濁重合では，機械的な攪拌によって水中に分散させたモノマー滴の中で重合を行うため，粒子径分布は広くなる．モノマー滴サイズをそろえるためには，膜乳化法やマイクロ流路法などが用いられる．水中のモノマー滴に高いせん断力が加わるように重合系を設計すると，モノマー滴サイズを数十nm～数µmまで小さくすることができ，乳化重合と同程度のサイズのポリマー微粒子を作製することができる（ミニエマルション重合）．界面活性剤や助剤を用いて強い攪拌を必要とせずに，さらに小さなモノマー滴を利用して数十nmサイズのポリマー微粒子が生成する方法としてマイクロエマルション重合が知られている．

分散重合は，重合前の状態が均一系（モノマーや開始剤は分散溶媒に可溶）であることが，他の不均一系重合系と異なる．生成するポリマーが分散溶媒に不溶なため，重合の進行とともにポリマー微粒子が析出する，沈殿重合の1種である．ただし，生成したポリマー微粒子が分散安定剤（両親媒性ポリマーなど）によって安定化されるため，数百nm～数µmの粒子が得られる．最適条件では，単分散な粒子（粒子サイズの分布を表す変動係数が5%以下）を作成することができる．これらの特徴は通常の沈殿重合には見られないものである．分散重合で得られた比較的小さいサイズの微粒子をシード（種）粒子として用いて，さらにモノマーを追加して重合を行うシード分散重合を利用すると，粒子径を精密に制御することができる．異なるポリマー間の相溶性を利用すると，さまざまな形態の複合粒子を合成することができる．以下，機能性微粒子の具体的な合成例を紹介する．

内包物質としてイソオクタンを使用したスチレンのミニエマルションRAFT重合によって中空粒子が合成できる．通常のラジカル重合系では中空構造にすることが難しい懸濁重合系に対して，親水性モノマーと架橋剤を組み合わせると，シェル層が油水界面で積層しやすくなるような重合系を設計でき，カプセル粒子が合成できる．同様に，マイクロエマルションAGET-ATRPで十数µmの大粒径カプセル粒子が作製されている（**図13-7** (a)～(c)）[13]．これらの分散系リビングラジカル重合は，マクロスコピックには分散媒体としての水とモノマーやポリマー（および有機溶媒など）が含まれる液滴が存在する系であり，液滴中では物質移動が容易に起こり，均一系重合

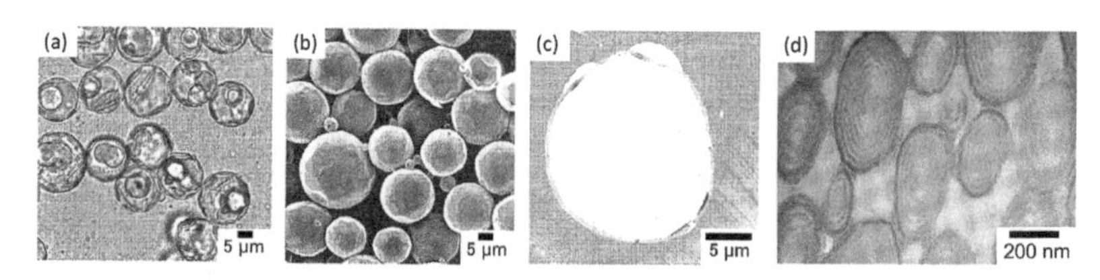

［図13-7］ マイクロエマルションAGET-ATRPで合成したポリジメタクリル酸エチレングリコール粒子（ヘキサデカンを内包）の（a）光学，（b）SEMおよび（c）TEM写真と，（d）ATRP法で1段階合成した玉ねぎ状の多層粒子の超薄切片のTEM写真

［南秀人，『リビングラジカル重合：機能性高分子の合成と応用展開』，松本章一 監修，シーエムシー出版，第Ⅱ編第6章，pp. 158-167（2018），図2および図3を引用］

反応系と同様，リビングラジカル重合が成立する点が興味深い．重合過程で生成するポリマー微粒子に第2成分のモノマーあるいはポリマーが溶解しない（相溶しない）場合には，微粒子表面で重合が進行し，微粒子内でポリマーが相分離構造をとり，コアシェル型の微粒子が得られる．多成分系のポリマー微粒子内部の形態は，重合方法や反応条件に依存して変化し，たとえば，相溶性のない2種類のポリマーを組み合わせると，コアシェル型だけでなく，ヤヌス型の微粒子も合成できる．また，シード重合法にリビングラジカル重合を適用すると，ポリメタクリル酸エステルとポリスチレンが粒子中心部から交互に積層した玉ねぎ状の多層構造微粒子が1段階の重合で合成できる（図(d)）[13]．

重合誘起自己組織化（polymerization-induced self-assembly，PISA）は，分散重合を応用したポリマー微粒子の合成法の1つであり，近年著しい発展を見せている[14)~18)]．この重合中に生成するポリマーは両親媒性のブロック共重合体であり，重合の制御には主としてATRPやRAFT重合が用いられている．ポリマーはその分子構造に対応してさまざまな形態の会合体を形成し，機能性微粒子の新しい作製方法としてさまざまな用途に応用されている．形態の変化の様子を**図13-8**に示す．たとえば，リン脂質模倣ポリマー（PMPC）と温度応答性ポリマー（PHPMA）のブロック共重合体をRAFT重合によって合成すると，自発的に重合中に分子集合体が形成される．図(b)の相図に示されているように，分子集合体の構造はポリマーの濃度とコアを形成するポリマー成分の重合度（分子量）に応じて，図の左下から右上に向かって，順に球状ミセル，棒状ミセル，ベシクルへと形態が変化する．

ブロック共重合体以外の両親媒性ポリマーも，親水性と疎水性のバランスや分子形状に応じて，水中で自己組織化してミセルやベシクルなどのナノ構造体を形成する．ここで，多数の分子間で集合体を形成するのではなく，1分子のポリマー鎖が折りた

(a)

HOOC　S　S　NC

双性イオン型
モノマー（MPC）

ラジカル開始剤，
水中，70℃

マクロ RAFT 開始剤
(PMPC)

HPMA

ラジカル開始剤，
水中，70℃

ブロック共重合体（PMPC-*block*-PHPMA）

(b)

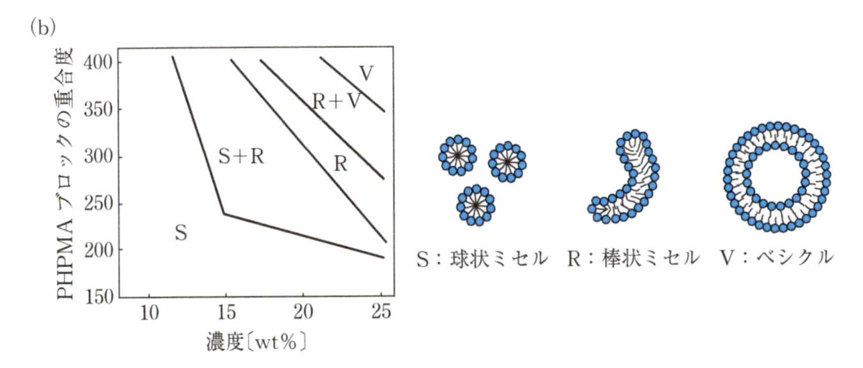

［図13-8］ リン脂質模倣ポリマー（PMPC）と温度応答性ポリマー（PHPMA）のブロック共重合体の（a）RAFT重合による合成反応と（b）重合中の自己集積により形成される分子集合体構造（PISA）の相図

［S. Sugihara, *Molecular Technology: Synthesis Innnovation Vol. 4*, H. Yamamoto, T. Kato (Eds.), Chapter 1, pp. 1-29, Wiley-VCH（2019）, Figure 1-9およびFigure 1-10を参考に作成］

たみ構造をとってミセルを形成する場合があり，このナノ構造体はユニマーミセルと呼ばれる．ATRPを用いて疎水性のメタクリル酸ドデシルと親水性のオリゴエチレングリコール鎖を含むメタクリル酸エステルの分子量，分子量分布，組成などを制御したランダム共重合体は，水中でポリマー鎖1分子で自己組織化する[19]（**図13-9**（a））．

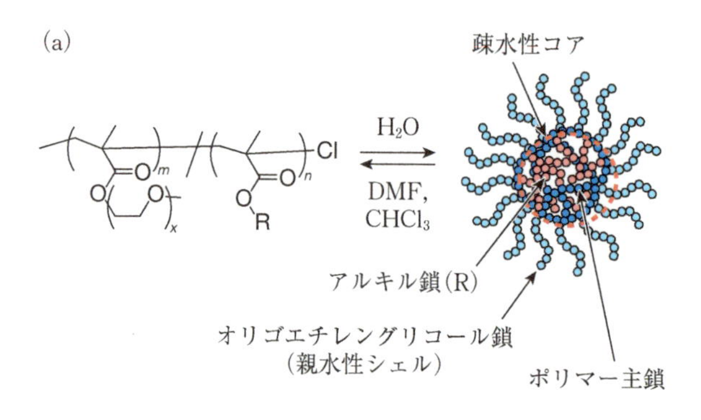

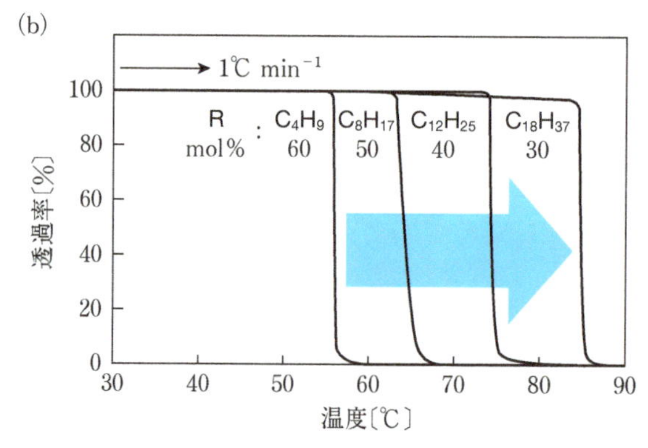

［図13-9］ **(a) メタクリル酸オリゴエチレングリコールエステルとメタクリル酸ドデシル単位を含む両親媒性ランダム共重合体の水中での自己組織化ユニマーミセルの形成と (b) 両親媒性ランダム共重合体の温度応答挙動（曇点とLCST挙動）**

〔T. Terashima and M. Sawamoto, *Single-Chain Polymer Nanoparticles: Synthesis, Characterization, Sumulations, and Applications*, J.A. Pomposo (Ed.), Chapter 8, pp. 313-339, Wiley-VCH (2017), Scheme 8-3およびFigure 8-3を参考に作成〕

この共重合体は分子内会合と分子間会合の間に明確な臨界鎖長があり，臨界鎖長以上でユニマーミセルを形成すること，疎水性成分の組成が増加すると臨界鎖長が増大すること，臨界鎖長以下では鎖長とは無関係に一定の大きさをもつ分子間会合体を形成すること，その大きさは疎水性ポリマー組成のみに依存することなどが明らかにされている．分子間会合体は，その分子構造に応じて下限臨界溶液温度（lower critical solution temperature, LCST）挙動を示すことが報告されている（図(b)）．ここで，ATRPを用いて合成したランダム共重合体によって形成される分子間会合体は精密に制御された構造をもつ．

13.5 ポリマーコンジュゲート[20)〜28)]

これまで述べてきたように，リビングラジカル重合は，さまざまな材料設計に有用であるが，特に生体材料との組み合わせの相性がよく，タンパク，糖鎖，核酸，抗体などに合成ポリマーを組み合わせた材料設計が行われている．**図13-10**に，リビングラジカル重合を利用して合成されたポリマーコンジュゲート（合成ポリマーと生体材料間での接合物）の例を示す．たとえば，図(a) のように糖類（単糖，二糖，オリゴ

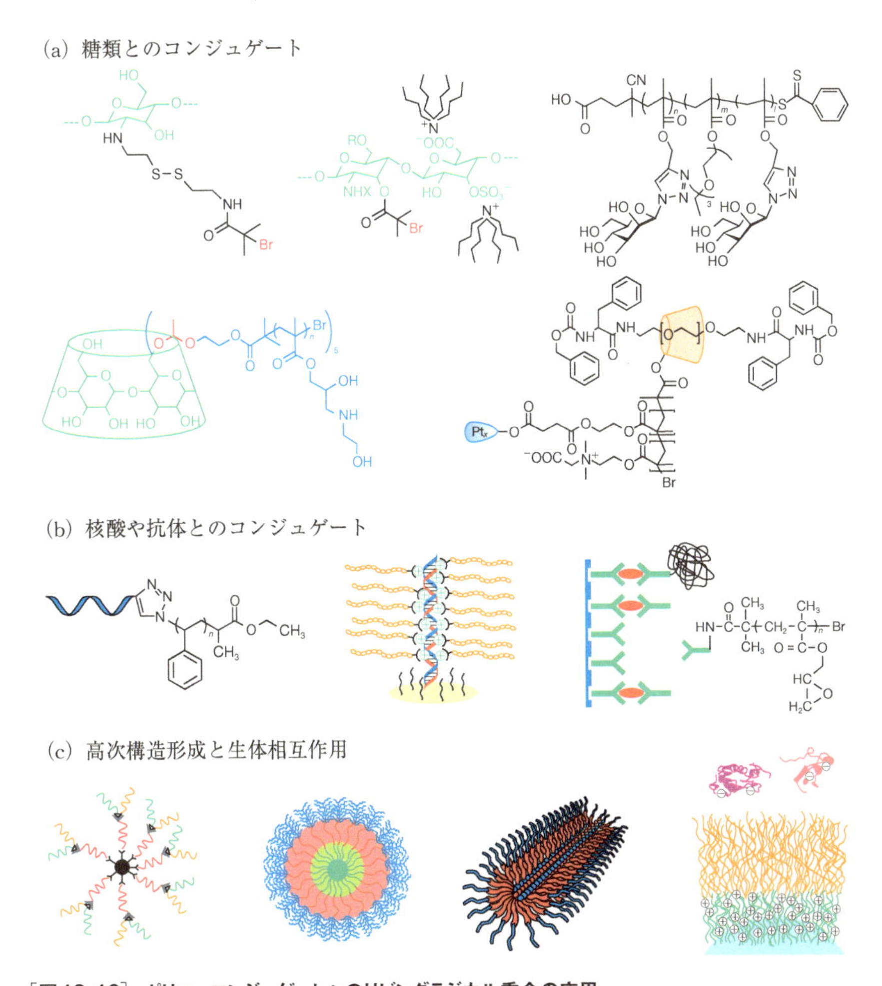

[図13-10]　ポリマーコンジュゲートへのリビングラジカル重合の応用

糖および多糖）に含まれるヒドロキシ基，アミノ基あるいはスルホ基などの官能基を化学修飾してリビングラジカル重合用の開始点を導入すると合成ポリマーをグラフト化できる．クリック反応を利用して，ポリマーの側鎖あるいは鎖末端に糖類を導入することも可能である．環状オリゴ糖であるシクロデキストリン（5員環，6員環および7員環構造のものをそれぞれα-CD，β-CDおよびγ-CDと呼ぶ）を化学修飾してポリマーと複合化すると精密な分子構造設計が適用できるため，高機能性が求められる材料の設計に用いられる．図(b)のようにDNAやRNAなどの核酸あるいは抗体と合成ポリマーのコンジュゲートも作成されている．DNAの二重らせん構造形成や静電相互作用によって複合化した材料がさまざまな分野で応用されている．リビングラジカル重合で合成されるポリマーのブロック成分の配列や分岐構造を精密に制御すると，図(c)のように分子集合体の構造形成を制御でき，生体あるいは生体関連物質との相互作用などが詳しく研究されている．図13-10に示した以外にもさまざまな機能をもつポリマーコンジュゲートが作成され，バイオ・メディカル分野を含めた広い範囲の応用分野で利用されている．それぞれ合成方法，特徴，機能，応用例などの詳細については総説[20)〜28)]を参照していただきたい．

COLUMN

2000年？ 2001年？

　時は1999年の暮れ間近のある日，大阪のとある企業のオフィスでの会話より

「H君，いよいよ世紀末だね」

「部長，いきなりどうしたんですか．今年は景気だって少しは上向きそうだというのに．まさか，うちの会社は大丈夫ですよね．それに，お言葉ですが，21世紀は2001年から始まるんですから，今年はまだ世紀末の年じゃありません．ほら，大阪駅前の21世紀カウントダウンだって，そうなってますよ」

「普通は1999年が終わりの年で，2000年が新しい始まりに決まっとるんじゃないのかね．その方が区切りもいいし．21世紀が2001年から始まるなんて誰が決めたんだ」

「西暦0年は存在しないんですから，1世紀は西暦1年から始まって100年で終わります．ですから，必然的に21世紀は2001年から2100年ということになります．キリスト教圏の国々では，今度の世紀末は単なる世紀末じゃなくて，ミレニアムって呼ばれる千年紀の区切りにもなってるんで，2000年か2001年かは結構話題になっているそうですよ．ハーヴァードのグールド教授も最近本に書いていましたから」

「本当かね．そのグータラ教授とやらは，世紀末の権威かい？」

「グータラじゃなくて，グールドです．生物学者でアメリカ科学振興協会の会長ですよ．ところで，来年2000年は閏年だって事，ご存じでした？」

「そんな事，小学生でも知っとるよ．オリンピックのある年は閏年だ．大阪だって何年だったか忘れたが，立候補しとるんだろう」

「ええ，基本的には4年ごとに閏年が回ってきますが，世紀の境目の年は400で割り切れるときだけ閏年になるんです．だから2000年は閏年ですが，2100年は閏年にはならないんです」

「ほう，結構難しいもんだ．もっとも，私も君も2100年には生きとらんことだけは確かだから，どっちでもいいがね」

「よく考えてみると，地球が1回転すると1日で，月が満ち欠けするとひと月，太陽の周りを1周したら1年って決めてそれを組み合わせようってこと自体に無理がありますよ．閏年も，結局は独立した自然現象のつじつま合わせの産物というところでしょうかね」

「君は，相変わらず理屈っぽい男だね」

「すみません．ところで，僕はちょっと別の理由で来年の正月が待ち遠しくてならないんです．パソコンがお好きでない部長も，コンピュータの2000年問題はご存じですよね．どこかの銀行のコンピュータが間違えて100年分の利息をつけてくれるなんてことにならないとも限りませんよ．年末恒例の宝くじより楽しみだと思いませんか？」

「そりゃ，いいね．でも言っておくが，預金残高がン千円じゃ100年分の利息が転がり込んでも，たかがしれたもんだよ」

「ごもっともです」

「万が一，大金がうまく転がり込んだら，2000年にお祭り騒ぎをして，2001年にもう一度大騒ぎをやるとするか」

「部長は相変わらずお祭り好きですね．では，今年は宵々宮というわけで，景気付けにまずは今晩，ぱあっと行きましょう．ねぇ，部長」

（松本章一，近畿化学工業界，**51**, 3, p. 17（1999）より転載）

参考文献

1) 高分子学会 編，辻井敬亘，大野工司，榊原圭太 著，『ポリマーブラシ（高分子基礎科学One Point 5)』，共立出版（2017）

2) V. Mittal (Ed.), *Polymer Brushes: Substrates, Technologies, and Properties*, CRC Press (2017)

3) A. M. Bhayo, Y. Yang, and X. He, "Polymer Brushes: Synthesis, Characterization, Properties and Applications", *Prog. Mater. Sci.*, **130**, 101000 (2022)

4) K. Ohno, "Hairyparticles Synthesized by Surcace-Initiated Living Radical Polymerization", In *Molecular Technology: Synthesis Innnovation Vol. 4*, H. Yamamoto and T. Kato (Eds.), Chapter 14, pp. 379-397, Wiley-VCH (2019)

5) F. Chen, F. Lin, Q. Zhang, R. Cai, Y. Wu, and X. Ma, "Polyhedral Oligomeric Silsesquioxanes Hybrid Polymers: Well-Defined Architectural Design and Potential Functional Applications", *Macromol. Rapid Commun.*, **40**, 17, 1900101 (2019)

6) H. Shi, J. Yang, M. You, Z. Li, and C. He, "Polyhedral Oligomeric Silsesquioxanes (POSS)-Based Hybrid Soft Gels: Molecular Design, Materials Advantages, and Emerging Applications", *ACS Mater. Lett.*, **2**, 4, pp. 296-316 (2020)

7) Z. Wang, M. R. Bockstaller, and K. Matyjaszewski, "Synthesis and Applications of ZnO/Polymer Nanohybrids", *ACS Mater. Lett.*, **3**, 5, pp. 599-621 (2021)

8) P. Argitis, D. Niakoula, A. M. Douvas, E. Gogolides, I. Raptis,V. P. Vidali, and E. A. Couladouros, "Materials for Lithography in the Nanoscale", *Int. J. Nanotech.*, **6**, 1-2, pp. 71-87 (2009)

9) 大野浩司，"高分子を生やした微粒子"，高分子，**69**，12，pp. 642-645（2020）

10) T. Hirai, M. Kobayashi, and A. Takahara, "Control of the Primary and Secondary Structure of Polymer Brushes by Surface-Initiated Living/Controlled Polymerization", *Polym. Chem.*, 8, 36, pp. 5456-5468 (2017)

11) Y. Higaki, M. Kobayashi, and A. Takahara, "Hydration State Variation of Polyzwitterion Brushes through Interplay with Ions", *Langmuir*, **36**, 31, pp. 9015-9024 (2020)

12) P. B. Zetterlund, S. C. Thickett, S. Perrier, E. Bourgeat-Lami, and M. Lansalot, "Controlled/living Radical Polymerization in Dispersed Systems: An Update", *Chem. Rev.*, **115**, 18, pp. 9745-9800 (2015)

13) 南秀人，"リビングラジカル重合を用いた機能性高分子微粒子の合成"，『リビングラジカル重合：機能性高分子の合成と応用展開』，松本章一 監修，シーエムシー出版，第II編第6章，pp. 158-167（2018）

14) N. J. W. Penfold, J. Yeow, C. Boyer, and S. P. Armes, "Emerging Trends in Polymerization-Induced Self-Assembly", *ACS Macro Lett.*, 8, 8, pp. 1029-1054 (2019)

15) D. Liu, J. He, L. Zhang, and J. Tan, "Heterogeneous Reversible Deactivation Radical Polymerization at Room Temperature. Recent Advances and Future Opportunities", *ACS Macro Lett.*, 8, 12, pp. 1660-1669 (2019)

16) S. Sugihara, "Polymerization-Induced Self-Assembly of Block Copolymer Nano-Objects via Green RAFT Polymerization", In *Molecular Technology: Synthesis Innnovation Vol. 4*, H. Yamamoto, T. Kato（Eds.）, Chapter 1, pp. 1-29, Wiley-VCH（2019）

17) P. Gurnani and S. Perrier, "Controlled Radical Polymerization in Dispersed Systems for Biological Applications", *Prog. Polym. Sci.*, **102**, 101209（2020）

18) S. P. Armes, S. Perrier, and P. B. Zetterlund, "Introduction to Polymerisation-Induced Self Assembly", *Polym. Chem.*, **12**, 1, pp. 8-11（2021）

19) T. Terashima and M. Sawamoto, "Single-Chain Nanoparticles via Self-Folding Amphiphilic Copolymers in Water", In *Single-Chain Polymer Nanoparticles: Synthesis, Characterization, Sumulations, and Applications*, J.A. Pomposo（Ed.）, Chapter 8, pp. 313-339, Wiley-VCH（2017）

20) J. Hu, R. Qiao, M. R. Whittaker, J. F. Quinn, and T. P. Davis, "Synthesis of Star Polymers by RAFT Polymerization as Versatile Nanoparticles for Biomedical Applications", *Aust. J. Chem.*, **70**, 11, pp. 1161-1170（2017）

21) Y. Hu, Y. Li, and F.-J. Xu, "Versatile Functionalization of Polysaccharides via Polymer Grafts: From Design to Biomedical Applications", *Acc. Chem. Res.*, **50**, 2, pp. 281-292（2018）

22) K. Nagase, T. Okano, and H. Kanazawa, "Poly(*N*-isopropylacryl-amide) Based Thermoresponsive Polymer Brushes for Bioseparation, Cellular Tissue Fabrication, and Nano Actuators", *Nano-Structures & Nano-Objects*, **16**, pp. 9-23（2018）

23) M. S. Ganewatta, H. N. Lokupitiya, and C. Tang, "Lignin Biopolymers in the Age of Controlled Polymerization", *Polymers*, **11**, 7, 1176（2019）

24) F. Seidi, A. A. Shamsabadi, M. Amini, M. Shabanian, and D. Crespy, "Functional Materials Generated by Allying Cyclodextrin-Based Supramolecular Chemistry with Living Polymerization", *Polym. Chem.*, **10**, 27, pp. 3674-3711（2019）

25) Q. Hu, S. Gan, Y. Bao, Y. Zhang, D. Han, and L. Niu, "Controlled / "Living" Radical Polymerization-Based Signal Amplification Strategies for Biosensing", *J. Mater. Chem. B*, **8**, 16, pp. 3327-3340（2020）

26) Y. Liu, J. Wang, M. Zhang, H. Li, and Z. Lin, "Polymer-Ligated Nanocrystals Enabled by Nonlinear Block Copolymer Nanoreacters: Synthesis, Properties, and Applications", *ACS Nano*, **14**, 10, pp. 12491-12521（2020）

27) Y. Miura, "Controlled Polymerization for the Development of Bioconjugate Polymers and Materials", *J. Mater. Chem. B*, **8**, 10, pp. 2010-2019（2020）

28) A. S. R. Oliveira, P. V. Mendonca, S. Simoes, A. C. Serra, and J. F. J. Coelho, "Amphiphilic Well-Defined Degradable Star Block Copolymers by Combination of Ring-Opening Polymerization and Atom Transfer Radical Polymerization: Synthesis and Application as Drug Delivery Carriers", *J. Polym. Sci.*, **59**, 3, pp. 211-229（2021）

第14章

分解機能をプログラムしたポリマーの合成

第Ⅲ編では，ポリマー構造の精密制御を材料設計に活用するために，最近の研究の展開を含めてできるだけ具体的な研究事例をとりあげて説明してきた．今後，どのようなポリマーが望まれているのか，リビングラジカル重合はどのように発展していくことが求められているのか，これらをよく考える必要がある．ポリマー合成や材料に関連する分野では，合成ポリマーに分解性を付与することが最重要課題の1つとなっている．近年，SDGs（持続可能な開発目標，Sustainable Development Goals）の取り組みが重要になり，マイクロプラスチックや海洋プラスチックの問題など急いで解決しなければならない課題がクローズアップされている．これら難題の解決に向けて，Staudingerによる高分子説の確立以来，100年以上発展し続けてきたこれまでのポリマーの歴史と一線を画す，新しい形のポリマー合成法が求められている．リビングラジカル重合の分野でも，ポリマー合成段階で分解機能をあらかじめプログラムした新しい手法が注目されている．本章では，まずポリマーの熱分解に関する基本的な事項について述べ，ビニルポリマーに特徴的な解重合反応の制御について解説する．続いて，現在（2024年）までの制御解重合の研究動向を概観し，ラジカル開環重合やラジカル共重合を利用した分解性ポリマー材料の設計に向けた最近の研究の取り組みを紹介する．

14.1 ポリマーの分解

ポリマーの分解は，おもにポリマーの骨格を構成している化学結合の切断によって引き起こされる物性の変化を意味し，分子量の低下をともなう反応である．ポリマーの分解反応は，ポリマーの分解の作用や反応機構に応じて，熱分解，光分解，酸化分解，オゾン分解，加水分解，生分解などに分類される．予期しない分解や，経時変化にともなって起こる分解は，材料の劣化を引き起こす．そのため，従来の多くの用途では，できるだけポリマーの分解を抑制あるいは遅延することが求められ，日常使用されているポリマー材料の多くには安定剤や劣化防止剤が添加されている．一方，生体内で分解して吸収される医療用のポリマー材料のように，積極的に分解の誘発と促進が求められる用途もある．ケミカルリサイクルでは，ポリマーの熱分解によってモノマーあるいは原料化合物を効率よく回収する必要がある．ポリマーから低分子化合物への分解だけでなく，ポリマーの構造の一部を反応（分解）して架橋構造を壊すこと（脱架橋）によって，可溶性のポリマーに変換して再利用することもある．近年，可逆的な架橋反応，分解（反応）性基を含む架橋ポリマーの合成，外部刺激応答性の架橋ポリマー，熱分解や光分解の利用など，架橋や脱架橋を積極的に利用できるポリマー材料の開発が行われている（12.2節）．

ポリマーの分解と劣化については，Schnabelによる名著があり[1]，日本語訳も出版されているが[2]，出版からすでに半世紀近く経っている．また，ポリマー合成，ポリマー材料，ポリマー構造・物性の教科書が数多く出版されている状況と対照的に，ポリマーの分解に関する教科書の数は圧倒的に少ない[3]．一般的なポリマー合成やポリマー材料の教科書でも，ポリマーの分解に関してはわずか数ページの記述しか見あたらない[4)～6]．これまでの100年を超える合成ポリマーの歴史の中で，ポリマーの分解がどれだけ軽視されてきたかを物語っている．

縮合系ポリマーに対しては環境中での加水分解や酵素分解が重要であり，バイオ由来の原料を用いて，かつ生分解性ポリマー，特に海洋分解性のあるポリマーの開発と実用化が急速に進められている．縮合系ポリマーの合成に対して，化学的な合成だけでなく，酵素や微生物を利用した新しい合成手法が積極的に取り入れられ，工業的に生産可能な状況が整いつつある．これらに対して，ビニルポリマーに分解性を付与することは決して容易ではない．また，原料を生物由来の循環可能な資源に転換していく過程にもさまざまな困難が待ち受けている．しかし，これらは今後のポリマー合成やラジカル重合にとって，避けることのできない道である．ここでは，リビングラジカル重合を用いて，分解性ポリマーをどのように合成すればよいのか，合成反応をどのように設計すればよいのか，また分解機能をポリマー材料にどのように取り込めばよいのか，これら課題に対するヒントを探していきたい．

14.2 ビニルポリマーの分解反応機構

ビニルポリマーの分子構造や重合度（あるいは分子量）に変化が生じる高分子反応として，架橋と分解がある．ポリマーの分解で起こる主鎖の切断は分子量や重合度の

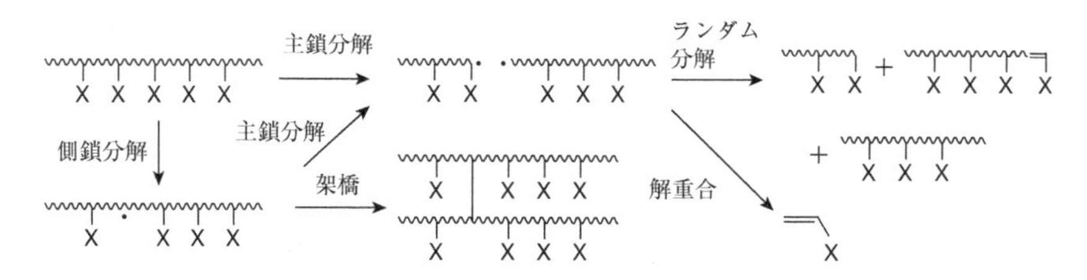

［図14-1］ **ビニルポリマーの主鎖分解（ランダム分解・解重合），側鎖分解および架橋反応**

低下を招き，同時に物性の低下すなわち劣化を引き起こす．ポリマーの分解反応は，分解開始点からモノマーやダイマーなどの特定の低分子化合物が連鎖的に脱離する解重合型の分解と，主鎖中の任意の場所で切断が起こり，さまざまな化学構造の生成物が生じるランダム型の分解とに分類される．ポリ塩化ビニルからの脱塩化水素の脱離のように，側鎖が定量的に脱離する反応も分解反応の1つであるが，重合度には基本的に変化がないため，分解ではなく，ポリマー反応（側鎖官能基の変換）の1つとして分類されることが多い．

ポリマーの分解過程では，分解方法によって反応活性種（ラジカル，カチオン，アニオン種など）が異なり，反応機構や反応生成物も異なったものとなる．複数の活性種が分解に関与することもあり，その場合の反応の解析は複雑なものとなる．ここでは，ラジカル反応機構による分解をとりあげて説明する．**図14-1**に示すように，線状のビニルポリマーの分解には，解重合型の分解とランダム型の分解があり，さらに架橋をともなう分解反応が起こることもある．このとき，分解にともなう分子量変化や分解生成物を解析すれば，ポリマーがどのような型の分解を起こしやすいのかを知ることができる．熱分解や放射線分解，一部の光分解では，ラジカルを反応活性種とする反応が主反応となる．主鎖切断によって生じたラジカルからの解重合の速度が大きくない場合，側鎖からの引き抜き反応，さらには再結合反応を起こして，架橋をともないやすい．特に，放射線分解では，分解と架橋反応が競争して起こり，一般にポリエチレンのようにランダム分解を起こしやすいポリマーは架橋反応に至りやすい傾向にある．放射線劣化では，分子量低下と架橋によってポリマーがもろくなり，機械強度が徐々に低下し，最終的に破壊に至る．

高分子量ポリマーの主鎖がランダム分解すると，切断反応がほんのわずかに起こっただけで数平均分子量M_nの著しい低下が認められる．分子量低下の様子を**図14-2**に示す．繰り返し構造3万個に対して平均1回の切断が起こる場合，数平均重合度が1000のポリマー（数万程度のM_nに相当）では，平均30本に1本の確率で主鎖切断が

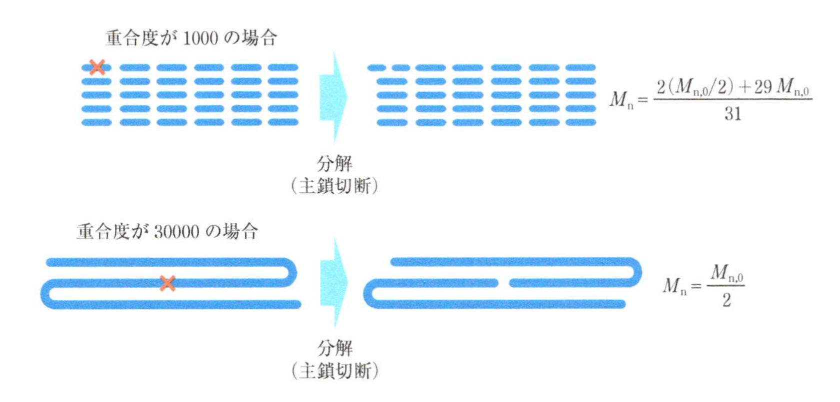

［図 14-2］ **ポリマーの分解による主鎖切断が分子量低下に及ぼす影響**

起こるだけなので，分解後のM_nは3%ほど低下するにすぎない．一方，数平均重合度が3万のポリマー（数百万程度のM_nに相当）では，同じ分解率でも平均1回の主鎖切断が起こる計算となり，分解後のM_nは最初の分子量$M_{n,0}$の半分となる．このように，分解が起こる確率は同じでも，M_nの変化には元のポリマーの分子量が大きく影響することに注意が必要である．分解にともなうM_nの変化は式(14-1)で表される．

$$\frac{M_n}{M_{n,0}} = \frac{1}{1+\alpha} \tag{14-1}$$

ここでαはポリマー1分子あたりの平均切断数を表す．

分解にともなう分子量分布の変化についても理論に基づいて計算することは可能であるが，式の形や誘導が複雑になるので，ここでは傾向だけを説明する．ポリマーの多分散度M_w/M_nが2の場合にはランダム分解が進行してもその値に変化はなく，元の分子量分布を保ったままでM_nが低下していく．多分散度が1から2の範囲にあるポリマーを分解すると，分子量分布は広がり，多分散度は2に近づく．2以上の広い分子量分布をもつポリマーを分解すると，分解につれて多分散度は低下し，2に近づいていく．これらの変化は，分解がポリマー鎖のランダムな部位で統計的に起こることに起因している（図12-4（b））．

図14-1で説明したように，ポリマーの分解機構として，ランダム分解の他に，解重合型の分解がある．この場合，ポリマー鎖中あるいは末端で切断が起こると，切断してできたポリマーの末端から低分子化合物が順次脱離して，連鎖的に分解が進行する．多くの場合，生成する低分子化合物はモノマーであるが，環状2量体や原料モノ

(a)

$$\mathrm{R}\!\left(\!\mathrm{CH_2{-}CH(X)}\right)_{n-1}\!\mathrm{CH_2{-}CH(X)\cdot} + \mathrm{CH_2{=}CH(X)} \underset{k_p'}{\overset{k_p}{\rightleftharpoons}} \mathrm{R}\!\left(\!\mathrm{CH_2{-}CH(X)}\right)_{n}\!\mathrm{CH_2{-}CH(X)\cdot}$$

(b)

$CH_2{=}C(CH_3)COOR$　$CH_2{=}C(CH_3)CH_3$　$CH_2{=}C(CH_3)C_6H_5$　$CH_2{=}C(CH_2COOR)COOR$

$CH_2{=}C(OCH_3)COOR$　$CH_2{=}C(SC_2H_5)COOR$　$CH_2{=}C(CH_3)COO{-}C_6H_3R_2$ (2,6-R)

[図14-3]　(a) 重合の成長と反成長と (b) 反成長が起こりやすいモノマーの例

(a) k_pとk_p'は成長と反成長の速度定数．(b) イソブテンとα-メチルスチレンはカチオン重合性モノマーでラジカル単独重合は不可．

マーとは別の低分子化合物が生成する場合もある．解重合型で進行する分解反応の代表例として，ポリメタクリル酸メチル，ポリα-メチルスチレンならびにポリイソブテンの熱分解がある．ポリマーの解重合は，ポリマーの生成反応である重合の逆反応であり，重合と解重合過程の熱力学的パラメータで説明される．

重合の進みやすさを表す成長反応の速度定数k_pは他の素反応の速度定数と同様，温度の関数であり，高温ほどその値は大きくなる．一方，反成長は成長に比べるとわずかに大きな活性化エネルギーをもつ吸熱反応であり，その速度定数はk_p'で表される（**図14-3**(a)）．重合は結合生成をともなうポリマーとモノマー間の2分子反応であり，反応によってポリマー1分子を生成する．そのため，重合は元来エントロピー的には不利な反応（$\Delta S < 0$）であるため，式(14-2) で表される成長の自由エネルギー変化ΔGが負の値となる（成長が起こる）ためには，成長は必ず発熱的でなければならない．重合にともなうエンタルピー変化ΔHはモノマーの構造によってほぼ決まり，1,1-ジ置換エチレン型のモノマーのΔHは，エチレンやモノ置換エチレン型のモノマーに比べて大きい値をとる（**表14-1**）．図14-3 (b) に，ラジカル重合が可能なモノマーの中で，比較的天井温度が低く，解重合に有利なモノマーの構造を示す．

［表14-1］ **種々のビニルモノマー（$CH_2=CXY$）の置換基の化学構造とエンタルピー変化ΔHおよびバルク重合における天井温度**

モノマー	置換基X	置換基Y	エンタルピー変化ΔH〔$kJ\ mol^{-1}$〕	天井温度〔℃〕
エチレン*	H	H	93	400
スチレン*	H	C_6H_5	73	310
アクリル酸メチル*	H	$COOCH_3$	78	–
プロピレン	H	CH_3	84	–
α-メチルスチレン	CH_3	C_6H_5	35	61
メタクリル酸メチル*	CH_3	$COOCH_3$	56	220
イソブテン	CH_3	CH_3	48	50

*はラジカル重合が可能なモノマー

$$\Delta G = \Delta H - T\Delta S \tag{14-2}$$

温度を上げていくと，反成長が有利となり，ある温度に達すると，成長の速度と反成長の反応速度が等しくなり，見かけ上，重合は進行しなくなる．この温度を天井温度と呼ぶ．重合を行う際には，天井温度より低い温度で反応を行う必要がある．天井温度は平衡温度であり，モノマー濃度に依存する．以下の式に示すように，平衡モノマー濃度$[M]_{eq}$は，成長と反成長の反応速度定数の比（平衡定数K_{eq}）と反比例の関係にある．

$$\Delta G^0 = -RT\ln K_{eq} \tag{14-3}$$

$$K_{eq} = \frac{k_p}{k_p'} = \frac{1}{[M]_{eq}} \tag{14-4}$$

熱分解は一般に天井温度に比べてずっと高温で行われ，そのため反成長が起こりやすい．このとき，ΔHが小さく，天井温度の低いモノマーから得られるポリマーの熱分解では，反成長が有利になり，解重合が容易に進行し，分解生成物はモノマーとなる（表14-1）．たとえば，ポリメタクリル酸メチル，ポリα-メチルスチレン，ポリイソブテンの熱分解では100％に近い収率でモノマーが回収される．一方，ポリエチレンやポリプロピレンの解重合は起こりにくく，ランダム分解で生じたアルカンとアルケンの混合物が生じる．

さらに，解重合型で分解するポリマーの分子量を分解前後で比較すると，1回の切断にともなってどの程度解重合が進行するかを見積もることができる．この値は解重

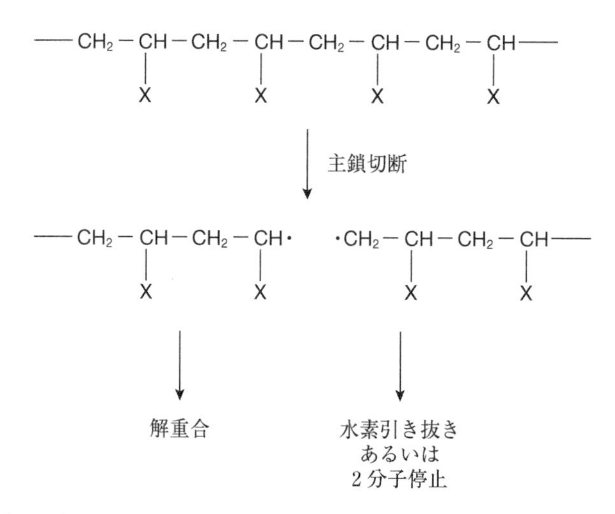

［図14-4］ **ビニルポリマーの主鎖切断によって生じる2種類のラジカルの化学構造と，続いて起こる反応の違い**

合の連鎖長と呼ばれ，分解前の分子量が比較的小さい場合（分解前のポリマーの重合度＜解重合の連鎖長）には，分解が開始したポリマー鎖の繰り返し単位はすべてモノマーまで分解してしまうため，残存するポリマーのM_nに変化はない（ポリマーの相対量が減少するだけである）．一方，分解前の分子量が十分大きい場合は，ポリマー鎖がすべてモノマーに戻る前に成長ラジカル間での2分子停止（再結合あるいは不均化）が起こり，解重合はそこで停止する．この場合，ポリマーのM_nは徐々に低下していくことになる．また，ポリマー鎖の末端以外の部分で切断が起こる場合，**図14-4**に示すように，生じた2種類のラジカルのうちの一方からは解重合が進行するが，もう一方のラジカルは解重合に関与せず，水素引き抜き（連鎖移動）あるいは2分子停止（再結合あるいは不均化）のみに関与する．次節で述べるように，リビングラジカル重合で精密制御して合成したポリマーの解重合を利用すると，すべてのポリマーを均等かつ徐々に分子量を低下させることができる．

14.3 解重合の精密制御

リビングラジカル重合を積極的に活用して，解重合を精密に制御してポリマーの分解の新しい活路を見出す取り組みが2020年前後から始まった[7),8)]．ビニルモノマーの制御ラジカル重合（controlled radical polymerization）はこれまで著しい発展を遂げ，

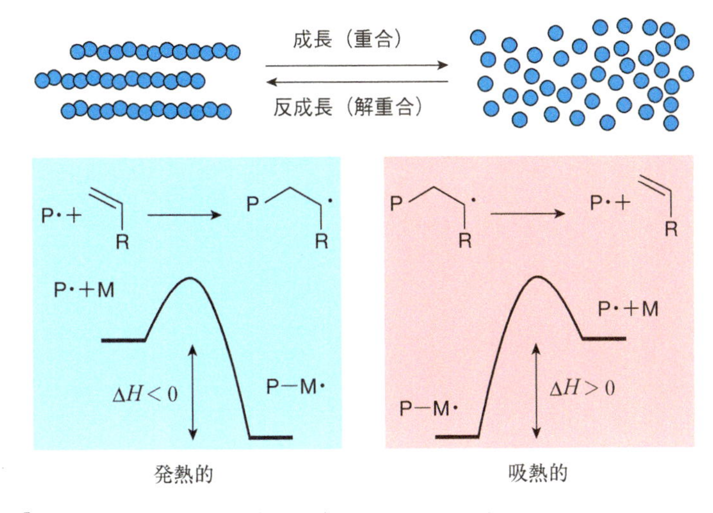

［図14-5］ 成長（重合）と反成長（解重合）の熱力学的な特徴
［G. R. Jones *et al.*, *J. Am. Chem. Soc.*, 145, 18, pp. 9898-9915（2023）を参考に作成］

開始反応や停止反応を精密に制御することによって，リビングラジカル重合（RDRP, 可逆的不活性化ラジカル重合）の反応設計に関して大きな成功を収めてきた．次の大きな目標として，制御解重合（reversed controlled polymerization, RCP）の精密制御が掲げられている．重縮合や開環重合で合成されるポリエステルやポリアミドと異なり，主鎖構造に官能基を含まないビニルポリマーは耐加水分解性や耐熱性に優れている反面，解重合を利用した分解反応でも，すべてモノマーに戻すことができる分解条件は限られている[8]．

前節で説明したように，成長（重合）のΔHは必ず負（発熱的）であり，逆に反成長（解重合）ではΔHは正（吸熱的）である（**図14-5**）．天井温度は成長と反成長の反応速度が等しくなる温度であるが，この平衡が反成長に有利となるような条件にするだけでは，解重合は起こらず，解重合が進行するためには活性種である成長ラジカルが生成しなければならない．すなわち，式(14-2)～(14-4) は熱力学的な平衡のうえに成り立つものであり，実際に分解反応が起こるためには，反成長の活性種となる成長ラジカルが発生しなければならない．成長ラジカルの生成と消滅は，速度論的に決まるプロセスであり，上記の熱力学的な平衡とは異なる観点から取り扱うべきものである．また，図14-4に示したように，成長（重合）と同様，反成長（解重合）でも2分子停止や水素引き抜き（連鎖移動）を考慮する必要があることを念頭に置いて反応設計に取り組む必要がある．天井温度はモノマー濃度などの反応条件に依存する

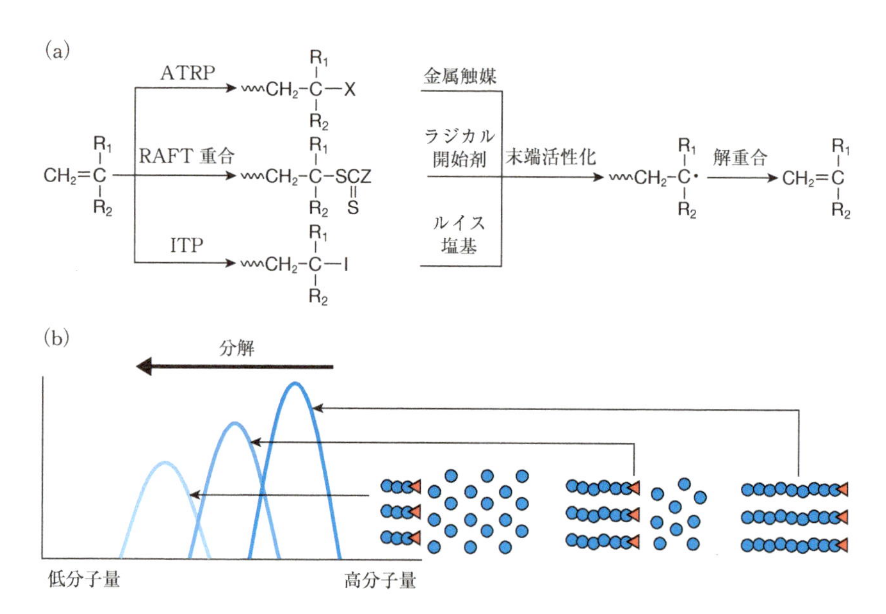

［図14-6］(a) リビングラジカル重合で生成するポリマー末端からのラジカル生成と解重合と (b) 制御解重合におけるポリマーの分子量低下

［G. R. Jones *et al.*, *J. Am. Chem. Soc.*, 145, 18, pp. 9898-9915 (2023) を参考に作成］

ので，解重合によって生成するモノマーが蒸発して反応系から取り除ける場合には，解重合は最後まで進行し，効率よくモノマー回収を行うことができる．また，立体的に込み合った置換基をもつ1,1-ジ置換エチレンモノマーは，生成ポリマーの置換基間の立体反発が大きいために重合のΔHが小さくなり，重合反応性が低下する（天井温度が低くなる，分子量が大きくなりにくいなど）が，解重合には有利である（図14-3 (b)）．

リビングラジカル重合によって得られるポリマーの解重合の制御に対する基本的な考え方を**図14-6** (a) に示す．リビングラジカル重合では，ポリマー鎖の停止末端の構造を精密に制御できるため，外部因子によってポリマー末端に成長ラジカルを発生させることによって，確実にモノマーまで分解することができる．制御解重合の例を**表14-2**に示す．重合と同様の条件を満たすことのできる末端基の構造制御が可能な触媒や重合制御剤を共存すると，解重合中にドーマント種が再形成され，成長に比べて反成長が圧倒的に有利になる条件が整っていれば，制御解重合は成立する．たとえば，ATRPで合成したポリマーに金属触媒を，あるいはRAFT重合で合成したポリマーにラジカル開始剤を添加して（あるいは添加なしで）高温で加熱すると，ドーマ

［表14-2］リビングラジカル重合で合成したポリメタクリル酸エステルの制御解重合の例

モノマー	重合方法	モノマー回収率	解重合条件（モノマーユニット濃度，溶媒，触媒，温度，時間）
メタクリル酸メチル	ATRP	76％	700 mM, TEGDME, Fe^0, 170℃, 20分
メタクリル酸エステル（メチル，*n*-ブチル，ベンジル，ポリエチレングリコールモノエステルなど）	RAFT重合	86～92％	5 mM, ジオキサン，無触媒，120℃, 8時間

TEGDME：テトラエチレングリコールジメチルエーテル
［G. R. Jones *et al.*, *J. Am. Chem. Soc.*, 145, 18, pp. 9898-9915（2023）を参考に作成］

ント種を形成しているポリマー鎖末端から成長ラジカルが生成し，そこからさらに解重合が進行し，モノマーを高収率で回収できる[7]．すべてのポリマー鎖に対して同じように反応が起こることで，ポリマーの分子量はそろったまま低下していくことになる．その結果，狭い分子量分布を保持したまま，M_nが徐々に低下することが期待されている（図14-6（b））．

14.4 ポリマー主鎖への分解性ユニットの導入

14.4.1 ラジカル開環重合

ラジカル重合で生成するポリマーの主鎖への官能基の導入に有効な方法の1つとしてラジカル開環重合の活用がある[9),10)]．ラジカル開環重合はスピロ構造をもつモノマーなどで効率よく開環反応が進行することが知られ，重合にともなう体積収縮が小さい（あるいは非収縮）ことを活かした材料設計が従来から進められてきた．安価で大量かつ多品種のモノマーが容易に入手できるビニルモノマーの場合と異なり，開環ラジカル重合では使用できる市販モノマーの種類が限られ，これまで歯科材料や体積変化が特に問題となるような限られた応用分野でのみ利用されていた．

ラジカル開環重合に適したモノマーの基本構造は，**図14-7**に示すように，環状構造の外側に隣接したビニル基をもつモノマーと，環構造に直結したエキソ型のメチレン基をもつモノマーに分類される．いずれの2重結合も高いラジカル付加反応性を示し，他のビニルモノマーとラジカル共重合が可能である．ラジカル付加によって生成した炭素ラジカルは開環をともなうβ開裂を経て，さらに別のモノマー分子のビニル基に付加する．これらの反応を繰り返すことによって，ポリマーの主鎖中に不飽和結合，ヘテロ原子，官能基などを導入することができる．少量のラジカル開環重合性モ

(a)

(b)

ビニルモノマー

エキソメチレン型モノマー

［図 14-7］（a）代表的なラジカル開環重合性モノマーの化学構造式と（b）ビニル基とエキソメチレン基を含む環状モノマーのラジカル開環重合

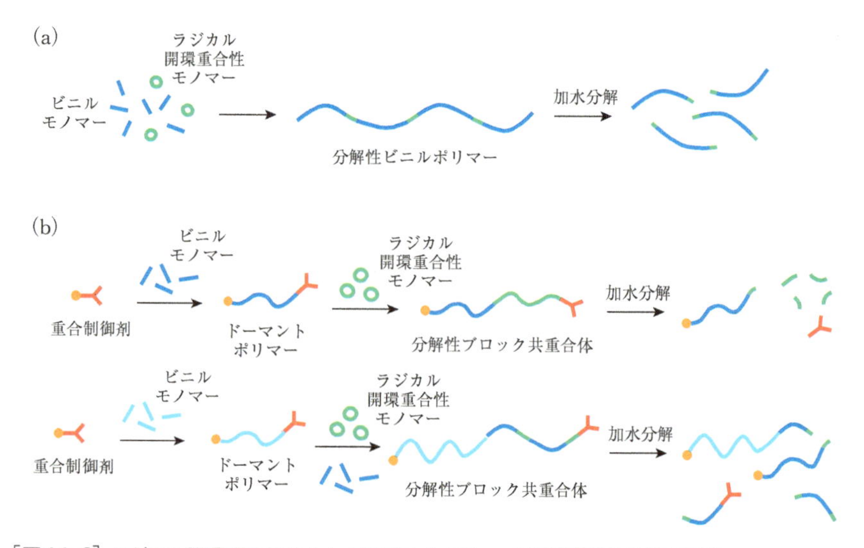

［図 14-8］ラジカル開環重合性モノマーを使用したポリマーの連鎖構造と分解の形態

［A. Tardy *et al.*, *Chem. Rev.*, **117**, 3, pp. 1319-1406（2017）, Figure 4 を参考に作成］

ノマーを大量の汎用のビニルモノマーに添加してラジカル重合を行うと，汎用ポリマーの一部にだけこれら開環重合性モノマーの繰り返し単位を導入でき，非分解性のポリマーに新たな機能として分解性を付与することができる（**図14-8**（a））．もちろんラジカル開環重合性モノマーだけが連続して含まれる部分を分解することも可能であるし，リビングラジカル重合を利用してブロック共重合体を合成することもできる（図（b））．これらのラジカル開環重合を利用した分解可能なビニルポリマーの合成法に関する研究が，世界中で競って行われている．

14.4.2 非ビニル型モノマーとのラジカル共重合

ビニルモノマーと非ビニル型モノマーのラジカル共重合を行うと，単独重合性のない非ビニル型モノマーの繰り返し単位がポリマーの主鎖中に導入され，分解可能な結合をポリマーに導入することができる．

たとえば，酸素は通常ラジカル重合の禁止剤として作用するが，条件に応じて共重合のためのモノマーとして機能することが知られている．スチレンや1,1-ジフェニルエチレンなどの電子供与性のビニルモノマーは酸素分子とラジカル交互共重合し，主鎖に過酸化物の繰り返し単位（−O−O−）を含むポリペルオキシドが生成する．ジエンモノマーと酸素の共重合でも交互共重合体が得られ，易解体性接着材料としての利用が検討されている[11),12)]．ポリペルオキシドの最初の合成例は1922年にまでさかのぼる．Staudingerは，1,1-ジフェニルエチレンの空気酸化によってポリマー状の物質が生成され，加熱すると爆発的に分解し，その分解生成物がベンゾフェノンとホルムアルデヒドであることを報告した[13)]．その後，ポリペルオキシドの反応挙動と機構が速度論的あるいは熱力学的観点から解析され，さまざまな分野でのポリペルオキシドの利用に関する詳細な研究が行われている[14)~16)]．

従来のビニルモノマーから出発してポリペルオキシドを合成するには，高圧酸素を用いて重合を行う必要があったが，ソルビン酸アルキルと酸素のラジカル共重合では大気圧あるいはそれ以下の酸素圧力条件でポリペルオキシドが高反応収率で得られることがわかり，ジエンモノマーを出発原料とする新しい分解性ポリマーの合成に関する研究が開始された．低温ラジカル開始剤の存在下でジエンモノマーを酸素と共重合させて得られるポリペルオキシドは100℃以上で発熱的に分解する．ここで原料となるジエンモノマーの構造を変えると，立体効果と電子効果によりポリペルオキシドの分解開始温度を低下させることができ，同時に分解生成物の化学構造も制御できる．ビニルモノマーから誘導される従来のポリペルオキシドの熱分解によってホルムアルデヒドが生成するのに対して，ソルビン酸誘導体を原料としたポリペルオキシドの熱分解生成物はアセトアルデヒドに置き換えることができる．さらに，ジエンモノマーの分子構造を適切に設計することで，最終分解生成物としてアルデヒドを生成しない反応系も構築されている[12]．

ポリスルホンは主鎖中にスルホニル基（$-SO_2-$）を含むポリマーであり，重縮合によって合成される芳香族ポリスルホンは耐熱性に優れ，エンジニアリングプラスチックとして用いられている．一方，オレフィンと二酸化硫黄の交互共重合で生成するポリオレフィンスルホンは，熱や塩基，電子線によって容易に分解することが知られている．14.2節で説明したように，天井温度が低ければ反成長が容易に進行する．ポリオレフィンスルホンを200℃以上で加熱すると熱分解によって主鎖切断が起こり，解重合が誘起され，原料モノマーが回収される．電子線照射すると低温でも主鎖切断が起こり，天井温度以上の条件にあれば解重合が速やかに進行する．そのため，ポリオレフィンスルホンを電子線レジストとして利用することができる．

ジエンモノマーと二酸化硫黄のラジカル共重合によっても1,4-ジエン構造をもつポリジエンスルホンが得られる[17]．共重合に用いることが可能なジエンモノマーとして，ブタジエン，イソプレン，2,4-ヘキサジエンなどがある．ポリジエンスルホンは，これまで報告されているポリオレフィンスルホンと同様，容易に熱分解するが，ポリジエンスルホンの主鎖中に含まれる2重結合部分に水素添加すると，解重合が起こらなくなるため熱安定性が向上し，分解性ポリマーとしてではなく耐熱性の新規なポリスルホンとしての用途も期待できる．

これまで述べてきたビニル基やエキソメチレン基を含む環状モノマーならびに酸素や二酸化硫黄以外にも，C=S結合をもつ化合物や環状ジスルフィドの共重合が報告されている．一部のC=S結合をもつ化合物はラジカル付加が可能であり，チオアミド誘導体とビニルモノマーのラジカル共重合によって，主鎖中に硫黄原子を含むポリマーが得られる（**図14-9**(a)）．このポリマーは還元剤の作用によって，主鎖切断を引き起こし，容易に分解できる[18]．また，環状ジスルフィドはビニルモノマーとラジカル共重合し，主鎖に硫黄原子を含むポリマーが生成する[19](図(b))．環状ジスルフィドが単独成長する場合には，ジスルフィド結合も含まれる．硫黄原子を含むポリマーは環状チオアセタールモノマーの開環カチオン重合によっても合成でき，これら分解性ポリマーの今後の展開が期待されている．分子内水素引き抜き（異性化）が起こる場合も，ビニルポリマーの主鎖中に官能基やヘテロ原子を取り込むことができ，分解性ポリマーの合成に利用できる[20](図(c))．

［図14-9］ラジカル重合による主鎖へのヘテロ原子や官能基の導入方法

(a) C=S結合をもつ化合物とビニルモノマーのラジカル共重合，(b) 環状ジスルフィドの開環重合，(c) ラジカル異性化（分子内水素引き抜き）．

COLUMN

ポリマー生誕100年から次の100年に向けて

20世紀の高分子科学の発展のはるか以前から人類は天然高分子を衣食住に利用してきた．近代工業化が進んでポリマーが産業利用されるようになったのは，ゴムの加硫（Goodyear，1839年），セルロイド（Hyatt，1870年），合成繊維（Chardonnet，1887年），ベークライトの発明（Baekeland，1905年）などの例に見られるように19世紀以降である．19世紀末頃には天然ポリマーの分子量測定が試みられていたが，コロイド化学の影響を強く受け，天然ゴム，セルロース，デンプン，タンパク質などの天然に存在する物質（現在ではいずれもポリマーとして分類される化合物である）は，低分子物質が会合して特徴的な性質を示しているだけと考えられていた（会合体説）．この考えに異を唱えたのがHermann Staudinger教授であった．

1917年，Staudinger教授（当時チューリッヒ工科大学）はスイス化学工業協会の講演で高分子説について初めて述べ，1920年にドイツ化学会誌にポリマーの概念を論文として初めて発表した．この論文の中で，天然ゴムなどの物質は通常の有機化合物（低分子化合物）と同じく共有結合によって構成されており，当時の想像をはるかに超える長さまでつながったものであるとした．当初は確固とした実験事実はなく，

1913年頃に（当時カールスルーエ工科大学に在籍していた），リモネンの熱分解でイソプレンを合成し，その重合を試みたことがあり，その経験が高分子説の出発点になっている．

実験による高分子説の最初の証明は1922年に行われた．天然ゴムの2重結合に水素添加したとき，もしゴムの正体が低分子化合物の会合体であるならば，それは8員環の2量体の水素化物に分解して会合状態が壊れるはずだが，実際には水素化の後でも固体であり，その溶液も高い粘性を示すことをStaudinger教授は明らかにした．それでも，従来からの会合体説の支持者の見解はStaudinger教授の解釈と違ったものであり，高分子説への賛同を得ることは容易ではなかった．1926年9月23日にデュッセルドルフで開催された高分子説と会合体説を討論する会議では，5人の講演者のうちStaudinger教授だけが高分子説派という状況であり，会合体説をとっていた物理学者，物理化学者，コロイド化学者，有機化学者たちは，そろって高分子説に猛烈に反対した．反対派の人たちを説得するには，もっと確実な実験による高分子説の証明が必要だった．

1927年，Staudinger教授は等重合度反応で高分子説の基礎固めをした．ポリ酢酸ビニルを加水分解してポリビニルアルコールに変え，さらに再酢酸化する過程で，ポリマーの溶液はつねに高い粘性を示すという結果には説得力があり，高分子説への支持者を増やした．この時点で，明らかに高分子説に流れが変わったが，なお残る抵抗勢力との戦いは続いた．実験による高分子説の証明は続き，高分子説側にとって強力な支援者が現れ始め，支援者の数も徐々に増えつつあった．1935年，英国ケンブリッジ大学で開かれたFaraday Societyの講演会でStaudinger教授とデュポン社のCarothers博士が高分子説の立場からポリエステルやポリアミドの合成に関する研究成果を講演した際に，Carothers博士は高分子説に従って実験を計画し，重縮合反応によってポリマーを合成し，その結果を材料とともに示してみせることで，高分子説を確固たるものにした．翌1936年，Staudinger教授はドイツ化学会誌にそれまでの自身の研究成果を総括してまとめた論文を発表した．このとき，同誌の編集部は，これをもって高分子説に関する論争を終結させることを宣言し，長かった論争は15年あまりの歳月を経てようやく幕を閉じた．

1920年のStaudinger教授によるポリマーの概念発表から100年が過ぎ，2020年前後には高分子生誕100年を祝うイベントが世界中で企画された．ただし，ポリマーにとって輝かしい未来だけが待ち受けていたわけではない．21世紀に入った頃から，社会全体とポリマーとのかかわりには明らかな変化が生じ始めていた．地球環境問題や持続可能な社会の構築が声高々に叫ばれ始めた頃から，これまでのポリマーの合成法，利用環境，そして使用後の処理の問題がクローズアップされ始めた．そして，マイクロプラスチックや海洋プラスチックの問題によって，一般社会でのポリマーの扱いはそれまでの安くて軽くて便利なものから，自然環境下で分解しないゴミであるだけでなく，生物にも危害を与える困りものとして大きく様変わりした．2015年9月に国連総会で，「我々の世界を変革する：持続可能な開発のための2030アジェンダ」が採択され，具体的な17のゴールと169のターゲットからなる持続可能な開発目標（Sustainable Development Goals, SDGs）が策定された．2030年までの短い期間内でこれらの開発目標を達成する必要があり，ポリマーに関連する分野でもさまざまな取り組みが始まった．

SDGsのうちの多くの目標はポリマーと密接に関係しており，再生可能な資源であるバイオ由来ポリマーや生分解性ポリマーに関心が寄せられている．生物（バイオ）由来ポリマーや生分解性ポリマーに関連する用語として，バイオプラスチック（bio-plastics），バイオベースプラスチック（bio-based plastics），バイオマス由来プラスチック（biomass-based plastics），生分解性プラスチック（biodegradable plastics）などが用いられている．ここで，バイオ由来の材料がすべて生分解性をもっているわけではなく，逆に石油由来材料でも生分解性を示すものがあり，未来のポリマー材料を開発するために，海洋分解性プラスチックの開発を含めたさまざまなアプローチによる取り組みが始まっている．

そのような状況のもと，超分子ポリマーに大きな注目が集まっている．超分子は，可逆な分子間結合でその分子構造が形成されており，超分子ポリマーは分解性ポリマーの設計にとって従来の共有結合でつながったポリマーとはまったく異なる性質を示し，新しいポリマー材料の設計への応用が期待されている．Staudinger教授は長年の論争に打ち勝ち，ポリマーが会合体ではなく共有結合でつながった巨大分子であることを証明した．それから100年後に，非共有結合による分子間結合でつながった分子がポリマーの仲間入りをしただけでなく，未来の地球環境を救う救世主になるかもしれないことをStaudinger教授がもし知ったらどのような顔をするだろうか．これからのポリマーの100年が楽しみである．

参考文献

1) W. Schnabel, *Polymer Degradation: Principles and Practical Applications*, Carl Hanser: Munich（1982）

2) W. Schnabel著，相馬純吉 訳，『高分子の劣化：原理とその応用』，裳華房（1993）

3) K. Pielichowski, J. Njuguna, and T. M. Majika, *Thermal Degradation of Polymeric Materials, 2nd ed.*, Elsevier: Chennai（2023）

4) 高分子学会 編，『基礎高分子科学 第2版』，東京化学同人（2020）

5) 大嶌幸一郎，大塚浩二，川崎昌博，木村俊作，田中一義，田中勝久，中條善樹 編，中條善樹，中 健介 著，『高分子化学 合成編（化学マスター講座）』，丸善出版（2020）

6) 大澤善次郎，『入門 新高分子科学』，裳華房（2009）

7) G. R. Jones, H. S. Wang, K. Parkatzidis, R. Whitfield, N. P. Truong, and A. Anastasaki, "Reversed Controlled Polymerization（RCP）: Depolymerization from Well-Defined Polymers to Monomers", *J. Am. Chem. Soc.*, **145**, 18, pp. 9898–9915（2023）

8) K. Parkatzidis, H. S. Wang, and A. Anastasaki, "Photocatalytic Upcycling and Depolymerization of Vinyl Polymers", *Angew. Chem. Int. Ed.*, **63**, 19, e202402436(2024)

9) A. Tardy, J. Nicolas, D. Gigmes, C. Lefay, and Y. Guillaneuf, "Radical Ring-Opening Polymerization: Scope, Limitations, and Application to (Bio) Degradable Materials", *Chem. Rev.*, **117**, 3, pp. 1319-1406 (2017)

10) T. Pepenti and J. Nicolas, "Degradable Polymers from Radical Ring-Opening Polymerization: Latest Advances, New Directions, and Ongoing Challenges", *ACS Macro Lett.*, **9**, 12, pp. 1812-1835 (2021)

11) E. Sato and A. Matsumoto, "Facile Synthesis of Functional Polyperoxides by Radical Alternating Copolymerization of 1,3-Dienes with Oxygen", *Chem. Rec.*, **9**, 5, pp. 247-257 (2009)

12) A. Matsumoto, "Development of Heat-Responsive Adhesive Materials that Are Stable during Use and Quickly Deteriorate during Dismantling", *Polym. J.*, **56**, 4, pp. 223-247 (2024)

13) H. Staudinger, "Erfahrungen über einige Explosionen", *Zeit. Angew. Chem.*, **35**, 93, pp. 657-659 (1922)

14) A. A. Miller and F. R. Mayo, "Oxidation of Unsaturated Compounds. I. Oxidation of Styrene", *J. Am. Chem. Soc.*, **78**, 5, pp. 1017-1023 (1956)

15) T. Mukundan and K. Kishore, "Synthesis, Characterization and Reactivity of Polymeric Peroxides", *Prog. Polym. Sci.*, **15**, 3, pp. 475-505 (1990)

16) P. Samanta, S. Mete, S. Pal, Md E. H. Khan, and P. De, "Synthesis, Characterization, Degradation and Applications of Vinyl Polyperoxides", *Polym. J.*, **56**, 4, pp. 283-296 (2024)

17) N. Tanaka, E. Sato, and A. Matsumoto, "Thermally Stable Polysulfones Obtained by Regiospecific Radical Copolymerization of Various Cyclic and Acyclic 1,3-Diene Monomers with Sulfur Dioxide and Subsequent Hydrogenation", *Macromolecules*, **44**, 23, pp. 9125-9137 (2011)

18) H. Watanabe and M. Kamigaito, "Direct Radical Copolymerizations of Thioamides to Generate Vinyl Polymers with Degradable Thioether Bonds in the Backbones", *J. Am. Chem. Soc.*, **145**, 20, pp. 10948-10953 (2023)

19) K. R. Albanese, P. T. Morris, J. R. de Alaniz, C. M. Bates, and C. J. Hawker, "Controlled-Radical Polymerization of α-Lipoic Acid: A General Route to Degradable Vinyl Copolymers", *J. Am. Chem. Soc.*, **145**, 41, pp. 22728-22734 (2023)

20) M. Uchiyama, M. Imai, and M. Kamigaito, "Synthesis of Degradable Polymers via 1,5-Shift Radical Isomerization Polymerization of Vinyl Ether Derivatives with a Cleavable Bond", *Polym. J.*, **56**, 4, pp. 359-368 (2024)

第15章

リビングラジカル重合を用いたポリマー合成の実験

ポリマーの大半は有機化合物であり，それらを取り扱う高分子化学実験は，有機化学実験と共通する点が多い．また，物理化学，生化学，分析化学などいろいろな分野との関連性が深い．一方で，ポリマーに特有の手法を必要とすることが少なくない．ポリマーの最大の特徴は分子量が大きいことであり，そのために低分子有機化合物とは異なる性質を示すことを忘れてはならない．有機合成反応に精通している研究者の多くがポリマー合成を行うときに覚える違和感や実験操作上での戸惑いは，ポリマー独自の性質によるところが大きい．合成ポリマーは必ず多分散性を示し，異なる分子量をもつポリマーの混合物である．分子量の大小によって溶解性や結晶性などのポリマーの特性が異なることもある．リビングラジカル重合では構造が制御されたポリマーが生成するが，ポリマーを取り扱うための基本操作や留意事項は一般的なポリマーの取り扱いと共通する．本章では，ポリマー，モノマー，溶媒や開始剤を取り扱うための一般的な基本的事項について簡単に述べ，続いて代表的なリビングラジカル重合やポリマー反応の実験例を紹介する．実験手順の詳細については，章末に示す化学実験の専門書を参照していただきたい．

15.1 ポリマーの精製

ポリマー試料を扱う際に，それらに含まれる残存モノマーや開始剤，副生成物，添加物についての情報が必要である．混入する不純物の存在に気づかないままでポリマー材料評価を行って，誤った結論や判断に陥ることを避けるためである．ポリマーの一般的な精製法として，洗浄法，抽出法，再沈殿法があり，高分子電解質の精製にはイオン交換法が用いられる．低分子有機化合物と違って，ポリマーは蒸留や再結晶ができないことに注意する必要がある．

洗浄法は，ポリマーを溶かさない溶媒（非溶媒）で洗って，その中に含まれる不純物を溶解除去する最も簡単な方法である．ポリマーは非溶媒にはまったく溶解しないので，どんなに大量の非溶媒で洗浄してもポリマーが溶解することはない．このことは，低分子化合物の溶解度の一般的な概念と異なる．ポリマーが細かい粉末状で得られる場合には，洗浄法のみでも比較的高純度まで精製することができるが，微量の不純物は除去しきれない．抽出法は原理的に洗浄法と同様の精製手法であるが，異なったポリマーの混合物から目的とするポリマーを分離する場合によく使われ，分子量や立体規則性の異なるポリマーの分離や，ブロック共重合体やグラフト共重合体とホモポリマーの分離などが行われる．固液連続抽出にはソックスレー型抽出器が使用される．

再沈殿法はポリマーを精製する目的で最もよく使われる方法であり，他の方法に比べて精製度も高い．ポリマーをある溶媒に溶かし，不溶性の不純物を除いた後，溶液を非溶媒（沈殿剤）中に少しずつ注いで，ポリマーを沈殿させる方法である．通常は，ポリマー濃度が数％以下の希薄溶液を10～20倍量以上の大量の沈殿剤の中に，激しくかき混ぜながらゆっくりと注いで行う．非溶媒は，ポリマーに対する沈殿剤であるだけでなく，ポリマーに含まれる不純物を溶解させ，かつポリマーを溶解するために用いた溶媒と混ざり合うものでなければならない．用いる溶媒や非溶媒はいずれも比較的低沸点のものが望ましいが，高沸点の溶媒を使用するときには，乾燥に十分気を付ける必要がある．高沸点溶媒がポリマー中に残存するときには，洗浄法で除去するとよい．ポリマーハンドブックなどに記載されている各ポリマーに対する溶媒と非溶媒の中から適当な組み合わせを選んで再沈殿を行うとよい．

ポリマーの溶解は，低分子化合物と異なる挙動を示す．通常，ポリマーは良溶媒と任意の割合で混ざり合う（溶ける）．一方，非溶媒とはまったく混ざり合わない（溶けない），低分子化合物の場合と違って，一部が溶解して残りが析出するという現象はポリマーでは見られない．溶解の過程でも，初期に膨潤現象（低分子化合物では見られない）が起こる．ポリマーが完全に溶解して均一な溶液が得られるまでに長時間を要する（高分子量ポリマーの濃厚な溶液を調製する場合には数日以上が必要）こともあるので，判断を誤らないように注意する必要がある．

乾燥は，室温あるいは加熱しながら減圧にして行うことが多いが，ポリマーのガラス転移温度が低く，ゴム状の試料として得られる場合は，厳密な乾燥が難しいことがある．このような場合，凍結乾燥法が有効である．凍結乾燥法の特徴として，加熱を必要とせずに溶媒の除去が効率よく行えることや乾燥後に多孔質状のポリマーが得られることがあげられる．通常0℃から室温付近に融点をもつ溶媒が用いられ，凍結した溶液を溶媒の融点より数度低い温度で高真空に保って，凍結乾燥を行う．

15.2 モノマーと開始剤の取り扱い

15.2.1 モノマーの精製

市販あるいは合成したモノマーには，合成段階で副生する不純物や貯蔵のための重合禁止剤が含まれている．重合に使用する前に，これらを除去することが必要であり，通常，抽出，洗浄，蒸留，再結晶および昇華などによって行われる．モノマーは一般に反応性が高く，精製して純品とした後に長時間放置すると一部変化するので，精製後ただちに使用することが望ましい．よく用いられるビニルモノマーの物性値をオンラインデータにまとめる．多くのモノマーは通常の有機化合物と同様の手順で精製するが，用いる溶媒や乾燥剤の種類，加熱の方法などに注意する．具体的な精製方法や注意すべき点は用いるモノマーによって異なる．スチレンモノマーの精製方法を例として以下に示す．

市販のスチレンは水や禁止剤を含み，エチルベンゼンなどの芳香族炭化水素が混在することもある．保存の状況によって，オリゴマーやポリマーが含まれる．10%水酸化ナトリウムの水溶液とスチレンを分液漏斗でよく振り，安定剤として添加されているヒドロキノンを取り除く．蒸留水で洗浄後，窒素気流下，減圧蒸留して精製する．上記の手順で精製する代わりに，シリカゲルやアルミナカラムを通すことによって水や禁止剤をほぼ除去できるが，オリゴマーの除去には蒸留が必要である．窒素ガスを吹き込む，あるいは超音波照射すると，溶存酸素を除去できる．窒素雰囲気下，冷暗所に貯蔵できるが，できるだけ速やかに使用する．数日以上経過したものは，再度蒸留して使用する．

重合開始剤（触媒）がプロトン性の化合物に対して不安定な場合は，十分に脱水精製する必要があるので，水素化カルシウムを脱水乾燥剤として用い，その存在下で蒸留精製するとよい．リビングラジカル重合によって高分子量のポリマーを合成しようとする場合，開始剤の量を極端に少なくする必要があり，モノマーや溶媒を慎重に精製しなければ，ポリマーが得られないことがある．厳密に精製を行うには，モノマーにグリニャール試薬またはトリフェニルメチルリチウムのテトラヒドロフラン溶液を加えて不純物を除き，蒸留するとよい．ただし，一般的なラジカル重合では脱水の必要がない場合も多い（たとえば，懸濁重合など水を反応媒体として用いる場合など）．

スチレン以外のモノマーの精製法については，ハンドブックや実験書で確認していただきたい．

15.2.2 ラジカル開始剤の選択と精製

ラジカル開始剤として，アゾ化合物，過酸化物，有機金属化合物などが用いられる．分解の活性化エネルギーに応じて，使用に適した温度範囲が限られる．最適の温度範囲よりも高温で使用すると，分解速度が大きすぎるため短時間のうちに開始剤が消費され，100%まで重合が進行する前に低反応収率で重合が停止してしまう．開始剤の分解速度は開始剤濃度の1次に比例し，開始剤の濃度が半分になるまでに要する時間を半減期と呼ぶ．温度が高くなるほど半減期は短くなる．通常のラジカル重合では，半減期が数時間から数十時間となるように，用いる開始剤の種類と重合温度を設定する（表2-2）．半減期の短い開始剤を用いて重合を長時間継続して行いたいときは，重合中に開始剤を連続してゆっくりと，あるいは数回に分けて少しずつ加えるとよい．

アゾ開始剤と過酸化物には，それぞれ特徴があり，反応条件や目的によって使い分けられる．重合のための反応系中で酸化剤と還元剤を組み合わせてラジカルを発生させる2成分系レドックス開始剤も用いられ，特に低温でのラジカル重合に効果的である．一般に，アゾ開始剤は爆発の危険性がなく，用いた溶媒に関係なく一定速度で分解し，開始剤への連鎖移動も無視できる．分解直後に生成したラジカルの半分は再結合や不均化によって失活し（かご効果），開始剤効率は0.6付近の値となる．一方，過酸化物の分解速度は溶媒やモノマーの種類によって変化し，誘発分解を起こしやすい．過酸化物から生成する酸素ラジカルは水素引き抜きやすく，グラフト重合や架橋ポリマーの合成に用いられる．過酸化水素や過硫酸塩などの無機系過酸化物と，アルキルヒドロペルオキシドや過酸化エステルなどの有機系過酸化物とがあり，酸化剤と還元剤の両方ともに水溶性である水系のレドックス開始剤がよく用いられる．

市販のアゾ開始剤を再結晶すると，無色あるいは淡黄色の結晶が得られる．アゾ開始剤の中にはメソ体とラセミ体の混合物として市販されているものがあり，再結晶を繰り返すとどちらか一方を単離できる（オンラインデータの表S1を参照）．過酸化物は爆発の危険性があるため，取り扱いには注意が必要である．純度が高くなるほど危険性が増すので，精製には細心の注意を払わなければならない．過酸化ベンゾイルの結晶は25%含水物として市販されているので，クロロホルム溶液を冷メタノールに滴下し再沈殿すると簡単に精製できる．精製乾燥後の取り扱いには，還元剤となるものや金属と接触しないよう，また強く押し付けたり，衝撃を与えたりしないよう注意する．分解温度の高い液状の過酸化物は減圧蒸留できるが，爆発の恐れなどに注意して安全を確認しながら慎重に行う．ポリマーを合成するだけの目的であれば，市販品をそのまま用いてかまわない．

光重合には光増感剤（光開始剤）が用いられる．紫外光増感剤として，ベンジル，ベンゾイン，ベンゾフェノンなどのカルボニル化合物や，過酸化物，アゾ化合物，硫黄化合物などが用いられる．可視光の増感には，ローダミンなどの色素が有効にはたらく．いずれも，紫外光あるいは可視光を吸収して，直接，あるいはエネルギー移動を経て光分解して重合開始に有効な1次ラジカルを生成する．光源として，低圧水銀ランプ，高圧水銀ランプ，キセノンランプなどが用いられ，それぞれ発光波長が異なるので目的に合わせて選ぶ．使用するガラス器具の材質（石英，耐熱，硬質など）に対する光透過の特性にも注意する必要がある．近年，紫外光から赤外光領域までの高範囲でさまざまな波長域の吸収帯をもつ光触媒が入手できるようになり，LEDと組み合わせて使用すると開始反応を精密に制御できる（図10-7）．

15.3 ラジカル重合の基本操作

ラジカル重合は，加熱，光や放射線の照射，あるいはラジカル開始剤の分解によって起こり，反応性の高いラジカルを活性種とする連鎖反応で進行する．開始剤の分解速度が大きくなる（開始剤の量を増やす，重合温度を高くする）と，重合速度は大きくなるが，ポリマーの分子量は低下する．成長反応の起こりやすさは，成長ラジカルとモノマーの反応性，すなわち用いるモノマーの構造によって決まる．ポリマーの繰り返し構造（位置選択性，立体規則性，繰り返し構造の配列など）は成長反応の様式によって決まり，開始剤の種類には依存しない．停止反応は，通常，成長ラジカル間の2分子反応であり，再結合と不均化の2種類がある．両者の起こりやすさによって，生成ポリマーの末端構造や分子量，分子量分布が左右される．開始剤から生成する1次ラジカルと成長ラジカルが反応（1次ラジカル停止）すると，ポリマー鎖末端に開始剤切片が導入される．連鎖移動が起こると生成ポリマーの分子量は低下し，連鎖移動剤の構造の一部がポリマーの末端に導入される．同時に，連鎖移動剤から発生したラジカルの再開始の起こしやすさ（再開始効率）によって重合速度が変化する．

目的とするポリマーの形態や用途によって，さまざまなラジカル重合方法が用いられる．モノマー，開始剤，溶媒や反応媒体，添加剤の種類によって，バルク重合，溶液重合，懸濁重合，乳化重合などに分類される（表2-1）．

15.4 ポリマー合成の実験例

15.4.1 通常のラジカル重合によるポリマー合成

【実験例1】メタクリル酸メチルのバルク重合

1)水素化カルシウム上で乾燥し，減圧下で蒸留精製したメタクリル酸メチル5 g（50 mmol）と2,2'-アゾビスイソブチロニトリル330 mg（2 mmol）をガラスアンプル中に入れ，凍結脱気後，乾燥窒素を満たす．

2)アンプルを60℃の湯浴に浸し，15分後にドライアイス-メタノール浴に浸して反応を停止する．

3)反応混合物を同量のクロロホルムで希釈し，300 mLのメタノール中に注いでポリマーを沈殿させる．沈殿物をガラスフィルターでろ過し，メタノールで数回洗浄後，60℃で減圧乾燥する．

4)反応収量1.22 g（反応収率24％），$M_{\mathrm{n}}=44600$（蒸気圧法，トルエン溶液，60℃），$M_{\mathrm{w}}/M_{\mathrm{n}}=1.67$（SEC）．

【補足】メタクリル酸メチルのラジカル重合ではシンジオタクチック成分を多く含むポリマーが得られる．重合温度が低いほどr含量は増大し，-40℃ではrrトリアド含量が75％前後のポリメタクリル酸メチルが得られる．

【実験例2】スチレンの懸濁重合

1)30 mL三角フラスコに，完全けん化ポリビニルアルコール0.8 g（粘度平均重合度1700，残存アセチル基0～1 mol％）と部分けん化ポリビニルアルコール0.03 g（粘度平均重合度1700，残存アセチル基10 mol％）を入れ，水25 mLを加える．

2)この水-ポリビニルアルコール混合物を室温下で30分以上放置する．できれば冷蔵庫内に一晩放置する．

3)90～100℃の湯浴上でそのフラスコをゆるやかに振りながら，ポリビニルアルコールを水に溶解する．〔注意〕ポリビニルアルコールを溶解するには，放置後，膨潤を確かめてから加熱することが重要であり，最初から加熱してはいけない．

4)300 mL容量の三つ口フラスコに，スチレン40 g，ジビニルベンゼン（エチルビニルベンゼンを45％含むもの）5.8 gおよび過酸化ベンゾイル0.5 gを加え，ゆっくり撹拌しながら室温下で過酸化ベンゾイルを溶解する．

5)そこへあらかじめ調製しておいた2種のポリビニルアルコールを含む上記の水溶液全量と純水80 mLとを加えて，モノマーが小粒子の油滴状となって水中に分散するように，350～400 rpmの速度で撹拌する．

6)湯浴で温度を高めていき，内温が90℃の状態で攪拌しながら4時間反応する．
7)反応混合物を室温まで冷却し，攪拌を止めると，パール状の粒子が沈降してくる．フラスコの内容物を500 mLのビーカーに移し，デカンテーションにより，水で数回洗浄する．
8)ろ過後，50℃で減圧乾燥すると，直径0.2～1 mm程度のビーズ状の架橋ポリスチレンが得られる．

【実験例3】ルイス酸を用いる*N*-イソプロピルアクリルアミドの立体特異性ラジカル重合

1)セプタムを取り付けたシュレンク管に，ヘキサンとトルエンの混合溶媒（10/1）から再結晶した*N*-イソプロピルアクリルアミド0.54 g（4.8 mmol），$Y(OTf)_3$ 0.21 g（0.4 mmol），2,2'-アゾビスイソブチロニトリル6.6 mg（0.04 mmol）を入れ，1時間減圧下で乾燥する．
2)乾燥窒素雰囲気下，注射器を用いて2 mLのメタノールを加え，油浴で3時間60℃に加熱する．
3)重合後，冷却して反応を停止し，反応溶液を100 mLの熱水（70℃以上）に入れ，ポリマーを沈殿させる．
4)デカンテーションあるいは遠心分離によってポリマーを単離する．
5)100℃で減圧乾燥すると，94%の収率でイソタクチックポリマーが得られる．m=80%，r=20%（NMR）．

【補足】同様の重合を高圧水銀ランプで紫外光照射しながら−20℃で24時間行うと，72%の収率でイソタクチック成分をさらに多く含むポリマー（m=92%，r=8%）が得られる．

【実験例4】スチレンとメタクリル酸メチルのラジカル共重合とモノマー反応性比の決定

1)数本のガラスアンプル中に，スチレン（M_1）とメタクリル酸メチル（M_2）を全量が5 mLになるように両モノマーの仕込み組成を変えて加える．
2)2,2'-アゾビスイソブチロニトリルを含むトルエン溶液をそれぞれのアンプルに5 mLずつ加える．このとき，2,2'-アゾビスイソブチロニトリルの濃度が6×10^{-3} mol L^{-1}となるようにあらかじめトルエン溶液を調製する．
3)窒素置換と脱気を繰り返した後，熔封する．60℃の恒温槽中で重合後，封管の内容を200 mLのメタノール中に注いで生成した共重合体を沈殿させる．
4)クロロホルム-メタノールより再沈殿精製し，減圧乾燥する．

5)モノマー組成によって収率は異なるが，約1時間の重合によって2～5%程度の反応収率で共重合体が得られる．

【補足】元素分析あるいは^{1}H NMR，UV，IRスペクトルなどの解析によって共重合体の組成を決定する．共重合体を単離せずに共重合後の溶液を用いてガスクロマトグラフィー，高速液体クロマトグラフィーあるいはNMRスペクトル測定によってモノマーの消費量を求めて共重合体中の組成を決定する方法もある．

モノマーおよび共重合組成に対して，Mayo-Lewis式を変形した線形方程式での解析法を利用するとモノマー反応性比を求めることができる．最も代表的な方法として，Fineman-Ross法やKelen-Tüdos法がある．Fineman-Ross法では，$[M_1]/[M_2]=F$，$d[M_1]/d[M_2]=f$とおいてMayo-Lewis式を変形して得られる直線の勾配と切片からそれぞれモノマー反応性比r_1とr_2が求まる．非線形最小2乗法を用いた解析によってもモノマー反応性比を精度よく求めることができる．実際に$r_1=0.57$，$r_2=0.46$の値をMayo-Lewis式に導入して作成した曲線は実験点とよく一致する．交点法によってもモノマー反応性比を決定でき，各直線の交わる範囲にr_1，r_2値があり，$r_1=0.57\pm0.032$，$r_2=0.46\pm0.032$と求まる．反応収率が10%を超える場合には，積分型の式を用いて解析する．

【実験例5】イニファーターを用いる光グラフト重合によるポリマーフィルムの表面修飾

【フィルムA】

A-1) 攪拌機，滴下漏斗，還流冷却器を取り付けた200 mLの三つ口フラスコに，*N,N*-ジエチルジチオカルバミン酸ナトリウム3水和物22.5 g（0.1 mol）とエタノール80 mLを入れる．

A-2) ここに，ビニルベンジルクロリド12.7 g（0.083 mol）のエタノール溶液20 mLを0℃で30分かけてゆっくり滴下する．

A-3) 反応溶液を室温で24時間攪拌した後，反応混合物を大量の水に注ぎ，ジエチルエーテルで抽出する．

A-4) 有機層を水で洗浄し，Na_2SO_4上で乾燥，ろ過した後，溶媒を減圧除去して得られる残渣をメタノールを用いて再結晶する．20.1 gの反応収量（反応収率91.3%）で*N,N*-ジエチルジチオカルバミン酸ビニルベンジル（VBDC）を得る．

A-5) スチレン0.83 g（8.0 mmol），VBDC 0.53 g（2.0 mmol），2,2'-アゾビスイソブチロニトリル（モノマーに対して1 mol%），*N,N*-ジメチルホルムアミド13.7 mLをガラス封管中に入れ，凍結-脱気-溶解の操作を3回繰り返した後，60℃で重合を行う．

A-6) 生成ポリマーを大量のジエチルエーテル中に沈殿させてろ過した後，トルエンとメタノールを用いて再沈殿精製を3回繰り返す.

A-7) 沈殿を減圧乾燥し，褐色のデシケーター中で保存する．反応収量0.12 g（反応収率8.5%）．M_n = 51400 (SEC)．^{1}H NMRの芳香族水素とジチオカルバメートの硫黄に隣接するメチレン基の水素の強度比（25/1）から光官能性基の導入率が求まる.

A-8) 共重合体のトルエン溶液（1 wt%）をポリエチレンテレフタレート（PET）フィルム上に流して乾燥する.

【フィルムB】

B-1) ^{60}Co線源を用いてγ線照射し架橋したポリスチレンフィルム（2×2 cm）を10 mLの1,2-ジクロロエタンに浸す.

B-2) この溶液に，0℃でクロロメチルエチルエーテル0.27 g（2.9 mmol）と塩化亜鉛15 mg（0.11 mmol）を加える.

B-3) この溶液を室温で10時間攪拌した後，フィルムをトルエンで洗浄する.

B-4) 光電子分光（XPS）により，フィルム表面のスチリル基の36.8 mol%がクロロメチル化されていることを確認する.

B-5) クロロメチル化されたポリスチレンフィルムをさらに*N,N*-ジエチルジチオカルバミン酸ナトリウム3水和物0.65 g（2.9 mmol）を含むエタノール10 mLに室温で5時間浸す.

B-6) フィルムを水でよく洗浄してから減圧乾燥する．ジチオカルバミル基の含量が30.5 mol%であることをXPSにより確かめる.

【ポリマーフィルムの表面修飾】

C-1) フィルムAとBをそれぞれ0.5 mol L^{-1}のビニルモノマーを含むメタノール溶液20 mLを入れた30 mL容量の石英セル中に垂直に固定する．ビニルモノマーとして，*N,N*-ジメチルアクリルアミド，*N*-3-ジメチルアミノプロピルアクリルアミド，メタクリル酸を用いる.

C-2) 乾燥窒素を5分以上セルに流し，そのまま窒素雰囲気下で200 WのHg-Xeランプを用いて20 cmの距離からフィルムに光照射する．光の強度を光量計で測定し，5 mW cm^{-2}となるように調整する．フォトマスクを用いて適当な時間照射すると，パターンや厚みを調整できる.

C-3) 照射後，フィルムを洗浄して未反応モノマーとホモポリマーを取り除き，減圧乾燥する.

【実験例6】アクリルアミド–メタクリル酸ヒドロキシエチルの共重合による親水性ゲルの合成

1)アクリルアミド150 g，メタクリル酸2-ヒドロキシエチル100 g，エチレンジメタクリレート0.1 gを水750 mLに分散し，よくかき混ぜる．
2)ここに，2%ペルオキソ二硫酸アンモニウム水溶液15 mL，2%チオ硫酸ナトリウム水溶液10 mLを加えて，型に入れて室温で2～3時間放置して重合する．
3)柔軟なゲルが生成するので，そのままゲルが崩れないように2 Lの水中に静置して，未反応モノマーや開始剤，可溶性のポリマーを抽出除去する．
4)水を数回取り換えた後，さらに流水中で数時間洗浄して精製する．
5)乾燥させずに，膨潤させたまま水中で保存する．

15.4.2 リビングラジカル重合によるポリマー合成

【実験例7】ニトロキシドを用いるスチレンのリビングラジカル重合（NMP）

アルコキシアミンの合成

1)蒸留したスチレン（160 mL）に4.0 g（1.4 mmol）の過酸化ベンゾイルと2,2,6,6-テトラメチルピペリジン1-オキシル（TEMPO，5.68 g, 36.4 mmol）を溶解し，窒素雰囲気下，80℃で20時間加熱する．
2)溶液を冷却後，濃縮乾燥し，さらにヘキサンとジクロロメタンを用いて体積比1/1から1/9の傾斜組成でフラッシュカラムクロマトグラフィーによって精製すると，淡黄色油状のアルコキシアミンが得られる（反応収量2.64 g，反応収率42%）．
3)IR，NMR，質量分析データによって構造を確認する．

スチレンのNMP

1)上記のアルコキシアミン（200 mg，0.52 mmol）を蒸留したスチレン（7.10 g, 68.3 mmol）に加え，窒素雰囲気下，撹拌しながら130℃で72時間加熱する．加熱中に溶液粘度は徐々に上昇する．
2)最終的に得られる透明で固化した反応混合物を25 mLのジクロロメタンに溶解し，大量のヘキサン中に投入してポリマーを沈殿させる．
3)同様にして，ジクロロメタンとメタノールから再沈殿を行う．
4)乾燥後に$M_n = 13000$，$M_w/M_n = 1.10$の白色ポリマー（反応収量6.64 g，反応収率91%）が得られる．
5)IRならびにNMRからスペクトルを確認する．同様の方法で重水素化スチレンの重合を行うと，末端基構造を確認することができる（図4-2）．

【実験例8】ルテニウム錯体を用いるメタクリル酸*n*-ブチルのリビングラジカル重合（ATRP）

1) 反応に用いる溶液はそれぞれ凍結-脱気-融解を数回繰り返しておき，すべての操作を乾燥窒素雰囲気下で行う．
2) メタクリル酸*n*-ブチル，テトラリンおよび四塩化炭素をトルエンに溶かし，それぞれ0.795 mL，0.20 mLおよび0.0048 mLを，セプタムを取り付けたシュレンク管に入れる．テトラリンは重合後にモノマー消費量をガスクロマトグラフィーで決定する際の内部標準として用いる．
3) ここに，$Al(OCH(CH_3)_2)_3$のトルエン分散液0.5 mLと$RuCl_2(PPh_3)_3$のトルエン溶液1.0 mLを室温でそれぞれこの順番で加える．反応溶液の全体量は約2.5 mLとなる．メタクリル酸*n*-ブチル，$RuCl_2(PPh_3)_3$，四塩化炭素，$Al(OCH(CH_3)_2)_3$の濃度は，それぞれ2.0 mol L^{-1}，10×10^{-3} mol L^{-1}，20×10^{-3} mol L^{-1}，25×10^{-3} mol L^{-1}となるように調製する．
4) 混合したらすぐに湯浴を用いて48時間80℃に保つ．
5) 反応後，溶液を－78℃に冷却し，ここにメタノールを1.0 mLを加えて反応を停止する．
6) ガスクロマトグラフィーによって反応収率を確かめる（この条件では反応収率93%となる）．
7) 反応溶液を約20 mLのトルエンで希釈し，アルミナカラムに通すか，あるいは吸着剤5 g (Kyowaad-2000G-7, $Mg_{0.7}Al_{0.3}O_{1.15}$，協和化学工業社）と一緒に激しくふり混ぜて，触媒残渣を取り除く．
8) ろ過後，溶液を水で洗浄，揮発成分を減圧除去，さらに室温で24時間減圧乾燥するとポリマーが得られる．$M_n = 9600$ (SEC，標準ポリメタクリル酸メチルを使用して校正曲線を作成)，$M_w/M_n = 1.25$（SEC)．

【補足】48時間重合後に重合を停止せず，ここにメタクリル酸*n*-ブチルを添加すると重合がさらに進行し，ポリマーのM_nは反応収率に応じて増大する．異なるモノマーを添加するとブロック共重合体が得られる．

【実験例9】銅－ビピリジル錯体を用いるスチレンのリビングラジカル重合（ATRP）

1) セプタムを取り付けたシュレンク管に臭化銅(Ⅰ) 0.238 g（1.66 mmol）を入れ，脱気と乾燥窒素の置換を3回繰り返す．
2) 注射器を用いて窒素雰囲気下でスチレン5.47 mL（52.5 mmol）を反応容器に入れ，撹拌しながら4,4'-ジ(5-ノニル)-2,2'-ビピリジン0.714 g（4.98 mmol）を加えると，溶液は濃赤茶色となる．

3) 開始剤として1-フェニルエチルクロリド0.233 g（1.66 mmol）を加えて，凍結-脱気-融解を3回繰り返す．

4) 撹拌しながら，130℃の油浴上で5時間重合を行った後，活性アルミナカラムを通して触媒を取り除く．

5) テトラヒドロフランで希釈した溶液をメタノールに注ぎ，ポリマーを沈殿させる．

6) テトラヒドロフランとメタノールから3回再沈殿精製し，ろ過，60℃で48時間減圧乾燥すると，ポリマーが得られる．

【補足】この手順の重合条件下では，反応収率95％でポリマーが得られる．重合時間に応じて反応収率と分子量が調製できる．反応収率20～90％で単離したポリマーは M_n = 2300～7900（SEC），M_w/M_n = 1.3～1.45（SEC）をもつ．

【実験例10】リモネンと*N*-フェニルマレイミドのRAFT共重合による配列構造制御

RAFT剤として*S*-クミル-*S'*-ブチルトリチオカーボネート（CBTC）を，ラジカル開始剤として2,2'-アゾビスイソブチロニトリルを用いて，ヘキサフルオロクミルアルコール（$PhC(CF_3)_2OH$）中でリモネンと*N*-フェニルマレイミドのRAFT共重合を行う．

1) 50 mL容量の丸底フラスコにヘキサフルオロクミルアルコール（1.2 mL）を入れ，さらに*N*-フェニルマレイミド（6.0 mmol），リモネン（0.49 mL, 3.0 mmol），2,2'-アゾビスイソブチロニトリル（0.15 mmol），CBTC（0.075 mmol）を含むヘキサフルオロクミルアルコール溶液を室温で加える．反応溶液の全量を7.5 mLとする．

2) この反応溶液から1 mLずつガラスアンプルに取り分けて窒素雰囲気にしてバーナーでアンプルを熔封する．

3) ガラスアンプルを60℃の油浴に浸漬し，あらかじめ決められた時間ごとにアンプルを取り出し，－78℃で冷却し反応を停止する．

4) モノマーのポリマーへの転化率（反応収率）を ^{1}H NMRで決定する．このとき，ヘキサフルオロクミルアルコールを内部標準として使用する．108時間重合後の反応収率は，リモネンに対して85％，*N*-フェニルマレイミドに対して86％となる．

5) 反応溶液を濃縮乾燥するとリモネンと*N*-フェニルマレイミドの共重合体が得られる．

【補足】イオン化のためのマトリックスとしてDCTB（*trans*-2-(3-(4-*tert*-butylphenyl)-2-methyl-2-propenylidene)malononitrile）を，イオン源としてトリフルオロ酢酸ナトリウムを用いて，島津製作所社製AXIMA-CFRplus質量分析計を使用してMALDI-TOF質量分析（リニアモード）を行う（図11-4）．また，M_nならびにM_w/M_nをSECによって決定する．

【実験例11】スチレン-アクリロニトリルのリビングラジカル共重合（NMP）

1)蒸留したスチレン5 mLに過酸化ベンゾイル（15 mmol L^{-1}），TEMPO（18 mmol L^{-1}）を溶解し，ガラスアンプルに仕込み，窒素置換と脱気を繰り返した後，熔封する．
2)95℃の湯浴中で3.5時間反応した後，油浴の温度を125℃まで上げ，5.5時間反応させる．ドライアイス-メタノール浴で冷却し反応を停止する．
3)封管の内容物を200 mLのメタノールに注ぐと，反応収率31％で，$M_n = 22000$（SEC），$M_w/M_n = 1.18$（SEC）の末端にTEMPOと同じ構造をもつポリスチレンが得られる．
4)クロロホルムとメタノールを用いて再沈殿精製する．
5)この末端に解離可能な基を含むポリスチレンをマクロ開始剤として用いてスチレンとアクリロニトリルの共重合を行う．
6)ポリスチレンとこれらモノマーの重量比を22/78とし，モノマー仕込み組成をスチレン63 mol％，アクリロニトリル37 mol％とする．
7)これらを封管中に仕込み，125℃で1～10時間重合を行うと，ポリスチレン（PS）とスチレン-アクリロニトリルのランダム共重合体（PSAN）とが連結したブロック共重合体（PS-*block*-PSAN）が得られる．

【補足】重合時間に応じて，$M_n = 36000 \sim 68000$，$M_w/M_n = 1.18 \sim 1.30$となる．透過型電子顕微鏡で相分離構造が観察される．

【実験例12】高圧条件下でのATRPによる濃厚ポリマーブラシの作成

すべての操作をアルゴンで満たしたグローブボックス内で行う．また，すべての試薬についてあらかじめ脱気したものをグローブボックス内で使用する．

1)メタクリル酸メチル（9.4 mol L^{-1}），2-イソブロモイソ酪酸エチル（0.047 mmol L^{-1}），CuBr/LとCuBr_2/Lの混合物（17 mmol L^{-1}）の混合溶液（典型的なケースとして約2 mL）と，開始剤を固定したシリコンウェハ（1.2 cm×0.8 cm）をプロピレン性のバイアルに入れる．ここでLは配位子（4,4'-ジノニル-2,2'-ビピリジン）を示す．
2)2種類の触媒の混合比（$[Cu^{II}]_0/([Cu^{I}]_0 + [Cu^{II}]_0)$）を0.02～0.16とする．
3)酸素の混入がないようにポリエチレンでコートしたアルミニウムシートでバイアルを包み，高圧反応装置（HPS-700，シン・コーポレーション社製）にセットする．

60℃，500 MPa条件で重合を行う．

4)あらかじめ決められた時間反応した後に圧力を下げ，取り出したサンプルをNMRで分析しモノマー反応率を，SECでM_nとM_w/M_nを決定する．

5)トルエンを用いてソックスレー抽出し，物理吸着しているポリマーを除去する．

【実験例13】表面開始ATRPによるシリカナノ微粒子表面のポリマー修飾

シリカナノ粒子（SiNP）上へのATRP開始剤の固定

1)28％アンモニア水溶液（4.48 g），IGEPAL CO-520（27.1 g），シクロヘキサン（1 L）を2 Lのコニカルビーカーに入れ，室温で激しく振り混ぜると逆マイクロエマルションが得られる．

2)ここに5 mLのシクロヘキサンで希釈したテトラエトキシシラン（5.21 g）を加え，得られた混合溶液を穏やかに振り混ぜた後，4日間室温で放置する．

3)ここで生成したSiNPの表面に開始剤を固定するために，放置したマイクロエマルション系に2-ブロモ-2-メチルプロピオニルオキシプロピルトリエトキシシラン（BPE）（5.2 g）とシクロヘキサン（5 mL）の混合物を添加する．

4)反応系をゆっくりと振り混ぜ，さらに室温で2日間放置した後，ロータリー式エバポレーターでシクロヘキサンを除去する．

5)残留物をアセトン（50 mL）で希釈し，その溶液をヘキサン（750 mL）に投入して生じた白色沈殿を遠心分離（1000 rpm，5分）する．アセトンとヘキサンを用いるこの再沈殿操作を3回繰り返す．

6)回収した沈殿をエタノール（20 mL）に加えて得られる懸濁液を，28％アンモニア水溶液（4.48 g）とエタノール（80 mL）の混合物に攪拌しながら加える．

7)1時間後，BPE（0.5 g）とエタノール（5 mL）を混合して得られる溶液を8)の懸濁液に加え，室温で20時間反応する．

8)反応混合物をメンブランフィルター（ミリポア，孔径5 μm）に通し，ろ液を遠心分離（12000 rpm，20分）し，表面修飾したナノ微粒子を回収する．

9)同様の遠心分離操作を3回行い，ナノ微粒子を洗浄した後，エタノールに分散させる．さらに，再分散と遠心分離を繰り返すことによってジメチルホルムアミドに溶媒交換する．反応収率0.81 g（固形分）．

SiNP上での表面開始ATRP

1)重合の直前に，分散溶媒のジメチルホルムアミドをメタクリル酸メチルに置き換えて，1 wt％の濃度でSiNPを含むメタクリル酸メチル分散液を調整する．

2)ガラス管にあらかじめ決められた量のヨウ化銅（固体）を入れておき，ここに，決められた量の開始剤（2-(EiB)Br）と配位子（dNbpy）を含むメタクリル酸メチル中の表面修飾SiNP分散液をガラス管に素早く加える．

3)ガラス管に3方コックを備え付け，凍結-脱気-融解のサイクルを素早く3回行い，最後にガラス管内をアルゴンで満たす．

4)アルゴンで満たしたグローブボックス内で，この母液をいくつかのガラス管に同量ずつ取り分け，それぞれ3方コックを備え付ける．

5)分割した溶液をそれぞれ凍結-脱気-融解のサイクルを1回行い，真空下で熔封する．

6)70℃の油浴中であらかじめ決められた時間振とうしながら重合を行う．

7)重合後，室温に戻して重合を停止し，溶液の一部を取り出してNMRによりモノマーの反応収率を決定する．また，SECでポリマーのM_nとM_w/M_nを決定する．

8)残りの溶液をアセトンで希釈し，ポリマーでグラフト化したSiNPを遠心分離によって回収する．

9)遠心分離とアセトンへの再分散を5回繰り返し，フリーポリマーを含まないグラフト化SiNPを単離する．

10)グラフトポリマーの分子量を直接調べるために，ポリメタクリル酸メチル鎖を以下の要領でSiNP表面から切り離す．グラフト化SiNP（50 mg）と界面活性剤として使用する臭化テトラオクチルアンモニウム（50 mg）をトルエン（5 mL）に溶解し，そこに10%フッ酸水溶液（5 mL）を加える．混合液を3時間激しく攪拌する．

11)有機層に含まれるSiNPから切り離されたポリマー鎖をSECにより分析する．

【補足】出発物質として，メタクリル酸メチル（9.6 g, 96 mmol），2-(EiB)Br（6.3 mg, 0.032 mmol），Cu(I)Cl（31 mg, 0.32 mmol），dNbpy（271 mg, 0.66 mmol），および開始剤を表面に固定したSiNP（平均粒子径55 nm，100 mg，SiNP上の開始剤分子の量7.6 μmol）を用いてメタクリル酸メチルのバルク重合を70℃で4時間行うと，反応収率61%，フリーポリマーの$M_n = 128800$，$M_w/M_n = 1.18$，グラフトポリマーの$M_n = 122000$，$M_w/M_n = 1.19$となる．ポリマーをグラフト化したSiNPは，遠心分離（12000 rpm, 60分）とアセトン（200 mL），テトラヒドロフラン（200 mL）を用いた再沈殿を繰り返して精製する．

15.4.3 リビングラジカル重合によるブロック共重合体の合成

【実験例14】直鎖状ポリマーとデンドリマーのブロック共重合体の合成（ATRP）

外側に16個のエチルエステルをもつ第3世代ポリエーテル型ブロモベンジル末端デンドロンをリビングラジカル重合の開始剤として用いる．

1)デンドロン1.685 g（0.60 mmol），Cu(I)Br 0.088 g（0.61 mmol），4,4'-ジヘプチル

-2,2'-ジピリジル0.445 g（1.26 mmol），スチレン6.013 g（57.70 mmol）をガラス封管に仕込む.
2)凍結-脱気-融解の操作を3回繰り返した後，ガラス封管をアルゴンで満たす.
3)ガラス封管を油浴で110℃に加熱すると，重合混合物はただちに均一な濃赤茶色の溶液となる.
4)反応混合物が固化するまで重合を行い，室温に戻す.
5)テトラヒドロフランを加えて溶解し，短いアルミナカラムに通して触媒残渣を取り除いた後，メタノールに沈殿させる．粗収量は7.12 g（粗収率92％).
6)0～2％の傾斜濃度でテトラヒドロフランを含むジクロロメタンを用いてシリカゲルクロマトグラフィーにより精製し，最後にメタノールに沈殿させ，反応収量6.30 g（反応収率82％）で白色固体状のポリマーを得る．$M_n = 13200$, $M_w/M_n = 1.05$.
7)デンドロンの外側のエチルエステルを加水分解，エステル交換，アミド化，還元するとそれぞれ相当する官能基をデンドロンの表面にもつブロック共重合体が得られる.

【実験例15】2段階のAGET-ATRPによるブロック共重合体微粒子の合成

ポリメタクリル酸イソブチルシード微粒子（マクロ開始剤）の合成

1)開始剤2-ブロモイソ酪酸エチル（343 mg，1.75 mmol），配位子dNbpy（2.875 g，3.5 mmol）およびメタクリル酸イソブチル（50 g，350 mmol）を含む有機層を，触媒$CuBr_2$（785 mg，3.5 mmol）と界面活性剤Brij 98（2.5 g）を含む水溶液（430 g）に加える.
2)ホモジナイザーを使用して5200 rpmで1分間激しく攪拌する.
3)ここに，アスコルビン酸（248 mg, 1.4 mmol）の水溶液（1 g）を加えた後，窒素雰囲気，2.0気圧の加圧条件下，40℃でガラス製反応器（TEM-V 1000，耐圧硝子工業社製）を用いてAGET-ATRPを行う.
4)ガスクロマトグラフィーにより反応収率を決定し，反応混合物に空気を吹き込んで重合を停止する.

スチレンのAGET-ATRPによるブロック共重合体微粒子の合成

1)シード微粒子にスチレン（50 g）を加え，室温で一晩おいて膨潤させる.
2)エマルション（10 g）をガラスアンプルに移し，窒素充填と真空脱気のサイクルを数回繰り返す.
3)ここに，アスコルビン酸（5.62 mg, 31.9 μmol，反応系に含まれる$CuBr_2$に対して1.0当量）の水溶液（1 g）を加える.

4) エマルションを再度窒素充塡と真空脱気のサイクルを数回繰り返して脱気した後，ガラス管を熔封し，窒素雰囲気下70℃で2段階目のAGET-ATRPを行う．この方法を改良してミニエマルションを用いる重合を行うとブロック共重合体の合成の効率が向上する．
5) SECでM_nとM_w/M_nを決定する．
6) 乾燥した微粒子を1% RuO_4水溶液を用いてRuO_4蒸気で室温30分染色する．
7) 室温24時間の硬化反応でエポキシ樹脂により包埋した後，マイクロトームで薄片を作成する．
8) 100 nm厚みの試料を用いて透過型電子顕微鏡観察（日立製作所社製H-7500，100 kV）する．

【実験例16】活性種変換を利用したRAFT重合によるブロック共重合体の合成

アクリル酸メチルのRAFT重合

1) 2,2'-アゾビスイソブチロニトリル（8.5 mg）を25 mLのアセトニトリルに溶かし，溶液Aを作成する．
2) RAFT剤（2-(メチル(ピリジン-4-イル)カルバモイルチオイルチオ)プロパン酸メチル，47.6 mg, 0.0353 mol L^{-1}）と*p*-トルエンスルホン酸（38.0 mg, 0.04 mol L^{-1}）を5 mLのアセトニトリルに溶かし，溶液Bを作成する．
3) 1 mLの溶液A，2 mLの溶液B，および2 mLのアクリル酸メチルをガラスアンプルに入れ，凍結-脱気-融解のサイクルを3回繰り返した後に熔封する．
4) アンプルを70℃に加熱し，7時間重合を行うと$M_n = 31100$（SEC），$M_w/M_n = 1.08$（SEC）のポリアクリル酸（マクロRAFT剤）が反応収率87.3%で得られる．

ポリアクリル酸メチルとポリ*N*-ビニルカルバゾールのブロック共重合体の合成

1) 上記の反応で合成したポリアクリル酸メチル（マクロRAFT剤，1.67 g）と*N*,*N*-ジメチルアミノピリジン（10.0 mg）を10 mLのアセトニトリルに溶かし，溶液Cを作成する．
2) 2,2'-アゾビスイソブチロニトリル（10 mg）を5 mLのアセトニトリルに溶かし，溶液Dを作成する．
3) *N*-ビニルカルバゾール（0.5 g），2 mLの溶液C，1 mLの溶液D，および1 mLのアセトニトリルを混合し，試験管型のガラスアンプルに入れ，凍結-脱気-溶解のサイクルを3回繰り返した後に熔封する．
4) アンプルを60℃に加熱し，16時間重合を行うと$M_n = 48000$（SEC），$M_w/M_n = 1.33$（SEC）のブロック共重合体が得られる．

【実験例17】カチオンRAFT重合からラジカルRAFT重合への活性種変換を利用したブロック共重合体の合成

カチオンRAFT重合

1)あらかじめバーナーで炙って脱水処理した3方コック付きの試験管を乾燥窒素雰囲気下にし，シリンジ法を用いてカチオンRAFT重合に必要な以下の操作を行う．

2)イソブチルビニルエーテル（1.53 mmol L^{-1}），RAFT剤（*S*-1-イソブトキシエチル-*S*'-2-エチルトリチオカーボネート，0.03 mmol L^{-1}）およびトルエン（0.05 mL）を含む溶液を調整する．

3)2)の溶液（2.70 mL）と*p*-トルエンスルホン酸（0.50 mmol L^{-1}）のジエチルエーテル溶液（0.30 mL）を*n*-ヘキサンと塩化メチレン（8/1体積比）の混合物中にシリンジを用いて－40℃で加えてカチオン重合を行う．

4)所定時間ごとに重合を少量のトリエチルアミンを含むメタノールで停止する．

5)内部標準としてトルエンを用いて^{1}H NMRスペクトルによって求めた残存モノマーの濃度から反応収率を計算する．たとえば，25秒反応後の収率は95%となる．

6)停止した反応混合物を蒸留水で洗浄して開始剤残片を除去した後に，減圧下で濃縮，乾燥を行い，生成ポリマーを得る（$M_n=5000$，$M_w/M_n=1.18$）．

7)他のRAFT剤を用いたカチオンRAFT重合も同様にして行い，得られたイソブチルビニルエーテルのホモポリマーをブロック共重合体の合成に用いる．

カチオンRAFT重合からラジカルRAFT重合への活性種変換

1)カチオンRAFT重合と同様に，3方コック付きの試験管を乾燥窒素雰囲気下にし，シリンジ法を用いてブロック共重合を行う．

2)50 mLの丸底フラスコに，ザンテート末端をもつイソブチルビニルエーテルのホモポリマー（マクロRAFT剤，$M_n=5800$，$M_w/M_n=1.80$，1.37 g, 0.24 mmol），酢酸ビニル（1.62 mL, 17.53 mmol），*n*-オクタン（0.41 mL）および2,2'-アゾビスイソブチロニトリルの酢酸ビニル溶液（0.60 mL，200 mmol L^{-1}）を室温で加える．ここで，フラスコ中に含まれる2,2'-アゾビスイソブチロニトリルと酢酸ビニルの量はそれぞれ0.12 mmolと6.28 mmolである．

3)混合後，溶液を8本のガラスアンプルに同量ずつ取り分け，ガラスアンプルの中を窒素雰囲気にして熔封する．

4)ガラスアンプルを60℃の湯浴に浸し，重合を行う．

5)あらかじめ決められた時間ごとに，ガラスアンプルを取り出して－78℃に冷却して重合を停止する．

6)*n*-オクタンを内部標準として用いてガスクロマトグラフィーによって残存するモ

ノマーを定量して反応収率を決定する．たとえば，7時間重合後の反応収率は96％となる．

7）減圧下で濃縮，乾燥を行い，ポリイソブチルビニルエーテルとポリ酢酸ビニルのブロック共重合体を得る（$M_n = 14700$，$M_w/M_n = 1.50$）．

ブロック共重合体のけん化

1）3方コック付きの50 mLの丸底フラスコ中，乾燥窒素雰囲気下でブロック共重合体のけん化を行う．

2）ポリイソブチルビニルエーテルとポリ酢酸ビニルのブロック共重合体（0.35 g）のテトラヒドロフラン（10.8 mL）溶液に水酸化ナトリウムの10％メタノール溶液を加え，40℃で8時間攪拌する．

3）得られたポリイソブチルビニルエーテルとポリビニルアルコールのブロック共重合体を少量の酢酸を含むメタノールで洗浄し，さらにアセトンで洗浄した後に真空下で乾燥する．

【実験例18】TERPによるジブロックおよびトリブロック共重合体の合成

2-メチル-2-メチルテラニルプロピオン酸エチルの合成

1）金属テルル（6.38 g, 50 mmol）のテトラヒドロフラン懸濁液（50 mL）に，メチルリチウムのジエチルエーテル溶液（52.8 mL, 1.04 M, 55 mmol）を室温で20分以上かけてゆっくり加える．

2）金属テルルが消失するまで溶液をさらに10分間攪拌する．

3）この溶液に，2-ブロモイソ酪酸エチル（10.7 g, 55 mmol）を室温で加え，2時間攪拌する．

4）溶媒を減圧下で除去した後，減圧蒸留（沸点52℃/1.0 mmHg）すると，赤色油状の2-メチル-2-メチルテラニルプロピオン酸エチルが反応収率51％（反応収量6.53 g, 25.3 mmol）で得られる．

ジメチルジテルリドの合成

1）金属テルル（3.19 g, 25 mmol）のテトラヒドロフラン懸濁液（25 mL）に，メチルリチウムのジエチルエーテル溶液（25 mL, 1.14 M, 28.5 mmol）を0℃で10分以上かけてゆっくり加える．

2）金属テルルが完全に消失するまで，反応混合物を室温でさらに10分間攪拌する．

3）この溶液に，塩化アンモニウムの飽和水溶液20 mLを室温でゆっくり加え，大気下で1時間激しく攪拌する．

4）橙色の粗生成物相（有機層）を単離し，水層をジエチルエーテルで3回抽出し，先ほどの有機層に加える．
5)有機層全体を硫酸マグネシウムで乾燥し，真空下で濃縮する．
6)粗生成物を減圧蒸留（沸点43～44℃/0.6 mmHg）すると，ジメチルジテルリドが黒紫色の液体として反応収率75％（反応収量2.69 g，9.4 mmol）で得られる．

マクロ開始剤（ポリアクリル酸エステル）の合成

1)アクリル酸*tert*-ブチル（10 mmol）と開始剤（0.10 mmol）をグローブボックス中，窒素雰囲気下，100℃で撹拌する．
2)反応溶液を少量（約20 mg）とり，$CDCl_3$（0.5 mL）で希釈する．
3)モノマーの反応率をNMR分析により決定する．SECでM_nとM_w/M_nを決定する（標準ポリメタクリル酸メチルを使用して検量線を作成）．

ジブロック共重合体の合成

1)マクロ開始剤（ポリスチレン，ポリメタクリル酸メチルおよびポリアクリル酸*tert*-ブチル）をそれぞれ低分子の重合制御剤を用いてTERPによりあらかじめ合成する．
2)マクロ開始剤（0.05 mmol）とモノマー（5 mmol）を含む溶液を80～100℃の温度で16～36時間重合する．
3)モノマーとマクロ開始剤の組み合わせは，任意に選ぶことができる（図7-5）．ここで，モノマーとしてメタクリル酸メチルを用いる場合は，ジメチルジテルリド（14.3 mg, 0.05 mmol）をさらに添加する．
4)生成ポリマーをクロロホルムに溶解し，ヘキサン中あるいはメタノール中に激しく撹拌しながら溶液を投入し，再沈殿を行う．沈殿したポリマーを室温真空下で乾燥する．SECでM_nとM_w/M_nを決定する．

トリブロック共重合体の合成

1)ジブロック共重合体と第3成分モノマーをトリフルオロメチルベンゼン（5 mL）に溶解する．
2)80～100℃で15～24時間重合する．
3)未反応モノマーを減圧下で除去（$<$ 0.1 mmHg，50～80℃，12～24時間）すると，トリブロック共重合体が単離できる．SECでM_nとM_w/M_nを決定する．

【実験例19】TERPによる多分岐ポリマーとブロック共重合体の合成

多分岐ポリアクリル酸ブチルの合成

1)脱気したイオン交換水（8 mL）に，重合制御剤（$(CH_3)_2C(OOCH_3)TeCH_3$，39.2 mg，40 μmol），アゾビス-4-シアノ吉草酸ナトリウム（0.20 mL，0.5当量，

0.10 mol L^{-1}濃度の脱気済みの脱イオン水溶液として使用），ポリエチレングリコールモノオレイルエーテル（20量体，Brij 98，160 mg，水に対して2.0 wt%）を溶解し，NaOH水溶液（0.52 mol L^{-1}, 76 μL, 40 μmol）に加える．

2) この水溶液に，アクリル酸ブチル（1.7 mL, 12 mmol）とモノマー型重合制御剤（54 μL, 280 μmol）を加え，撹拌しながら65℃に加熱する．
3) 決められた時間ごとに反応溶液から少量（約100 μL）のサンプルを取り出し，$CDCl_3$を用いて有機成分を抽出し，^1H NMRによりモノマーの反応収率を決定する．
4) 同じ抽出液を用いて，SEC（通常法ならびにMALS法）測定を行う．
5) 32時間重合後，アクリル酸ブチルとモノマー型重合制御剤の反応収率はそれぞれ94%と99%に達する．SEC測定により，$M_n = 15900$（SEC）と$M_w/M_n = 1.59$（SEC），$M_n = 36200$（SEC-MALS）の値が得られる．
6) 重合完了後に得られるラテックス（10 μL）をイオン交換水で希釈して粒子径（d）ならびに粒子径分布（PDI）を求めると，$d = 142.8$ nmおよびPDI = 0.14となる．

直鎖状ポリアクリル酸ブチルと多分岐ポリアクリル酸ブチルのブロック共重合体の合成

1) 脱気したイオン交換水（12 mL）に，重合制御剤（$(CH_3)_2C(OOH)TeCH_3$, 2.3 mg, 10 μmol），アゾビス-4-シアノ吉草酸ナトリウム（50 μL, 0.50当量，0.10 mol L^{-1}濃度の脱気済みの脱イオン水溶液として使用），臭化ヘキサデシルトリメチルアンモニウム（CTAB，600 mg，水に対して5.0 wt%）を溶解し，NaOH水溶液（0.52 mol L^{-1}, 19 μL, 10 μmol）に加える．
2) この水溶液に，アクリル酸ブチル（0.72 mL, 5.0 mmol）を加え，撹拌しながら65℃に加熱する．
3) 決められた時間ごとに反応溶液から少量（約100 μL）のサンプルを取り出し，$CDCl_3$を用いて有機成分を抽出し，^1H NMRによりモノマーの反応収率を決定する．
4) 同じ抽出液を用いて，SEC測定を行う．
5) 6時間重合後，アクリル酸ブチルの反応収率はそれぞれ95%に達する．SEC測定により，$M_n = 50800$（SEC）と$M_w/M_n = 1.30$（SEC）が得られる．
6) 重合完了後に得られるラテックス（10 μL）をイオン交換水で希釈して$d = 272$ nmおよびPDI = 0.26が求まる．
7) アクリル酸ブチル（0.72 mL, 5.0 mmol）とモノマー型重合制御剤（15 μL, 70 μmol）を加え，撹拌しながら65℃に加熱する．
8) 決められた時間ごとに反応溶液から少量（約100 μL）のサンプルを取り出し，$CDCl_3$を用いて有機成分を抽出し，^1H NMRによりモノマーの反応収率を決定する．

9)同じ抽出液を用いて，SEC（通常法ならびにMALS法）測定を行う．

10)70時間重合後，アクリル酸ブチルとモノマー型重合制御剤の反応収率はそれぞれ95%と99%に達する．SEC測定により，M_n = 88800（SEC）とM_w/M_n = 1.64（SEC），M_n = 144200（SEC-MALS）の値が得られる．

11)重合完了後に得られるラテックス（10 μL）をイオン交換水で希釈してdおよびPDIを求めるとそれぞれd = 295 nmおよびPDI = 0.29となる．

【実験例20】コバルトポルフィリン錯体を用いるアクリル酸メチルのリビングラジカル重合（OMRP）とブロック共重合体の合成

コバルトポルフィリン錯体の合成

1)(TMP)H_2（0.038 mmol, 1当量）と酢酸コバルト（0.077 mmol, 2当量）を窒素雰囲気下，ジメチルホルムアミド中で12時間還流する．

2)反応が完結後，溶媒を除去し，生成物をクロロノルムに溶かした後に水洗する．

3)(TMP)Co^{II}をテトラヒドロフラン中わずかに過剰量のナトリウムアマルガムで還元する．

4)溶媒を除去し，ベンゼン中で（TMP)−Co^{I}（1当量）を臭化アルキル（1.3当量，ここでアルキル基は$CH(CH_3)(CO_2CH_3)$あるいは$-CH_2C(CH_3)_3$）と反応する．〔注意〕ベンゼンは毒性が高いので取り扱いに注意する，あるいはトルエンなどの代替溶媒を使用すること．

5)不活性雰囲気下のグローブボックス内で反応混合物をろ過し，過剰のナトリウムアマルガムを除去する．

6)溶媒と過剰の臭化アルキルを蒸発除去すると，生成物が単離できる．生成物の構造を^{1}H NMRスペクトルによって確認する．

アクリル酸メチルの重合

1)不活性雰囲気下のグローブボックス内で，コバルトポルフィリン錯体のベンゼン溶液（6.3×10^{-3} mmol，0.72 mL）を調整する．

2)そこから50 μLを真空にしたNMRチューブに入れる．

3)溶媒を取り除いた後，2.5 mol L^{-1}のアクリル酸メチルの重ベンゼン溶液（0.42 mL）を加える．

4)NMRチューブを真空下で熔封し，恒温槽にセットする．

5)決められた時間ごとにNMR測定し，モノマーの反応収率を決定する．異なる反応時間ごとにSEC測定によって分子量を決定する．

ブロック共重合体の合成

1)上記の手順と同様の方法で，ポリアクリル酸メチルを合成する．
2)不活性雰囲気下のグローブボックス内で未反応のモノマーを真空下で除去する．
3)ここに，アクリル酸ブチル（2.5 mol L^{-1}，重ベンゼン溶液）を加える．
4)NMRチューブを真空下で熔封し，60℃で重合を行う．1，4および24時間反応後のサンプルについて，SEC測定を行う．

参考文献

実験例1　日本化学会 編，『高分子合成（第4版 実験化学講座28）』，p. 121，丸善出版（1992）

実験例2　高分子学会 編，『高分子科学実験法』，東京化学同人（1981）

実験例3　Y. Isobe, D. Fujioka, S. Habaue, and Y. Okamoto, "Efficient Lewis Acid-Catalyzed Stereocontrolled Radical Polymerization of Acrylamides", *J. Am. Chem. Soc.*, **123**, 29, pp. 7180-7181（2001）

実験例4　T. Otsu and T. Ito, "Solvent Effect in Radical Copolymerization of Methyl Methacrylate with Styrene", *J. Macromol. Chem.*, **A3**, 2, pp. 197-203（1969）; B. Yamada, M. Itahashi, and T. Otsu, "Estimation of Monomer Reactivity Ratios by Nonlinear Least-Squares Procedure with Consideration of the Weight of Experimental Data", *J. Polym. Sci., Polym. Chem. Ed.*, **16**, 7, pp. 1719-1733（1978）

実験例5　Y. Nakayama and T. Matsuda, "Surface Macromolecular Architectural Designs Using Photo-Graft Copolymerization Based on Photochemistry of Benzyl *N,N*-Diethyldithiocarbamate", *Macromolecules*, **29**, 27, pp. 8622-8630（1996）

実験例6　S. R. Snadler and W. Karo, *Polymer Syntheses, Vol. 1*, Academic Press: New York, p. 286（1974）

実験例7　C. J. Hawker, "Molecular Weight Control by a "Living" Free-Radical Polymerization Process", *J. Am. Chem. Soc.*, **116**, 24, pp. 11185-11186（1994）

実験例8　Y. Kotani, M. Kato, M. Kamigaito, and M. Sawamoto, "Living Radical Polymerization of Alkyl Methacrylates with Ruthenium Complex and Synthesis of Their Block Copolymers", *Macromolecules*, **29**, 22, pp. 6979-6982（1996）

実験例9　J. S. Wang and K. Matyjaszewski, "Controlled / "Living" Radical Polymerization. Atom Transfer Radical Polymerization in the Presence of Transition-Metal Complexes", *J. Am. Chem. Soc.*, **117**, 20, pp. 5614-5615（1995）

実験例10　K. Satoh, M. Matsuda, K. Nagai, and M. Kamigaito, "AAB-Sequence Living Radical Chain Copolymerization of Naturally Occurring Limonene with Maleimide: An End-to-End Sequence-Regulated Copolymer", *J. Am. Chem. Soc.*, **132**, 29, pp. 10003-10005（2010）

実験例11 T. Fukuda, T. Terauchi, A. Goto, Y. Tsujii, T. Miyamoto, and Y. Shimizu, "Well-Defined Block Copolymers Comprising Styrene-Acrylonitrile Random Copolymer Sequences Synthesized by "Living" Radical Polymerization", *Macromolecules*, **29**, 8, pp. 3050-3052（1996）

実験例12 S.-Y. Hsu, Y. Kayama, K. Ohno, K. Sakakibara, T. Fukuda, and Y. Tsujii, "Controlled Synthesis of Concentrated Polymer Brushes with Ultralarge Thickness by Surface-Initiated Atom Transfer Radical Polymerization under High Pressure", *Macromolecules*, **53**, 1, pp. 132-137（2020）

実験例13 K. Ohno, T. Akashi, Y. Huang, and Y. Tsujii, "Surface-Initiated Living Radical Polymerization from Narrowly Size-Distributed Silica Nanoparticles of Diameters Less Than 100 nm", *Macromolecules*, **43**, 21, pp. 8805-8812（2010）

実験例14 M. R. Leduc, W. Hayes, and J. M. J. Fréchet, "Controlling Surfaces and Interfaces with Functional Polymers: Preparation and Functionalization of Dendritic-Linear Block Copolymers via Metal Catalyzed "Living" Free Radical Polymerization", *J. Polym. Sci., Polym. Chem. Ed.*, **36**, 1, pp. 1-10（1998）

実験例15 Y. Kitayama, M. Yorizane, Y. Kagawa, H. Minami, P. B. Zetterlund, and M. Okubo, "Preparation of Onion-Like Multilayered Particles Comprising Mainly Poly (iso-butyl methacrylate)-*block*-polystyrene by Two-Step AGET ATRP", *Polymer*, **50**, 14, pp. 3182-3187（2009）

実験例16 M. Benaglia, J. Chiefari, Y. K. Chong, G. Moad, E. Rizzardo, and S. H. Thang, "Universal (Switchable) RAFT Agents", *J. Am. Chem. Soc.*, **131**, 20, pp. 6914-6915（2009）

実験例17 M. Uchiyama, K. Satoh, and M. Kamigaito, "Cationic RAFT Polymerization Using ppm Concentrations of Organic Acid", *Angew. Chem. Int. Ed.*, **54**, 6, pp. 1924-1928（2015）

実験例18 S. Yamago, K. Iida, and J. Yoshida, "Tailored Synthesis of Structurally Defined Polymers by Organotellurium-Mediated Living Radical Polymerization (TERP): Synthesis of Poly (meth) acrylate Derivatives and Their Di- and Triblock Copolymers", *J. Am. Chem. Soc.*, **124**, 46, pp. 13666-13667（2002）

実験例19 Y. Jiang, M. Kibune, M. Tosaka, and S. Yamago, "Practical Synthesis of Dendritic Hyperbranched Polyacrylates and Their Topological Block Polymers by Organotellurium-Mediated Emulsion Polymerization in Water", *Angew. Chem. Int. Ed.*, **62**, 35, e202306916（2023）

実験例20 B. B. Wayland, L. Basickes, S. Mukerjee, M. Wei, and M. Fryd, "Living Radical Polymerization of Acrylates Initiated and Controlled by Organocobalt Porphyrin Complexes", *Macromolecules*, **30**, 26, pp. 8109-8112（1997）

実験書

ブラウン，ヘルドン，ケルン 著，岩倉義男 監訳，『高分子化学実験法』，朝倉書店（1968）

大津隆行，木下雅悦，『高分子合成の実験法』，化学同人（1972）

高分子学会 編,『高分子測定法：構造と物性（上）（下）』, 培風館（1973）

高分子学会 編,『高分子実験学 全18巻』, 共立出版（1976-1985）

高分子学会 編,『新高分子実験学 全10巻』, 共立出版（1994-1998）

ハンドブック・データ集

J. Brandrup, E. H. Immergut, and E. A. Grulke（eds.）, *Polymer Handbook 4th ed.*, John Wiley & Sons: New York（1999）

高分子学会 編,『高分子データハンドブック 基礎編, 応用編』, 培風館（1986）

村橋俊介, 井本稔, 谷久也 編,『合成高分子 I-V巻』, 朝倉書店（1970-1975）

E. C. Leonard（ed.）, *Vinyl and Diene Monomers, Part 1-3*, John Wiley & Sons: New York（1970-1971）

Index

【人名】

【あ行】

【か行】

【さ行】

【た行】

【な行】

【は行】

【ま行】

【数字・記号】

著者紹介

松本(まつもと)　章一(あきかず)　工学博士

1985年大阪市立大学大学院工学研究科応用化学専攻後期博士課程中退．大阪市立大学助手，講師，助教授を経て，2004年に同大学教授．2013年大阪市立大学名誉教授．同年より大阪府立大学大学院教授．2022年に大阪公立大学大学院工学研究科物質化学生命系専攻教授．専門は高分子合成（特にラジカル重合）．

NDC 434.5　319 p　21 cm

リビングラジカル重合(じゅうごう)ガイドブック
——材料(ざいりょう)設計(せっけい)のための反応(はんのう)制御(せいぎょ)

2024年9月26日　第1刷発行

著　者　松本章一(まつもとあきかず)

発行者　森田浩章

発行所　株式会社　講談社

〒112-8001　東京都文京区音羽2-12-21
販　売　(03) 5395-4415
業　務　(03) 5395-3615

KODANSHA

編　集　株式会社　講談社サイエンティフィク

代表　堀越俊一

〒162-0825　東京都新宿区神楽坂2-14　ノービィビル
編　集　(03) 3235-3701

本文データ制作　株式会社双文社印刷

印刷・製本　株式会社ＫＰＳプロダクツ

落丁本・乱丁本は，購入書店名を明記のうえ，講談社業務宛にお送り下さい．送料小社負担にてお取替えします．なお，この本の内容についてのお問い合わせは講談社サイエンティフィク宛にお願いいたします．定価はカバーに表示してあります．

Printed in Japan

ISBN 978-4-06-536955-5